热机用金属材料高温氧化与防护

宋 鹏 冯 晶 黄太红 著

科 学 出 版 社

北 京

内容简介

热机作为能源转换和产生推力的关键设备，提高其能源的转换率是目前研究热点之一。在优化热机结构的基础上和保证热机使用寿命的前提下，应用新材料提高运行温度成为行之有效的方法。在此背景下，高温合金及热障涂层系统得到广泛的研发和应用。本书主要从高温合金、热障涂层中的合金粘结层以及热生长层氧化铝角度讨论合金/涂层氧化机理和失效模式，同时研究各种稀贵元素对合金/涂层抗氧化性能的影响，为探索和研制高温材料提供一定的参考方向。

本书可供高温腐蚀与防护专业的研究生和从事相关研究领域的工作者参考。

图书在版编目(CIP)数据

热机用金属材料高温氧化与防护 / 宋鹏, 冯晶, 黄太红著. —北京: 科学出版社, 2021.3

ISBN 978-7-03-064740-5

Ⅰ. ①热… Ⅱ. ①宋… ②冯… ③黄… Ⅲ. ①热力发动机-金属材料-高温腐蚀②热力发动机-金属材料-氧化 Ⅳ. ①TK1

中国版本图书馆 CIP 数据核字 (2020) 第 056024 号

责任编辑：叶苏苏 / 责任校对：彭　映

责任印制：罗　科 / 封面设计：墨创文化

科学出版社 出版

北京东黄城根北街16号

邮政编码：100717

http://www.sciencep.com

成都锦瑞印刷有限责任公司印刷

科学出版社发行　各地新华书店经销

*

2021年3月第　一　版　开本：B5（720×1000）

2021年3月第一次印刷　印张：16

字数：323 000

定价：149.00 元

（如有印装质量问题，我社负责调换）

前　　言

热机作为能源转换和产生推力的关键设备，提高其能源的转换率是目前研究的热点之一，其中以燃气涡轮发动机和航空涡轮发动机的研究为代表。针对能源的转换效率，在优化热机结构的基础上和保证热机使用寿命的前提下，应用新材料提高热机运行温度成为行之有效的方法。在此背景下，高温合金及热障涂层系统得到广泛的研发和应用。镍基高温合金的利用，已经使涡轮发动机叶片的运行温度提高到1000℃以上，而理论上推测内部空冷的特殊叶片结构和热障涂层的使用可以使运行温度在此基础上继续提高100～300℃，从而大大提高发动机的能源转换效率。但是高效率涡轮发动机的发展仍然难以缓解日益尖锐的能源供需矛盾和满足保护环境的需求，发展适用于更高温度的新材料仍然是目前的迫切需要。而理解涡轮发动机高温运行时叶片的失效机制，可以为寻找合适的高温运行材料打下理论基础。由于涡轮发动机高温运行，发动机部件尤其是叶片发生氧化和腐蚀是目前发动机损坏的主要诱因。

为了尽可能地提升热机效率并延长使用寿命，降低高温氧化和腐蚀对发动机部件的损伤，抗氧化和腐蚀的保护涂层得到了应用，如在发动机的高温部件叶片表面添加一层隔热陶瓷层与合金粘结层组成的热障涂层。热障涂层是由多层性能不同的材料组合而成的系统，可以使涡轮发动机等的热机叶片在高温气体(大于1300℃)中运行，从而提高运行效率，减少污染物排放。目前广泛应用的热障涂层分为四层，最外层即第一层为氧化钇增韧氧化锆的陶瓷层，具有较低的热传导率，能有效地降低基体合金表面温度，与燃烧后的气体直接接触，处于高温高压运行环境中。第二层为高温氧化生成的氧化铝保护层，氧化铝致密的组织结构降低了基体和粘结层的氧化速率，可提高叶片的抗氧化和抗腐蚀性能。第三层为合金粘结层，由于陶瓷层和基体合金的力学性能差异较大(特别是热膨胀系数)，在涂层循环应用的过程中会产生较大的内应力，降低陶瓷层的寿命，而粘结层可以有效地缩减陶瓷层与基体合金热膨胀系数差异而引起的热应力。由于粘结层起着承上启下的作用，因此寻找和优化粘结层的成分，提高粘结性能就成为热障涂层研究中的重点和热点。目前，MCrAlY 和 NiPtAl 作为粘结层得到广泛研究和使用。第四层为基体合金，作为结构支撑性材料，目前多为镍基或其他金属的高温合金。

本书围绕上述热障涂层中的高温合金、合金粘结层分别展开研究。对于高温合金，本书主要研究氧化铝保护型铁基合金在不同氧化气氛中的抗氧化行为及微量元素和活性元素对铁基合金表面氧化铝形成的影响，利用微观结构和成分变化分析解释合金抗氧化机制。

粘结层作为热障涂层中连接 TBC 陶瓷层和基体的中间层，它的力学性能和粘结性能极大地影响着整个热障涂层的寿命和抗氧化性能。为了确保 α-Al_2O_3 层的连续生长性，粘结层中保持充足的 Al 元素储备成为设计涂层的必要条件。目前热障涂层系统中 MCrAlY 涂层和扩散性铝化物涂层，这两种类型的粘结层应用较为广泛。本书主要研究弥散强化相改性后 MCrAlY 涂层在不同气氛中的抗氧化行为及表面粗糙度对扩散性铝化物涂层抗氧化行为的影响，分析和揭示合金粘结层表层氧化铝的形成和生长机制。

本书的主体内容分别由昆明理工大学的宋鹏(撰写第 2 章、第 4 章、第 5 章和第 6 章)、冯晶(撰写第 1 章)、黄太红(撰写第 3 章和第 7 章)撰写。特别感谢昆明理工大学陆建生教授和德国 Jülich 研究中心 W.J.Quadakkers 教授的悉心指导。感谢德国 Jülich 研究中心 D.Naumenko 在实验设计、数据分析方面的指导和帮助。感谢研究生李超、李青、翟瑞雄、花晨、李德民、黄文浪、马照坤等在实验数据收集、整理方面给予的帮助。

最后，感谢家人和其他老师及朋友给予的支持和帮助。

目　录

第 1 章　热机用高温材料概述……1
1.1　热障涂层系统……4
1.2　热障涂层的陶瓷层……4
1.3　热障涂层的粘结层……6
1.3.1　MCrAlY 涂层……6
1.3.2　扩散性铝化物涂层……9
1.4　高温合金……11
1.4.1　合金中的活性元素……12
1.4.2　活性元素的分布……12
1.4.3　活性元素对氧化层生长速率的影响……13
1.4.4　活性元素对氧化层粘结性的影响……14
参考文献……14
第 2 章　腐蚀与防护的热力学基础……17
2.1　引言……17
2.2　氧化的热力学条件……18
2.3　标准生成自由能-温度图……19
2.4　氧化动力学……22
2.4.1　氧化初期……22
2.4.2　扩散控制的氧化层生长……23
2.4.3　重量变化和氧化物厚度……25
2.4.4　常见金属氧化率的差异……26
2.5　合金的氧化……28
2.5.1　内氧化和外氧化……28
2.5.2　保护性氧化层的形成……29
2.5.3　合金长期使用的氧化参数……31
2.5.4　合金和涂层表面形成 Al_2O_3 型保护层……32
2.5.5　合金表面保护层的生长与失效……35
参考文献……37

第 3 章 ODS 型 FeCrAl 合金的氧化行为 …… 39
3.1 ODS 型 FeCrAl 合金的制备 …… 39
3.2 实验样品制备 …… 40
3.3 Ti 对 ODS 型 FeCrAl 合金氧化行为的影响 …… 41
3.3.1 氧化动力学分析 …… 41
3.3.2 表层氧化铝的微观结构 …… 41
3.3.3 氧化示踪实验结果 …… 47
3.3.4 Ti 对活性元素 Y 分布的影响 …… 49
3.4 ODS 型 FeCrAl 合金在 Ar-20%O_2 中的氧化行为 …… 50
3.4.1 Y 含量对合金氧化动力学的影响 …… 50
3.4.2 Y 含量对合金表面成分分布的影响 …… 51
3.4.3 Y 含量对表面氧化铝微观组织的影响 …… 53
3.4.4 合金在 Ar-$^{18}O_2$ 中的氧化示踪实验 …… 59
3.4.5 氧化铝晶界上 Y 和 Ti 的分布 …… 60
3.5 ODS 型 FeCrAl 合金在 Ar-4%H_2-7%H_2O 中的氧化行为 …… 61
3.5.1 合金的氧化动力学 …… 61
3.5.2 活性元素 Y 对合金表层成分分布的影响 …… 63
3.5.3 Y 含量对合金氧化铝微观形貌的影响 …… 64
3.5.4 含水/氢气气氛对氧化铝晶界上 Y 和 Ti 的分布的影响 …… 68
3.6 ODS 型 FeCrAl 合金在 Ar-1%CO-1%CO_2 中的氧化行为 …… 68
3.6.1 含碳气氛中的合金氧化动力学 …… 68
3.6.2 含碳气氛中的合金表层成分分布 …… 70
3.6.3 含碳气氛中的合金表面氧化铝微观结构 …… 71
3.6.4 ^{18}O 示踪实验分析 …… 76
3.6.5 含碳气氛对氧化铝晶界上 Y 和 Ti 的分布的影响 …… 78
3.7 Ti 对合金表面氧化铝生长机制的影响 …… 80
3.8 氧化钇含量对合金氧化铝层生长机制的影响 …… 84
3.8.1 活性元素 Y 在氧化铝晶界上的作用 …… 85
3.8.2 氧化气氛的成分对合金氧化铝生长机制的影响 …… 88
3.9 本章小结 …… 89
参考文献 …… 89
第 4 章 铝硅高温防护涂层 …… 93
4.1 高温干燥空气下铝硅涂层的氧化 …… 94

4.1.1 实验内容 …… 95
4.1.2 氧化动力学测试 …… 96
4.1.3 金相样品的制备 …… 96
4.1.4 高温干燥空气下铝硅涂层氧化动力学分析 …… 96
4.2 高温干燥空气下铝硅涂层微观形貌 …… 98
4.2.1 热浸镀涂层样品的表面微观形貌 …… 99
4.2.2 热浸镀涂层样品的截面微观形貌 …… 101
4.2.3 结果讨论 …… 103
4.3 高温水蒸气下铝硅涂层的氧化 …… 107
4.3.1 样品的制备 …… 107
4.3.2 氧化动力学测试 …… 108
4.3.3 高温水蒸气下铝硅涂层的氧化动力学分析 …… 108
4.3.4 高温水蒸气下铝硅涂层微观形貌分析 …… 110
4.4 结果讨论 …… 114
4.5 本章小结 …… 120
参考文献 …… 121
第 5 章 温度对铂改性铝化物涂层氧化的影响 …… 123
5.1 材料与制备 …… 123
5.2 实验 …… 126
5.2.1 等温与非连续等温氧化 …… 126
5.2.2 循环氧化 …… 126
5.3 分析和测试方法 …… 127
5.4 原始铂铝粘结层 …… 127
5.4.1 900℃热障涂层的氧化 …… 128
5.4.2 1000℃热障涂层的氧化 …… 130
5.4.3 1100℃热障涂层的氧化 …… 132
5.4.4 低活度铂铝粘结层的氧化 …… 133
5.4.5 高活度铂铝粘结层的氧化 …… 136
5.4.6 1150℃热障涂层的氧化 …… 141
5.4.7 铂铝粘结层的热生长层微观结构比较 …… 142
5.4.8 温度对铂改性铝化物粘结层氧化的影响 …… 146
5.5 本章小结 …… 149
参考文献 …… 150

第 6 章　表面处理对粘结层的高温氧化影响…………………………………………152
6.1　铂铝粘结层氧化后的结构特征…………………………………………………152
6.1.1　原始样品…………………………………………………………………152
6.1.2　喷砂处理对氧化铝表面形态的影响……………………………………156
6.1.3　抛光处理对铂铝粘结层氧化的影响……………………………………160
6.1.4　YSZ 陶瓷层对 TGO 生长的影响…………………………………………167
6.1.5　氧化铝厚度与时间的函数关系…………………………………………170
6.1.6　小结………………………………………………………………………174
6.2　热生长层起伏机制………………………………………………………………175
6.2.1　非连续等温氧化…………………………………………………………175
6.2.2　1100℃循环氧化…………………………………………………………178
6.2.3　1100℃等温氧化…………………………………………………………180
6.2.4　1150℃循环氧化…………………………………………………………182
6.2.5　TGO 起伏的 RMS 比较…………………………………………………183
6.2.6　TGO 起伏的 L/L_0 比较…………………………………………………185
6.2.7　TGO 起伏的 W 比较…………………………………………………188
6.2.8　小结………………………………………………………………………190
6.3　热生长层内应力变化机制………………………………………………………190
6.3.1　非连续等温氧化与循环氧化的内应力…………………………………191
6.3.2　时效对内应力的影响……………………………………………………196
6.3.3　表面抛光对内应力的影响………………………………………………197
6.3.4　温度对内应力的影响……………………………………………………198
6.3.5　氧化铝失效的力学解释…………………………………………………200
6.3.6　小结………………………………………………………………………202
6.4　活性元素对粘结涂层的高温氧化影响…………………………………………202
6.4.1　添加活性元素的合金样品成分…………………………………………203
6.4.2　活性元素合金氧化动力学………………………………………………204
6.4.3　活性元素合金高温氧化的断面结构……………………………………205
6.4.4　NiPtAl(Hf)合金高温氧化的断面结构…………………………………207
6.5　本章小结…………………………………………………………………………208
参考文献………………………………………………………………………………210
第 7 章　ODS 型 MCrAlY 合金涂层的氧化行为………………………………………212
7.1　氧化气氛对 ODS 型 CoNiCrAlY 合金涂层氧化行为的影响……………………212

7.1.1 涂层在 Ar-20%O_2 中的氧化行为……212
7.1.2 涂层在 Ar-4%H_2-2%H_2O 中的氧化行为……216
7.2 不同弥散强化相对 ODS 型 CoNiCrAlY 合金涂层氧化行为的影响……220
7.2.1 厚度为 2mm 的涂层的氧化行为……220
7.2.2 厚度为 0.6mm 的涂层的氧化行为……227
7.3 ODS 型 CoNiCrAlY 合金涂层氧化机制研究……229
7.3.1 氧化铝弥散强化相对合金涂层氧化速率的影响……229
7.3.2 模拟计算 CoNiCrAlY 粘结层氧化铝层的生长……231
7.3.3 弥散强化相及含量对 CoNiCrAlY 粘结层氧化机制的影响……236
7.4 本章小结……240
参考文献……241
附录 A 晶粒宽度计算……242

第1章　热机用高温材料概述

近30年来，我国国民经济保持平稳快速的发展格局，与此同时，能源消费总量迅速增长，由于我国受国内人均能源资源储量的限制，未来的能源供需矛盾将日益突出。在目前所有化石燃料中，天然气成为产生能源的环境友好型燃料。国际能源署估计，中国的天然气民用消耗量将从2005年的3%增长到2030年的10%，而电能将从8%增长到24%，详细情况如图1.1所示。而在工业发电厂中，按照目前的科技条件必然造成大量热能浪费，发电效率只有35%左右。在现代多循环发电站(combined-cycle power plant，CCPP)中，由于涡轮发动机的高温排放气体可以进一步利用，因此可以使其效率达到58%或更高，所以发展能源利用率高、推力大的涡轮发动机是工业发展和国防建设的迫切需要。涡轮发动机作为能源转换和产生推力的关键设备，提高其能源的转换率是目前研究热点之一。在优化涡轮发动机结构的基础上和保证涡轮发动机使用寿命的前提下，应用新材料提高运行温度成为行之有效的方法。在此背景下，高温合金及热障涂层系统得到广泛的研发和应用。镍基等高温合金的利用，已经使涡轮发动机叶片运行温度提高到1000℃，而理论上内部空冷的特殊叶片结构和热障涂层的使用可以在此基础上继续提高100～300℃，从而大大提高发动机的能源转换效率。但是高效率涡轮发动机的发展仍然难以缓解日益尖锐的能源供需矛盾和保护环境力度的需求，发展适用更高温度的新材料仍然是目前的迫切需要。而理解涡轮发动机高温运行时叶片的失效机制，可以为寻找合适的高温材料打下理论基础。由于涡轮发动机高温运行，发动机部件尤其是叶片发生氧化和腐蚀是目前发动机损坏的主要诱因。

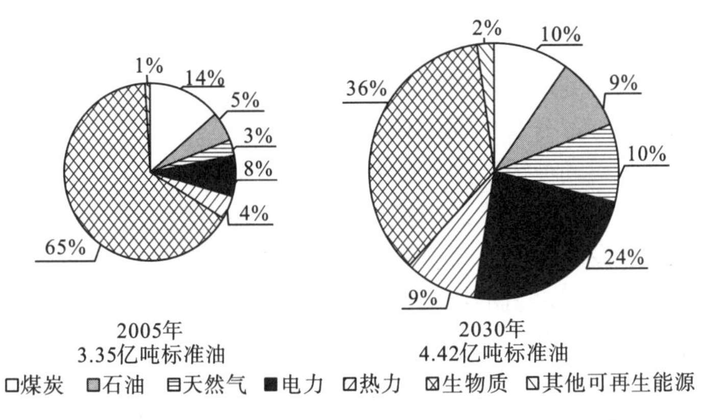

图1.1　中国2005年和2030年民用能源消费情况[1]

为了提高涡轮发动机机组的动力输出效率，在发动机叶片上应用高温热障涂层是有效的途径之一。热机中的燃气涡轮发动机是目前多循环发电机组中最重要的部件，其在发电站能源输出中占 2/3。这种涡轮发动机一般分为三部分：压缩室、燃烧室和涡轮，其结构如图 1.2(a)所示。通过多层压缩室，高压气体进入燃料室燃烧，然后排放气体以极高的速度冲击涡轮，把化学能转化为机械能。燃气冲击涡轮的气体温度为 1200～1400℃。发电用的燃气涡轮发动机的运行主要依靠气体推动叶片带动机轴转动，从而产生电能。图 1.2(b)为热机中的航空涡轮发动机，此涡轮发动机主要利用高速气体直接从发动机尾部快速喷出从而产生反推力。目前热机中涡轮发动机的研发和生产仍以西方发达国家为主，我国应用的民用航空及许多大型发电使用的涡轮发动机大多来自通用、Rolls-Royce、Pratt & Whitney 和西门子等公司。近 20 年来，尽管我国在涡轮发动机方面取得了极大的发展，但由于设计理念、精密加工和材料制备等方面的较大差距，与西方发达国家的产品相比，缺乏竞争力。

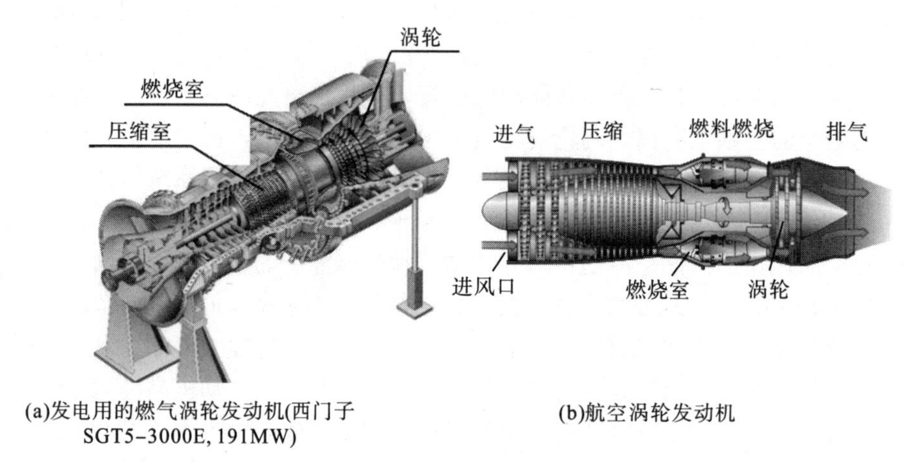

(a)发电用的燃气涡轮发动机(西门子 SGT5-3000E, 191MW)　　(b)航空涡轮发动机

图 1.2　燃气涡轮发动机结构示意图

为了高温运行时涡轮发动机拥有较长的使用寿命(一般为 25000h)，发动机叶片的使用材料研究得到迅速发展，国外经过几代的发展(图 1.3)，材料使用温度逐渐提高。从 20 世纪 60 年代的锻造合金到常规铸造合金，从定向凝固合金到现在的单晶合金，使材料的使用温度从 800℃升高到 1000℃以上，通过优化单晶合金成分和叶片内部冷却结构可以进一步提高使用温度，但由于合金高温力学强度的限制，在目前涡轮发动机结构情况下，单纯使用合金的提升空间已经不大。

根据图 1.2 涡轮发动机的结构和运行原理可知，涡轮发动机运行中温度最高的部分为燃烧室和涡轮叶片。经过压缩的空气和燃料在燃烧室混合点燃，使气体进一步地被压缩，然后冲击符合空气动力学设计的叶片(图 1.4)，使化学能转变为机械能。在上述运行过程中，发动机(尤其是燃烧室和涡轮叶片)由于高温受到热应力影响，同时叶片还会受到高温高压气体的冲击力。如果在 1100℃基础上进一步提高温度，单独的高温合金叶片不但不能维持其结构力学性能，而且叶片金属会与燃烧气体发生化学反应，导致发生高温氧化和加速叶片失效。为了尽可能地提升发动机效率和延长使用寿命，降低高温氧化和腐蚀对发动机部件的损伤，抗氧化和腐蚀的保护涂层得到了应用。近 10 年来，在发动机的高温部件叶片表面添加一层绝热陶瓷层与合金粘结层组成的热障涂层(thermal barrier coating，TBC)得到了广泛的应用。热障涂层利用合金本身作为结构支撑材料，利用表面陶瓷层减少热量传导，利用粘结层生成的氧化物提高高温抗氧化能力。目前在保证涂层热力学稳定性的前提下，提高运行温度的同时尽可能地延长涂层使用时间得到了广泛的研究。

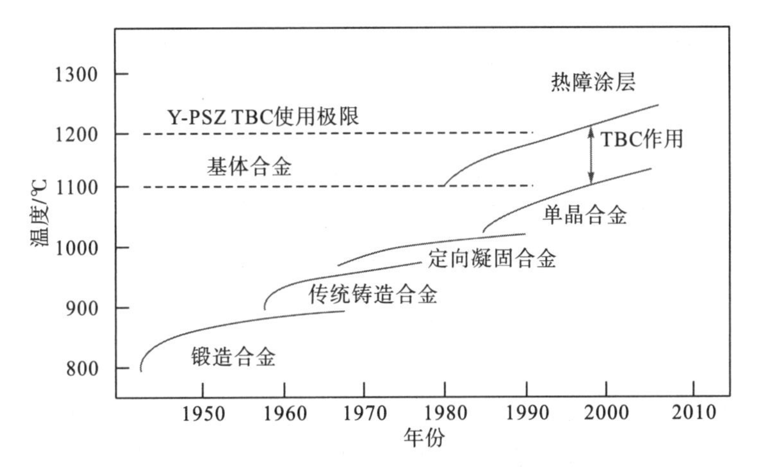

图 1.3　燃气涡轮发动机叶片合金发展

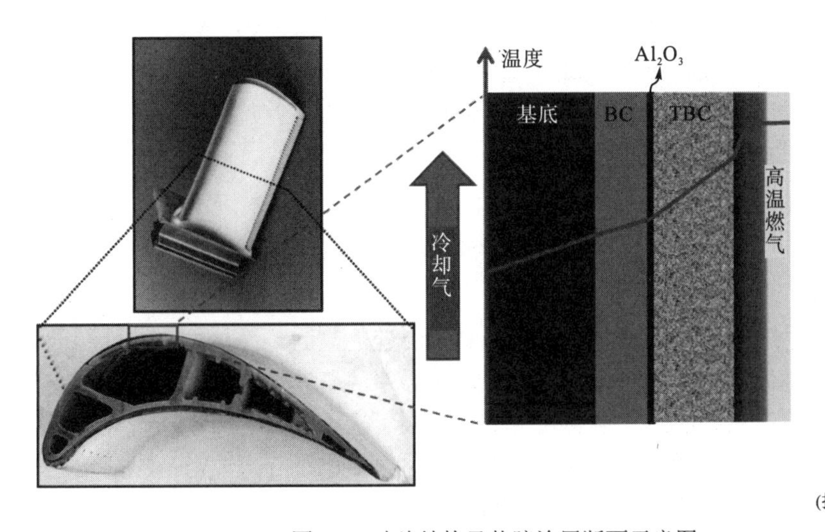

图 1.4　叶片结构及热障涂层断面示意图

1.1 热障涂层系统

金属和陶瓷在热力学方面的巨大性能差异使它们在工程中有不同的作用和用途。目前，数百种合金或复合材料涂层能够保护工程结构材料免于腐蚀、摩擦和氧化等的损害，同时提供润滑和隔热等作用。其中，热障涂层结构最为复杂，并且运行环境多为高温航空及工业燃气涡轮发动机。目前，涡轮发动机热障涂层利用陶瓷的隔热和抗腐蚀特点来保护内部结构合金材料，不仅可以通过提高运行环境温度来提高燃料的燃烧效率，同时还可以延长发动机的使用寿命。热障涂层作为现代国防尖端技术领域中的重要技术之一，在航空航天、船舶、能源、化工和汽车动力等传统领域及新技术领域得到大量应用。

热障涂层是多层性能不同的材料组合而成的系统，可以使涡轮发动机的叶片在高温气体(大于 1000℃)中运行，从而提高运行效率，减少污染物排放。图 1.4 显示了叶片结构，可以通过内部空气流通而降低结构材料服役温度，目前广泛应用的热障涂层分为 4 层。第一层为氧化钇增韧氧化锆的陶瓷层(YSZ)，具有较低的热传导率，能有效地降低基体合金表面温度，与燃烧后的气体直接接触，处于高温高压运行环境中。第二层为高温氧化生成的氧化铝保护层，由于其致密的组织结构，从而降低了基体和粘结层的氧化速率，主要依靠氧化铝来提高叶片的抗氧化和腐蚀性能。第三层为合金粘结层，由于陶瓷层和基体合金的力学性能差异较大(特别是热膨胀系数)，在涂层循环应用的过程中会产生较大的内应力，降低陶瓷层的寿命，而粘结层可以有效地缩减陶瓷层与基体合金热膨胀系数差异而引起的热应力。由于粘结层具有承上启下的作用，因此寻找和优化粘结层的成分、提高粘结性能就成为热障涂层研究中的重点和热点。目前，MCrAlY 和 NiPtAl 作为粘结层得到广泛研究和使用。第四层为基体合金，作为结构支撑性材料，目前多为镍基或其他金属的高温合金。从图 1.3 中可以看出，叶片结构支撑合金材料制造工艺的发展给合金的高温力学性能带来了重要影响。

1.2 热障涂层的陶瓷层

热障涂层中陶瓷层的基本设计思想：利用陶瓷的高耐热性、抗腐蚀性和低导热性，实现对基体合金材料的保护。其中，热导率的研究一直受到研究者的高度重视，提高氧化锆系列的热障涂层使用寿命极限，也一直是热障涂层研究中的一个重要方向。目前，对适用于作为热障涂层的材料提出了一些要求：①高熔点；②较高的热反射率；③低密度；④良好的抗热冲击性能；⑤较低的蒸汽压；⑥较高的抗高温氧化及抗高温腐蚀的能力；⑦较低的热导率；⑧较高的热膨胀系数；

⑨与铝在热力学上稳定，不发生化学变化；⑩能产生和稳定一定比例的孔隙。

综合考虑上述的性能要求，从以往研究的陶瓷材料来看，可适用于高温热障涂层的陶瓷材料主要有氧化锆、氧化锆／氧化铝、氧化铝、氧化钇／氧化铈稳定的氧化锆、莫来石、锆酸镧、稀土氧化物、锆酸锶、磷酸锆、硅酸锆、钛酸锆陶瓷等。其中，氧化锆是一种耐高温的氧化物[2,3]，熔点为 2680℃，热导率为 2.17W/mK(1273K)，线性膨胀系数为 $11\times10^{-6}\sim13\times10^{-6}K^{-1}$(与温度有关)，弹性模量为 21GPa(1373K)。ZrO_2 的晶型有 3 种，即单斜(m)、四方(t)和立方(c)。常温条件下，稳定相为单斜晶型；高温条件下，稳定相则为立方晶型。纯 ZrO_2 的熔点为 2680℃，而两个相转变温度为：单斜 ZrO_2 向四方 ZrO_2 的可逆转变温度为 1170℃，四方 ZrO_2 向立方 ZrO_2 的可逆转变温度为 2370℃。为了在较宽的温度范围中获得稳定的氧化锆，通常在其中添加其他氧化物，其中 7～8wt.%①的氧化钇或氧化铈稳定增韧的氧化锆整体性能最好，是目前广泛应用的陶瓷热障涂层。

目前常用的氧化钇增韧氧化锆的热传导系数为 0.8～1.9W/mK，这比镍基合金低一个数量级，比许多陶瓷也要低。另外，这种类型的陶瓷具有一个比较重要的性能，即热膨胀系数相对较大，为 $9\times10^{-6}\sim11.5\times10^{-6}K^{-1}$(与温度有关)，而粘结层的热膨胀系数为 $12\times10^{-6}\sim20\times10^{-6}K^{-1}$(与温度有关)，同一量级的热膨胀系数极大地降低了涂层热循环使用过程中由于热膨胀系数差异而导致的内应力。目前，学者对下一代的陶瓷涂层已经做了大量的研究，发现 $La_2Zr_2O_7$ 具有较低的热传导系数和优良的力学性能，但距成熟的工业应用仍需要大量的研究。

经过几十年的发展，热障涂层中陶瓷层的制备工艺也是日益丰富和成熟，目前主要采用等离子喷涂(plasma spraying)和电子束物理气相沉积(electron beam-physical vapor deposition，EB-PVD)，两种工艺各有优势。等离子喷涂已经有 50 多年的历史，而 EB-PVD 是近 30 年才发展起来的。等离子喷涂成本低，具有喷涂较大成分范围以及较大型工件的能力。而对于涡轮叶片来说，利用 EB-PVD 制备的热障涂层可以更有效地控制涂层表面的平滑度，使其更加符合空气动力学条件，并减少对冷却孔的干扰，但由于设备复杂，性价比相对较低。

利用等离子喷涂和 EB-PVD 制成的陶瓷层具有完全不同的微观结构，如图 1.5 所示。EB-PVD 制成的陶瓷层多为柱状排列规则的结构，各个柱状结构之间留有微小空隙。这种结构使陶瓷层具有较大的热膨胀系数，可以减小与粘结层的内应力，从而增加其使用寿命。而等离子喷涂制成的陶瓷层则呈无规则结构，内部有较多的缺陷，同时其表面较为粗糙。

---

① wt.%：质量分数，$wt.\%=\frac{B的质量}{A的质量+B的质量}\times100\%$。

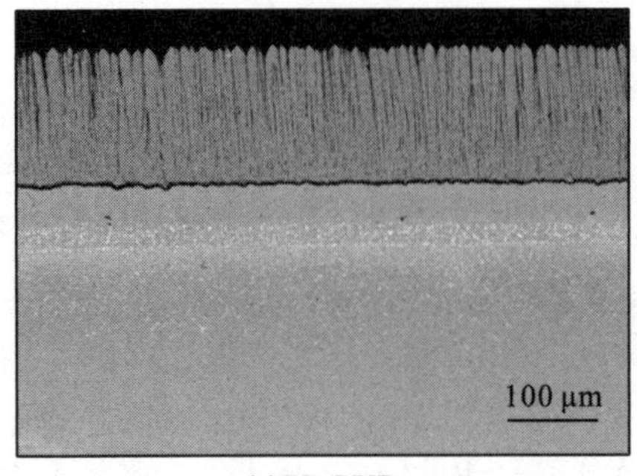

(a)EB-PVD

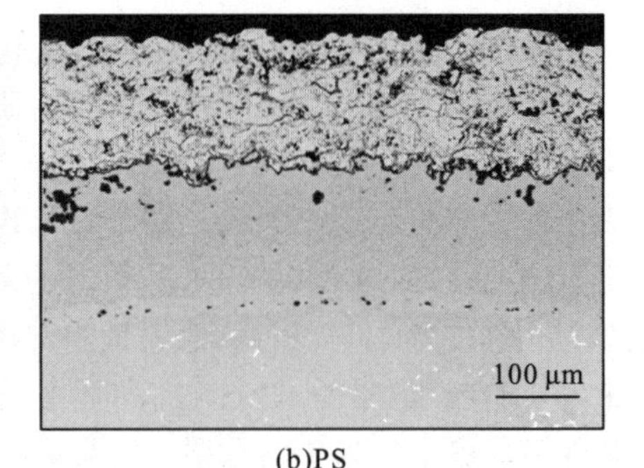

(b)PS

图 1.5　热障涂层中陶瓷层沉积方法

1.3　热障涂层的粘结层

高温工作环境对发动机部件主要有三种腐蚀(氧化)形式：高温氧化、高温热腐蚀、低温热腐蚀，温度高于 1000℃时以高温氧化为主要腐蚀形式。目前高温应用条件下，由于陶瓷层的氧透过性较高，因此基体合金的抗氧化性能就主要依靠粘结层，它的力学性能和粘结性能严重影响着整个热障涂层的寿命和抗氧化性能。这层合金涂层的设计通常确保低生长速率、连续致密和无缺陷的 α-Al_2O_3 层生成作为氧扩散的阻挡层。为了确保 α-Al_2O_3 层的连续生长性，粘结层中保持充足的 Al 元素储备成为设计涂层的必要条件。目前热障涂层系统中两种类型的粘结层较为广泛：MCrAlY 涂层和扩散性铝化物涂层。

1.3.1　MCrAlY 涂层

为了缓解陶瓷涂层和基体的热膨胀不匹配，同时提高基体合金的抗氧化性能，在基体和陶瓷涂层之间添加了一层 MCrAlY(其中 M 为 Ni、Co 等)金属粘结层。目前，MCrAlY 粘结涂层的常见合金体系有 FeCrAlY、NiCrAlY、CoCrAl、NiCoCrAlY 等，各自具有不同的抗热腐蚀性能和抗氧化性能。但由于 CoO、Fe_2O_3 等在高温下易与 ZrO_2 的单斜相或立方相发生化学反应，因此 CoCrAlY 和 FeCrAlY 不宜做热障涂层的粘结层。由于 MCrAlY 粘结层的成分对粘结层在热循环过程中热氧化层的生长速度、生长结构、完整性、与基体的结合力和剥落行为具有决定作用，因此选择合适的粘结层 MCrAlY 合金成分对于延长热障涂层的使用寿命非常重要。粘结层合金组元中 Ni、Co 或 Ni+Co 是基本涂层元素。由于 Co 的抗热腐蚀性能优于 Ni，但抗氧化性能不如 Ni，因此 Ni+Co 的组合有利于提高涂层的综合抗腐蚀(氧化)性能，从图 1.6 中可以发现，各种 MCrAlY 涂层的不同抗腐蚀和抗氧化性能。通常组元中 Cr 用于保证涂层的抗热腐蚀性，Al 用于提高涂层的抗氧化性。由于 Al、Cr 的存在使涂层的韧性降低，因此为了保证涂层的抗疲劳性能，涂层中 Al、Cr 的含量应在保证抗氧化及抗热腐蚀性能的情况下尽可能地降低，但为了保证 α-Al_2O_3 层的连续生长性，Al 元素含量又不能太低，所以优化 Al 元素含量显得尤其重要。通常应用的抗高温氧化 MCrAlY 涂层的相组成主要为 γ(Ni、Co 或 Ni+Co)固溶体和 β-NiAl 金属间化合物的双相。在高温氧化过程中，由于在表面形成 Al_2O_3 使粘结层内 Al 的含量减少，β 相将转变为 γ′-Ni_3Al 相，当涂层中 β 相消失时，同时造成粘结层的抗氧化性降低。通常使用的 MCrAlY 抗氧化涂层中 Al 的含量为 8～12wt.%。而含量小于 1 wt.%的微量元素 Y 等起到提高 Al_2O_3 层与基体结合力的作用，同时可以改善涂层的抗热震性。涂层中还可添加其他的合金化元素(如 Si、Ta、Hf 等)用以改善涂层的力学及抗氧化性能。

优化粘结层材料和改进制造工艺可以提高其抗氧化能力和使用寿命。例如，在 MCrAlY 粘结层表面沉积或预制一层具有抗氧化性的薄层，如在对 MCrAlY 层进行短时间的预氧化处理，提前形成氧化铝薄层阻挡层，可以进一步降低循环氧化中的氧化速率，从而提高热障涂层的抗氧化性能。图 1.6 体现了 CoNiCrAlY 粘结层的抗氧化、抗热腐蚀综合性能对涂层成分的依赖性。

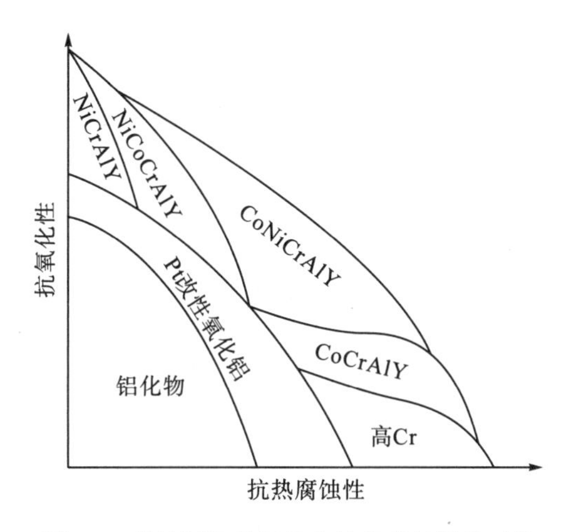

图 1.6　粘结层的抗氧化和抗热腐蚀性能对比

现在新型的 MCrAlY 粘结层先是利用机械合金化的方法制备以氧化钇、氧化铪为弥散相的粉体，然后再利用低压等离子喷涂(low pressure plasma spraying，LPPS)[4, 5]或真空等离子喷涂(vacuum plasma spraying，VPS)[6,7]制备氧化物弥散强化型(oxide dispersion strengthening，ODS)粘结层。利用机械合金化制备高温合金早已出现，但是将这种方法引入粘结层的制备却是近年来的研究[5]。

目前，对于粘结层的研究主要集中在涂层制备方法上，不同的制备方法其主要区别在于制备后粘结层含氧量、孔隙率及表面的粗糙程度[8]。粘结层的这些参数直接影响整个热障涂层系统的使用寿命[8]。LPPS 普遍用于热障涂层系统中粘结层的制备。利用 Ar 的等离子体熔化原料粉体，然后推送这些半熔或是熔融的颗粒，使之沉积在目标合金表面。LPPS 需要一个很大的真空腔室，所以制作成本昂贵。但是，如果采用优化的制备工艺参数，LPPS 可以制备含氧量极低，结构致密同时高表面粗糙度的粘结层。为了得到高的表面粗糙度，粘结层常用两种颗粒大小不同的粉体制备：均匀小颗粒用以制备内层致密的基体层，再辅以大颗粒制备相对薄的外层，这样便得到内部致密和表面粗糙度高的粘结层[9]。

近年来也出现了一些其他方法制备 MCrAlY 粘结层的尝试，试图替换昂贵的真空腔室。超音速火焰喷涂(high-velocity oxygen-fuel，HVOF)是其中比较成功的方法[10]。超音速火焰喷涂是将氧气与燃气混合并在燃烧室中点燃并经喷嘴的约束形成超音速高温热流。然后将粉末引入加热气流中，并使其半熔化的颗粒加速射向零部件表面，形成粘结层。由于高速气体使粉末原料在喷涂过程中相比于大气等离子喷涂氧化较少，因此在一定程度上控制涂层中的氧含量。通常利用 HVOF 制备的粘结层含氧量一般为 2000～5000 wt.ppm①，而对于一般的粘结层，为提高其粘结性能，其活性元素的含量一般为 0.3%～0.6%，这便导致几乎所有的活性元素以氧化物的形态存在于粘结层中[8]。对于 EB-PVD 制备陶瓷层的热障涂层系统来说，提高粘结层的氧含量会降低整个涂层的使用寿命[11]。但是对于利用等离子喷涂制备陶瓷层的热障涂层系统，利用 HVOF 制备高的氧含量粘结层不会减少整个涂层系统的使用寿命。使用 HVOF 制备粘结层的主要缺点是粘结层表面粗糙度相对较低，陶瓷层与粘结层之间粘结性较差，这导致顶层陶瓷层和粘结层的界面易产生裂纹，陶瓷层过早脱落，整个涂层使用寿命减少[10, 12]。

最近，研究者又发现利用 HVOF 制备含有活性元素 Y 的粘结层时，如果得到均匀分布的氧化钇，那么涂层系统中热生长氧化层(thermally grown oxide，TGO，简称热生长层)生长缓慢而且具有出色的粘结性能[13]。这和前文所述的 ODS 型合金具有相似的结果。这便将氧化物弥散强化及机械合金化方法引入粘结层的制备中。

其中，利用 LPPS 制备的氧化物弥散强化型粘结层，表现出优异的综合性能。相比于传统或商业性的金属粘结层，ODS 型合金涂层具有更低的氧化速率、更强的粘结性及更长的使用寿命。图 1.7 直观地反映出在相同的氧化时间下，传统商业合金粘结层形成的 TGO 厚度明显厚于 ODS 型的合金粘结层，并且传统商业合金粘结层形成的 TGO 中含有块状的沉淀的氧化物颗粒，而这些氧化物会为氧的向内扩散提供通道，加速氧化铝层的生长。

对于粘结层的未来发展可能包括改进制备工艺，获得优化的、复杂的粘结层粗糙度，但这可能需要寻找一种新的粘结层。目前，热力学动力学建模分析在新涂层的开发和改进上已经展现出巨大的潜力。

① ppm 表示百万分之一。

ODS 型 MCrAlY 合金涂层的制备方式主要有前文所述的 LPPS、HVOF 及等离子喷涂。ODS 型粘结层制备与传统的或商业上所制备的工艺相似，主要区别在于粉体原料的制备。ODS 型 MCrAlY 合金粉末在制备过程中必须确保氧化物均匀地分布在原料粉末中。采用一般的粉末冶金或熔炼工艺很难实现氧化物质点均匀分布，目前最为广泛的是使用机械合金化方法制备此类 ODS 型粉末。

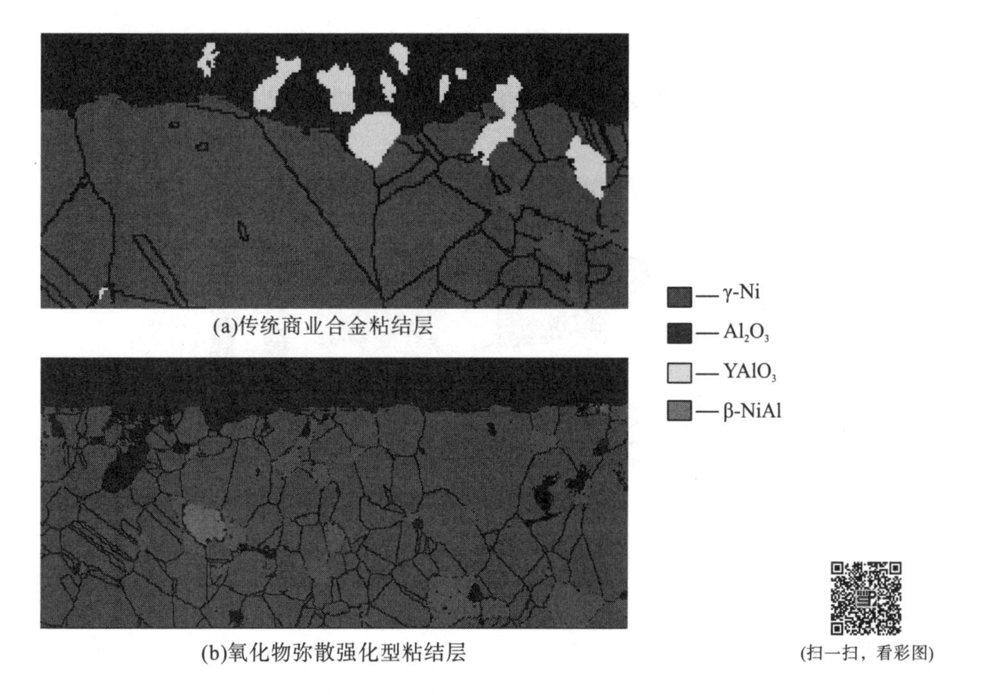

(a)传统商业合金粘结层

(b)氧化物弥散强化型粘结层

图 1.7 传统商业合金粘结层与氧化物弥散强化 MCrAlY 合金粘结层在 Ar-4%H_2-2%H_2O 气氛中 1100℃氧化 72h 后表面氧化铝的 EBSD 分析结果

1.3.2 扩散性铝化物涂层

扩散性铝化物涂层广泛应用于喷气涡轮发动机中。一般情况下，多在合金基体表面形成富 Al 的 30～70μm 厚的 NiAl 层。这种铝化物涂层的常用生产方法为渗铝包浆法。从图 1.8 可以发现，这种方法中，把部件放入富 Al 元素的 Cr-Al 合金粉末、Al 元素的氧化物(作为惰性填充物)和卤化物催化剂的混合物中，加热钢制容器时各种物质将发生反应，从而在合金基体上沉积一层铝化物涂层。这种方法适用温度范围广(500～1200℃)，涂层厚度较厚，可以生成同质性的涂层且成本较低。但是它也具有一些缺点，如难以在部件的某些部位(如叶片根部)形成渗铝涂层、混合物粉末容易堵塞叶片的内部冷却通道、渗铝后叶片冷却时间长、混合物粉末利用率低及卤化物容易造成空气污染等。B.M.Warnes 等在 1997 年利用化学气相沉积法(chemical vapor deposition，CVD)制备扩散性铝化物涂层。可以通过不同活性的 CVD 方法制取不同成分的铝化物涂层。化学气相沉积法多是利用低温(小于 600K)下 99.999wt.%金属铝产生的铝的三氯化物。一般情况下，化学气相沉积法分为低活度和高活度沉积。在低活度化学气相沉积过程中，沉积部件涂层的表面涂层气体分别由 $AlCl_3$ 循环产生器产生。与低活度化学气相沉积唯一的不同是高活度化学气相沉积包括高温 Al 元素来源。

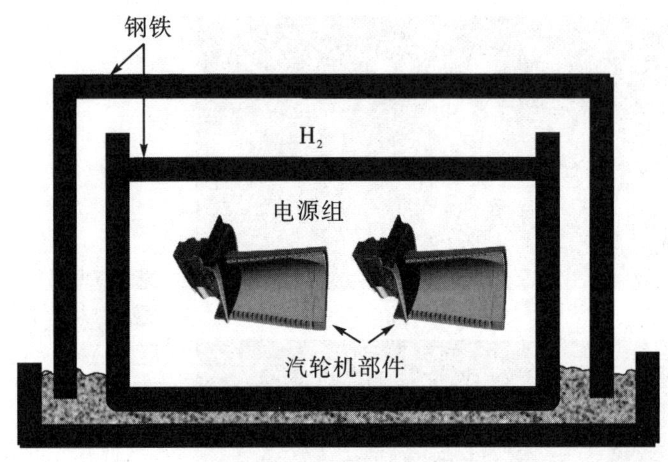

图 1.8 包浆法设备示意图

在得到上述的涂层后，所有样品通常要进行相应的渗铝热处理，促进 Al 元素的扩散，形成相应的粘结层结构。20 世纪 70 年代 Pt 元素改性铝化物涂层具有稳定的高温抗氧化性能而得到广泛的应用。Pt 改性铝化物涂层多是首先在合金基体上电镀一层 7～10μm 的铂，然后按照包浆法或不同活度的 CVD 渗铝，做相应的热处理，最后利用 EB-PVD 技术进行热障涂层系统的陶瓷层沉积。

从抗氧化性能和抗腐蚀性能而言，根据图 1.6 可以发现，相对于 CoCrAlY 和 NiCrAlY 涂层单一性能较高而言，铂改性铝化物涂层同时具有相对较高的抗腐蚀和抗氧化性能。具体表现为：对低于 Na_2SO_4 熔点 884℃的 II 型低温(主要为 650～800℃)热腐蚀而言，MCrAlY 具有良好的保护性能；对于 I 型高温(主要为 850～950℃)热腐蚀，MCrAlY 和 Pt 改性铝化物涂层都具有良好的保护性能。但是作为抗氧化保护涂层和热障涂层的粘结层而言，利用 CVD 渗铝形成的铂改性铝化物涂层表现最为优异，同时性能比较稳定。另外，目前发现添加了 Hf 的铂改性铝化物涂层具有比 CoCrAlY 还要优异的抗腐蚀性能。所以对于稳定性和安全性要求较高的发动机，通常首先使用铂改性铝化物涂层。目前 Pt 扩散性铝化物涉及的元素成分相对单一，因而制造工艺相对稳定和简单，同样，由于较好的抗氧化性能和粘结性能，目前广泛使用于航空涡轮发动机等的热障涂层系统中，同时对于 Pt 元素在氧化中的影响机制、涂层的失效机制仍然是目前的研究难点和热点。

1.4 高温合金

高温合金广泛应用于航天、交通、核能、石油化工及冶金等高温领域。高温合金为了满足上述不同服役环境的要求：一方面由原来单一的铸锻合金发展到现在的新型定向凝固单晶合金、粉末高温合金、金属间化合物及由机械合金化制备的氧化物弥散强化[14, 15]合金等；另一方面通过在高温合金中添加微量元素 Ti、Al、Si [16-19]及稀土类活性元素 Y、Hf、Zr [20-24]等提高合金的综合性能。

高温合金经过多年的发展，种类众多，通常可以按基体分为铁基高温合金、镍基高温合金及钴基高温合金。由于 Co 元素的一些限制，国际上使用的高温合金主要以铁基和镍基合金为主。

铁基高温合金由于其低廉的价格，简单的制备工艺，同时具有较高的抗氧化和抗腐蚀性能，因此广泛应用于国防、航空、能源及核工业等领域的高温结构材料。铁基高温合金由起初简单的 Fe-Cr 系、Fe-Cr-Ni 系的合金，主要通过添加 Cr 和 Ni 来提高合金的高温强度[25, 26]，发展到现在 Fe-Cr-Al-Y 系、Fe-Cr-Ni-Al-Y 系的高温合金。合金的使用温度也由原来的 600℃提高到 1200℃。以氧化钇为弥散强化相的高温 FeCrAl 合金是目前应用在 1100℃以上环境中主要的高温合金。合金中 Al 主要作为氧化过程中表面氧化铝形成的铝源，提高合金的抗氧化性能，铝含量通常为 5～12 wt. %，含量过高会造成合金韧性降低。合金中的 Cr 一方面可以降低形成氧化铝层所需的 Al 含量，有助于形成连续致密的氧化铝层；另一方面保证粘结层的抗热腐蚀性。活性元素(Y、Hf 及 Zr 等)的添加可以改变合金表层氧化铝的生长机制，提高氧化铝层的粘结性，延长合金涂层的服役时间。

近年来，铁基 ODS 高温合金被开发作为结构材料广泛应用于核聚变反应堆的材料[27]及快中子增殖反应堆[28]等。这是由于氧化物弥散强化合金具有较高的抗蠕变性和抗辐射稳定性及较低的聚变能量活化能等良好的特性。目前正在建造的世界上最大的热核反应堆——国际热核聚变实验反应堆(international thermonuclear experimental reactor，ITER)的内层壳体就是采用的铁基 ODS 高温合金。工业上，由于 FeCrAl 型高温合金出色的高温抗氧化性能，广泛应用于高温热处理炉、热交换机、工业燃烧器等。

FeCrAl 型高温铁基合金可以作为结构材料应用于汽车尾气催化器载体及一些热气流过滤系统，包括柴油机尾气处理系统和火力发电站烟道气体处理系统。相比于陶瓷基体，铁基高温合金在热导性、抗震性方面具有优势，并且价格低廉，其产量也在逐年快速增加。

1.4.1 合金中的活性元素

活性元素(reactive element，RE)的研究起始于 20 世纪 70 年代，最先是由 Prof. Stringer 提出的一些对氧具有强亲和力的稀土元素，如钇、铪、铈、镧等。起初人们主要研究活性元素对高温合金表层氧化铬生长速率的作用[29, 30]。自从研究者发现高温合金表面的氧化铝层生长机制也受到活性元素的影响开始，Fe-Cr-Al 系高温合金开始迅速发展起来。从 20 世纪 80 年代开始，研究者发现活性元素可以提高氧化层的粘结性，改变氧化层的生长机制由金属阳离子向外扩散的外生长转变为氧向内扩散的内生长，抑制氧化铝/合金界面附近因扩散导致的空洞及缺陷的形成。活性元素主要会在氧化铝层中的晶界上聚集与偏析影响氧和铝离子的扩散[31, 32]。现在活性元素的研究大多数集中在其掺杂的合金的应用上，从原有的实验室样品合金到如今商业大规模生产，从单一的元素影响到现在结合各种服役条件要求，热处理参数、表面处理及几何因素等研究活性元素在合金及涂层中的作用。

1.4.2 活性元素的分布

铁基及镍基高温合金中掺杂的活性元素多为钇和铪。这两种稀土元素在合金高温氧化的时候所起的作用相似。传统的高温合金及涂层活性元素多数在制备原材料粉末的时候以金属粉末形式添加入基体，在高温氧化过程中，活性元素 Y 与 Hf 都会向合金表层扩散并且在合金表面形成富含 Y、Hf 及 Al 的混合氧化物。同时，当表层氧化铝层形成后，活性元素会沿着氧化层晶界向外扩散至氧化铝表面，同时在氧化铝晶界上活性元素聚集偏析，形成微颗粒，影响 Al 和 O 在氧化铝晶界上的扩散，从而影响整个氧化铝层的生长模式。利用辉光放电发射光谱仪(glow discharge optical emission spectrometry, GD-OES)可以得到氧化铝层中各种微量元素的浓度分布。对于 ODS 合金，活性元素的分布有所不同。在 ODS 合金中，活性元素多数以氧化物的形态均匀分布在合金基体中。高温氧化过程中，活性元素依然会沿着氧化层的晶界向外扩散，但由于弥散强化的影响在涂层基体中合金元素 Al 会与活性元素 Y 发生反应，形成稳定的 $YAlO_3$ 相，阻碍活性元素向外扩散。涂层基体中活性元素 Hf 会与涂层中残余的 C 发生反应形成非常稳定的 HfC 化合物。活性元素在氧化铝层晶界上存在少量的偏析但不会形成微观颗粒，也改变了氧化铝层的生长模式。不管是以传统方法制备的合金涂层还是 ODS 型合金涂层，活性元素的分布都会受到合金涂层中微量元素，如钛、锰及其本身含量的影响。

1.4.3　活性元素对氧化层生长速率的影响

活性元素最初就是因为其改变了合金的氧化速率而被重视，进而研究的。目前，对于活性元素对氧化层生长机制的影响仍然存在一定的争议。其中，以德国 Jülich 研究中心的 Prof. Quadakkers 及美国橡树岭国际实验室的 Prof. Pint 为代表，认为活性元素的添加改变了原有氧化铝层的生长机制。通常，氧化层的生长是氧向内扩散，铝或铬向外扩散的双向扩散的生长模式。活性元素于晶界上的偏析，改变原有的 Al/Cr 及 O 在晶界上的扩散方式。活性元素的添加抑制了 Al/Cr 沿晶界向外扩散的外生长[33]。高温合金或涂层添加活性元素后，氧化层的生长由原来的双向生长变为以氧向内扩散的内氧化为主的生长模式。因而，活性元素的添加降低了氧化层的生长速率，如图 1.9(a)所示。

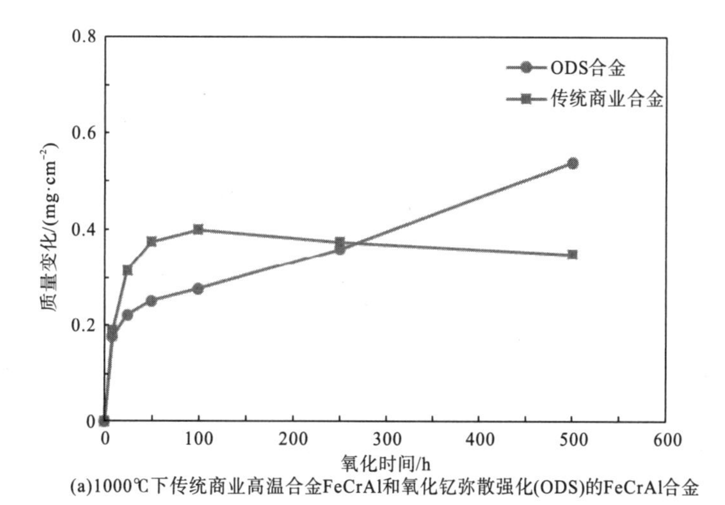

(a)1000℃下传统商业高温合金FeCrAl和氧化钇弥散强化(ODS)的FeCrAl合金

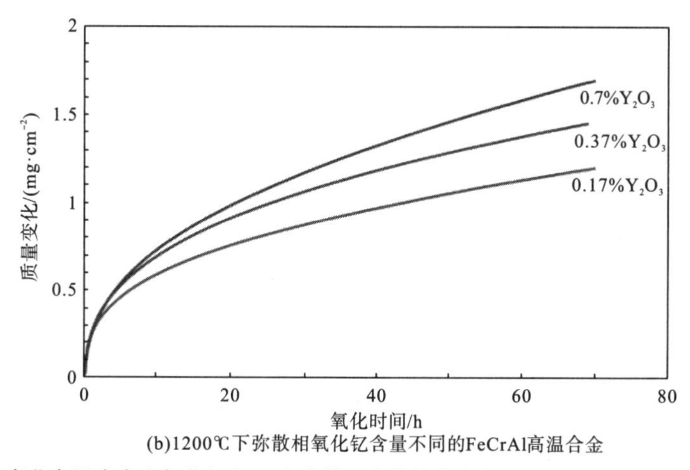

(b)1200℃下弥散相氧化钇含量不同的FeCrAl高温合金

图 1.9　传统商业高温合金和氧化钇(Y_2O_3)弥散强化的铁基合金 FeCrAl 在 Ar-20%气体中的氧化

活性元素最初被 Prof. Stringer 称为“神奇的杂质”(magic dust)，这意味着活性元素含量较少，但却有非常明显的作用。如果活性元素含量过高，导致合金中活性元素过度掺杂[32]的现象，反而会提高氧化层的生长速率。如图 1.9(b)所示，随着合金中活性元素含量的提高，表面氧化层生长速率增快。图 1.9(b)中 3 种合金均为以氧化钇为弥散强化相、以 MA956 为模型制备的不同氧化钇含量的 ODS 型铁基高温合金。氧化结果显示随着氧化钇的含量增加，合金氧化速率也相应提高。

1.4.4 活性元素对氧化层粘结性的影响

活性元素如果含量过高，会导致合金氧化速率加快，但是研究表明，活性元素能够改善氧化层的粘结性能。活性元素含量越高，氧化层粘结性能越好。这是因为活性元素改变了氧化层的生长机制。活性元素的存在使高温合金表层氧化层的双向生长或阳离子向外扩散的外生长变成了以氧向内扩散的内生长为主的生长模式。双向扩散生长或外生长，在氧化层和基体合金界面，由于 Al/Cr 离子的向外扩散，电子空位浓度增加，促进空洞形成及裂纹的萌生，因此导致氧化层过早脱落。另外，活性元素的添加，抑制晶界上 Cr/Fe 的阳离子向外扩散，抑制氧化层和基体界面上尖晶石的生成，进而加强氧化层的粘结性能。从图 1.9(a)中可以看出，不添加活性元素的 FeCrAl 合金在氧化 100h 后，合金增重不再增加，表明合金表面氧化层出现脱落。然而以活性元素 Y 的氧化物为弥散强化相的合金 MA956 氧化 600h 后也没有出现氧化层脱落现象。表明活性元素 Y 可以提高合金表面氧化铝层的粘结性。

参 考 文 献

[1] Word Energy Outlook. [2020-01-15]. http://www.worldenergyoutlook.org.

[2] 刘纯波, 林锋, 蒋显亮. 热障涂层的研究现状与发展趋势. 中国有色金属学报，2007，17(1)：1-3.

[3] Cao X Q, Vassenb R, Stoever D. Ceramic materials for thermal barrier coatings. Journal of the European Ceramic Society, 2004,24(1)：1-10.

[4] Bergholz J, Pint B A, Unocic K A, et al. Fabrication of oxide dispersion strengthened bond coats with low Al_2O_3 content. Journal of Thermal Spray Technology, 2017, 26(5): 868-879.

[5] Huang T, Bergholz J, Mauer G, et al. Effect of test atmosphere composition on high-temperature oxidation behaviour of CoNiCrAlY coatings produced from conventional and ODS powders. Materials at High Temperature，2018, 35: 97-107.

[6] Gudmundsson B, Jacobson B E. Yttrium oxides in vacuum-plasma-sprayed CoNiCrAlY coatings. Thin Solid Films，1989,173(1)：99-107.

[7] Mauer G, Vassen R, Stover D. Controlling the oxygen contents in vacuum plasma sprayed metal alloy coatings.

Surface and Coatings Technology , 2007,201 (8) :4796-4799.

[8] Naumenko D, Pillai R, Chyrkin A, et al. Overview on recent developments of bondcoats for plasma-sprayed thermal barrier coatings. Journal of Thermal Spray Technology, 2017,26 (8) : 1743-1757.

[9] Feuerstein A, Knapp J, Taylor T, et al. Technical and economical aspects of current thermal barrier coating systems for gas turbine engines by thermal spray and EBPVD: a review. Journal of Thermal Spray Technology, 2008,17 (2) :199-213.

[10] Rajasekaran B, Mauer G, Vaßen R. Enhanced characteristics of HVOF-sprayed MCrAlY bond coats for TBC applications. Journal of Thermal Spray Technology, 2011,20 (6) : 1209-1216.

[11] Song P, Naumenko D, Vassen R, et al. Effect of oxygen content in NiCoCrAlY bondcoat on the lifetimes of EB-PVD and APS thermal barrier coatings. Surface and Coatings Technology, 2013,221:207-213.

[12] Nowak W, Naumenko D, Mor G, et al. Effect of processing parameters on MCrAlY bondcoat roughness and lifetime of APS–TBC systems. Surface and coatings technology, 2014, 260: 82-89.

[13] Mauer G, Sebold D, Vaßen R, et al. Impact of processing conditions and feedstock characteristics on thermally sprayed MCrAlY bondcoat properties. Surface and Coatings Technology, 2017,318: 114-121.

[14] Capdevila C, Bhadeshia H K D H. Manufacturing and microstructural evolution of mechanuically alloyed oxide dispersion strengthened superalloys. Advanced Engineering Materials, 2001,3 (9) : 647-656.

[15] Benn R C. Developments in oxide dispersion strengthened superalloys made by mechanical alloying. Cim Bulletin, 1986,79 (890) :89.

[16] Adams K D, Dupont J N. Influence of Ti and C on the solidification microstructure of Fe-10Al-5Cr alloys. Metallurgical and Materials Transactions A, 2010,41A (1) :194-201.

[17] Kim I S, Choi B Y, Kang C Y, et al. Effect of Ti and W on the mechanical properties and microstructure of 12% Cr base mechanical-alloyed nano-sized ODS ferritic alloys. Isij International, 2003,43 (10) : 1640-1646.

[18] London A J, Santra S, Amirthapandian S, et al. Effect of Ti and Cr on dispersion, structure and composition of oxide nano-particles in model ODS alloys. Acta Materialia, 2015,97:223-233.

[19] Naumenko D, Quadakkers W J, Guttmann V, et al. Critical role of minor element constituents on the lifetime oxidation behaviour of FeCrAl (RE) alloys. European Federation of Corrosion, 2001 (34) : 66-82.

[20] Naumenko D, Kochubey V, Niewolak L, et al. Modification of alumina scale formation on FeCrAlY alloys by minor additions of group IVa elements. Journal of Materials Science, 2008,43 (13) : 4550-4560.

[21] Wessel E, Kochubey V, Naumenko D, et al. Effect of Zr addition on the microstructure of the alumina scales on FeCrAlY-alloys. Scripta Materialia, 2004,51 (10) :987-992.

[22] Pint B A, Garrattreed A J, Hobbs L W. The reactive element effect in commercial ods fecral alloys. Materials at High Temperatures, 1995,13 (1) : 3-16.

[23] Pint B A, Tortorelli P F, Wright I G. The oxidation behavior of ODS iron aluminides. Materials and Corrosion, 1996,47 (12) :663-674.

[24] Young D J, Naumenko D, Wessel E, et al. Effect of Zr additions on the oxidation kinetics of FeCrAlY alloys in low and high pO (2) gases. Metallurgical and Materials Transactions A, 2011,42a (5) :1173-1183.

[25] Greeff A P, Louw C W, Swart H C. The oxidation of industrial FeCrMo steel. Corrosion Science, 2000,42(10):1725-1740.

[26] Cho B, Choi E, Chung S, et al. A novel Cr_2O_3 thin film on stainless steel with high sorption resistance. Surface Science, 1999,439(1-3):L799-L802.

[27] Chen J, Jung P, Pouchon M A, et al. Irradiation creep and precipitation in a ferritic ODS steel under helium implantation. Journal of Nuclear Materials, 2008,373(1-3): 22-27.

[28] Schaublin R, Ramar A, Baluc N, et al. Microstructural development under irradiation in European ODS ferritic/martensitic steels. Journal of Nuclear Materials, 2006,351(1-3):247-260.

[29] Stringer J, Wright I G. High-temperature oxidation of cobalt-21 wt percent chromium-3 vol percent Y2O3 alloys. Oxidation of Metals, 1972,5(1):59-84.

[30] Stringer J, Wilcox B A, Jaffee R I. high-temperature oxidation of nickel-20 wt percent chromium-alloys containing dispersed oxide phases. Oxidation of Metals. 1972,5(1):11-47.

[31] Pint B A. Experimental observations in support of the dynamic-segregation theory to explain the reactive-element effect. Oxidation of Metals, 1996,45(1-2):1-37.

[32] Pint B A. Optimization of reactive-element additions to improve oxidation performance of alumina-forming alloys. Journal of the American Ceramic Society, 2003,86(4):686-695.

[33] Quadakkers W, Holzbrecher H, Briefs K, et al. Differences in growth mechanisms of oxide scales formed on ODS and conventional wrought alloys. Oxidation of Metals, 1989,32(1-2):67-88.

第2章　腐蚀与防护的热力学基础

2.1　引　　言

腐蚀通常被定义为由于材料与其使用环境的相互作用而导致材料性能恶化的过程。一般来说，金属材料的腐蚀伴随着金属的电子释放：

$$Me \longrightarrow Me^{n+} + ne^- \tag{2-1}$$

如果该过程发生在液体中，离子成为液体的主要部分，同时其也可以与液体或环境中的游离氧发生反应。在第一种情况下，腐蚀过程实际上代表金属在液体中的溶解(如铁在盐酸溶液中)。在第二种情况下，腐蚀反应会导致固体腐蚀产物的形成(如低合金钢生锈)。

如果没有金属液的存在，也是有可能发生第一种反应情况的，如金属暴露在气体中，金属与氧的反应可能导致金属氧化物的形成。类似地，腐蚀过程也可能发生在金属与其他气态物质的反应中，如氮、硫、氯等。

通常一种材料在高温下与气态物质发生反应的过程，不论在材料表面上是否有沉积物，都称为高温腐蚀。

应用在高温环境中的金属材料和能量转换系统中的部件一样，也会与其服役的气体环境发生反应，这是高温腐蚀中最常出现的材料失效过程。材料在高温中的腐蚀过程可能包括：氧气的腐蚀过程(氧化)，氮气的腐蚀过程(氮化)，硫的腐蚀过程(硫化)，氯的腐蚀过程(氯化)，含碳气体的腐蚀过程(碳化)等。

在许多材料的应用中，可能同时发生上述两种或多种腐蚀过程(俗称“混合气体腐蚀”)。最明显的示例是材料在高温下与空气的反应，在这种情况下，材料可能会与氧和氮都发生反应。

严格来说，“高温腐蚀”一般是用于表达在高温下材料与环境发生反应而受到破坏的过程，此过程可以为氧化、硫化、渗碳等。然而以化学家的观点来看，所有金属释放电子的反应都称为氧化反应，包括金属与氧(形成氧化物)、硫(形成硫化物)、氮(形成氮化物)等反应。

通常在燃烧过程中，燃料中的污染物也可能影响高温腐蚀过程。以燃煤或锅炉中的烟道气为例，即使剧烈燃烧，烟气中也可能含有一定量的氧，并会导致氧化反应。同时，燃料中的硫杂质还可导致硫化反应，尤其是烟气中的SO_2、SO_3，这通常比氧化过程更有害。

如果硫杂质与微量的 Na 元素(如来自海洋环境中并从进气口进入)在燃烧气

体中结合，可能在金属部件表面形成硫酸钠沉淀物。在约 700℃的温度下，上述沉淀物会对材料表面保护性的氧化层产生不利的影响，造成强烈的腐蚀过程。这种腐蚀过程被称为“热腐蚀”。尤其是在工业燃气涡轮机中，这是一个非常重要的问题。

金属材料在高温下最常遇到的腐蚀是其与氧发生反应的氧化过程，如金属材料暴露在高温空气中时发生的主要反应。多数情况下，开发耐高温腐蚀的金属材料都是基于高温氧化机理来设计合金成分的，通过在材料表面形成保护性的氧化物层，来减缓材料的快速失效过程。在此应该强调的是，“保护”一词并不意味着这种氧化物层可以完全阻止腐蚀的发生。高温氧化过程中保护层依旧存在少量的氧进入，发生氧化现象，但这是可以接受的。

在实际情况下，保护性氧化层的形成和其长期稳定性都是金属材料抵御具腐蚀性的气体物质(如硫或氯)的关键。因此，了解高温氧化的基本机理，在复杂的混合气体环境中选择合适的材料，减少因高温腐蚀导致的材料失效，是设计高温材料的首要要求。因此在后面的章节中，首先将探讨高温氧化的机理，然后简要讨论不同材料的高温氧化过程。

2.2 氧化的热力学条件

通常氧化过程中的化学反应可以写为[1]

$$M + O_2 = MO_2 \tag{2-2}$$

根据热力学第二定律，

$$\Delta G = \Delta H - T\Delta S \tag{2-3}$$

式中，ΔG 为吉布斯自由能；ΔH 为系统焓变；T 为温度；ΔS 为系统熵变。对于式(2-2)所述的反应方向由式(2-3)所述的吉布斯自由能确定。当 $\Delta G<0$ 时，反应可以自发向右进行；当 $\Delta G>0$ 时，反应不可以自发进行；当 $\Delta G=0$ 时，反应处于平衡状态。

通常化学反应可用下式表达

$$aA + bB = cC + dD \tag{2-4}$$

在给定的压强和温度下，反应驱动力 ΔG 可以改写为

$$\Delta G = \Delta G^0 + RT\ln\left(\frac{a_C^c a_D^d}{a_A^a a_B^b}\right) \tag{2-5}$$

式中，ΔG^0 为标准吉布斯自由能；R 为气体常数；T 为温度；a为活度。

当系统达到平衡时，即 $\Delta G=0$，则

$$\Delta G^0 = -RT\ln\left(\frac{a_C^c a_D^d}{a_A^a a_B^b}\right) \tag{2-6}$$

根据拉乌尔定律

$$\alpha_i = \frac{p^i}{p_i^0} \tag{2-7}$$

式中，p^i 和 p_i^0 分别为组分 i 的分压和饱和蒸汽压。

以氧化铝层的形成为代表，所以式(2-2)和式(2-6)可以改写为

$$2Al + \frac{3}{2}O_2 = Al_2O_3 \tag{2-8}$$

$$\Delta G^0 = -RT\ln\left(\frac{a_{Al_2O_3}}{a_{Al}^2 p_{O_2}^{3/2}}\right) \tag{2-9}$$

所以在氧化铝层和金属界面上的氧分压可以表示为

$$p_{O_2} = \frac{a_{Al_2O_3}^{2/3}}{a_{Al}^{4/3}} \cdot \exp\left(\frac{2\Delta G^0}{3RT}\right) \tag{2-10}$$

氧分压 p_{O_2} 可以通过埃林厄姆-理查德森图[1](图 2.1)、标准吉布斯自由能 ΔG^0 与温度 T 之间的关系确定。氧化物的稳定性也可以通过此图直接对比得到，相图中，氧化物标准吉布斯自由能位置越低，氧化物越稳定。从相图中可以看出，稳定性 $Al_2O_3 > Cr_2O_3 > FeO > CoO > NiO > Fe_2O_3$。这也直观地表明了 Al 和 Cr 作为保护层的原因。

2.3　标准生成自由能-温度图

通常需要确定某一特定腐蚀产物的形成条件，如合金的选择性氧化。我们可以通过埃林厄姆-理查德森图，即化合物的标准生成自由能与温度的关系图，比较每个化合物的相对稳定性，如氧化物、硫化物、碳化物等是十分有效的。图 2.1 所示为部分氧化物的埃林厄姆-理查德森图。ΔG^0 表示为 kJ/mol(O_2)，所以在图 2.1 中可以直接比较各种氧化物的稳定性。也就是说，图 2.1 中线的位置越低，氧化物越稳定。这可以表示为

$$M + O_2 = MO_2 \tag{2-11}$$

假设金属 M 和金属氧化物 MO_2 的活性相等，都为 1，式(2-12)可以用来表示金属和氧化物共存情况下的氧分压，即氧化物的分解压。

$$p_{O_2}^{M/MO_2} = \exp\frac{\Delta G^0}{RT} \tag{2-12}$$

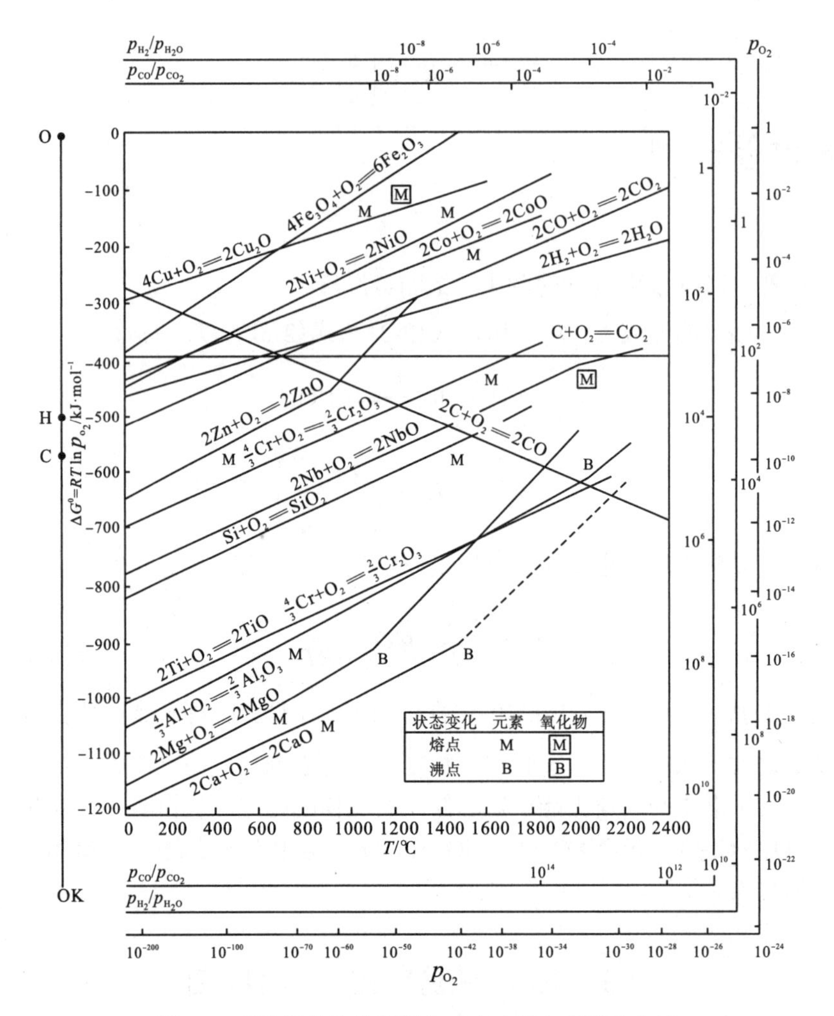

图 2.1 部分氧化物的标准生成自由能与温度的关系

同时，在考虑合金氧化时，必须考虑到金属和氧化物的活性，即

$$p_{O_2}^{eq}=\frac{a_{MO_2}}{a_M}\exp\frac{\Delta G^0}{RT}=\frac{a_{MO_2}}{a_M}p_{O_2}^{M/MO_2} \tag{2-13}$$

假定金属和氧化物以单相形式存在，也就是说，它们的活性相同。式(2-12)得出的 $p_{O_2}^{M/MO_2}$ 的值，可以直接从埃林厄姆-理查德森图中的氧线上读出，先从标有“O”的原点出发。

当然，埃林厄姆-理查德森图也可以为其他化合物构建，即硫化物、碳化物、氮化物和氯化物。

如图 2.1 所示，根据反应式(2-13)的氧化物和金属处于平衡状态(金属和氧化物共存)，其氧分压可以从埃林厄姆-理查德森图中估算得出。但该值准确程度不是很高。更精确的数据可以从标准生成自由能(ΔG^0)列表中计算得出。使用式(2-6)，并根据式(2-14)定义的平衡常数K的对数来更方便地进行计算。

$$\lg K = \frac{-\Delta G^0}{2.303RT} \tag{2-14}$$

表 2.1 显示了在 1250K(977℃)下分别形成镍的氧化物(NiO)和铬的氧化物(Cr_2O_3)的K值。这里列出的值表示在指定情况下生成1mol氧化物。

表 2.1 镍和铬的反应平衡常数 K

物质	lg$K$
Cr_2O_3(s)	33.95
NiO(s)	5.34

首先考虑Ni-NiO平衡，应该对埃林厄姆-理查德森图中使用的反应方程式加以修改，因为表2.1中的K值对应生成1mol氧化物。反应式如式(2-15)所示，这里的标示(s)和(g)分别表示固体和气体物质。

$$\mathrm{Ni(s)} + \frac{1}{2}\mathrm{O_2(g)} = \mathrm{NiO(s)} \tag{2-15}$$

再使用等式(2-13)，可以将其改写为

$$\lg K = \lg\left[a(\mathrm{NiO})/\left(\left(p_{\mathrm{O_2}}^{1/2}\right)\cdot a(\mathrm{Ni})\right)\right] \tag{2-16}$$

假设该条件下Ni和NiO处于单位活度(它们分别以纯Ni和纯NiO存在)。式(2-16)可以写为

$$\lg p_{\mathrm{O_2}} = -2\lg K \tag{2-17}$$

使用表2.1中的数据可以得出

$$\lg p_{\mathrm{O_2}} = -10.68 \tag{2-18}$$

$$p_{\mathrm{O_2}} = 10^{-10.68}\,\mathrm{bar} = 2.1\times10^{-11}\,\mathrm{bar} \tag{2-19}$$

式(2-19)给出的是纯Ni和纯NiO共存的氧分压值。在1250K的温度下，氧分压高于式(2-19)给定值的环境中，Ni将转变为Ni的氧化物。如果环境中的氧分压低于该值，Ni就会以金属镍的形式存在。

用类似的方式，可以计算Cr和Cr_2O_3共存时的氧分压。

$$2\mathrm{Cr(s)} + \frac{3}{2}\mathrm{O_2(g)} = \mathrm{Cr_2O_3(s)} \tag{2-20}$$

$$\lg K = \lg\left[a(\mathrm{Cr_2O_3})\Big/\left(p_{\mathrm{O_2}}^{3/2}\right)\cdot a^2(\mathrm{Cr})\right] \tag{2-21}$$

再次假设金属和氧化物为单位活度，即

$$\lg p_{O_2} = -\frac{2}{3}\lg K \tag{2-22}$$

$$\lg p_{O_2} = -22.63 \tag{2-23}$$

$$p_{O_2} = 10^{-22.63}\text{bar} = 2.3\times10^{-23}\text{bar} \tag{2-24}$$

用这种方式计算出的 p_{O_2} 值称为分解压。

表 2.1 中的 ΔG^0 值和 K 值是与温度相关的。这意味着式(2-19)和式(2-24)中的平衡氧分压也取决于温度。如上所述，不同温度所对应的分解压可以从图 2.2 中得出。

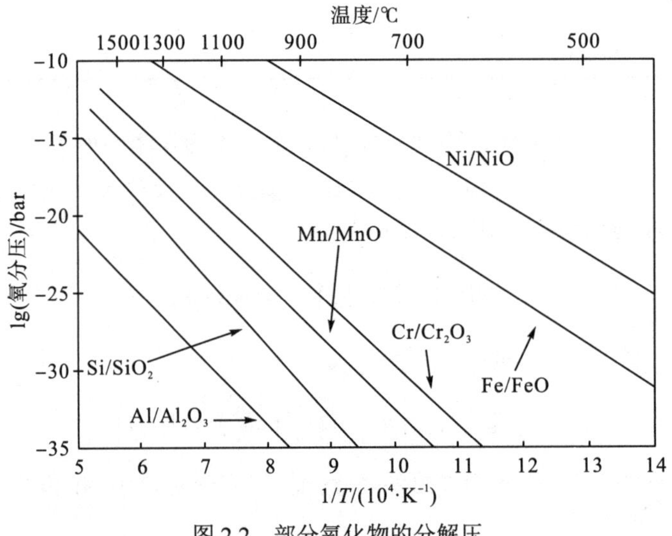

图 2.2 部分氧化物的分解压

上述计算得出，Cr_2O_3 分解压低于 NiO。这意味着在热力学上 Cr_2O_3 比 NiO 更加稳定；相反，与 SiO_2 或 Al_2O_3 相比，Cr_2O_3 更为不稳定。如果这些金属暴露在 1300℃氧分压为 10^{-14}bar 的大气环境中，铬、锰、硅和铝会氧化，而镍和铁仍然是金属态。分解压与热力学稳定性有关。

具有非常低的分解压氧化物(Al_2O_3、TiO_2、Cr_2O_3、SiO_2)称为热力学稳定的氧化物。这与极不稳定的氧化物(如 MoO_2、CuO)，特别是在具有高分解压之前的氧化物相反。

2.4 氧化动力学

2.4.1 氧化初期

前文我们分析的是金属材料可能被氧化或可能以金属形式存在的有关条件。

重要的是，这些热力学的讨论对预测不同环境下金属或合金的氧化率没有实际的意义。换句话说，各种氧化物不同的稳定性不能够得到这些氧化物相应的生长速率。

如纯 Ni 被暴露在高温(如 1000℃)气体(如空气)中，气体拥有的氧分压比在这个温度下的 NiO 的分解压(10^{-10}bar)高，那么氧与镍发生反应形成氧化镍。在氧化的最开始阶段，NiO 核开始形成并随机分布在金属 Ni 表面。在这个过程中，氧化率由金属 Ni 样品表面与单独的氧分子的反应率控制(如表面反应的动力学)。长时间暴露下，NiO 核的数量和尺寸增长直到 NiO 层将覆盖金属 Ni 样品的整个表面。此时，氧化产物 NiO 将金属 Ni 与气体环境分隔开，如图 2.3 所示。随着氧化时间的延长，NiO 层的生长需要在氧化层上传输镍和/或氧以至于反应能够继续进行。如果达到一定的氧化层厚度，表面反应的动力学不再控制合金的氧化过程，Ni 或 O 在氧化层中的扩散将控制整个氧化层的生长。在本书讨论的大多数氧化层中，即使氧化层很薄，也会出现这种情况。当然，长期的氧化行为也由氧化层的传输过程控制。

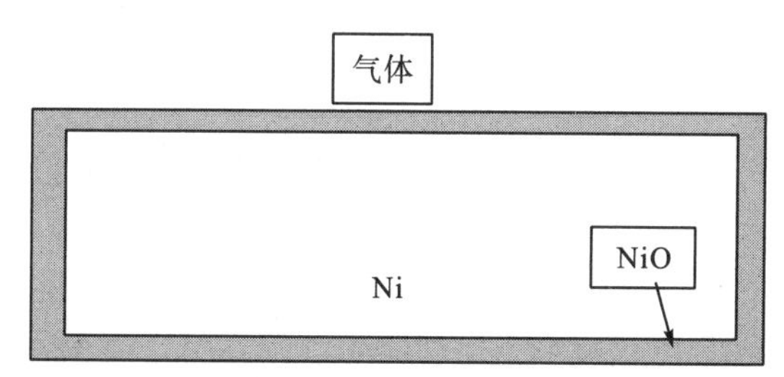

图 2.3　纯镍在 1000℃空气中的氧化结果示意图

2.4.2　扩散控制的氧化层生长

氧化物如 NiO、Cr_2O_3、Fe_3O_4 等是离子晶体，在离子晶体中金属和氧离子排列规则。在金属氧化物中，扩散过程也是通过点缺陷发生的。图 2.4 展示了 MO 类型(其中 M 是二价金属)的氧化物中的离子排列及一些可能的点缺陷。

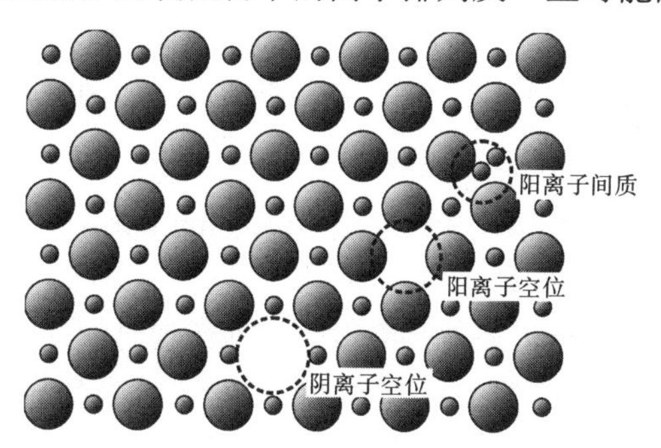

图 2.4　MO 型氧化物晶格中离子排列的示意图

在气体(如空气)氧分压高于NiO的分解压时，氧化产物NiO在金属试样的表面形成并因此阻碍气体和金属之间的直接接触。继续氧化需要通过NiO的晶格输送Ni^{2+}或O^{2-}离子，如图2.4所示。大圆代表O^{2-}阴离子，小圆代表M^{2+}阳离子。图中标示出了3种可能的点缺陷，即阳离子空位、阴离子空位和阳离子间质。

不同的氧化物缺陷的类型是不同的。通常NiO的点缺陷的主要类型是阳离子空位。假设氧化层完全密闭(不允许氧分子进入)，则氧化速率由金属或氧离子通过氧化层的扩散决定。随着氧化层厚度的增加，扩散路径将增加，离子的传输程度将随着时间的增加而减小。在给定的时间内，预计氧化层的增厚率与在这一时间(t)所对应的氧化物厚度(x)成反比，即

$$\mathrm{d}x / \mathrm{d}t = K_w / x \tag{2-25}$$

转化得到

$$X^2 = 2K_w t + C \tag{2-26}$$

式中，K_w为氧化过程的抛物线速率常数，单位为$mg^2 \cdot cm^{-4} \cdot s^{-1}$。

最简单的形式，如果C=0，则

$$X^2 = 2K_w t \tag{2-27}$$

这表明氧化物的增厚与时间呈抛物线关系，氧化层厚度与$t^{1/2}$成反比。因此，氧化时间增加4倍才会导致氧化层厚度增加两倍。

利用不同的氧化时间后涂层的断面，可以测量出氧化层的厚度，从而导出速率常数K_w。然而，这不仅是一个相当耗时的过程，而且对于较薄的氧化层，这种方法计算的结果误差较大。

另一种方法使用重量变化测量也可以很快测出合金或金属的氧化动力学。在样品氧化过程中，样品中的部分金属会从氧化环境中“捕获”氧气，从而与氧气结合在一起。试样因此从大气中吸收氧气进而增重。后者与形成的氧化物的量直接相关，因为对于给定的氧化物，吸收的氧气与氧化层的厚度成正比。重量测量有两种方式：①在不同的氧化间隔下将试样冷却至室温后，使用标准电子天平进行不连续的测量；②在氧化过程中使用热重分析仪进行连续的测量。

由于氧化速率(氧化层增厚的速率随着时间的推移而变化)在很多情况下是由重量变化测量实验得出的，因此上面的抛物线速率方程通常写为

$$(\Delta m)^2 = K_w t \tag{2-28}$$

式中，Δm为面积比重变化，即摄氧量，单位为$mg \cdot cm^{-2}$；t为时间；K_w为氧化速率常数，单位为$mg^2 \cdot cm^{-4} \cdot s^{-1}$。

抛物线速率常数K_w可以通过将测得的数据作为时间的函数$(\Delta m)^2$或作为$t^{1/2}$的函数Δm来确定。在600℃的Ar-20%O_2中的铁试样的热重量氧化实验过程中测量的面积比重变化的实例，如图2.5(a)所示。

根据图 2.5(a)的数据作 $t^{1/2}$ 的函数图，如图 2.5(b)所示，显示了从曲线斜率确定抛物线曲线的斜率对应于 K_W(这里的单位为 $mg·cm^{-2}·h^{-1/2}$)。发现 K_W 的值为 $0.947mg^2·cm^{-4}·h^{-1}$。

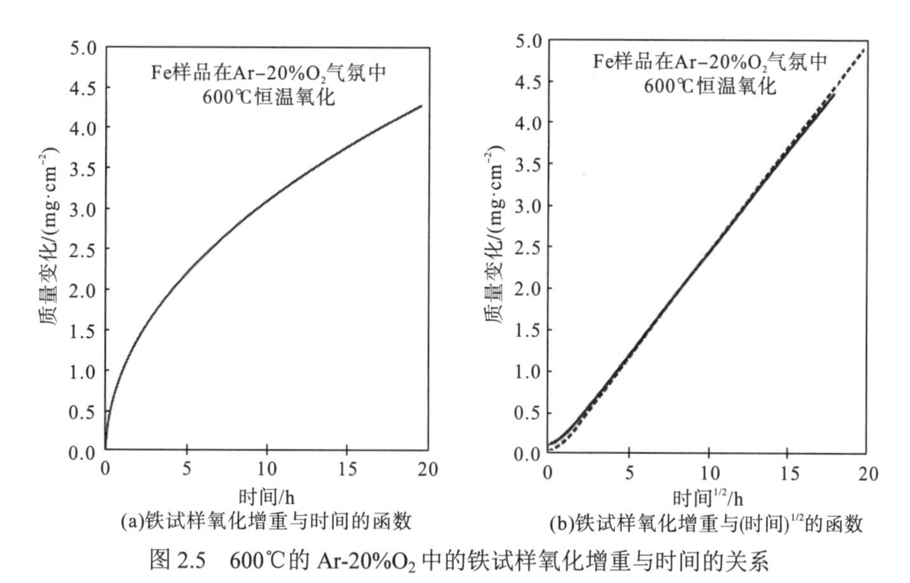

图 2.5　600℃的 Ar-20%O_2 中的铁试样氧化增重与时间的关系

2.4.3　重量变化和氧化物厚度

如果我们已知氧化物的组成并且氧化层是致密的，则可以通过测得的样品重量变化计算出氧化物的厚度。例如，Cr 金属在氧化时，表面会形成一层纯净而致密的 Cr_2O_3 层。对于这种氧化物，氧化物的重量和氧化物中存在的氧的重量之间的比例为$(2M_{Cr}+3M_O)/(3M_O)$，其中 M_{Cr} 和 M_O 分别为 Cr 和 O 的摩尔质量。代入相应的摩尔质量(O 为 16，Cr 为 52)显示$(2×52+3×16)/(3×16)=3.167$，表明摄氧量 $1mg/cm^2$ 则对应于所形成氧化物重量 $3.167mg/cm^2$。将该数值除以 $5220mg/cm^3$(Cr_2O_3 密度)，$1mg/cm^2$ 的面积比吸氧量对应于氧化层的厚度为 $6.07×10^{-4}cm$(=6.07μm)。表 2.2 列出了这个值和对应的其他常见的氧化物的值。

表 2.2　常见氧化物，$1mg/cm^2$ 的面积比吸氧量

氧化物	重量变化/($mg·cm^{-2}$)	ρ/($g·cm^{-3}$)	厚度/μm
FeO	4.5	5.75	7.83
Fe_3O_4	3.625	5.17	7.01
Fe_2O_3	3.333	5.24	6.36
$FeCr_2O_4$	3.469	5.00	6.94
Cr_2O_3	3.167	5.22	6.07

各种金属氧化物形成的氧化反应期间，氧化厚度对应于 $1mg/cm^2$ 面积比摄氧量(重量增加)。

2.4.4 常见金属氧化率的差异

当将各种合金与其他类型的材料比较时，金属材料通常表现出“抗氧化性”，显示出较低的氧化速率。然而，“抗氧化”这个表达是一个相对的术语。在高温下通常使用的金属材料上可能形成的氧化物具有的分解压明显小于绝大多数实际相关的服务环境(服役环境)中存在的氧分压。因此，在这种环境中不能阻止氧化反应。所以材料选择和开发不是为了防止氧化，而是为了减缓氧化反应，使得氧化引起的材料损坏保持在可接受的范围内。因此“抗氧化”这个术语应该只用在“材料 A 比材料 B 表面更抗氧化”的方面，这意味着在材料 A 表面氧化层的生长速率小于在材料 B 表面氧化层的生长速率。

在金属表面中氧化层的生长速率一般由氧和金属离子的扩散决定。正如上面所解释的，扩散主要通过点缺陷发生。因此通常可以这样说，虽然点缺陷的迁移差异性也很重要，但是具有高浓度的点缺陷的氧化物通常比具有低浓度的点缺陷的氧化物显示出更高的生长速率。因此，不同金属之间的氧化速率的差异在很大程度上由表面氧化层中的点缺陷确定。

图 2.6 显示了各种金属材料的实验确定的抛物线速率常数 K_w(这里单位为 $g^2 \cdot cm^{-4} \cdot s^{-1}$)。抛物线速率常数 K_w 为各种氧化物的生长作为倒数温度的函数。上部水平轴表示温度。

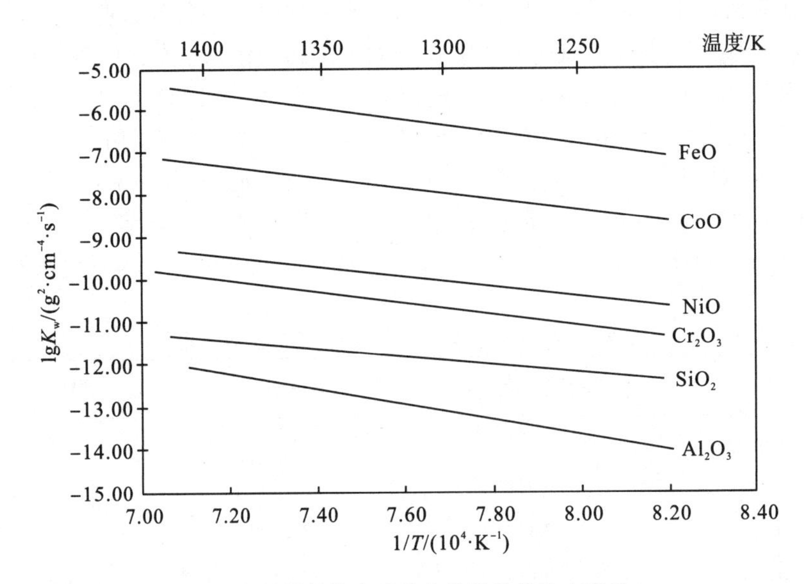

图 2.6 金属材料的实验确定的抛物线速率常数 K_w

比较图 2.6 中 Ni 的氧化物、Cr 的氧化物和 Al 的氧化物的生长和各自氧化物的分解压可以得出结论：抛物线氧化速率 K_w 与分解压有关，即随着氧化物热力学稳定性的增加，氧化率降低。然而，需要强调的是，对于所提到的 3 种金属，氧化物稳定性和氧化物生长速率之间的这种相关性是偶然的，对于其他氧化物体系，这种关系是不存在的。从图 2.6 中可以明显看出，Fe 的氧化物在热力学上比 Ni 的氧化物更稳定，然而后者的抛物线速率常数比 Fe 的氧化物的要小得多。因此热力学稳定性与氧化物生长速率的关系没有明确。

通过氧化物晶格中阳离子或阴离子的传输，氧化物生长以完全气密的尺度进行。氧化物中点缺陷的浓度取决于氧化物平衡环境中的氧分压。例如，阳离子空位浓度增加，氧空位浓度随氧分压增加而减小。如果在金属/氧化物和氧化物/气体界面处建立平衡，则气体/氧化物界面处的氧分压将等于大气的氧分压，氧化物/金属界面处的氧分压将等于氧化物的分解压。因此在氧化物/大气界面的氧化物中的空位浓度和在氧化物/金属界面的氧化物中的空位浓度是有不同的，所以产生空位浓度梯度。因此在气体/氧化物界面和氧化物/金属界面处占主导地位氧分压的间接差异是阳离子和阴离子在氧化层上扩散的驱动力。

在氧化条件下，当氧化物晶格中的点缺陷(如空位)的阳离子/阴离子发生迁移时，在相应金属上形成的具有高浓度点缺陷的金属氧化物将显示出高生长速率。当观察二元金属/氧相图时，具有较大的均匀范围的氧化物通常表现出高浓度的点缺陷。由于 Fe 氧化形成的 FeO 氧化层厚度明显大于 Fe_3O_4 和 Fe_2O_3，因此 FeO 中具有较高的点缺陷浓度。FeO 具有比 Fe_3O_4，特别是 Fe_2O_3 低得多的点缺陷浓度，这导致外层 Fe_2O_3 层的厚度通常非常薄。

图 2.6 说明选定金属的氧化速率在 $FeO>CoO>NiO>Cr_2O_3>SiO_2>Al_2O_3$ 的方向上降低。因此，Fe 比 Ni 和 Cr 抗氧化性差，而 Si 比 Co、Ni 和 Cr 更抗氧化。

Cr 的氧化物的抛物线速率常数 K_w 比 Ni 的氧化物大约小一个数量级，但比 Fe 的氧化物小 4 个数量级还要多。根据氧化物厚度与 $(K_w)^{1/2}$ 成正比，这意味着在 Fe(或碳-钢)形成厚度为 0.1mm 的表面氧化层的条件下(时间和温度)，Cr 试样将形成厚度仅为 1μm 的氧化层。

从图 2.6 中也可以看出，氧化速率随着温度的升高而增加。考虑到在氧化层中氧化进程是由扩散过程决定，氧化速率与传统的扩散过程类似。

$$K_w = K_w^0 \cdot \exp(-Q / RT) \tag{2-29}$$

因为在高温下氧化速率很高，金属将很快被消耗(转移到氧化物中)，所以最常见的高温合金材料(Ni、Co、Fe)仅在相对较低的温度下使用。

2.5 合金的氧化

2.5.1 内氧化和外氧化

为了理解合金的氧化，更具体地说是为了得到保护性的表面氧化层的生长机制，如前面所介绍的，需要考虑金属结构材料中常见(合金)元素的氧化物的分解压和生长速率的差异。

例如具有 3wt.%的低 Cr 含量的镍合金，将其暴露在 1000℃的平均氧分压为 10^{-15}bar 的气氛中(如可以通过使用 $H_2^{(g)}/H_2O^{(g)}=1$ 比例的气体混合物来获得)。NiO 在这个温度下的分解压约为 10^{-10}bar，然而 Cr_2O_3 在这个温度下的分解压约为 10^{-20}bar。因此，在这样的环境下，Cr 会氧化。少量的氧扩散到金属中并形成 Cr_2O_3 的小的沉淀物，这个过程称为内氧化。这里考虑氧在镍基质中的扩散系数，内氧化区的深度可以用传统的扩散理论来描述。内氧化区(X)的深度由以下公式给出，具体的推导公式详见相关参考文献

$$X=\left[\frac{4D_{\mathrm{O}}\cdot N_{\mathrm{O}}^{(\mathrm{S})}}{3N_{\mathrm{Cr}}}\cdot t\right]^{1/2} \tag{2-30}$$

式中，D_{O} 为氧的扩散系数；$N_{\mathrm{O}}^{(\mathrm{S})}$ 为氧在合金中的溶解度；N_{Cr} 为合金中 Cr 的摩尔分数；t 为时间。

式(2-30)表明，内氧化区的生长与时间呈抛物线关系，并与合金中的 Cr 含量成反比。增加镍合金中的铬含量导致内部氧化物沉淀量增加，同时内氧化区域宽度减小。氧化反应之后，Cr_2O_3 颗粒占据的体积大于原来由铬原子占据的体积。此外，内部氧化物的形成将铬从合金基质中除去，得以建立起从本体合金向内氧化区方向上的溶解铬的梯度。这将导致大块合金中的铬向内氧化区方向的扩散，最终导致内部氧化铬在该区域形成的沉淀物更多。合金铬含量的增加将导致 Cr 的氧化物集中在较薄的区域，导致氧化形成的氧化铬比金属铬占据更大的体积。随着 Cr 的含量上升达到一定的临界条件，内氧化区域变成致密的氧化铬层。

显然，从内氧化到形成致密的外部 Cr 氧化物层的变化将受到氧溶解度和扩散通量，以及合金中的铬扩散系数的影响。确切的计算，文献［1］揭示了获得外部致密的氧化层而不是内氧化所需铬的临界摩尔分数(N_{Cr})为

$$N_{\mathrm{Cr}}^{(1)}\%=\left[\frac{\pi g^{*}}{3}\cdot N_{\mathrm{O}}^{(\mathrm{S})}\cdot\frac{D_{\mathrm{O}}V_{\mathrm{m}}}{\widetilde{D}\cdot V_{\mathrm{CrO}_{1.5}}}\right]^{1/2} \tag{2-31}$$

式中，$N_{\mathrm{O}}^{(\mathrm{S})}$ 为合金中氧的溶解度；D_{O} 为合金中氧的扩散通量；$\widetilde{D}$ 为合金中 Cr 相互扩散系数；V_{m} 和 $V_{\mathrm{CrO}_{1.5}}$ 分别为合金和氧化物的摩尔体积(单位为 cm^3/mol)；因子 g^{*} 通常近似为 0.3。

式(2-31)表明，合金形成外部致密氧化层的临界 Cr 浓度随着氧在合金中溶解度提高而增加，同时 Cr 的扩散通量越高，氧化层越容易形成，意味着氧化层形成元素(这里是 Cr)的高扩散系数促使氧化物形成外部氧化层而不是内部氧化物沉淀。因此在给定的实验条件下，3%Cr 含量的 NiCr 合金将会在合金中的试样表面附近内氧化形成细小的氧化铬颗粒，20%高 Cr 含量的合金将会在试样表面形成致密的氧化铬。研究结果表明，Ni-20%Cr 合金的氧化速率和纯铬的氧化速率类似。

2.5.2　保护性氧化层的形成

如果将提及的 Ni-Cr 合金暴露在 1000℃的氧分压比 NiO 的分解压高得多的大气中(如空气)，那么，Cr 和 Ni 都能被氧化。由于 Ni 的浓度比 Cr 高，因此合金将形成一个完全纯净的 NiO 层。尽管 NiO 层将合金与大气分离，在 NiO/合金界面处的氧分压等于 NiO 的分解压(在 1000℃时大约为 10^{-10}bar)。因为这个氧分压比铬的分解压(在 1000℃时大约为 10^{-20}bar)高，在合金中铬可以在 NiO 层下方氧化，如图 2.7 所示。因此 Cr 的内氧化不依赖于通过氧化层的氧分子的传输。它是合金和外部 NiO 氧化层之间的界面上的 NiO 的分解压导致的。

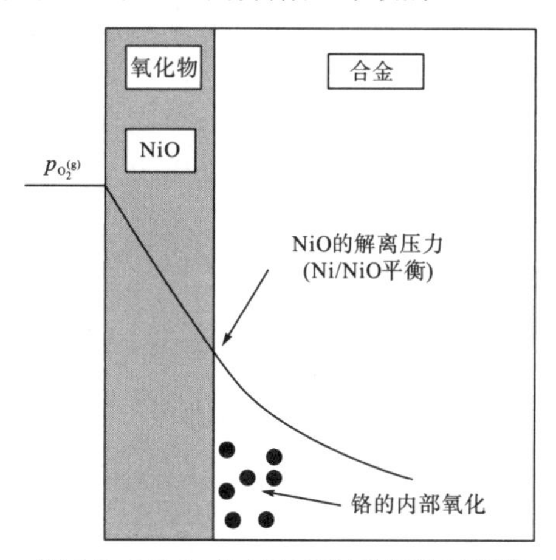

图 2.7　Ni-Cr 在 1000℃时的氧化示意图

在 1000℃下 3%低 Cr 含量的 Fe 基合金的空气氧化过程也会出现类似的效果。形成的 Fe 的氧化物层将合金与大气分离；在氧化物/合金界面处的氧分压等于 FeO 的分解压(在 1000℃时大约为 10^{-15}bar)。因为这个氧分压比铬的分解压(在 1000℃时大约为 10^{-20}bar)高得多，在合金中铬可以在 Fe 氧化物层下方内氧化。根据内氧化层厚度公式，随着合金基体中铬含量的增加，内氧化的深度降低。随着合金中 Cr 含量的增加，内部 Cr_2O_3 析出物的体积分数增加，它们集中在 NiO 层下面的较窄区域。在临界合金 Cr 浓度以上，沉淀物开始形成连续氧化层，即内氧化转变为外氧化形式，揭示了氧化过程发生这种根本性变化的临界铬含量，其值稍高于式(2-31)给出的值，然而，在质量上临界浓度是依赖于式(2-31)描述的 $N_O^{(S)}$ 、D_O 和 $\widetilde{D}$ 的。

如果明显大于 N_{Cr} 临界值的铬含量(如 25wt.%)的 Ni-Cr 合金暴露在 1000℃的空气中，内部 Cr_2O_3(氧化铬)氧化层的形成仅出现在所谓的瞬态氧化的短时期之后。在这个瞬态氧化的时间之内，不但形成了铬的氧化物，还形成了镍的氧化物。如果使用足够精确的微量分析方法，如通过二次中性粒子质谱仪(secondary neutral mass spectrometry，SNMS)或俄歇电子能谱(Auger electron spectroscopy，AES)进行深度分析，在形成致密的 Cr_2O_3 层后，仍然能够在氧化铬层的表面找到在瞬态氧化阶段形成镍的氧化物的残余物。

在 3%低 Cr 含量的镍合金中，抛物线速率常数 K_w 和纯镍的氧化相似。然而，高 Cr 合金中的由外部 NiO 的形成到内部 Cr_2O_3 的形成的变化将导致镍合金氧化速率急剧下降，即铬含量高于约 20%的镍基合金比纯镍具有更好的抗氧化性。显然，这在给定的温度下明显地延长了部件的氧化使用寿命，或者在给定的所需寿命期间提高了服役温度。因此常常将 Cr_2O_3 表面氧化层称为“保护性氧化层”，因为它阻止合金表面 NiO 层更快速地生长。然而，“保护”一词不应该从字面上理解，因为 Cr_2O_3 形成并不能完全阻止合金的氧化。

图 2.8 显示了抛物线常数 K_w 与 NiCr 合金中铬含量的定性关系。在非常低的 Cr 含量时总体摄氧量和纯镍相似。稍高的 K_w 值主要是由于外部 NiO 形成同时铬的内氧化引起的。合金中 Cr 含量在中间位置时，铬含量内部形成的氧化铬沉淀物嵌入在 NiO 氧化层的内部，这导致可用于镍的阳离子扩散通道减少，意味着随着铬含量的增加，K_w 逐渐减小。如果合金 Cr 含量足够高，足以形成致密的外部氧化铬层，则合金具有最低的氧化速率。

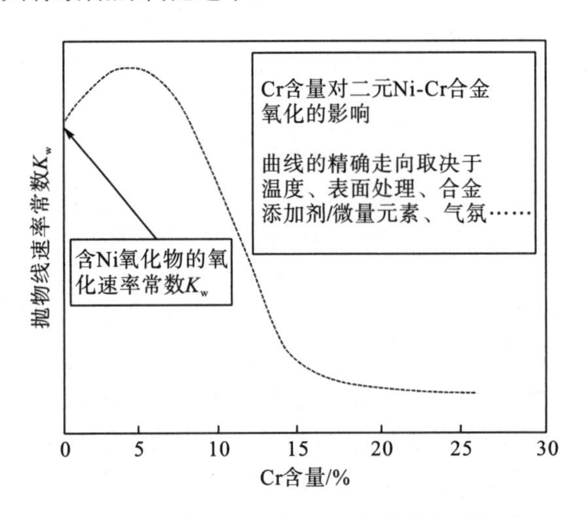

图 2.8 K_w 与 Ni-Cr 合金 Cr 含量的定性关系

曲线的确切形状还受到其他条件的影响：合金表面除了形成 NiO 和 Cr_2O_3，还可以形成混合的尖晶石型氧化物 $NiCr_2O_4$。

在给定的温度下二元 Ni-Cr 合金的氧化速率常数 K_W 由 Cr 的含量决定。如上面提到的，在 Ni-Cr 合金上形成的氧化层即使 Cr 含量高于 20%，也不完全由 100% 纯度的 Cr 氧化物组成。在氧化层的外部，总是可以发现来自瞬态氧化期的含镍氧化物的残留物。这在图 2.9 中也显示了通过氧化层的氧分压的梯度。在氧化层/合金界面处氧分压相当于 Cr_2O_3 的分解压。这里也应该提及的是，外层中少量的含镍的氧化物不仅由 NiO 构成，而且还含有混合的氧化物 $NiCr_2O_4$。

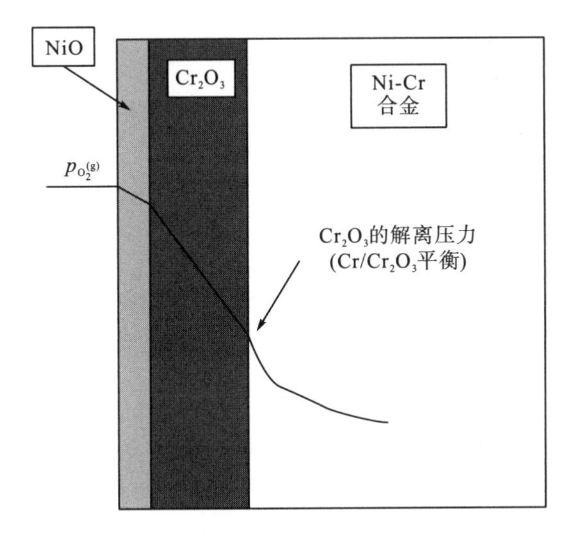

图 2.9　Ni-Cr 合金上形成的横跨氧化层的氧分压梯度的示意图

在具有高 Cr 含量(如 25%)的 Ni-Cr 合金上形成的横跨氧化层的氧分压梯度的示意图如图 2.9 所示。在 1000℃时 Cr_2O_3 的分解压大约为 10^{-20}bar。

2.5.3　合金长期使用的氧化参数

耐高温氧化的镍基合金包括铁素体和奥氏体的发展，都是基于合金成分的改变(主要是关于铬含量)，主要是为了合金能在高温下形成慢速生长的氧化层。假定 800℃的温度，在上述合金上获得保护性氧化铬层的临界 Cr 含量约为 20%。具有如此高的 Cr 含量的镍基合金、奥氏体钢和铁素体钢在较短时间等温氧化测试氧化速率时发现 3 种材料的氧化速率非常相似，它们的氧化是由氧化铬的生长速率控制的。

然而，对于长期的实际应用，由于氧化物的形成和生长导致合金基体中选择性地消耗 Cr。导致在合金中氧化层下方区域中的 Cr 含量将逐渐被耗尽。图 2.10 显示了 Fe-32%Cr 模型合金中典型的 Cr 在氧化层下的浓度分布。

在 Fe-32%Cr 合金的等温氧化期间，合金表层氧化铬层下方的 Cr 浓度分布显示，氧化层/合金界面处的 Cr 含量下降到 20%～22%。同时，在金属氧化物界面处的 Cr 浓度随着氧化率的增加和合金中 Cr 的扩散通量的降低而降低。

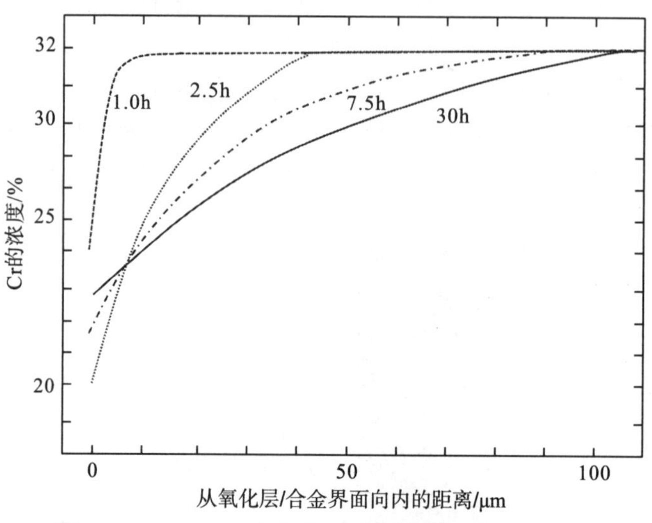

图 2.10 Fe-32%Cr 合金中 Cr 在氧化层下的浓度分布

对于实际应用，还应该考虑到，表面氧化层(如氧化铬)通常具有与 Ni 基合金及奥氏体和铁素体钢显著不同的热膨胀系数(coefficient of thermal expansion，CTE)。在上述例子中，氧化层的 CTE 小于金属或合金的 CTE。在从高温冷却期间，金属和合金将因此受到比氧化物更大的收缩。如果氧化物对基体具有优异的粘结性，则将会导致在氧化物中产生显著的压应力。如果在氧化层生长期间，在氧化层或氧化层/合金界面处形成缺陷，则所产生的应力可能导致氧化层致密度降低和氧化层粘结性能减弱。特别是在氧化层较厚的情况下，这会导致氧化层(部分)的剥落。

研究具有 20%Cr 含量的高 Cr 钢或 Ni 基合金在 800℃下的氧化。氧化层/合金界面处的 Cr 浓度将下降，并且在氧化过程中可能降低至 12%。如果合金经冷却循环导致氧化层剥落，则在重新加热时仅含有 12%Cr 的合金表面会在大气(氧化气氛)中氧化。合金表面上形成的氧化物不是纯的氧化铬，而是含有大量基体金属(Fe 或 Ni)的混合氧化物。在奥氏体或铁素体钢的情况下，这种混合氧化物的生长速率将比在镍基合金的情况下更快，这是因为富 Ni 氧化物的生长速率明显小于 Fe 基氧化物的生长速率。

2.5.4 合金和涂层表面形成 Al_2O_3 型保护层

从前文可以看出，与形成 NiO 一些低合金材料相比，高铬铁素体和奥氏体钢及镍基合金表面氧化铬层的形成导致合金氧化速率的显著降低。然而，如果合金成分能够设计成使得材料表面形成 Al_2O_3 层而不是 Cr_2O_3 层(参见示出 K_w 值的图 2.6)，理论上抗氧化性可以进一步显著提高。这种氧化物成分的变化会导致 K_w 值下降 2～3 个数量级。

在 Ni 基(或 Fe 基)材料表面获得 Al_2O_3(氧化铝)表面氧化层的基本原理与前面关于形成氧化铬的章节中所述的相似，如图 2.11 所示。如果具有低 Al 含量(3%)的 Ni-Al 合金在高温(1000℃)下暴露于富氧环境(空气)中，则将形成外部 NiO 氧化层。在合金/NiO 界面处存在的氧分压等于 NiO 的分解压(约为 10^{-10}bar)。该氧分压明显高于 Al_2O_3 的分解压(约为 10^{-35}bar)，因此铝将在合金内部氧化而形成 Al_2O_3 沉淀，这和 NiCr 合金的氧化相似，存在临界 Al_2O_3 浓度，在该浓度以上，内氧化形成致密的外部 Al_2O_3 氧化层，合金氧化速率显著降低。

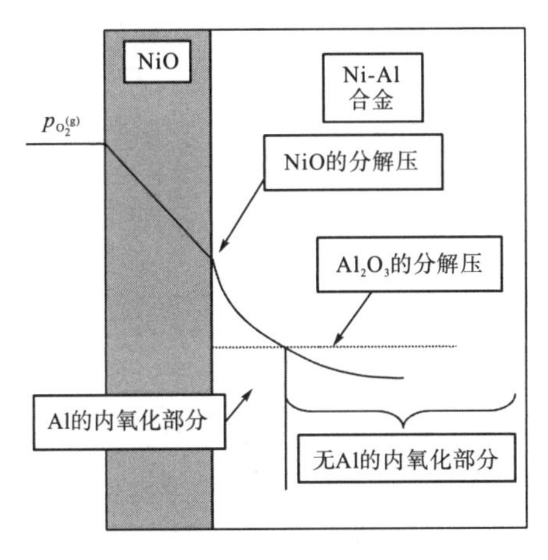

图 2.11 Ni-Al 合金上形成的横跨氧化层的氧分压梯度示意图

考虑到从内部到外部氧化铝形成的变化机制，显而易见的是发生这种氧化行为变化的临界铝含量取决于合金基体组成(Ni 基或 Fe 基)和温度。在空气中 1000℃的 Ni-Al 合金情况下，用于获得外部 Al_2O_3 形成的临界铝含量约为 12 wt.%。对于二元 Fe-Al 合金，需要大约 6%的 Al 浓度。

由于镍基合金的机械性能的原因，这种材料几乎不适合作为高温部件的结构材料。二元 Fe-Al 合金可以得出类似的结论。因此，寻找能够降低获得外部氧化铝形成的临界铝含量的合金添加剂具有重大的技术意义。研究发现获得这种效果的最重要的合金元素是铬。

考虑含有 20wt.%的铬和少量的 Al(1%)的 Ni 基合金。基于前面部分的研究，这种合金将在高温氧化期间进行，如在 1000℃的空气中形成主要由氧化铬组成的外部氧化层。氧化铬/合金界面处的氧分压将等于氧化铬的分解压，即大约为 10^{-20}bar。由于该值比氧化铝的分解压高得多，因此铝将在内部氧化。然而，一个重要的区别是：在低 Al 合金 Ni-20%Cr-x%Al 的情况下，在合金和外部氧化层之间的界面处存在的氧分压比在低 Al 合金 Ni-x%Al 中小。这意味着，在三元 Ni-Cr-Al 合金中，紧靠氧化层/合金界面的合金中的溶解氧量 N_O 明显低于二元合金的情况。式(2-31)揭示了在三元 Ni-20%Cr-x%Al 合金中，用于获得从内部到外部氧化铝形成的变化的临界 Al 含量比在二元 Ni-x%Al 合金的情况下要小，图 2.12 中的实验结果说明了这一点。

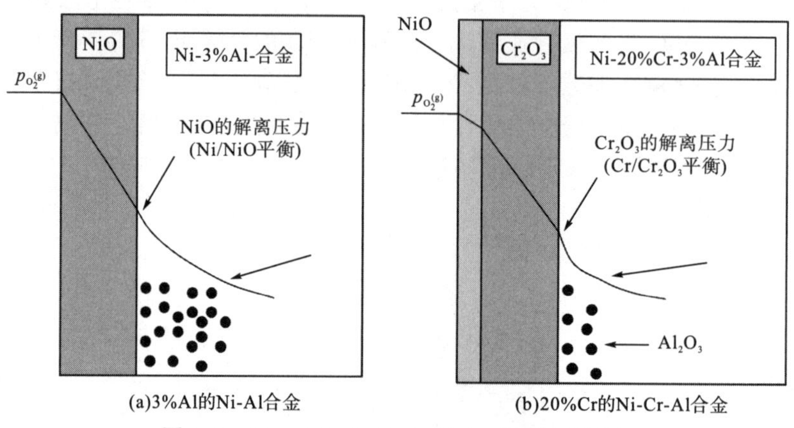

图 2.12　Ni-Al 和 Ni-Cr-Al 氧分压梯度示意图

如图 2.13 所示，具有 9.3%Cr 和 5.8%Al 的三元合金显示出比二元合金 Ni-6%Al、Ni-8.5%Cr 或 Ni-19.5%Cr 更低的氧化速率。三元合金能够形成外部氧化铝层，而二元合金 Ni-19.5%Cr 表面形成的主要是氧化铬层。二元合金 Ni-6%Al 和 Ni-8.5%Cr 形成主要由 NiO 构成的外部氧化层。此外，还分别形成了 Al 和 Cr 的内部沉淀氧化物(主要以氧化铝和氧化铬为主)。

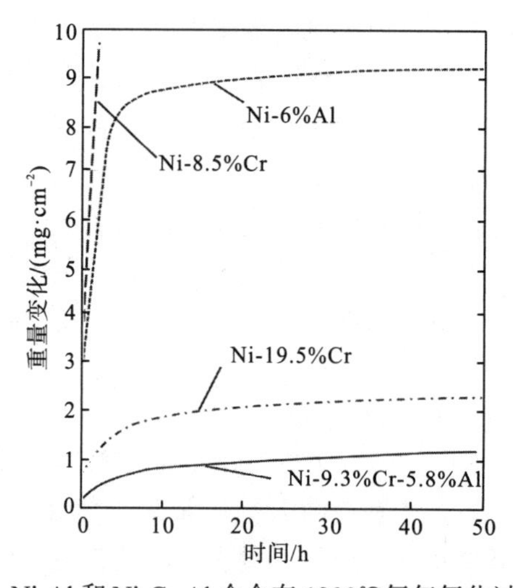

图 2.13　Ni-Cr、Ni-Al 和 Ni-Cr-Al 合金在 1200℃氧气氧化过程中的重量变化

在图 2.13 中，直观地说明了 Cr 的添加对外部氧化铝层形成的临界 Al 含量的影响。结果表明，Cr 的添加降低了获得保护性外部氧化铝层的临界 Al 含量，前期的研究表明，如果合金中含有大约 20%的 Cr，则此合金获得外部致密氧化铝层的临界 Al 含量大约为 6%。如图 2.14 所示，简单地表明 Ni-Cr 和 NiCrAl 合金中 Al 含量对合金氧化速率的影响，同时也说明 Cr 添加对外部氧化层形成的临界 Al 含量的影响(全是半定性的)。图 2.14 显示含有 6%Al 的二元 Ni-Al 合金在 1000℃空气中表面氧化层随 Al 含量变化曲线图。合金 NiAl 表面先是形成 NiO，随着 Al 含量的增加，表面氧化层转变为生长速率较低的氧化铝。随着元素 Cr 的添加，合金表面形成氧化铝所需的 Al 含量明显降低。需要注意的是，氧化图中的确切边界取决于温度、合金添加物、合金杂质、组分、表面处理、气体组成等。此外，氧化层形成的详细机制取决于氧化时间和元件几何形状。

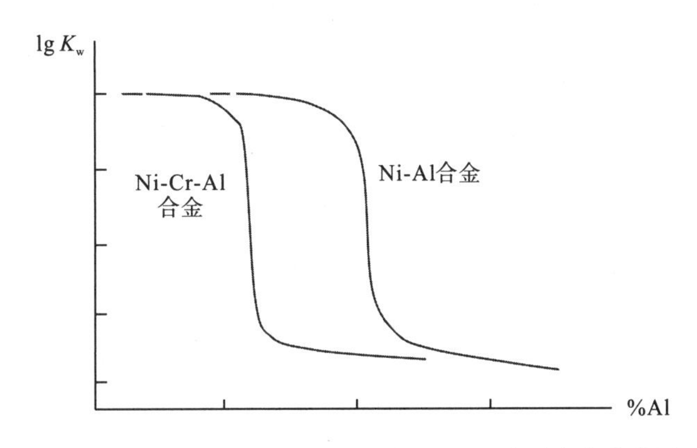

图 2.14　在 1000℃空气中表面氧化层随 Al 含量变化曲线图

2.5.5　合金表面保护层的生长与失效

根据埃林厄姆-理查德森图，只能判断在给定的氧分压和温度下，氧化反应能否发生[6]。通常衡量一个反应的重要因素包括反应速率和反应原理。对于一些特别的合金反应原理又取决于前处理、温度、表面处理、氧化气氛及氧化时间等[3]。合金氧化过程为：假设合金表面平整、干净，首先氧气将吸附在合金表面，然后在合金表面发生化学反应形成氧化物或氧化物形核，生长形成块状的氧化层。不管第一步的氧吸附还是第二步的氧化物形核都与合金表面的处理、晶粒缺陷、表面取向及氧化气氛和合金中掺杂元素相关。

接着合金表面氧化物继续生长，形成连续的氧化膜，这时氧化膜分割了氧化气氛和合金基体，这意味着反应如果要继续进行，氧或合金中的氧化元素就必须穿过这层氧化膜。起初氧化膜很薄，该过程的驱动力可以由电场力来提供，但是随着氧化时间的延长，形成较厚的氧化膜后，反应的驱动力就转变为氧化层两边电化学势的梯度(浓度梯度)[7]。由于合金的不同，形成的氧化层也存在很大的差异，如果氧化层含有大量的空洞或宏观裂纹，那么氧化层不会起到阻碍作用。

如果形成致密的氧化膜(如氧化铝、氧化铬)，那么氧化层生长就必须有金属阳原子或氧原子穿过氧化层。理解金属及氧在固态氧化层中的扩散过程是高温氧化腐蚀的研究基础。根据经典的 Wagner 模型(图 2.15)，利用菲克第一扩散定律，可以计算氧化层的生长速率。假设氧化层的生长是通过金属阳离子向外扩散的，那么其扩散通量 J_i，根据菲克定律[1]可得

$$J_{\mathrm{i}} = \frac{D_{\mathrm{i}}}{RT} \cdot \left\{ \frac{\mathrm{d}\mu}{\mathrm{d}x} \right\} \tag{2-32}$$

式中，D_i 为离子扩散系数；R 为气体常数；T 为反应温度；$\frac{\mathrm{d}\mu}{\mathrm{d}x}$ 为氧化层中化学势梯度。如果氧化层与合金界面及氧化层与气体界面达到热力学平衡状态，那么氧的化学势在这两个界面就为固定的常数 μ' 和 μ''，并可以将式(2-32)改写为

$$J_{\mathrm{i}} = k\frac{\mathrm{d}x}{\mathrm{d}t} = D_{\mathrm{i}}\left\{ \frac{\mathrm{d}\mu}{\mathrm{d}x} \right\} \tag{2-33}$$

$$k\frac{\mathrm{d}x}{\mathrm{d}t} = D_{\mathrm{i}}\frac{\mu' - \mu''}{x} \tag{2-34}$$

式中，x 为氧化层的厚度。同时，由于氧的化学势由其活度 a_i 确定，因此

$$\mu = RT\ln(a_{\mathrm{i}}) \tag{2-35}$$

再将 t=0，X=0 代入式(2-32)可得

$$X = K_{\mathrm{w}}t^{1/2} \tag{2-36}$$

$$K_{\mathrm{w}} = \left[2D_{\mathrm{i}}RT\ln\left(\frac{a'}{a''} \right) \right]^{1/2} \tag{2-37}$$

式中，K_w 为合金表面氧化层的生长速率，是衡量合金抗氧化能力的重要参数。

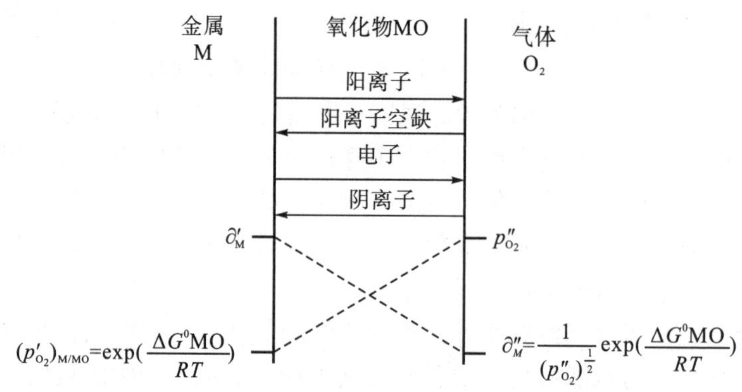

图 2.15 依据 Wagner 模型的氧化层的形成示意图[1, 7]

多数合金表面保护型氧化层经历 3 个阶段[8]，以高温合金 FeCrAl 为例，如

图 2.16 所示。值得一提的是，尽管此类合金的 Al 含量足够形成氧化铝，但是在氧化的开始阶段依然有少量的 Fe、Cr 的氧化物的形成。所以在氧化初始阶段，此类合金具有较快的氧化速率。

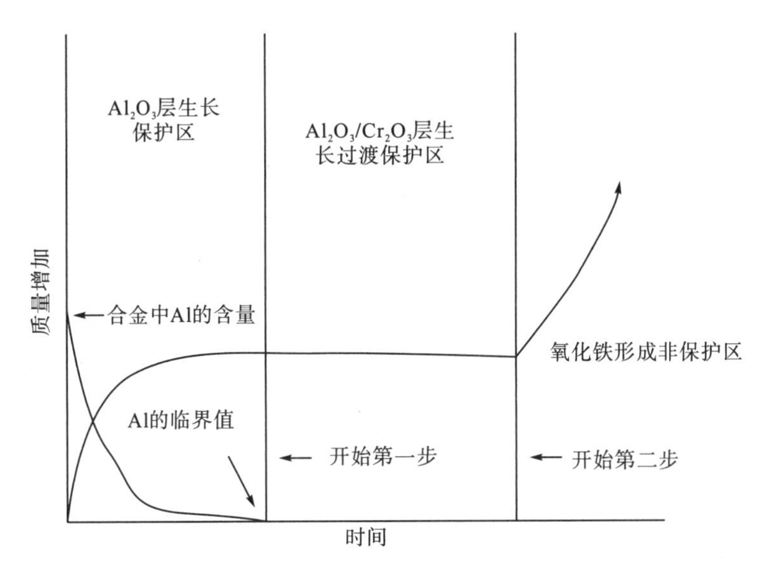

图 2.16 FeCrAl 合金氧化、失效示意图

随着氧化铝的生长，到形成连续的氧化层时，合金氧化进入一个相对稳定的阶段，此阶段开始时间是由合金成分、氧化温度及氧化气氛所确定的。而此阶段时间是由该合金保护元素的含量——Al 含量确定的。只要 Al 含量高于氧化铝形成的临界点 Al_{crit}[9]，那么合金仍然处于一个相对稳定的状态。随着氧化时间的延长，Al 不断被消耗，消耗主要来自氧化铝层生长和自修复。当 Al 的含量低于临界值时，合金会形成一些具有一定保护性的氧化铬层，此氧化层被称为“伪保护”层(pseudo protection)[10]。当所有的保护性元素被消耗后，合金会形成一些非保护性的氧化物，此时合金氧化速率加快，加速氧化铝层脱落直到合金失效。

对于 FeCrAl 合金，从其三元相图中可以发现，当合金中 Cr 的含量在 20%左右时，合金只需要 2%～3%的 Al 含量就可以形成稳定的连续的 α-Al_2O_3，远低于其他镍基和钴基所需的 Al 含量。这是因为铁基高温合金的氧化速率高于镍基高温合金。同时，Al 元素的扩散速率在铁基合金中快于镍基合金。

参 考 文 献

[1] Birks N, Meier G H, Pettit F S. Introduction to the high-temperature oxidation of metals. 2nd ed. Cambridge: Cambridge Vniversity Press, 2006.

[2] Naumenko D, Pint B A, Quadakkers W J. Current thoughts on reactive element effects in alumina-forming systems: in memory of John Stringer. Oxidation of Metals, 2016,86(1-2):1-43.

[3] Quadakkers W J. Growth mechanisms of oxide scales on ods alloys in the temperature-range 1000-1100-degrees-C. Werkst Korros, 1990, 41(12): 659-668.

[4] Pint B A. Experimental observations in support of the dynamic-segregation theory to explain the reactive-element effect. Oxidation of Metals, 1996, 45(1-2): 1-37.

[5] Naumenko D, Quadakkers W J, Guttmann V, et al. Critical role of minor element constituents on the lifetime oxidation behaviour of FeCrAl(RE) alloys. Europe Federal Correctional Public, 2001(34):66-82.

[6] Khanna A S. Introduction to high temperature oxidation and corrosion. Geauga: ASM International, 2002.

[7] Kofstad P. High Temperature Corrosion. London: Elsevier Applied Science, 1988.

[8] Bennett M J. Nicholls J R, Simms M J, et al. Lifetime extension of FeCrAlRE alloys in air: Potential roles of an enhanced Al-reservoir and surface pretreatment. Materials Corrosion, 2005,56(12):854-866.

[9] Tomaszewicz P, Wallwork G-R. Iron—aluminum alloys: a review of their oxidation behavior. High Temperature Materials, 1978, 4(1):75-105.

[10] Andoh A, Taniguchi S, Shibata T. High-temperature oxidation of Al-deposited stainless-steel foils. Oxidation of Metals, 1996, 46(5-6): 481-502.

第3章　ODS 型 FeCrAl 合金的氧化行为

ODS 型高温铁基合金相比于其他高温合金材料，应用范围广，承受温度高，制备工艺简单同时价格低廉，以氧化钇为弥散强化相的 FeCrAl 合金为其中的代表。氧化钇弥散强化不仅可以提高合金强度、抗蠕变等力学性能；同时还可以降低合金高温氧化速率，提高表面氧化铝层粘结性，延长合金使用寿命。但是对于微量元素 Ti、活性元素 Y 及氧化气氛对 ODS 型 FeCrAl 合金表面氧化铝层生长机制的影响尚处于研究中。本章将重点研究 Ti 对高温合金氧化行为的影响，分析其对 O、Al 及活性元素 Y 在晶界上扩散的影响机制，研究不同气氛下合金的氧化行为。

3.1　ODS 型 FeCrAl 合金的制备

相比于利用传统铸锻造的高温合金，ODS 型 FeCrAl 合金制备工艺为：合金基体粉末制备—固结—热加工—机加工—热处理。具体各类合金存在一定工艺差异，但是上述的每一步都会对合金的综合性能起关键作用。铁基 ODS 合金粉末采用机械合金化制粉[1]。机械合金化（mechanical alloying，MA）是由 20 世纪 60 年代美国国际镍公司（International Nickel Company，INCO）Paul.D.Merica 实验室的 John.S.Benjamin 用于制备新型氧化物弥散强化（ODS）合金而提出的合金化方法。

机械合金化的应用促使氧化物弥散强化合金的发展有了质的飞跃。机械合金化是在高能球磨机内完成的，将合金所需的各种元素粉末，包括用于弥散强化的氧化物粉末装入球磨机内，辅以惰性气体的保护进行长时间的球磨。球磨过程中，合金及氧化物粉末在高能钢球的碰撞和挤压下，发生严重的塑性变形及反复冷焊、断裂，使合金粉末不断细化，促使氧化物颗粒均匀分布在合金粉末中。将得到的成分均匀的合金粉末通过热静等压或热挤压后经热轧、冷轧之后，再由真空热处理得到合金所需的微观结构及组织。氧化物弥散强化合金制备工艺流程如图 3.1 所示[1]。

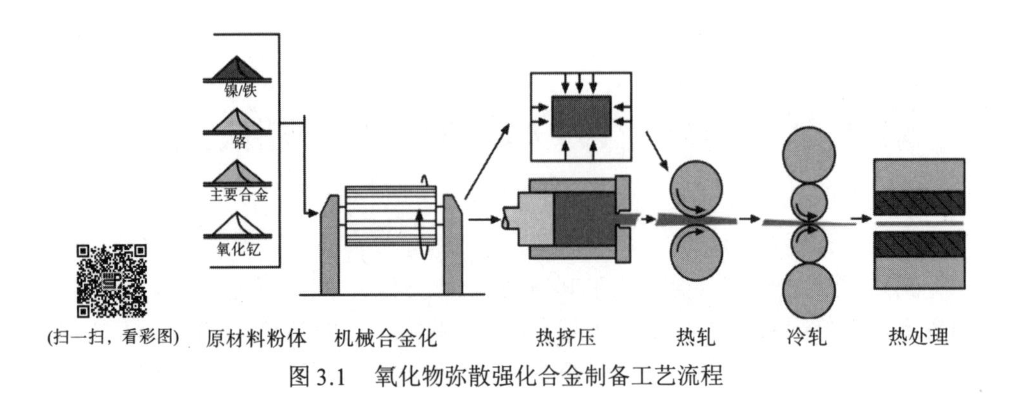

图 3.1 氧化物弥散强化合金制备工艺流程

3.2 实验样品制备

研究 Ti 对高温合金表面氧化铝层生长的影响，使用的高温合金是以商业合金 PM2000 为模型，由奥地利 Plansee GmbH 公司制备。利用原子吸收光谱仪(atomic absorption spectrometry)分析其合金成分，如表 3.1 所示。合金分成两个牌号：一个为不含钛的 Ti-free 合金(后分析发现其实含有 0.025%Ti)；另一个为含有 0.4 wt.% Ti 的合金。

研究活性元素 Y 及气氛对 ODS 高温合金氧化铝生长机制的影响，所用的材料是以商业上铁基合金 MA956 为模型制备的。利用 ICP-OES 分析合金的具体成分，如表 3.2 所示。此合金的氧化机制较为复杂，包含活性元素、微量元素及氧分压的影响。3 种样品中氧化钇弥散强化相的含量不同，根据氧化钇的含量分别命名为 FAL(含有 0.17 wt.% Y_2O_3)、FAM(含有 0.37 wt.% Y_2O_3)和 FAH(含有 0.7 wt.% Y_2O_3)。

表 3.1 Ti-free 和 0.4wt.%Ti 两种以氧化钇为弥散强化物的 ODS 型 FeCrAl 合金化学成分表

	Fe	Cr	Al	Y	Mn/ppm	Ti/ppm	Hf/ppm	O/ppm	C/ppm	N/ppm	Zr/ppm	Si/ppm
Ti-free	base	15.90	6.56	0.38	480	250	<50	2470	260	218	110	120
0.4wt.%Ti	base	16.60	6.33	0.38	610	4000	<50	2620	200	206	110	150

表 3.2 FAL、FAM、FAH 3 种以氧化钇为弥散强化物的 ODS 型 FeCrAl 合金的化学成分表

	Fe	Cr	Al	Y_2O_3	Ti	Ni	O	W/ppm	C/ppm	N/ppm	Co/ppm	Si/ppm
FAL-0.17% Y_2O_3	base	18.9	4.45	0.17	0.42	0.176	0.15	300	180	320	200	880
FAM-0.37% Y_2O_3	base	19.2	4.57	0.37	0.40	0.142	0.21	<30	160	530	200	870
FAH-0.7% Y_2O_3	base	19.7	4.73	0.7	0.40	0.122	0.27	<30	160	420	200	850

对于 ODS 高温铁基合金的样品，先利用精密切割从购得的高温合金样品上切下厚度为 2mm 的圆片(原始合金为直径 1.2cm 的棒材)。清洗后，利用 1200 目的 SiC 砂纸处理表面，再经酒精清洗后进行氧化实验。

3.3　Ti 对 ODS 型 FeCrAl 合金氧化行为的影响

3.3.1　氧化动力学分析

本研究的材料分别是含有 0.4wt.%的 Ti 和不含 Ti(Ti-free)的两种 ODS 型 FeCrAl 合金，根据两种合金在 1200℃的 Ar-20%O_2气氛中氧化 72h 的氧化动力学曲线(图 3.2)可知，整体上两种合金都呈现出类抛物线的生长规律，这和之前研究传统铸锻高温合金[2]及 MA956 [3, 4]合金得到的结果相似。两种合金在氧化速率上存在细微的差别。根据热重量分析(thermo gravimetric analysis，TGA)结果可知，在氧化前期，含 Ti 合金的氧化增重稍高于 Ti-free 合金，随着氧化时间的延长，含 Ti 合金氧化增重速率降低。通过 TGA 结果计算这两种合金的瞬时氧化速率[5, 6]可以发现，氧化初期含有 0.4wt.%Ti 的合金瞬时氧化速率略大于 Ti-free 合金。但是 20h 之后，情况恰好相反，Ti-free 合金瞬时氧化速率高于 0.4wt.%Ti 合金。氧化后期，两种合金的瞬时氧化速率趋于常数。因此认为这两种合金在 0～20h 的氧化存在差异，也将是之后研究 Ti 对合金氧化行为影响的重要时间段。

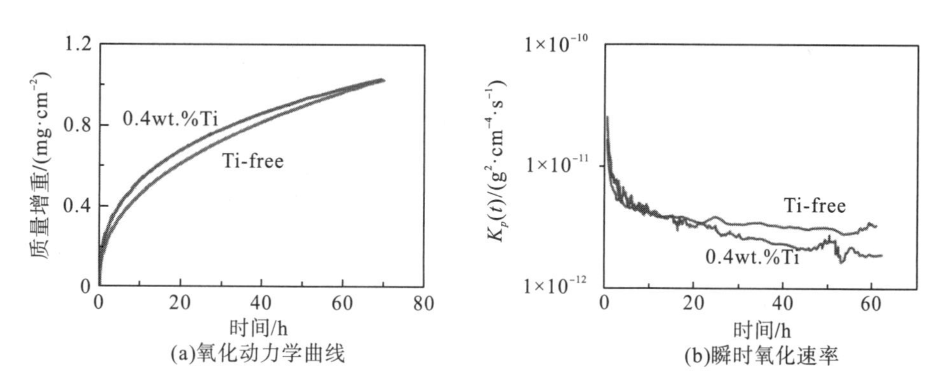

图 3.2　两种铁基高温 ODS 型 FeCrAl 合金在 1200℃的 Ar-20%O_2气氛中氧化 72h 的动力学曲线及其相对应的瞬时氧化速率 K_p

3.3.2　表层氧化铝的微观结构

由于合金初期的氧化增重和瞬时氧化速率存在差异，同时为了分析合金表面氧化铝生长机制，本书将上述两种合金又进行短时间的 ^{18}O 示踪氧化实验，依旧采用两段氧化法。氧化总时间设定为 8h 和 20h。图 3.3 中断面的 SEM/EDX 表明，

Ti-free 合金在 1200℃的 Ar-20%O_2气氛中氧化 8h 和 20h 后形成的氧化层均为致密的氧化铝，氧化层相对平整。不管是 8h 还是 20h 氧化，在氧化层局部区域中都出现少量含 Y 氧化物，这是由于活性元素向外扩散导致的。

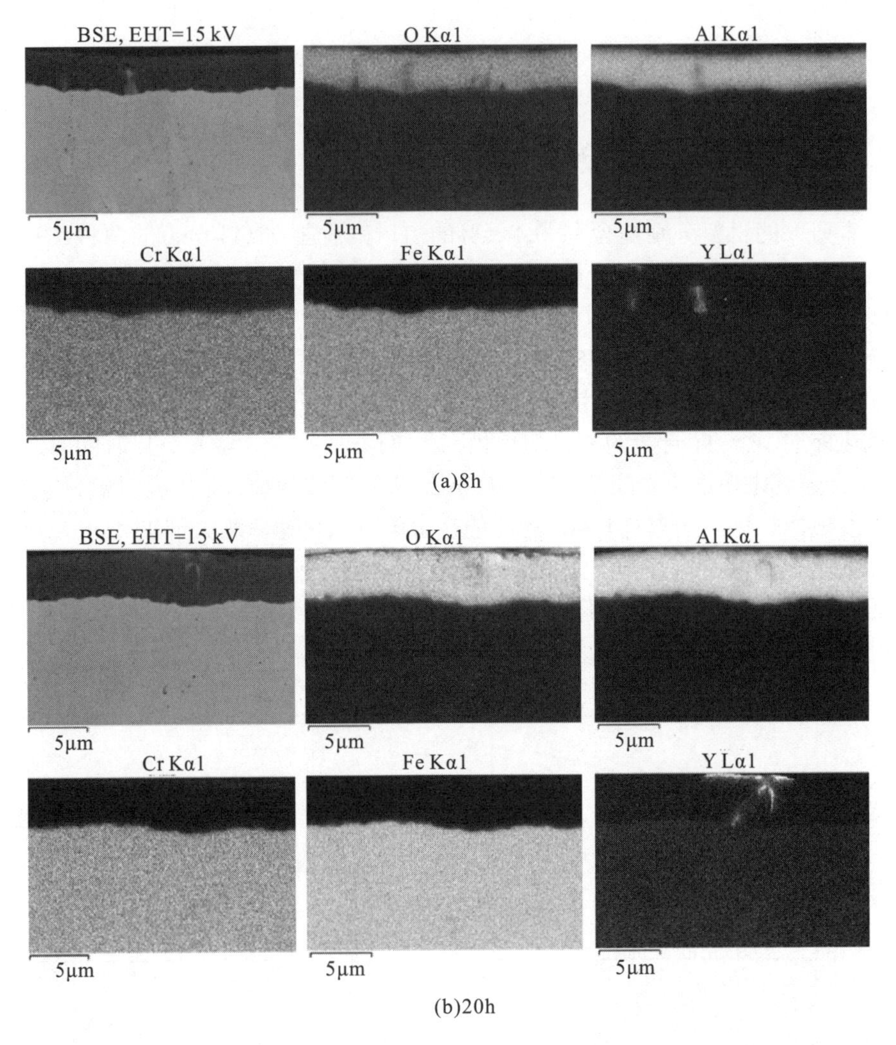

图 3.3 Ti-free 铁基高温 ODS 型 FeCrAl 合金在 1200℃的 Ar-20%O_2气氛中氧化 8h 和 20h 后断面的 SEM 形貌(左上)和相对应的 EDX 成分分析结果

图 3.4 所示为含有 0.4wt.% Ti 合金氧化 8h 和 20h 后断面的 SEM/EDX 结果。从图 3.4 中可以看出，氧化铝层致密并且平整，这跟 Ti-free 合金氧化结果类似。但是在合金基体中，存在一些富 Ti 的析出相，根据之前的研究，这些富 Ti 的析出相为 TiN 或 TiCN [7, 8]。为了更好地分析两种合金的氧化行为，利用电子背散射衍射(electron back scattered diffraction，EBSD)对断面进行分析，结果显示合金表

面氧化铝的微观结构存在很大的差异，如图3.5所示。在Ti-free合金表面形成的氧化铝层的最外层有一层细小的等轴氧化铝晶粒，随着氧化时间的延长，最外层的氧化铝晶粒增长不明显，晶粒宽度基本保持不变，约为0.5μm。但是内层为典型的柱状氧化铝晶粒，随氧化时间的延长，柱状晶向内生长明显。柱状晶向内生长的同时，晶粒宽度也在增加，这符合典型的抛物线生长规律[5]。

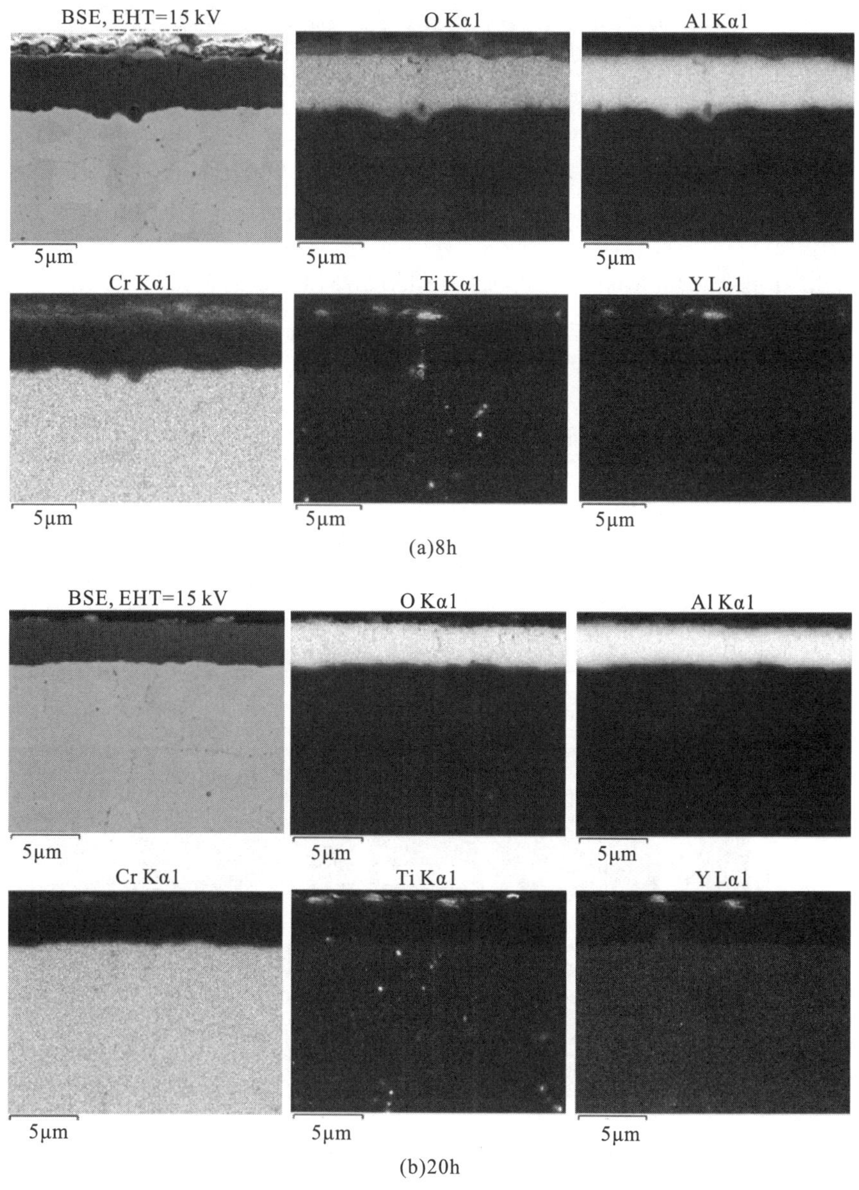

图3.4 0.4wt.%Ti铁基高温ODS型FeCrAl合金在1200℃的Ar-20%O_2气氛中氧化8h和20h后断面的SEM形貌(左上)和相对应的EDX成分分析结果

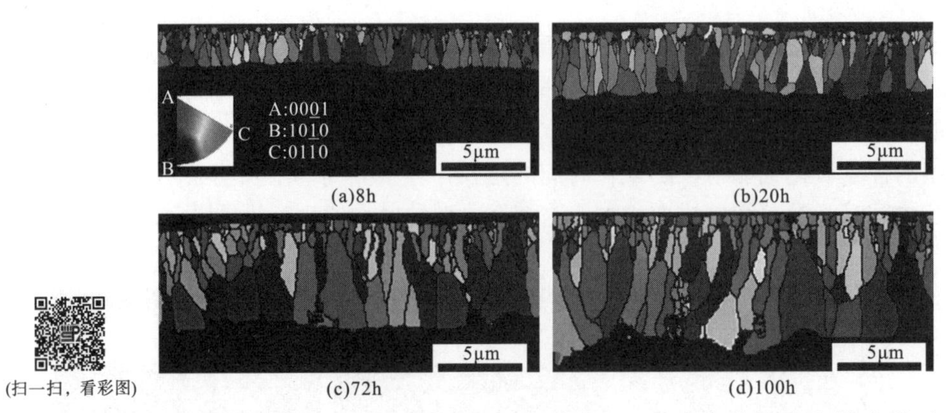

(扫一扫，看彩图)

图 3.5 Ti-free 铁基高温 ODS 型 FeCrAl 合金在 1200℃的 Ar-20%O_2 气氛中经不同时间氧化后表面氧化铝沿生长方向的晶粒 EBSD 取向图及相对应的极点图

含有 Ti 的合金经不同时间氧化后，其断面的 EBSD 结果如图 3.6 所示，氧化铝层由外层的等轴晶粒和内层的柱状晶粒组成。8h 等轴晶粒尚没有形成连续的层状结构，局部区域存在等轴氧化铝晶粒，氧化 20h 后可以清晰地分辨出等轴氧化铝晶粒层，位于氧化铝层的外侧。随着时间的延长，最外层的等轴晶粒存在明显的生长，到氧化 100h 后，外层等轴晶粒的宽度达到 1.5μm 左右。内层的柱状晶粒和不含 Ti 的合金的氧化结果类似，外层等轴晶粒生长的同时内层柱状晶粒也在生长，并且生长更为明显，其生长也符合经典的抛物线生长规律[5]。为了更加直观地显示晶粒宽度与氧化层深度之间的关系，计算得到晶粒宽度，结果如图 3.7 所示。从图 3.7 中可以看出，对于含 Ti 和不含 Ti 的铁基高温合金，其表面氧化铝的生长趋势基本相同，这符合之前 TGA 实验得到的结果。图 3.8 所示的是两种合金表面氧化铝层外侧等轴晶粒和内侧柱状晶粒的厚度。

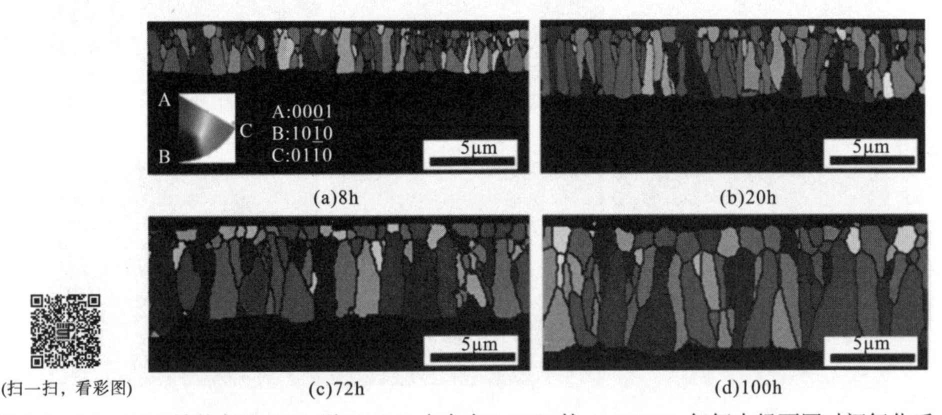

(扫一扫，看彩图)

图 3.6 0.4wt.%Ti 铁基高温 ODS 型 FeCrAl 合金在 1200℃的 Ar-20%O_2 气氛中经不同时间氧化后表面氧化铝沿生长方向的晶粒 EBSD 取向图及相对应的极点图

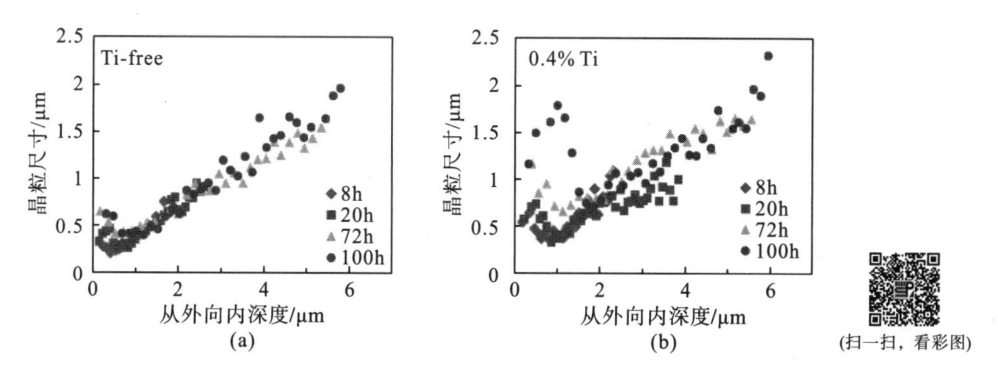

图 3.7　两种合金在 1200℃的 Ar-20%O_2 气氛中氧化后表面氧化铝沿生长方向的晶粒宽度随氧化层深度的变化

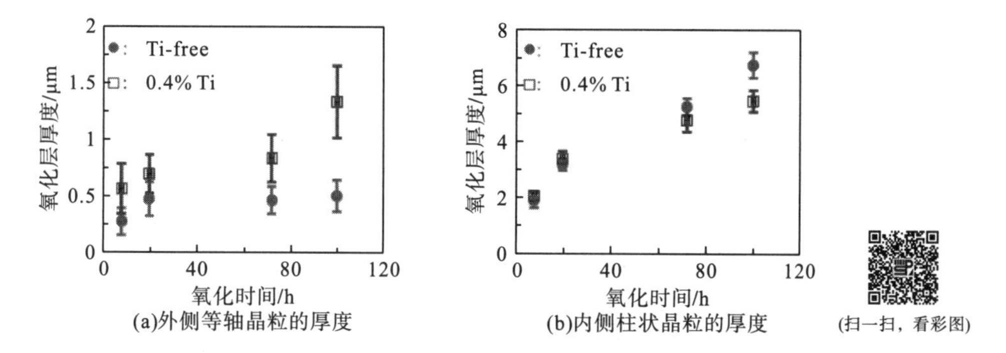

图 3.8　两种合金在 1200℃的 Ar-20%O_2 气氛中氧化后表面氧化铝外侧等轴晶粒和内侧柱状晶粒的厚度

两种合金在氧化过程中表面形成的氧化铝层外侧晶粒大小存在差异，这和 SEM 二次电子(secondary electrons，SE)分析结果(图 3.9)相吻合。根据图中显示的结果，可以肯定氧化层出现外侧等轴晶粒不是偶然发生的，也不是局部区域出现的，而是覆盖整个氧化铝层。随着氧化时间的延长，在不含 Ti 的合金表面氧化铝层外层的等轴晶粒生长不明显。然而对于含有 0.4wt.%Ti 的合金表面氧化铝外侧的等轴晶粒宽度变化明显，与断面 EBSD 结果相吻合。

需要指出的是，在图 3.9 中两种合金[其中，图 3.9(a)、(b)、(c)为 Ti-free 合金]表面都发现少许粗大的晶粒(已标出)，经过 SEM 背散射电子(back scattered electron，BSE)分析可以确定图 3.9 中所标的晶粒(①、②)并不是氧化铝，而是活性元素 Y 向外扩散形成的氧化物及微量元素 Ti 向外扩散形成的富含 Ti 和 Y 的氧化物。表面 SEM/BSE 分析结果(图 3.10)显示，其中，图 3.10(a)、(b)为 Ti-free 合金。Ti-free 合金表面形成的氧化铝层，不管是 8h 氧化形成的还是 20h 氧化形成的，在氧化铝表面出现不同于氧化铝的单一的相组织。对于 0.4wt.%Ti 合金，其表层氧化铝表面明显分布着两种不同的相组织，并且它们的含量比 Ti-free 合金氧化铝表面的相组织要高。通过 SEM/BSE 无法明确氧化铝表面相的组成，因此利用 XRD(X-ray diffraction，X 射线衍射)分析确定表面相组成。

图 3.9 两种合金在 1200℃的 Ar-20%O_2 气氛中氧化后表面 SEM/SE 分析结果

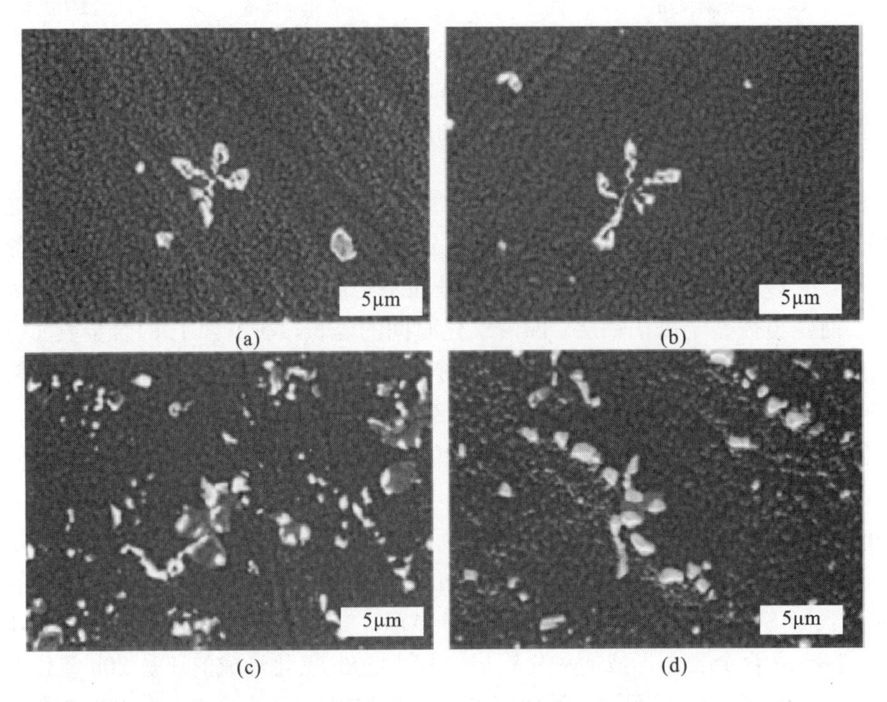

图 3.10 两种合金在 1200℃的 Ar-20%O_2 气氛中氧化后表面 SEM/BSE 分析结果

图 3.11 所示为利用 XRD 分析两种含 Ti 和不含 Ti 合金表面成分的结果。从图 3.11 中可以发现，在 Ti-free 表面形成的主要还是氧化铝。其中，含有少量的 $Y_3Al_5O_{12}$，对于含有 0.4wt.%Ti 的合金，通过 XRD 分析可以证实其表面主要也为氧化铝。这和 Ti-free 合金相同，但是同时明显含有 $Y_3Al_5O_{12}$ 和 $Y_2Ti_2O_7$ 两种氧化物。这也证实了在氧化过程中 Ti 会向外扩散至氧化铝层并在其表面形成氧化物。微量元素 Ti 在向外扩散的过程中，可能会对合金表面氧化铝的生长机制产生影响，后面将会详细分析 Ti 对合金氧化层生长机制的影响。

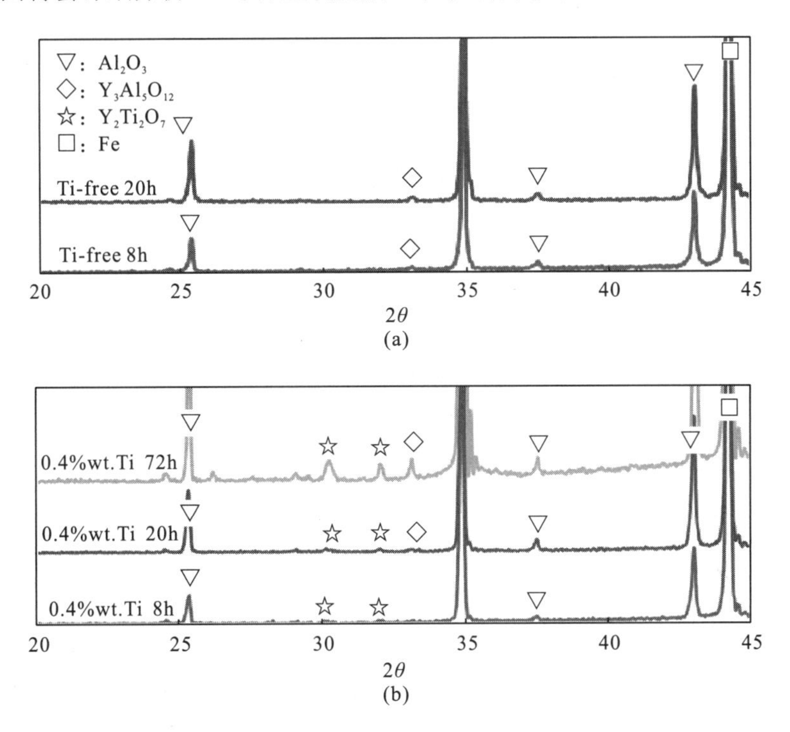

图 3.11　两种合金在 1200℃的 Ar-20%O_2 气氛中氧化后 XRD 分析结果

3.3.3　氧化示踪实验结果

为了从氧化原理上分析 Ti 对氧化钇弥散强化的 FeCrAl 合金氧化行为的影响，本研究引入 ^{18}O 示踪实验。根据前文的分析，利用 SNMS 结果分析 ^{18}O 在氧化铝层中的分布和含量，定性分析氧化铝生长模式，氧化过程中氧的扩散路径及 Ti 在氧化过程中的作用。先从样品经 SNMS 分析后的结果中取一个作为代表，如图 3.12 所示(氧化示踪实验分析结果相似)。合金表面形成的氧化膜主要为氧化铝(Al 和氧的原子比接近 2∶3)，在氧化铝层最外侧含有一定量的铁、铬氧化物。这是氧化初始阶段，氧化铝尚未形成连续致密的保护膜，合金基体与氧发生反应形成的氧化物。随着氧化的继续，氧化铝形成致密层，保护了基体合金的氧化，Fe、Cr 氧化物的含量急剧减少，氧化层成分以氧化铝为主，这和之前的研究结果类似[2, 9]。同时，可以清楚地得到 ^{18}O 在氧化铝层中出现 3 个峰值：第一个在氧化层最外侧，这是因为在氧化过程中表层原有的氧化铝中 ^{16}O 和 ^{18}O 发生了同位素交换，造成含量 ^{18}O 较高[10]；第二个在氧化层/基体界面附近，这是因为合金表层的氧化铝层是以氧向内扩散为主的内生长模式；重点是 ^{18}O 在氧化铝层中间靠近表面的区域出现第三个峰值，这可能是因为微量元素 Ti 的添加造成氧化铝层一定的外生长。同时在氧化铝层最外侧 Y 和 Ti 的浓度很高，说明这两种元素在氧化铝层表面富集，这和表面 SEM/EDX 得到的结果相吻合。

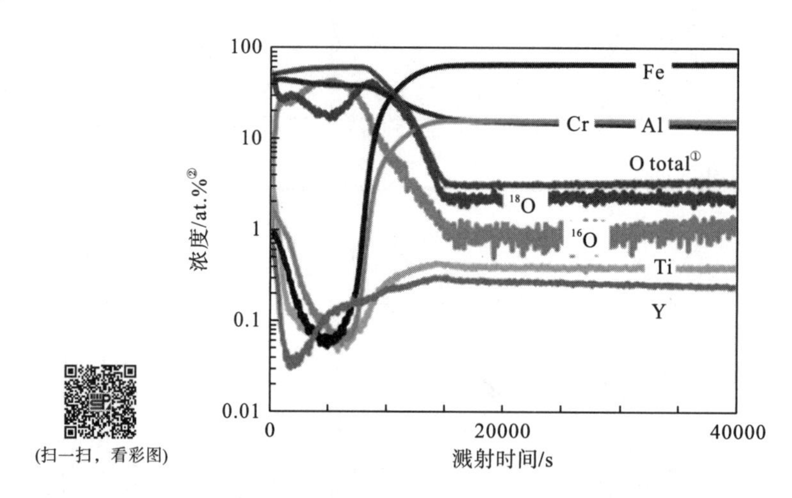

图 3.12 0.4wt.%Ti 铁基高温 ODS 型 FeCrAl 合金在 1200℃的 ^{18}O 的气氛中，两段氧化法氧化 8h 后表面氧化铝层 SNMS 分析结果

为了具体分析 ^{16}O 和 ^{18}O 在氧化层中的分布，将 SNMS 溅射分析时间转换成氧化层的厚度，通常情况下，溅射时间和氧化层厚度之间没有线性关系，但是，由于氧化铝层表面除少量的 Y-Al 和 Y-Ti-Al 氧化物外，其他为纯的氧化铝，SNMS 在分析时溅射速率一样，根据图 3.5 和图 3.6 可以得到氧化铝层的厚度。关于氧化层中 ^{16}O 及 ^{18}O 与在氧化层厚度之间的关系如图 3.13 所示。在 Ti-free 合金表层氧化铝中 ^{18}O 浓度有两个峰值：第一个在气体/氧化层界面附近；第二个在氧化层/基体界面附近。在 0.4wt.%Ti 合金表面的氧化铝层中，^{18}O 的浓度峰值有 3 个：第一个在气体/氧化层界面附近；第二个在氧化层/基体界面附近；第三个在氧化层中间靠近气体/氧化层界面。所有的试样最大的 ^{18}O 浓度峰值都在氧化层/基体界面附近，说明以氧化钇为弥散强化相的 FeCrAl 合金氧化铝层形成以 O 向内扩散的内

① 表示 O 的总含量。
② 原子百分分数。

生长为主。结合图 3.8 外侧等轴晶粒和内侧柱状晶粒的氧化铝厚度可以发现，在 0.4wt.%Ti 合金表面氧化层的第三个 ^{18}O 的峰值正处于表层等轴晶粒区域，因此推测微量元素 Ti 的存在改变了原有的氧化铝的生长，促进氧化铝层的外生长，导致含有 Ti 的合金表面氧化铝以内生长为主，伴随着一定程度的外生长。之后将引入另外两种高纯合金验证这一推测。

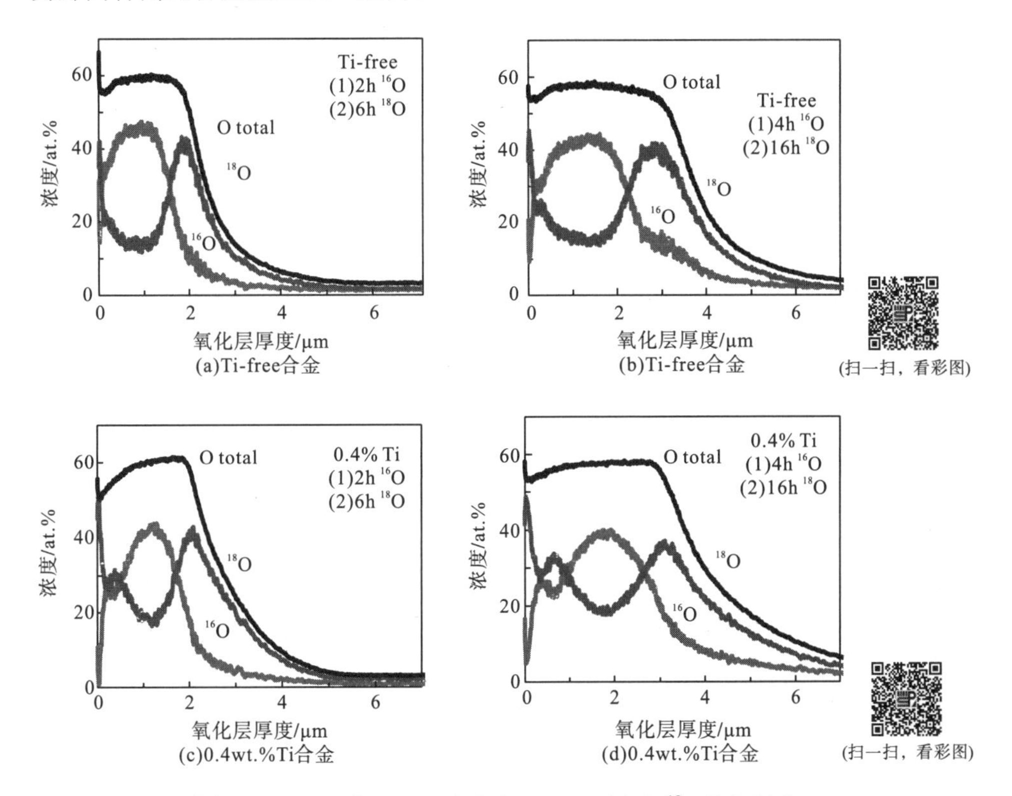

图 3.13　ODS 型 FeCrAl 合金在 1200℃下含有 ^{18}O 的气氛中，利用两段氧化法氧化后的表面氧化铝层 SNMS 分析结果

3.3.4　Ti 对活性元素 Y 分布的影响

根据合金表层氧化铝 SNMS 分析结果可以发现，在两种合金中的活性元素 Y 的分布有着明显的差异，如图 3.14 所示。在两种合金的最外层都发现活性元素的富集，但是结果显示从氧化层/基体界面开始，两种合金中的活性元素 Y 分布开始不同。在 Ti-free 合金中 Y 浓度先保持不变，到氧化层中间突然快速减少直到最低点，然后向着气体/氧化铝界面快速增长。对于 0.4wt.%Ti 的合金，Y 浓度先从氧化层/基体界面开始缓慢降低到最低点，然后向着气体/氧化铝界面快速增长。

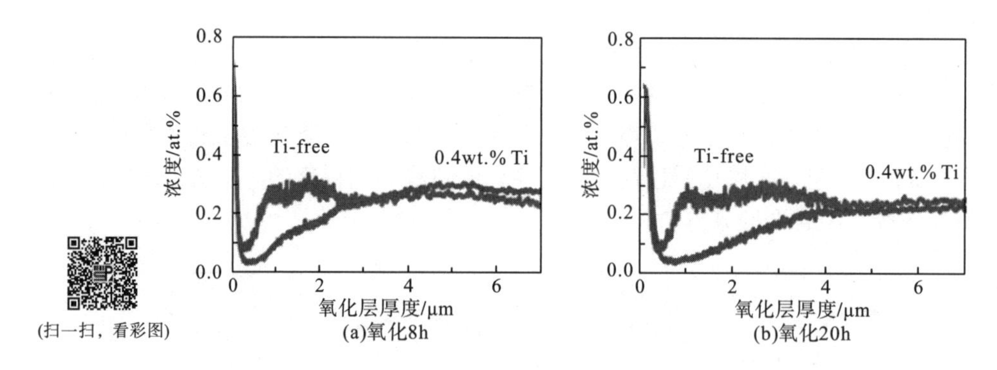

图 3.14 ODS 型 FeCrAl 合金在 1200℃的 Ar-20%O_2 气氛中氧化 8h 和 20h 表面氧化铝层中活性元素 Y 分布

3.4 ODS 型 FeCrAl 合金在 Ar-20%O_2 中的氧化行为

3.4.1 Y 含量对合金氧化动力学的影响

以 MA956 为模型制备的，含有不同含量的氧化钇弥散强化相的 ODS 型 FeCrAl 合金在 1200℃的 Ar-20%O_2 气氛中氧化 72h 的氧化动力学结果(图 3.15)表明，活性元素 Y 添加的含量越高，合金氧化增重得越多。总体上看，氧化增重随着活性元素 Y 的增加而增加。但是在氧化初期，3 种合金氧化增重存在一定差异。氧化 2h 左右，活性元素 Y 含量最少的合金(FAL-0.17 wt. % Y_2O_3)氧化增重开始降低，8h 后含有 0.37 wt. % Y_2O_3 的合金 FAM 氧化增重开始降低。为了研究这 3 种合金的氧化机制，利用氧化动力学的结果计算合金表面氧化层的瞬时生长速率[11]，如图 3.16 所示。

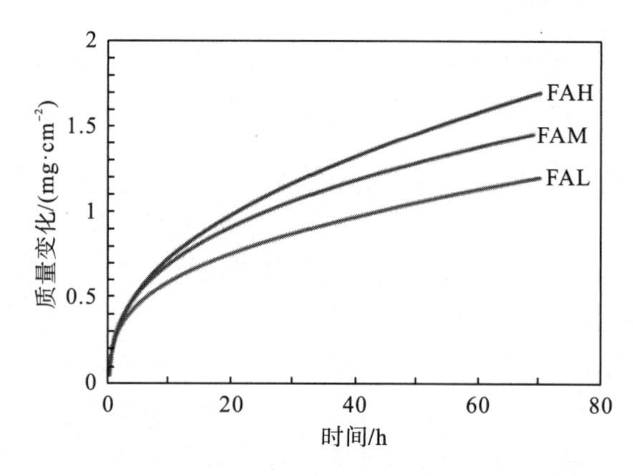

图 3.15 3 种含有不同含量弥散强化相 Y_2O_3 的 ODS 型 FeCrAl 合金在 1200℃的 Ar-20%O_2 气氛中的氧化动力学结果

3 种合金瞬时氧化速率的变化相似，随着氧化时间的延长，瞬时氧化速率先快速减小，然后缓慢减少至固定值，20h 之后合金的瞬时氧化速率变化较小。活性元素含量高的合金 FAH 含有 0.7 wt. % Y_2O_3 相对应的氧化速率最高。因此分析氧化层的生长机制前 20h 相当重要，本书因此也设计了短时间 8h 和 20h 的两段氧化法的 ^{18}O 示踪实验[12]，用来分析合金表层氧化铝的生长模式及 O 的扩散路径。

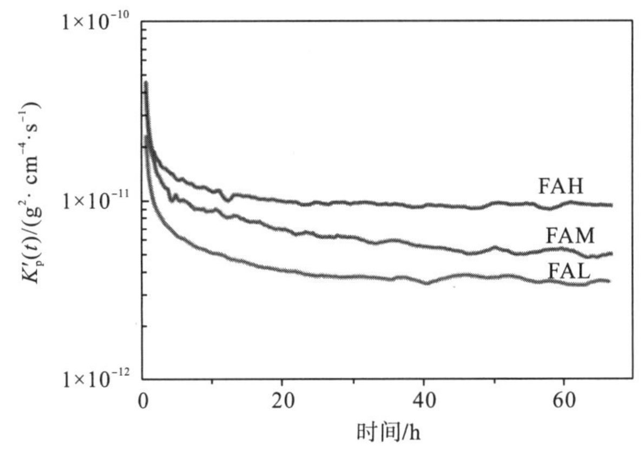

图 3.16　3 种含有不同含量弥散强化相 Y_2O_3 的 ODS 型 FeCrAl 合金在 1200℃的 Ar-20%O_2 气氛中的瞬时氧化速率 K_p

3.4.2　Y 含量对合金表面成分分布的影响

根据之前对高温 FeCrAl 合金的研究，该类型的合金在 1200℃高温氧化过程中，表面会形成以氧化铝为主的氧化层。利用射频辉光效电光谱仪(glow discharge optical emission spectrometry，GD-OES)可以快速地分析氧化层中的具体元素含量及分布。对于本书研究的铁基高温 FeCrAl 合金在氧化后表层成分分析结果如图 3.17 所示。合金表面氧化层的分析结果显示氧化层主要成分还是氧化铝，在氧化铝层最外侧含有 Fe、Cr、Ti 及活性元素 Y 的氧化物，随氧化时间延长，这些合金元素含量快速减少，氧化层还是以氧化铝为主。通过之前的研究，元素 Ti 及活性元素 Y 的含量和分布是本研究的重点。GD-OES 结果显示：合金表层氧化铝中 Ti 和 Y 的含量都在气体/氧化铝界面达到最大值，在 FAL-0.17 wt.%Y_2O_3 中 Ti 和 Y 的最高含量分别为 3 at.%和 0.2 at.%；在 FAM-0.37 wt.% Y_2O_3 合金表面气体/氧化铝层界面附近，Ti 和 Y 的含量分别为 8 at.%和 0.8 at.%，而在合金 FAH-0.7 wt.% Y_2O_3 表面氧化铝层中 Ti 和 Y 分别为 10.1%和 1.1%。可见，随着弥散强化相 Y_2O_3 含量的增加，氧化铝表面的活性元素 Y 浓度相应地增加，同时 Ti 浓度也相应地增加。

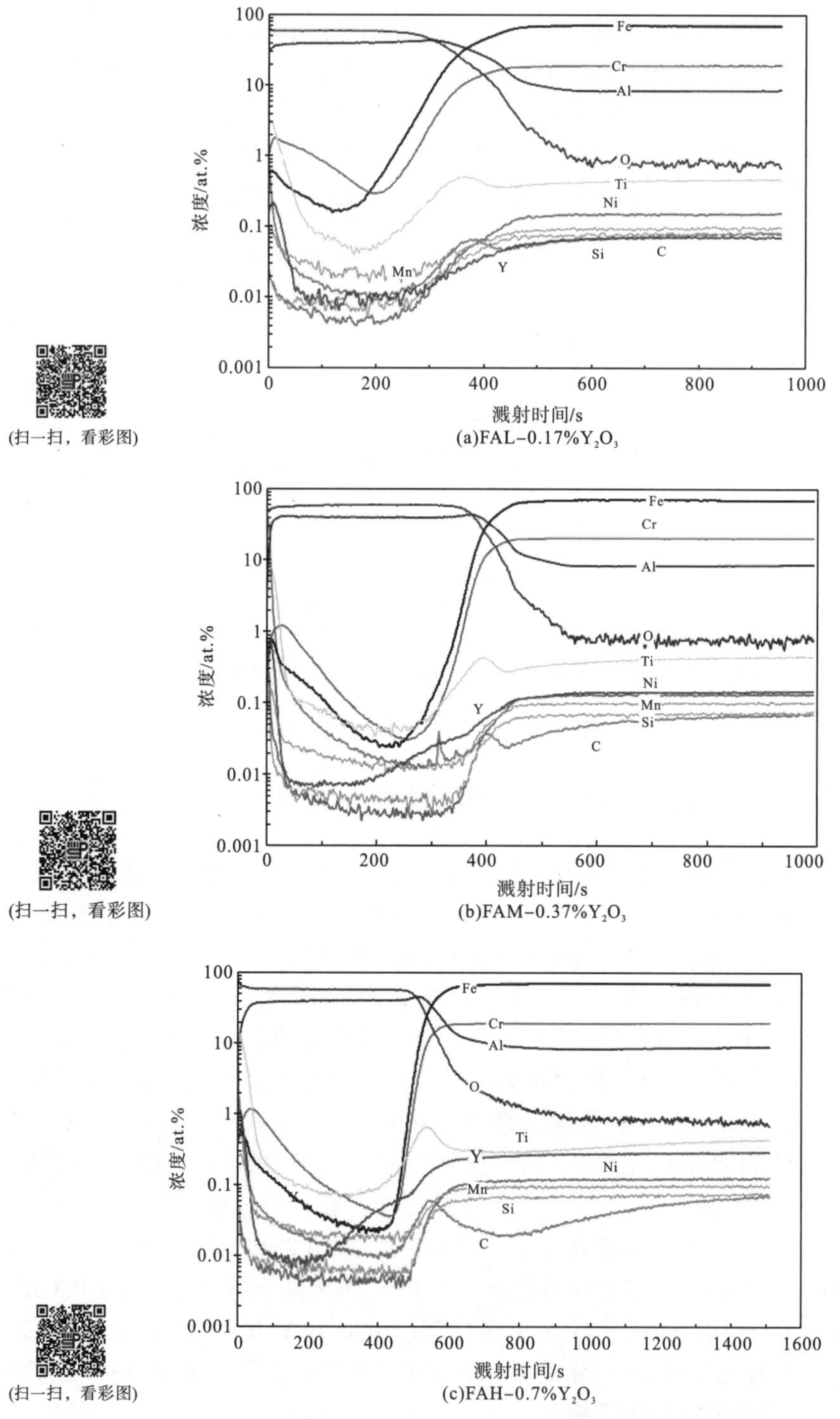

图 3.17　3 种含有不同含量弥散强化相 Y_2O_3 的 ODS 型 FeCrAl 合金在 1200℃的 Ar-20%O_2 气氛中氧化 72h 后表层 GD-OES 成分分析结果

这说明了活性元素的含量影响微量元素 Ti 的向外扩散，活性元素 Y 有促进 Ti 向外扩散的作用。在这 3 种合金氧化后表层成分分析结果中，Ti 的浓度在氧化层/合金界面附近存在一个突起。同时可以发现 C 元素在整个氧化铝层中的变化趋势与 Ti 相似，并且在氧化层/合金界面附近也存在凸起。利用 SEM 分析试样断面形貌和组织分布，根据断面 EDX 分析结果(图 3.17)，表明在氧化层/基体界面上局部区域存在富 Ti 的氧化物，导致成分分析时 Ti 元素浓度的凸起。

3.4.3　Y 含量对表面氧化铝微观组织的影响

3 种铁基高温 ODS 型 FeCrAl 合金 FAL、FAM 及 FAH 在 Ar-20% O_2 气氛中 1200℃下氧化 72h 后的断面 SEM 形貌(图 3.18)显示这 3 种合金表面都形成致密的并且粘结性能良好的氧化铝层。氧化铝层相对平整，厚度均匀。利用图片处理软件 AnalySIS 测量氧化层的厚度取平均值分别为 5.91μm、7.73μm、10.13μm，可知随弥散强化相 Y_2O_3 含量的增加，合金表面氧化铝厚度也增加了，氧化速率也相应地提升了。合金 FAH 表面形成的氧化铝致密度相比于 FAL 和 FAM 表面的氧化铝较低，可以清晰地看出氧化层中存在孔洞。合金 FAL 和 FAH 表层氧化铝中含有明显的富 Y 的氧化物。合金 FAM 表面氧化铝层中出现因微量元素 Ti 富集而形成的氧化物颗粒。

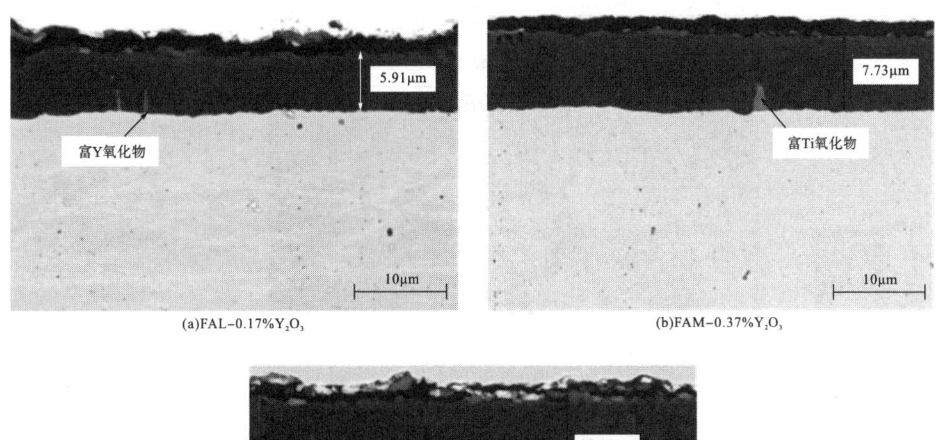

(a)FAL-0.17%Y_2O_3　(b)FAM-0.37%Y_2O_3

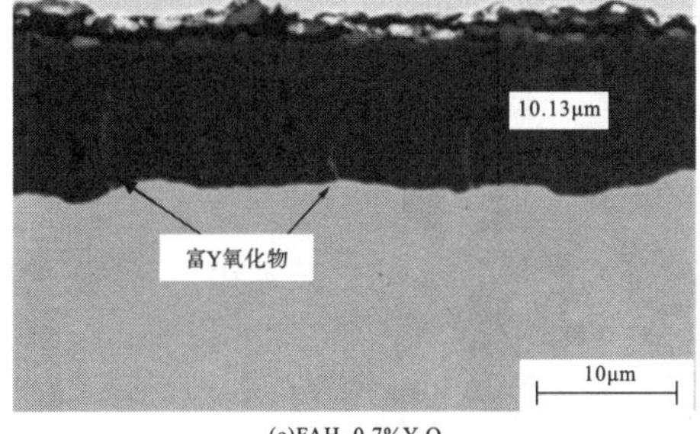

(c)FAH-0.7%Y_2O_3

图 3.18　3 种不同含量弥散强化相 Y_2O_3 的 ODS 型 FeCrAl 合金在 1200℃的 Ar-20%O_2 气氛中氧化 72h 后的断面 SEM 形貌

通过合金氧化后断面的EBSD分析结果(图3.19)可知，合金表面形成的氧化铝分为内层典型的柱状晶和外层等轴晶。在含有0.17%Y_2O_3的合金FAL中，表层等轴晶粒随着氧化时间的延长，晶粒宽度在不断地增大，与此同时内层的柱状晶也在生长。利用图片处理软件AnalySIS计算外层等轴晶和内层柱状晶的厚度，如图3.20所示。合金FAL在氧化8h后，表面氧化铝层起伏较大，氧化铝晶粒形状不均匀。20h后氧化铝层外层存在明显的等轴晶粒层，对比氧化72h后的断面EBSD分析结果，可清晰得出随着氧化时间的延长，等轴晶粒生长明显。氧化72h后外侧等轴晶层的厚度达到1.7μm。

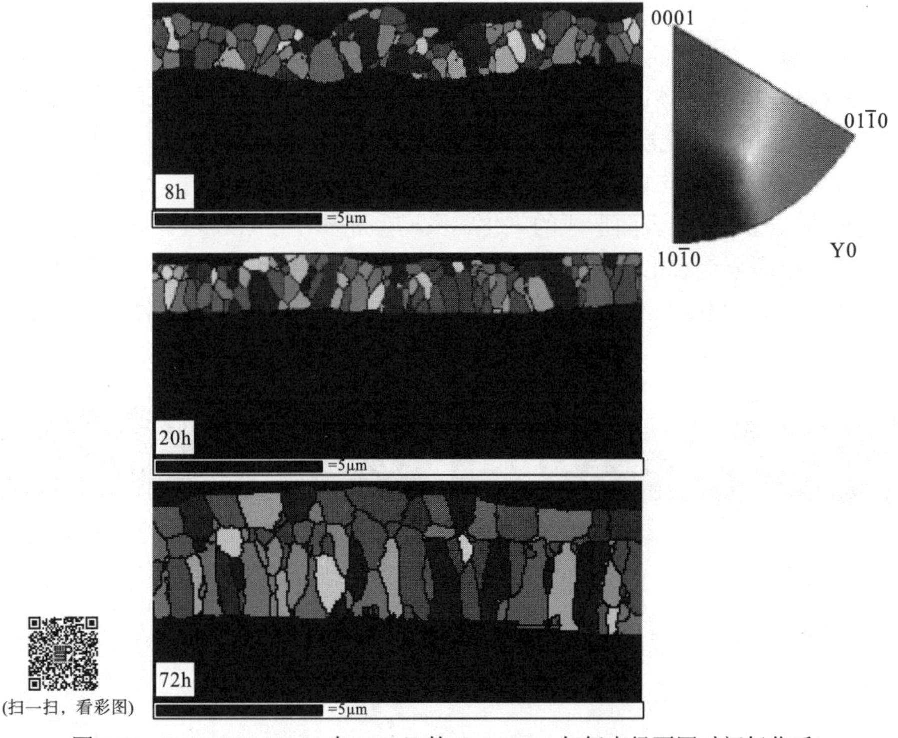

图3.19 FAL-0.17%Y_2O_3在1200℃的Ar-20%O_2气氛中经不同时间氧化后表面氧化铝层的断面沿氧化铝生长方向的EBSD分析结果及其相对应的极点图

对于合金FAM(图3.20)在氧化初始阶段(8h后)外层出现少许分散的细小的氧化铝晶粒，氧化铝层主要以柱状晶的形式存在。氧化20h后，表层小晶粒形成连续的等轴晶粒层。但是内层柱状晶的生长速度远大于外层的等轴晶，相比于内层的柱状晶，外侧等轴晶的厚度依然较小。72h后由于样品制备问题，外层等轴晶粒无法清晰地辨认出，但内层柱状晶可以清晰地计算出厚度。EBSD分析结果无法清晰地获得氧化铝层外侧等轴晶的形貌，因此本研究还利用透射电子显微镜(transmission electron microscope，TEM)分析检测得到外层等轴晶的形貌。

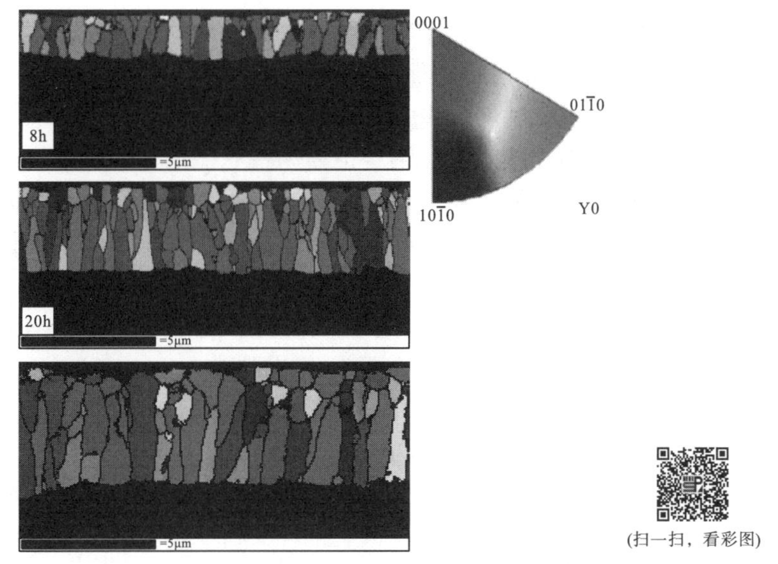

图3.20 FAM-0.37%Y_2O_3在1200℃的Ar-20%O_2气氛中经不同时间氧化后表面氧化铝层的断面沿氧化铝生长方向的EBSD分析结果及其相对应的极点图

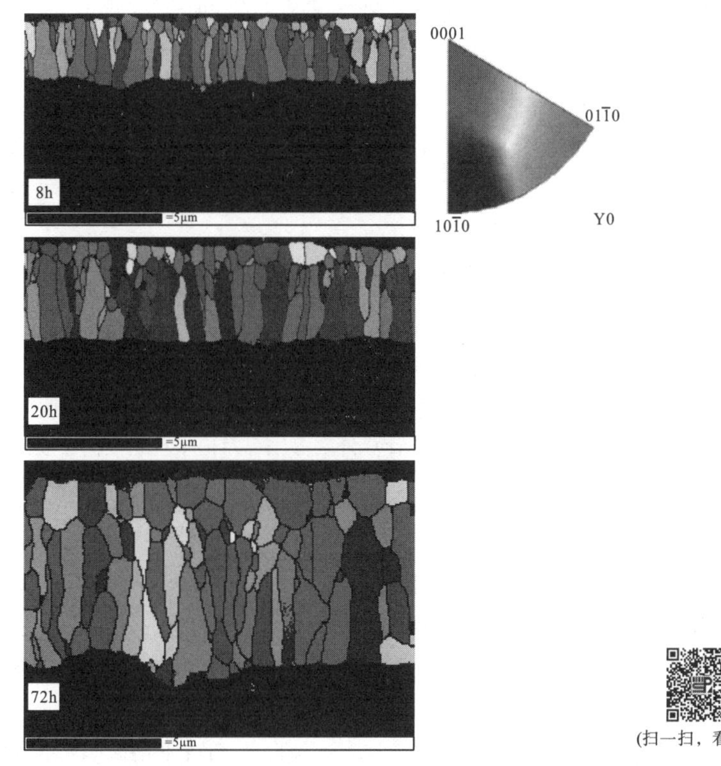

图3.21 FAH-0.7%Y_2O_3在1200℃的Ar-20%O_2气氛中经不同时间氧化后表面氧化铝层的断面在氧化铝生长方向上的EBSD分析结果及其相对应的极点图

对于 Y_2O_3 含量最高的合金 FAH，氧化速率高于其他两种合金，通过断面的 SEM 分析结果可知其氧化层比其他两种合金都要厚。从断面 EBSD 分析结果(图 3.21)可知，合金表面的氧化铝依旧分为外层等轴晶和内层柱状晶。氧化 8h 后，外层等轴晶粒细小不连续，氧化铝层主要为柱状晶形态。随着氧化时间延长到 20h，外层分散的氧化铝晶粒形成连续的等轴晶层。内层为柱状晶层，生长速度远大于外层等轴晶。72h 后，外层等轴晶和内层柱状晶同时生长，但生长幅度依旧不同。

为了更直观地显示出氧化铝层的内外层生长情况，利用上述的 EBSD 图像，计算氧化铝的内外层在经不同时间氧化后的厚度。在图 3.22 中，3 种合金外层等轴晶都存在一定量的生长，但是合金 FAL 中 Y_2O_3 含量最少，等轴晶层却是最厚。而对于合金 FAH，外层等轴晶层最薄。氧化 20h 后，FAH 合金外层等轴晶最大，FAL 合金表面的等轴晶最小。氧化 72h 后，表层氧化铝等轴晶合金 FAL 最大，合金 FAH 最小，值得一提的是，由于 FAM 合金 72h 氧化的样品制备问题，外层等轴晶的计算由 TEM 照片计算得出。对于内层柱状晶，其生长速度与合金中 Y_2O_3 含量成线性关系，合金 FAH 表层柱状晶的厚度从氧化开始就保持领先。合金 FAL 中氧化钇含量最低，内层柱状晶生长速度最慢。合金 FAM 一直处于中间位置。

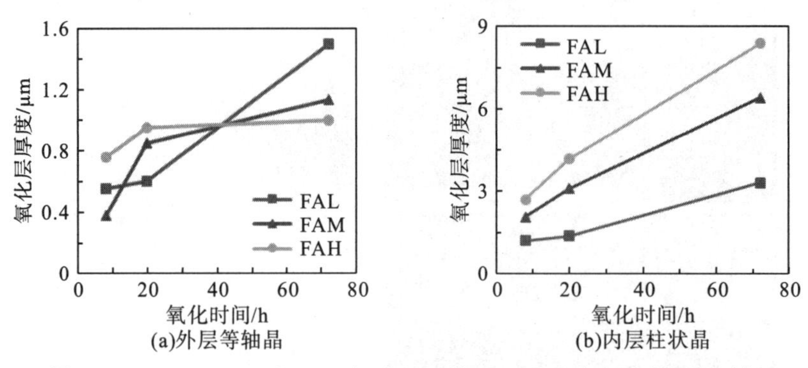

图 3.22 FAL、FAM 及 FAH 在 1200℃的 Ar-20%O_2 气氛中经不同时间氧化后利用断面的 EBSD 分析结果计算外层等轴晶及内层柱状晶的厚度

利用表面 SEM/BSE 分析方法可以清晰地分辨出在高温 ODS 铁基合金表面形成的氧化铝层的表面存在 3 种不同的相，如图 3.23～图 3.25 所示，深灰的 1 号相、浅灰的 2 号相及明亮的 3 号相。经 EDX 分析 3 种合金，样品所有表面形成的相均一样。因而，取 FAH 合金氧化 72h 为代表，能量色散 X 射线光谱仪(energy dispersive X-ray，EDX)分析结果如图 3.26 所示。可知，1 号相为氧化铝，2 号相为富 Ti 的氧化物，3 号相为富 Ti-Y 的氧化物。

在合金 FAL 氧化铝层的表面，存在一定含量的富 Ti-Y 的氧化物和富 Ti 的氧化物，这和表面成分分析 GD-OES 和 SNMS 结果相匹配，随着氧化时间的增长，合金 FAL 表面富 Ti 的氧化物含量有一定的增长。但是富 Ti-Y 的氧化物基本保持不变，和之前的表层成分分析结果吻合。

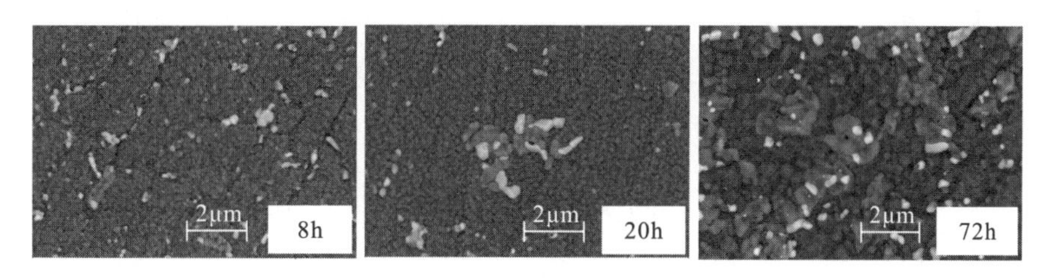

图 3.23　FAL-0.17%Y_2O_3 在 1200℃的 Ar-20%O_2 气氛中氧化不同时间后表面 SEM/BSE 结果

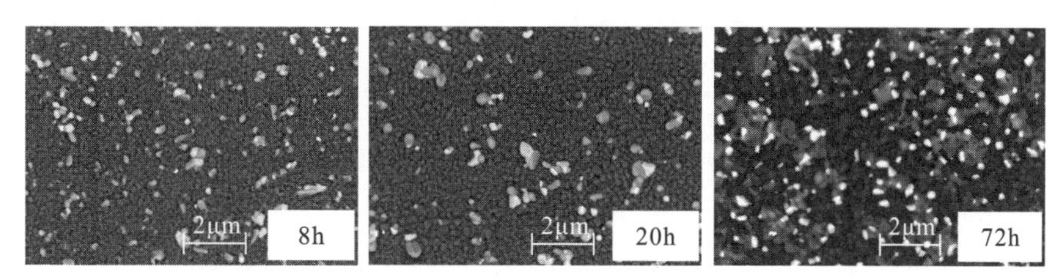

图 3.24　FAM-0.37%Y_2O_3 在 1200℃的 Ar-20%O_2 气氛中氧化不同时间后表面 SEM/BSE 结果

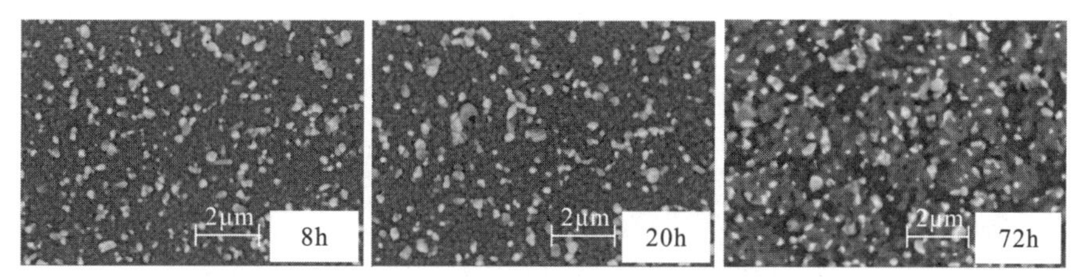

图 3.25　FAH-0.7%Y_2O_3 在 1200℃的 Ar-20%O_2 气氛中氧化不同时间后表面 SEM/BSE 结果

高温 ODS 型铁基合金 FAM 表面 SEM/BSE 分析显示，经不同时间的氧化，合金表层氧化铝表面都出现了富 Ti 氧化物和富 Ti-Y 氧化物，并且氧化 72h 后表面富 Ti 氧化物和富 Ti-Y 氧化物含量明显要比氧化 8h 和 20h 的多。富 Ti-Y 的氧化物弥散分布于合金表面，而含 Ti 的氧化物由颗粒状生长为片状结构。同时，对比表层氧化铝晶粒，氧化 72h 后晶粒明显大于氧化 8h 和 20h 后的晶粒。这都和之前表面成分分析及断面的 EBSD 结果相符。

对于高温 ODS 型铁基合金 FAH，氧化后表面和 FAM、FAL 一样，都出现富 Ti 氧化物和富 Ti-Y 氧化物。富 Ti-Y 的氧化物始终以颗粒状的形态位于氧化铝表面，而富含 Ti 的氧化物由弥散分布的颗粒状发展为连续的层片状。纵向比较，发现合金 FAH 经 8h/20h/72h 氧化后，氧化铝表层的富 Ti 氧化物和富 Ti-Y 氧化物含量都明显比 FAL 和 FAM 要高，如图 3.26 所示。此结果符合之前的表面成分分析。

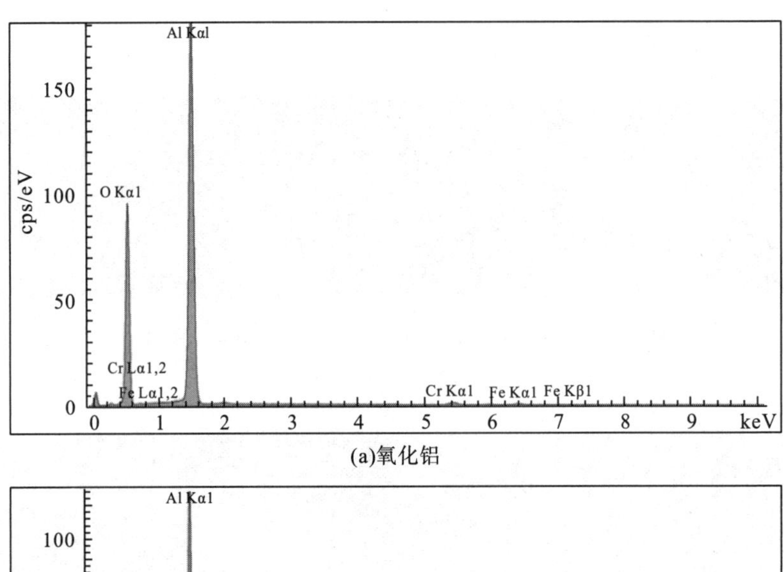

(a)氧化铝

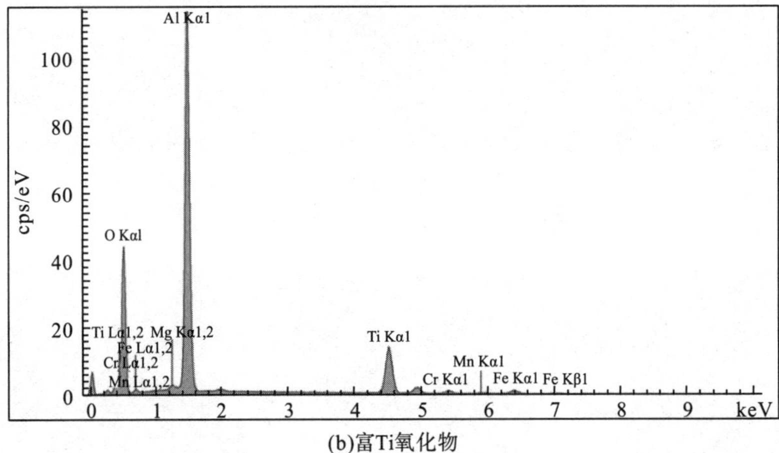

(b)富Ti氧化物

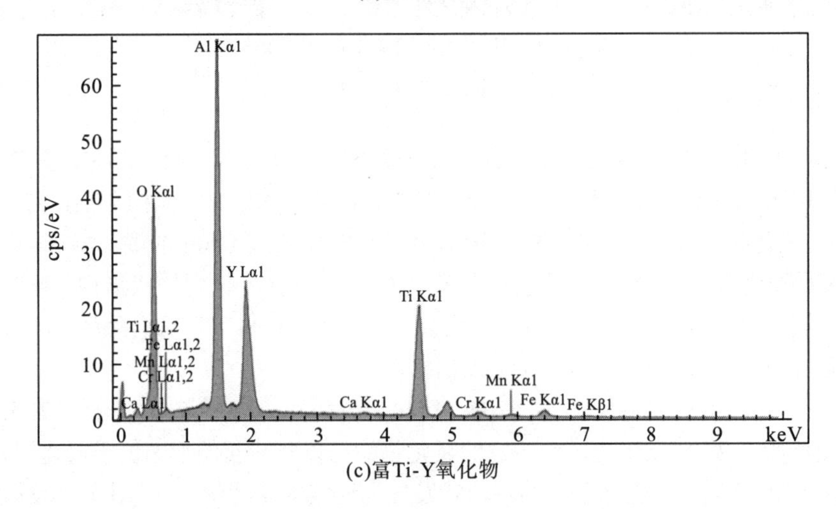

(c)富Ti-Y氧化物

图 3.26 FAH-0.7%Y_2O_3

在 1200℃的 Ar-20%O_2 气氛中氧化 72h 后表面 EDX 分析结果

3.4.4　合金在 Ar-$^{18}O_2$ 中的氧化示踪实验

通过对比 FAL、FAM 和 FAH 这 3 种合金的氧化动力学及表面氧化铝层的断面形貌可知，此 3 种合金在氧化初期存在差异，氧化后期氧化速率趋于恒定，因此本书再利用 8h 和 20h 的 ^{18}O 示踪实验，试图分析理解氧化铝层的生长机制，以及活性元素 Y 的含量在氧化初期对 Al 元素扩散及 O 的向内传播的影响。经含有 ^{18}O 的气氛 Ar-20% $^{18}O_2$ 的短时间氧化后，利用 SNMS 分析表面氧化层成分，确定 ^{18}O 的分布。所有的试样都采用两段氧化法[4, 13]，总时间分别为 8h 和 20h。结果表明(图 3.27～图 3.29)所有的试样经高温(1200℃、Ar-20%O_2)氧化后表面形成以氧化铝为主的氧化层。氧化铝层的表面出现 Ti 和 Y 元素的富集，这是因为 Ti 和 Y 在氧化过程中向外扩散，在表面形成一定量的氧化物。通过对比发现，不管是 8h 还是 20h 氧化后表层 Ti 的含量都随着弥散强化相 Y_2O_3 的含量增加而增加，这和 72h 氧化后表面 GD-OES 的分析结果相一致。此含 Ti 和 Y 的氧化物仅在氧化铝层的表面，延长氧化时间，Ti 和 Y 的含量快速降低。

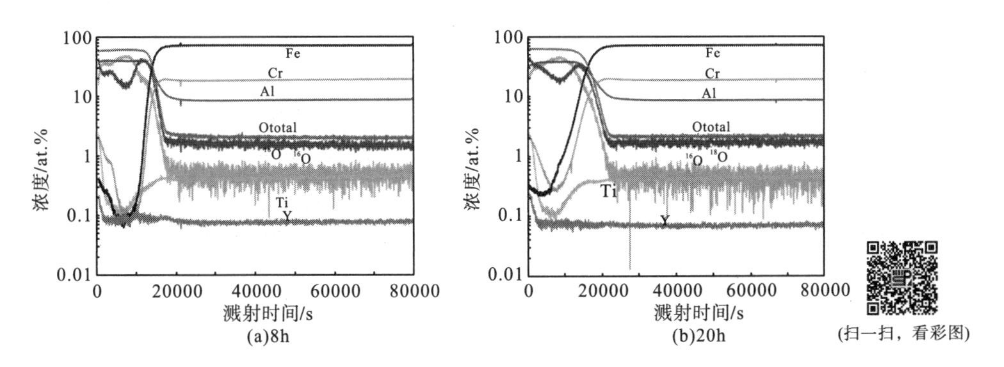

图 3.27　FAL-0.17%Y_2O_3 在 1200℃下经两段氧化法后表面利用 SNMS 分析结果

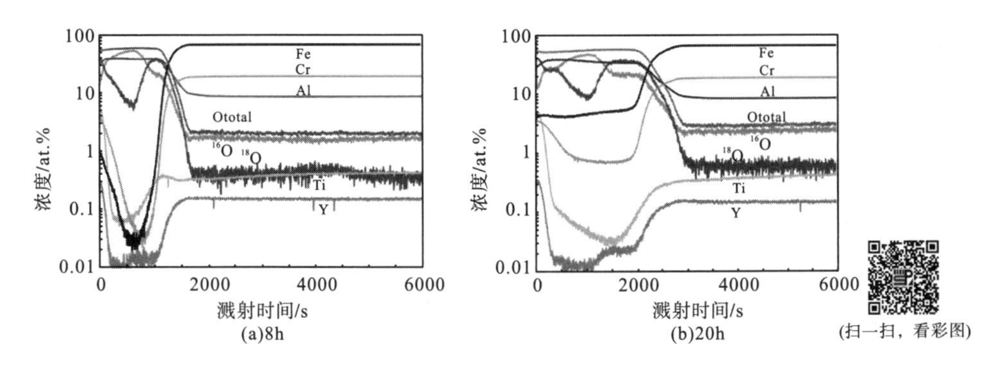

图 3.28　FAM-0.37%Y_2O_3 在 1200℃下经两段氧化法后表面利用 SNMS 分析结果

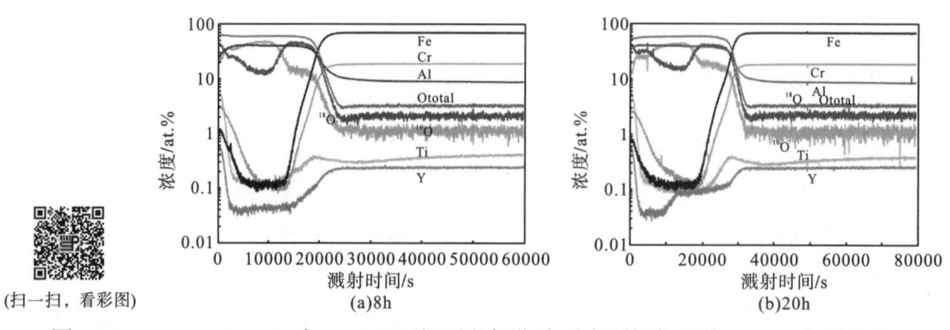

图 3.29 FAH-0.7%Y_2O_3在 1200℃下经两段氧化法后表面氧化层的 SNMS 分析结果

通过分析 ^{18}O 的浓度分布，SNMS 结果明确显示出所有的试样 ^{18}O 在氧化铝表面(此处为第一峰值)，氧化铝/合金的界面附近存在峰值(此处为第二峰值)。重点是所有的试样 ^{18}O 在氧化铝层中出现了第三个峰值或“平台”，并且在 20h 氧化后的结果显示出更加清晰的峰值或平台。总体来说，第一峰值较窄，意味着只存在于氧化铝的表面，这是由同位素交换所造成的。第二个峰值最为强烈，表明合金是以氧向内扩散为主的内生长模式。第三个峰值差异较大。值得一提的是，在 FAM 试样氧化 8h 后的 SNMS 结果中第三个“平台”较小。

目前普遍认为活性元素 Y 及微量元素 Ti 对铁基高温合金的氧化行为起着关键性的作用[14-19]，这也是本书重点研究和探索的内容。根据氧化 72h 表面 GD-OES 分析的结果及 20h 氧化后表层 SNMS 分析结果可知，活性元素 Y 与微量元素 Ti 的分布存在差异。由于 8h 氧化时间短及 FAL 中活性元素 Y 的含量太低，超过了设备检测的精度范围，因此主要分析 FAM 及 FAH 长时间氧化(20h 和 72h)过程中 Y 和 Ti 的分布及扩散。

结合图 3.28 和图 3.29 可以观察到，从氧化层/合金界面开始，活性元素 Y 先缓慢降低，甚至出现水平的台阶，然后降到最低点，紧接着快速增长直到氧化层/气氛界面达到最大值。关于 Ti 元素，在氧化层/合金界面附近存在一个峰值，然后快速地降低，在氧化层中间达到最低点后，开始缓慢地增长直到气氛/氧化层界面。元素 Ti 和 Y 在氧化铝层中的分布出现差异。

3.4.5 氧化铝晶界上 Y 和 Ti 的分布

根据之前的研究可知活性元素 Y 和 Ti 在氧化过程中会沿氧化铝晶界向外扩散至表层生成富含 Y 和 Ti 的氧化物，由表层成分分析及表面 SEM/EDX 分析(图 3.26)可知，两种元素在氧化铝晶界上的扩散及分布存在差异。

通过 SNMS 和 GD-OES 分析可知，这两种元素在氧化铝晶界上的分布存在差异。为了更加准确地研究活性元素 Y 和 Ti 的分布情况，本书利用 TEM/EDX 分析高温铁基合金 FAM 含有 0.37%Y_2O_3在 Ar-20%O_2气氛中氧化 72h 的样品，分析结果如图 3.30 所示。通过 TEM/EDX 分析可以清晰地看出 Ti 与 Y 的分布。Ti 主要分布在外层等轴晶的晶界上，内层柱状晶晶界上含量较少或没有，活性元素 Y 主要分布在内层柱状晶上，外层等轴晶晶界上含量相对较少。这和表面 GD-OES 及 SNMS 分析结果相符。

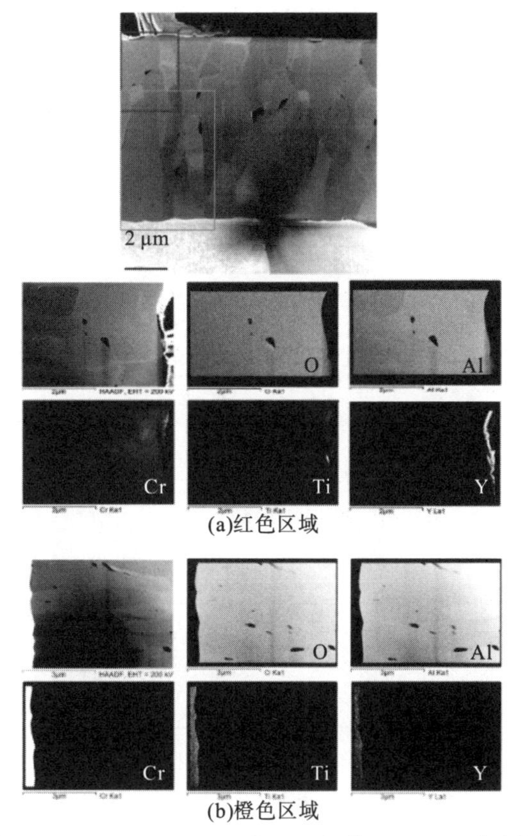

图 3.30 FAM-0.37%Y_2O_3 在 1200℃的 Ar-20%O_2 气氛中氧化 72h 后表面氧化铝层的断面 TEM 分析及其相对应的 EDX 分析结果

3.5 ODS 型 FeCrAl 合金在 Ar-4%H_2-7%H_2O 中的氧化行为

3.5.1 合金的氧化动力学

首先通过 TGA 分析 3 种合金在 1200℃下 Ar-4%H_2-7H_2O 气氛中氧化 72h 过程中的增重结果(图 3.31)，合金 FAL 在氧化初期氧化增重明显比合金 FAH 和 FAM 多，而合金 FAM 与合金 FAH 在氧化过程中保持相似的氧化增重，为了更加准确地分析合金的氧化动力学，利用得到的氧化增重结果，计算合金的瞬时氧化速率 K_p，如图 3.31(b)所示，可以明显地看到，合金 FAL 在氧化初期，氧化速率较快，但是随着氧化时间的延长，氧化速率逐渐降低，最后保持不变，72h 后其氧化速率反而最低。合金 FAH 初始氧化速率较低，但是随着氧化时间的延长，瞬时氧化速率先较低，然后缓慢增长，72h 后氧化速率最快。合金 FAM 的瞬时氧化速率一直处于上述两者之间。总体来说，3 种合金在含水蒸气气氛中的氧化动力学差异较小。但初期氧化存在明显差异，因此对于前期氧化行为的研究依旧是重点，本书还利用含有 ^{18}O 的气氛研究氧化铝的生长机制，由于 TGA 氧化实验所用的气氛含水量较高，在示踪氧化实验中无法得到如此高的含水量。样品氧化示踪实验是在 Ar-4%H_2-2H_2O 的气氛中完成的。由于氧分压存在差异，因此结果对比性较弱，本书将不再分析。

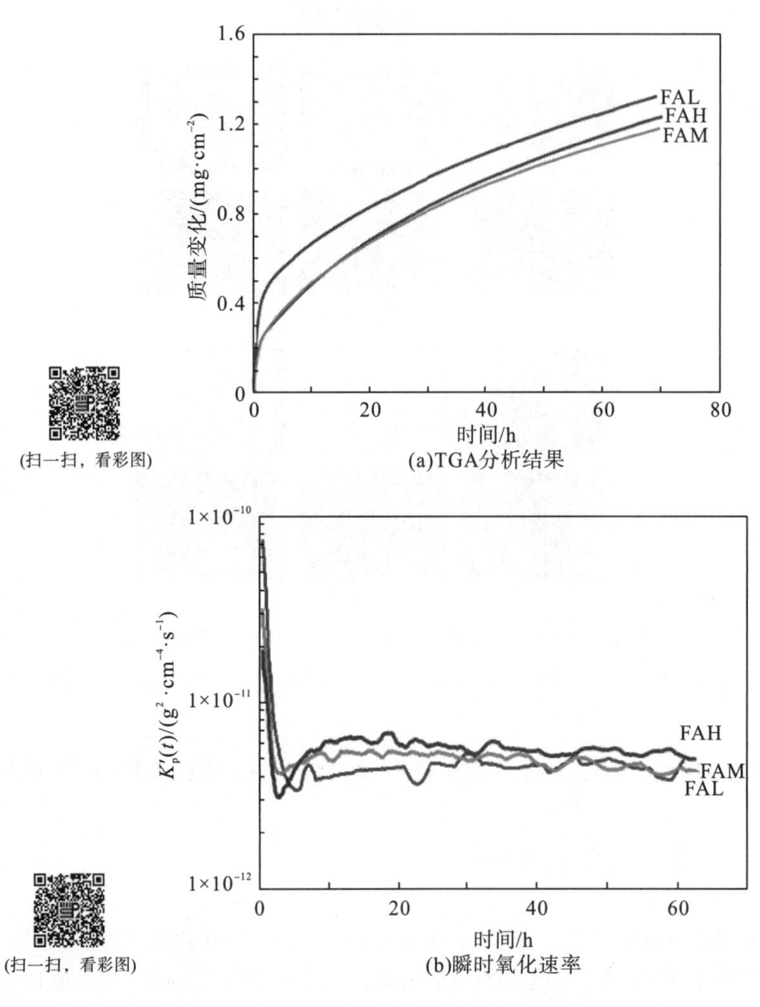

图 3.31 高温 ODS 型铁基合金在 1200℃的 Ar-4%H_2-7H_2O 气氛中氧化 72h 的 TGA 分析结果及相对应的瞬时氧化速率

3.5.2 活性元素 Y 对合金表层成分分布的影响

利用 GD-OES 分析样品氧化 72h 后表层的成分，结果(图 3.32)表明 3 种合金在 Ar-4%H_2-7H_2O 气氛中氧化后表面氧化层依然主要为氧化铝。合金 FAL 氧化层表面的 Ti 和活性元素 Y 的含量较高，但是元素 Y 却在氧化铝表层的下方出现峰值，之后快速降到最低点，在氧化铝层中保持较低的含量。合金 FAM 其氧化铝表面 Ti 的浓度相比于合金 FAL 较高，达到 5at.%。相对应的活性元素 Y 在氧化铝表面富集，其峰值也出现在表层的下方位置，然后快速降低到最低点，

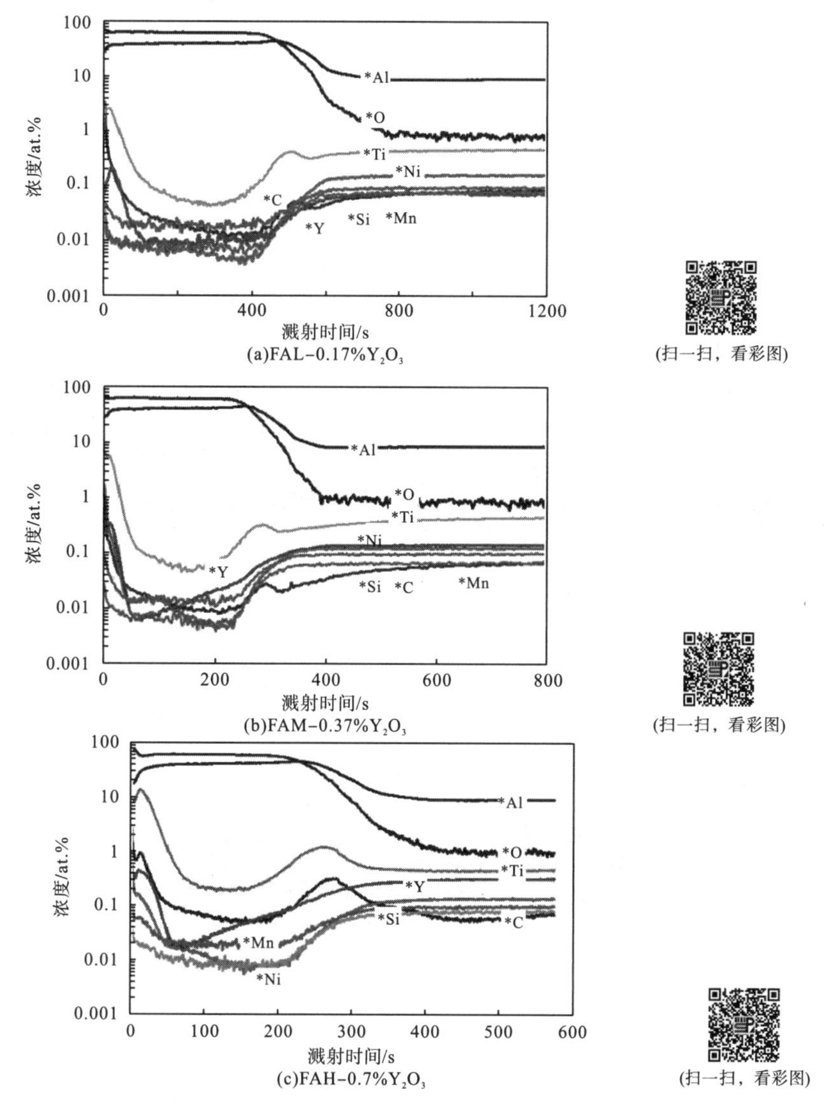

图 3.32 高温 ODS 型铁基合金在 1200℃的 Ar-4%H_2-7H_2O 气氛中氧化 72h 后表面 GD-OES 分析结果

之后缓慢增长直到氧化铝/合金界面。合金 FAH 氧化铝表面的 Ti 含量最高，达到 10 at. %。活性元素 Y 在氧化层的表面富集，但其峰值如同之前 FAL 和 FAM 一样，出现在氧化层表面的下方位置，并且变化趋势与合金 FAM 一样。

3.5.3 Y 含量对合金氧化铝微观形貌的影响

图 3.33 所示为 3 种合金在 Ar-4%H_2-7H_2O 气氛中 1200℃下氧化 72h 后的断面形貌 SEM 结果。由图 3.33 可知，合金 FAL 在 Ar-4%H_2-7H_2O 气氛中表面形成致密的氧化铝层，同时厚度相对均匀，起伏较小。在氧化铝/基体界面存在富含 Ti 的碳化物，这与表面 GD-OES 成分分析结果相符。再通过其氧化铝生长方向上的 EBSD 分析[图 3.34(a)]可知，合金氧化铝层由外层等轴晶和内层柱状晶组成。外层等轴晶粗大，晶粒宽度差异较大。合金 FAM 表面形成的氧化铝层致密均匀，但是通过断面 EBSD 分析[图 3.34(b)]，氧化铝由内层柱状晶和外层不甚清晰的等轴晶组成(下文将确定其外层为等轴晶)。可以发现氧化铝层的内层柱状晶比合金 FAL 粗大。合金 FAH 在氧化过程中形成的氧化铝层致密但不均匀，厚度存在一定的起伏，其 EBSD 结果[图 3.34(c)]显示氧化铝层主要为柱状晶形态，柱状晶粒粗细差异较大，外部存在一些不连续的等轴晶粒。

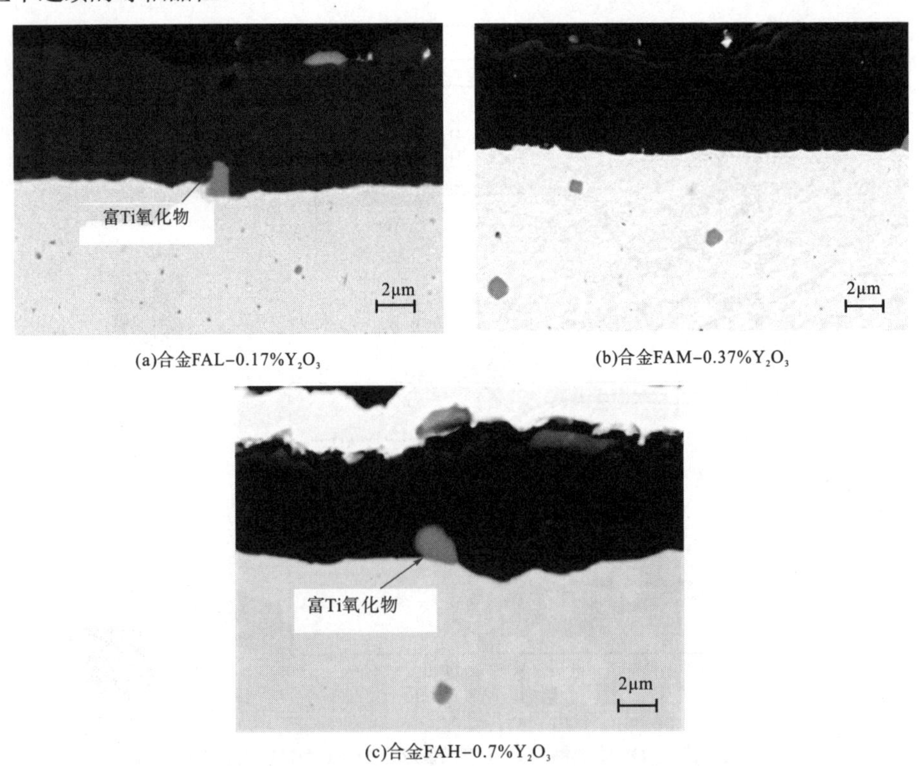

(a)合金FAL-0.17%Y_2O_3 (b)合金FAM-0.37%Y_2O_3 (c)合金FAH-0.7%Y_2O_3

图 3.33 高温 ODS 型铁基合金在 1200℃的 Ar-4%H_2-7H_2O 气氛中氧化 72h 后的断面形貌

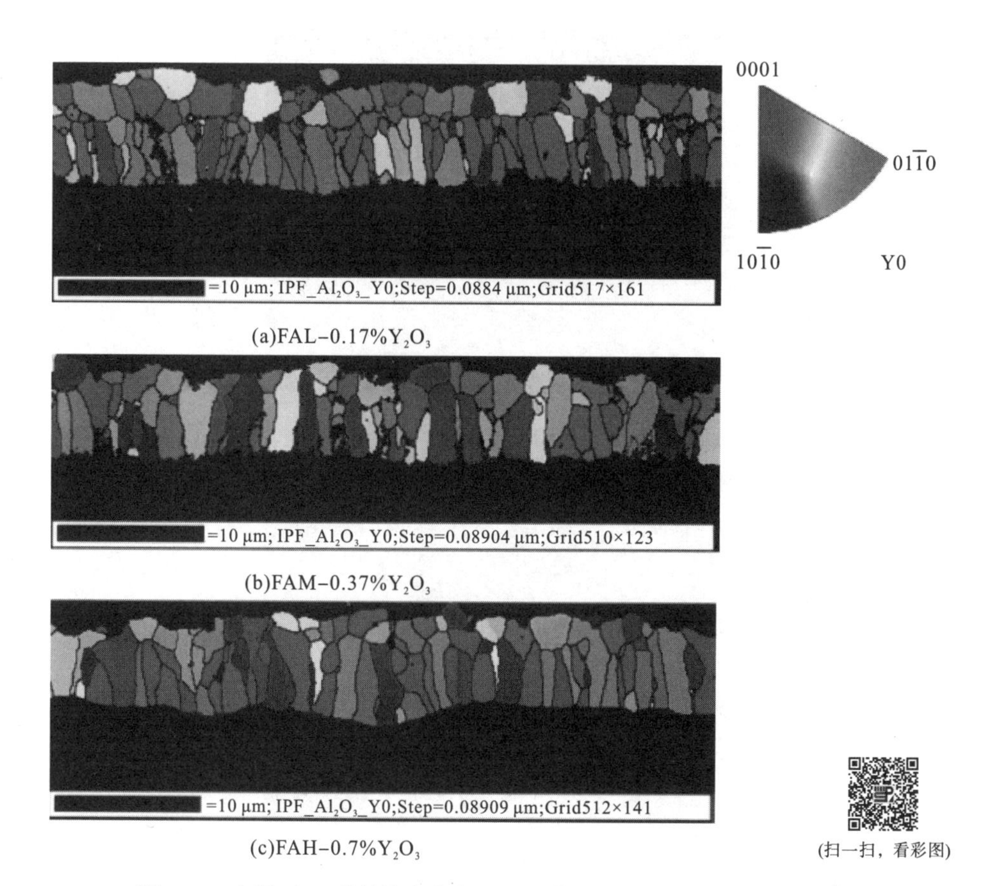

(a)FAL-0.17%Y_2O_3

(b)FAM-0.37%Y_2O_3

(c)FAH-0.7%Y_2O_3

图 3.34　高温 ODS 型铁基合金在 1200℃的 Ar-4%H_2-7H_2O 气氛中经 72h 氧化后表面氧化铝层在其生长方向上的 EBSD 分析结果及其相对应的极点图

为了研究活性元素 Y 及元素 Ti 在氧化铝层中的扩散，利用 SEM/EDX 分析氧化 72h 后的样品表面形貌及相组成，如图 3.35 和图 3.36 所示。合金 FAL 表面 SEM 分析结果显示，其表面存在粗大的氧化铝晶粒，灰色的相为富 Ti 的氧化物颗粒。表面富含 Ti 的氧化颗粒较少，分散于氧化铝表面。由于该合金活性元素 Y 含量较少，表面没有出现富含 Ti-Y 的氧化物颗粒。对于合金 FAM，氧化铝表面出现富含 Ti 的灰色的氧化颗粒和明亮的富含 Ti-Y 的氧化物颗粒。合金 FAH 氧化铝表面依然为上述的两相。但是富含 Ti 的氧化物明显增多，形成片状的结构。同时富含 Ti-Y 的氧化物含量也相应地提高，这和之前表面 GD-OES 成分分析结果相符。

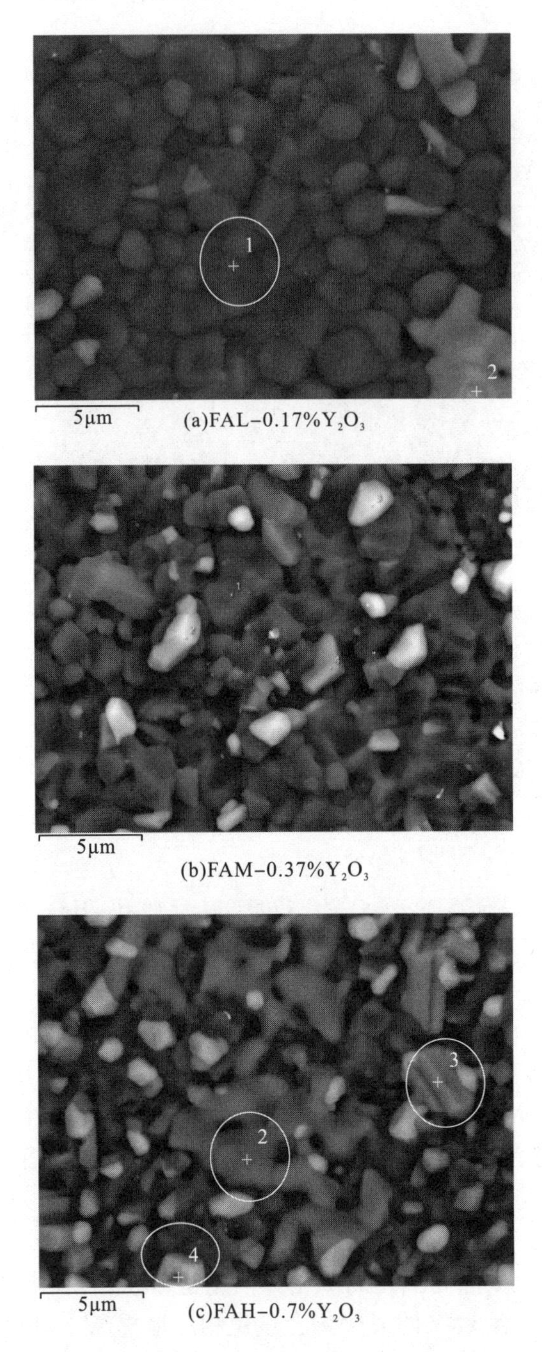

(a)FAL-0.17%Y_2O_3

(b)FAM-0.37%Y_2O_3

(c)FAH-0.7%Y_2O_3

图 3.35 高温 ODS 型铁基合金在 1200℃的 Ar-4%H_2-7H_2O 气氛中经 72h 氧化后表面形貌分析及对应 EDX 分析结果

1—氧化铝；2、3—富 Ti 氧化物；4—富 Ti-Y 氧化物

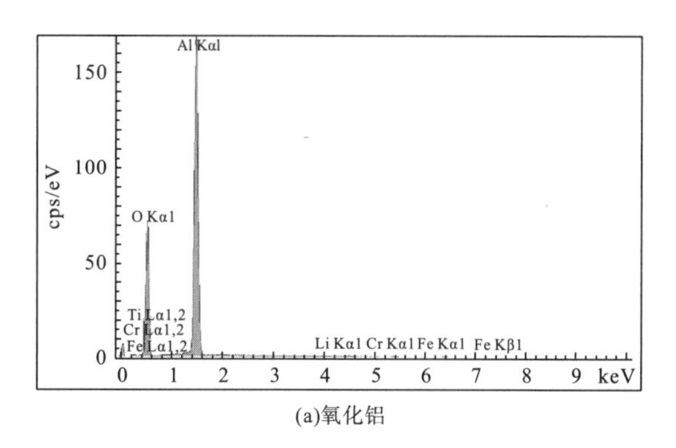

(a)氧化铝

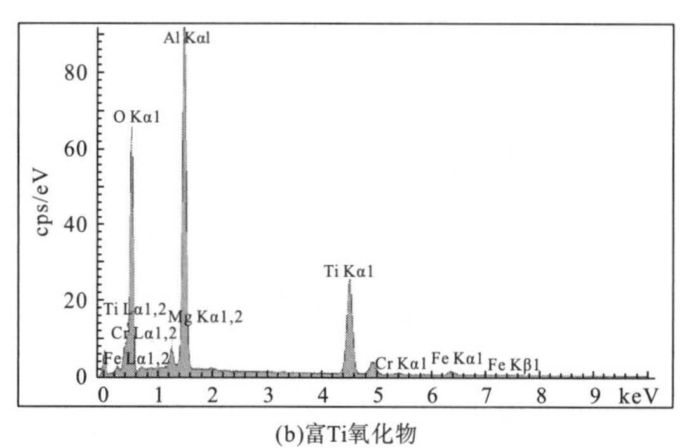

(b)富Ti氧化物

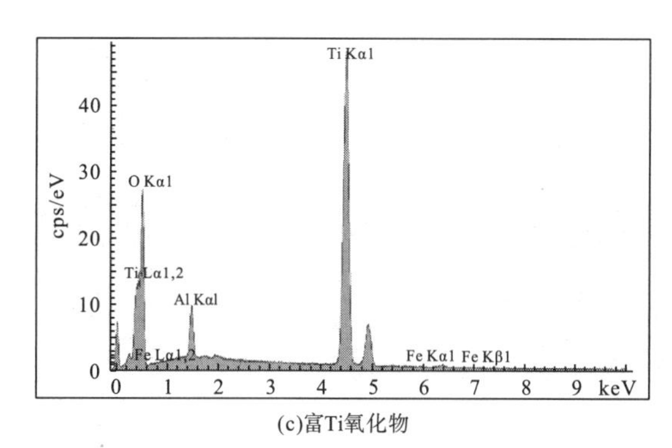

(c)富Ti氧化物

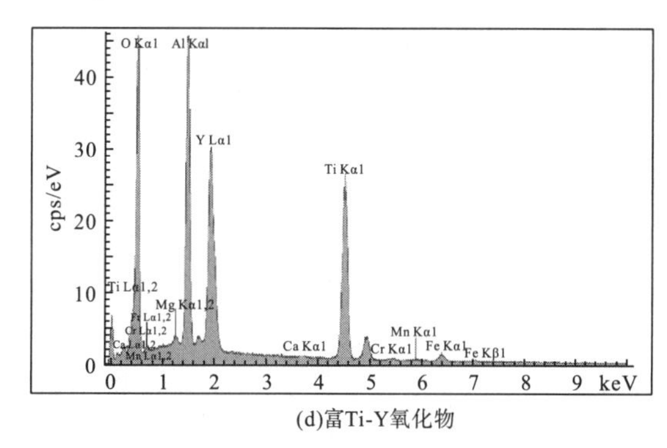

(d)富Ti-Y氧化物

图 3.36　高温 ODS 型铁基合金在 1200℃的 Ar-4%H_2-7H_2O 气氛中经 72h 氧化后表面 EDX 分析结果

3.5.4 含水/氢气气氛对氧化铝晶界上 Y 和 Ti 的分布的影响

表面 SEM/EDX 可以分析氧化铝层表面活性元素 Y 及 Ti 的分布，利用 TEM/EDX 可以分析氧化铝层中活性元素 Y 及 Ti 的分布。以合金 FAM 为代表，通过 TEM/EDX 分析结果(图 3.37)可以清晰地看出合金表层氧化铝由内层柱状晶和外层等轴晶组成。活性元素 Y 分布在整个氧化铝层的晶界上，但是内侧柱状晶晶界上的活性元素 Y 的含量明显高于外侧等轴晶晶界上的 Y 的含量。微量元素 Ti 在内侧柱状晶晶界上分布较少或没有(没有检测到可能是超出检测的精度范围)，只分布在氧化铝层外层等轴晶粒的晶界上。同时还发现，在合金和氧化层界面上出现明显的 Y 和 Ti 元素的富集。

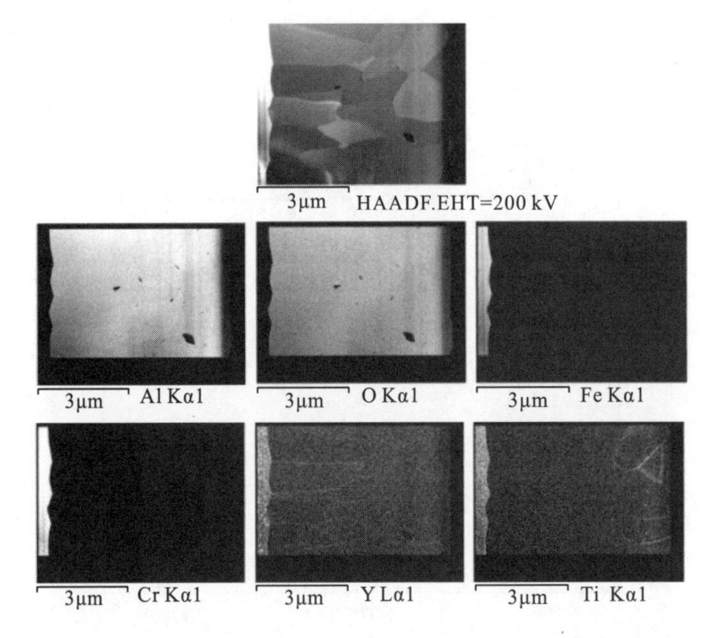

图 3.37 FAM-0.37%Y_2O_3 在 1200℃的 Ar-4%H_2-7H_2O 气氛中氧化 72h 后表面氧化铝层的 TEM 及其对应的元素分布分析结果

3.6 ODS 型 FeCrAl 合金在 Ar-1%CO-1%CO_2 中的氧化行为

3.6.1 含碳气氛中的合金氧化动力学

通过 TGA 分析以 MA956 为模型制备的，不同氧化物弥散强化相含量的 ODS 型 FeCrAl 合金在 Ar-1%CO-1%CO_2 气氛中 1200℃下氧化 72h 的氧化动力学[图 3.38(a)]表明，氧化初始阶段 3 种合金没有明显的差异，但是大约在 5h

后，合金 FAL 氧化增重小于合金 FAM 和 FAH，但是 40h 之后，合金氧化增重出现差异，可以清楚地发现合金 FAL 的氧化增重速率最快，合金 FAM 氧化增重速率最慢。利用得到的 TGA 结果，计算合金表面氧化层生长的瞬时速率，如图 3.38(b)所示。由图 3.38(b)可知，在氧化过程中，合金 FAM 和 FAH 瞬时氧化速率先快速降低，然后缓慢减少直到最后保持稳定。然而合金 FAL 瞬时氧化速率先急速降到最低点，然后缓慢上升最终保持稳定，最后瞬时氧化速率超过合金 FAH，合金 FAM 最低。合金 FAL 表现出和之前研究存在很大差异的氧化动力学。通过对比前期的氧化动力学和氧化速率，可以发现合金在含碳气氛中初期氧化铝层的生长机制依旧是研究的重点，本书引入含有 ^{18}O 的气氛 $Ar-1\%C^{18}O-1\%C^{18}O_2$，进行短时(8h 和 20h)的氧化示踪实验，之后将分析实验结果。

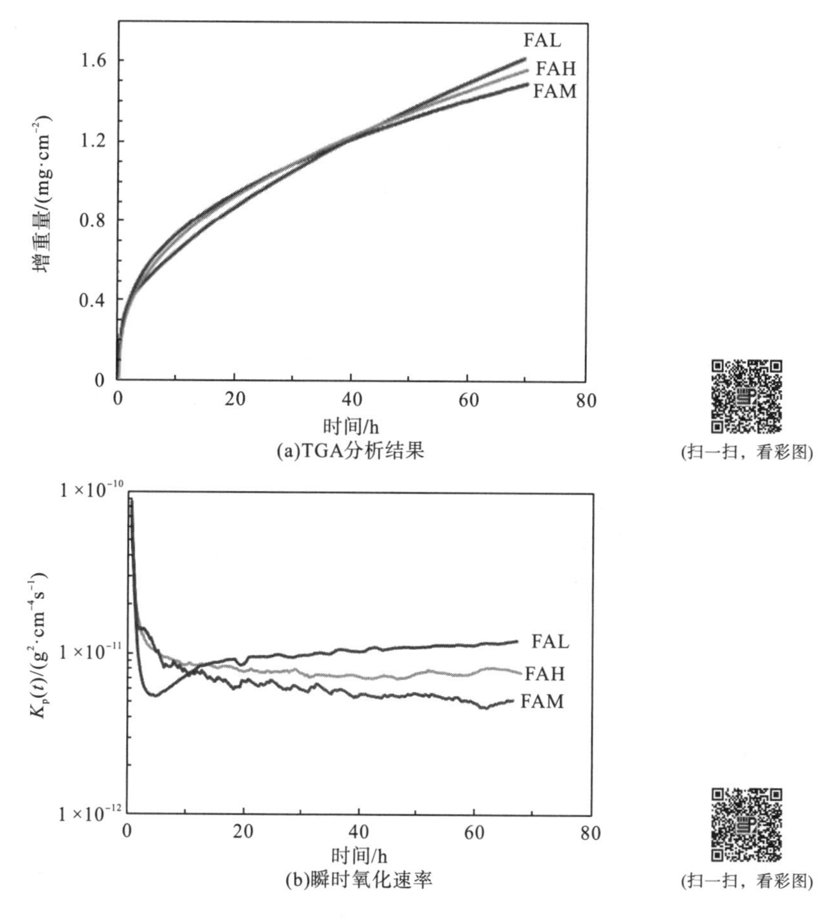

图 3.38　高温 ODS 型铁基合金在 $Ar-1\%CO-1\%CO_2$ 气氛中 1200℃下氧化 72h 的 TGA 分析结果及相对应的瞬时氧化速率

3.6.2 含碳气氛中的合金表层成分分布

利用 GD-OES 分析 3 种合金氧化 72h 后的表层成分结果，如图 3.39 所示。3 种具有不同氧化钇含量的高温 ODS 铁基合金在 1200℃下氧化 72h 后，表面会形成一层以氧化铝为主的氧化层。同时，在氧化铝的表面会形成一些富含 Fe、Cr 的氧化物，这些氧化物是合金最初氧化时形成的。随着氧化时间的延长，Fe 和 Cr 的含量快速减少。氧化铝表面也存在 Ti 和 Y 的氧化物，随着氧化时间的延长，Ti 含量缓慢降低，在氧化铝层中部达到最低，然后缓慢增长直到氧化层/合金界面，并且在此界面附近存在第二个峰值。活性元素 Y 含量在氧化层表面出现富集，但是却在氧化层/气氛界面下方出现峰值，之后快速降到最低点，然后缓慢增长直到氧化层/合金界面。Fe、Cr 及 Y 在上述 3 种合金表面的氧化铝层中的分布差异较小，但是 Ti 在氧化铝层中的含量区别较大。

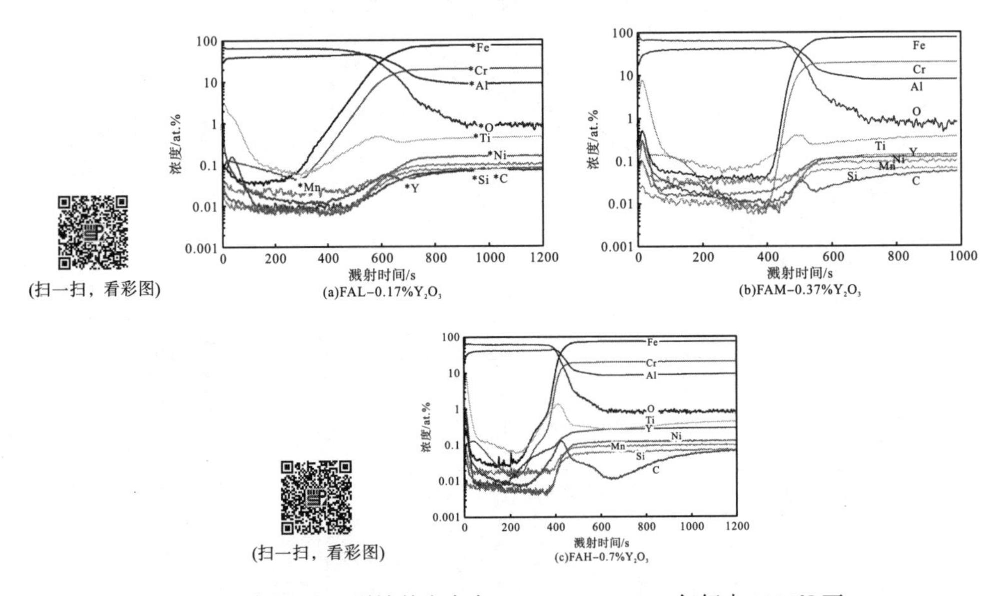

图 3.39 高温 ODS 型铁基合金在 Ar-1%CO-1%CO_2气氛中 1200℃下氧化 72h 后表面 GD-OES 分析结果

在合金 FAL 中，Ti 的含量在氧化铝表面达到峰值，约为 3 at.%；而在合金 FAM 表面的氧化铝层中 Ti 的含量峰值却在气氛/氧化铝界面向内 1μm 处，达到 7 at.%；在合金 FAH 表面形成的氧化铝中，Ti 的含量峰值稍稍偏离气氛/氧化铝界面，达到 10 at.%。这和之前这 3 种合金在 Ar-20%O_2气氛中氧化结果相似。值得一提的是，对 3 种合金在含碳气氛中的氧化和 C 在氧化层中的分布，也进行了研究。从图 3.38 中可以发现，C 在合金 FAL 氧化铝层的表面含量最高，之后快速降低，并且在氧化铝/合金界面上存在第二个峰值。在合金 FAH 表面的氧化铝层中 C

含量除了在氧化铝/气氛界面及氧化铝/合金界面存在峰值，在氧化铝/气氛界面附近还存在第三个峰值。在合金 FAH 中，C 含量的存在及分布与合金 FAM 相似，也存在第三个峰值。但是此合金表层氧化铝中 C 在合金/氧化层界面处的含量远高于合金 FAM 及 FAL。

3.6.3　含碳气氛中的合金表面氧化铝微观结构

合金在氧化过程中会在表面形成以氧化铝为主的氧化层，其断面 SEM 形貌如图 3.40 所示。结果表明高温 ODS 型 FeCrAl 合金在 Ar-1%CO-1%CO_2 气氛中氧化 72h 后表面形成致密的、厚度均匀的氧化铝层。3 种合金表面形成的氧化铝层厚度相似，这符合之前 TGA 分析的结果，并且在氧化层/合金界面都存在富 Ti 的碳化物或氮化物，从而导致表面成分分析结果中 Ti 的含量在氧化层/合金界面处凸起。由于利用 SEM 分析结果，无法研究气氛及活性元素对氧化铝层生长的影响，因此利用 EBSD 分析氧化铝层的晶粒大小及晶粒取向从而分析合金在 Ar-1%CO-1%CO_2 气氛中的氧化机制。

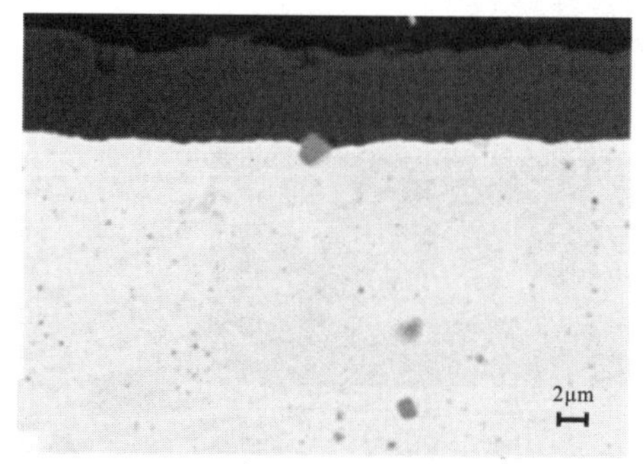

(a)合金FAL-0.17%Y_2O_3

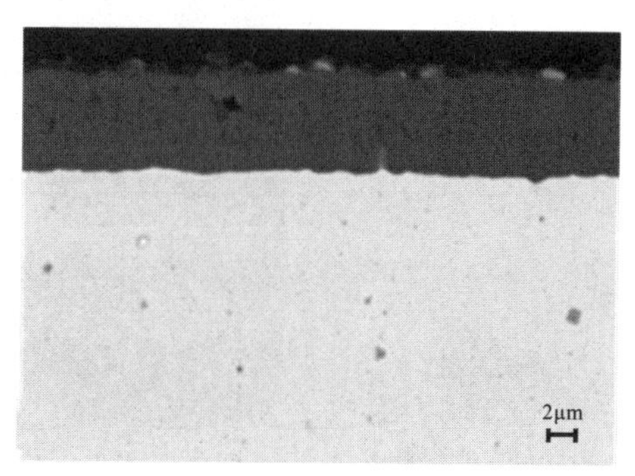

(b)合金FAM-0.37%Y_2O_3

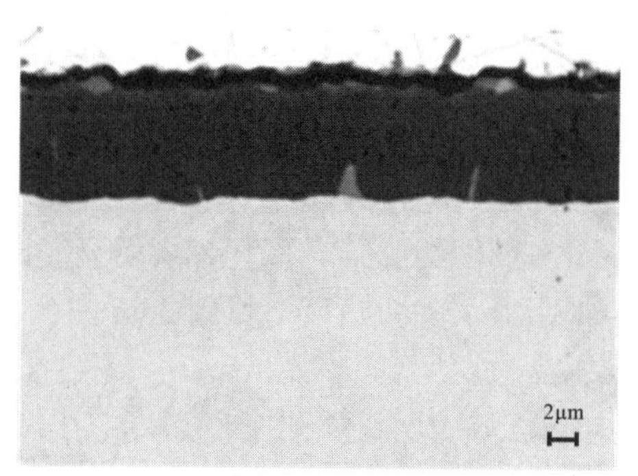

(c)合金FAH-0.7%Y_2O_3

图 3.40　高温 ODS 型铁基合金在 Ar-1%CO-1%CO_2 气氛中 1200℃下氧化 72h 后的断面形貌

合金 FAL 合金表面氧化铝在其生长方向上的 EBSD 分析结果如图 3.41 所示。图 3.41 表明合金在 Ar-1%CO-1%CO_2 气氛中氧化后表层氧化铝由内层柱状晶和外层等轴晶组成。对比不同氧化时间后的断面形貌，可以发现随着氧化时间的延长，内层柱状晶向内生长，同时，外层等轴晶随氧化时间的延长，晶粒尺寸生长更为明显，并且等轴晶粒有形成多层的趋势，不再是之前研究的单层。外层等轴晶层出现非常大的晶粒，这和 SNMS 分析结果显示的 ^{18}O 的第三个峰值相符合。

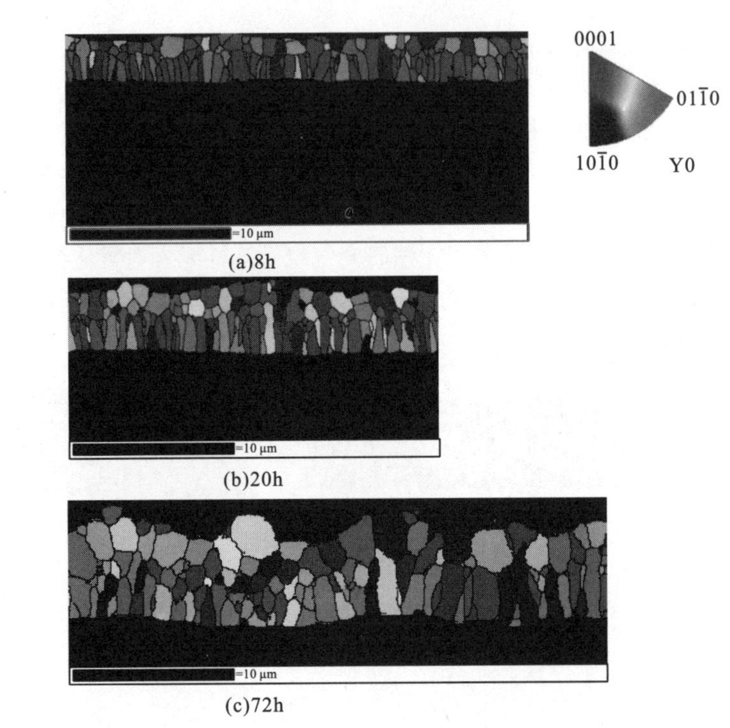

(a)8h

(b)20h

(c)72h

(扫一扫，看彩图)

图 3.41　FAL-0.17%Y_2O_3 在 Ar-1%CO-1%CO_2 气氛中 1200℃下经不同时间氧化后表面氧化铝层在其生长方向上的 EBSD 分析结果及其相对应的极点图

合金 FAM 表层氧化铝的 EBSD 分析结果(图 3.42)显示，表层氧化铝由内层柱状晶和外层等轴晶组成。在氧化 8h 后，氧化铝晶粒主要为柱状晶，外层等轴晶很薄，晶粒宽度约 0.8μm。氧化 20h 后，氧化铝层明显变厚，柱状晶生长明显，但是外层等轴晶生长也很明显，晶粒宽度增长到 2μm 左右。72h 后，外层氧化铝晶粒形成连续均匀的等轴晶粒层。

合金 FAH 的断面 EBSD 分析结果如图 3.43 所示。在氧化 8h 后，表面氧化铝层出现非常明显的分层——内层柱状晶和外层等轴晶。外层等轴晶厚度约为 2μm，明显要比合金 FAL 和 FAM 氧化 8h 后的等轴晶层厚。随着氧化时间的延长，内层柱状晶层生长明显，外层等轴晶也存在一定的生长，但是相对于柱状晶的生长，其生长速度较为缓慢。

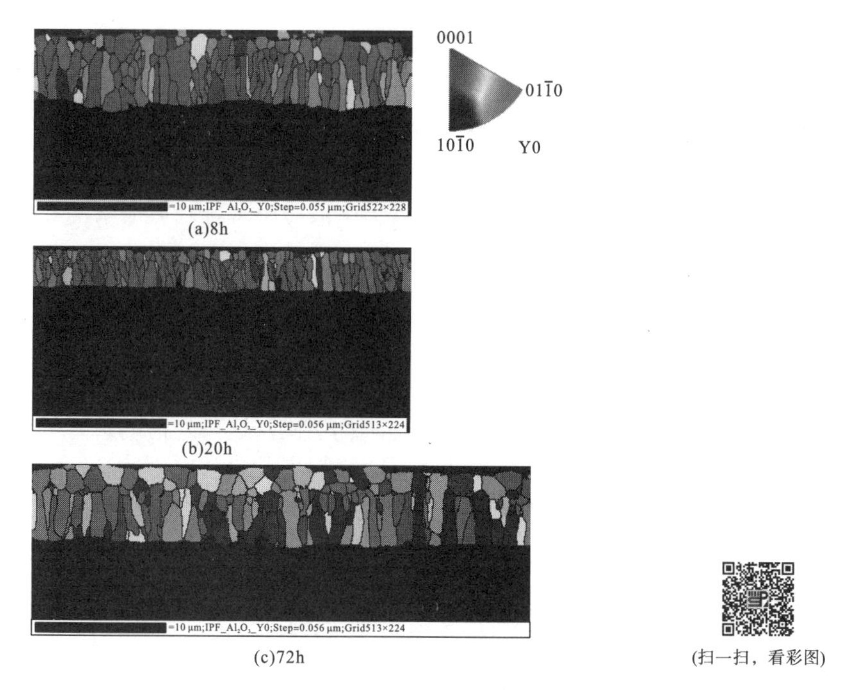

图 3.42 FAM-0.37%Y_2O_3 在 Ar-1%CO-1%CO_2 气氛中 1200℃下经不同时间氧化后表面氧化铝层在其生长方向上的 EBSD 分析结果及其相对应的极点图

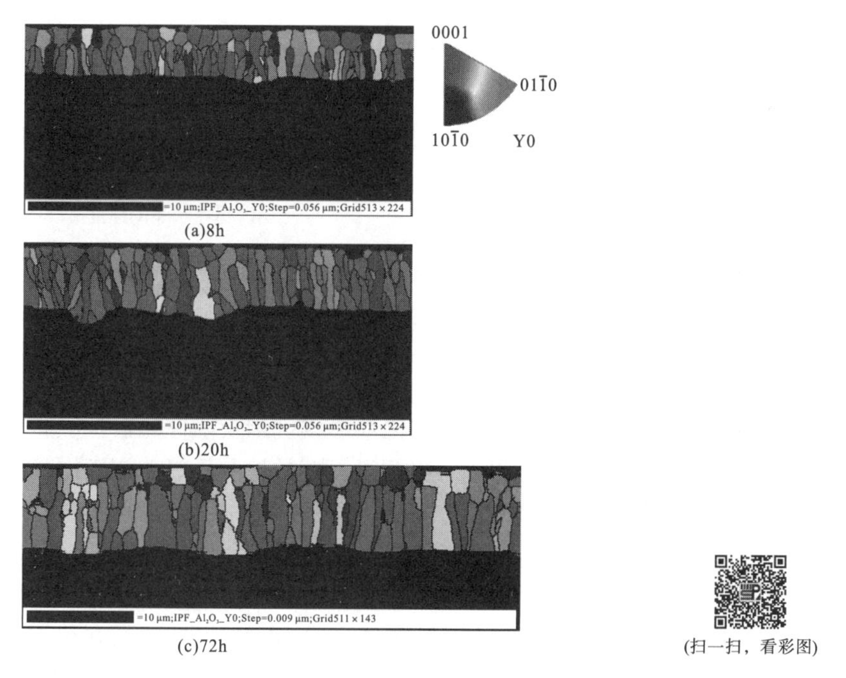

图 3.43 FAH-0.7%Y_2O_3 在 Ar-1%CO-1%CO_2 气氛中 1200℃下经不同时间氧化后表面氧化铝层在其生长方向上的 EBSD 分析结果及其相对应的极点图

为了更加直观地显示外层等轴晶和内层柱状晶的生长状态，利用 AnalySIS 软件计算等轴晶和柱状晶的厚度(图 3.44)。通过对比 3 种合金表面形成的氧化铝层的外层等轴晶厚度可以发现，合金 FAH 在氧化 8h 后得到最厚的等轴晶层，但是随着氧化时间的延长，发现其生长速度却是最慢的。合金 FAL 氧化铝层的外层等轴晶拥有最快的生长速度。合金 FAM 初始氧化形成的等轴晶厚度最薄，但其生长速度在 20h 之前较快，随后生长速度减慢，等轴晶层厚度介于合金 FAL 和 FAH 之间。

合金表面氧化铝内层柱状晶的生长与外层等轴晶的生长存在较大差异。合金 FAL 在氧化 72h 之前都具有最薄的柱状晶层，但通过对比合金 FAM 的生长速率，发现合金 FAL 在 20h 后的生长速率稍高于合金 FAM，这与之前的瞬时氧化速率相符合。合金 FAM 在 20h 时，拥有最厚的柱状晶层，但其厚度波动较大。合金 FAH 的内层柱状晶在氧化 72h 后拥有最厚的柱状晶层及最快的生长速率。总体来说，合金 FAL 外层等轴晶生长速率最快，合金 FAH 内层柱状晶生长最快，但其外层等轴晶生长最慢。

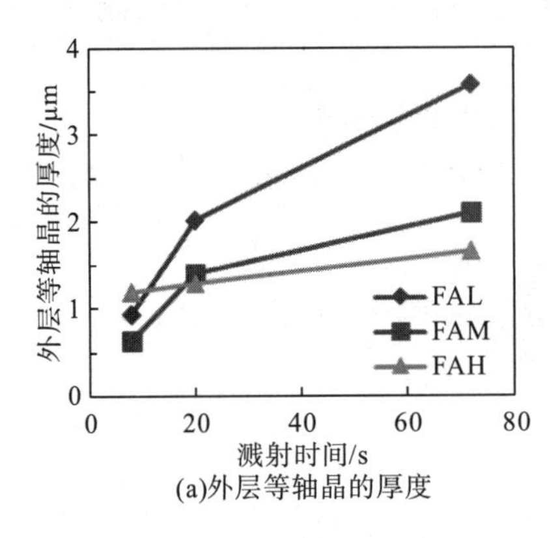

(a)外层等轴晶的厚度

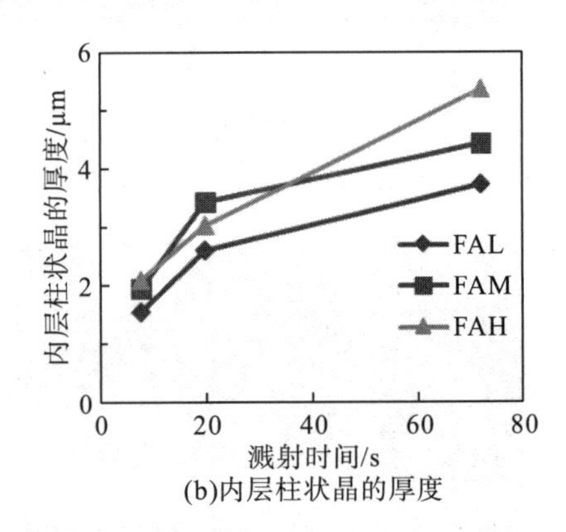

(b)内层柱状晶的厚度

图 3.44 高温 ODS 型铁基合金在 Ar-1%CO-1%CO_2气氛中 1200℃下经不同时间氧化后，根据 EBSD 分析结果得到表面氧化铝层外层等轴晶的厚度及内层柱状晶的厚度

高温 ODS 型铁基合金在 Ar-1%CO-1%CO_2气氛中 1200℃下氧化后合金表面形成的氧化铝的表面形貌分析也是研究氧化铝形成机制及活性元素扩散和微量元素 Ti 分布的重要组成部分。利用背散射电子可以有效地分析氧化铝表面相的组成和分布。合金 FAL 的表面 SEM/BSE 分析结果(图 3.45)显示在氧化铝层的表面存在一些分散的明亮的相和灰色不同于基体的相，随着氧化时间的延长，可以明显地发现这两相的含量都增加了。通过 EDX 分析(图 3.46～图 3.48)可以确定明亮的相为富 Ti-Y-Al 的氧化物；而灰色的相为富 Ti 氧化物(TiO_2)。表层氧化铝晶粒的宽度也随着氧化时间的延长而增加。这些结果和表层成分分析及表面 EBSD 分析的结果相吻合。

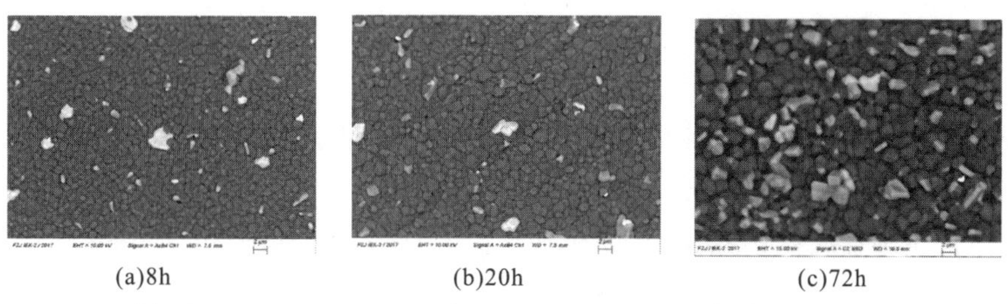

(a)8h　　(b)20h　　(c)72h

图 3.45　FAL-0.17% Y_2O_3 在 Ar-1%CO-1%CO_2 气氛中 1200℃下氧化不同时间后表面 SEM/BSE 分析结果

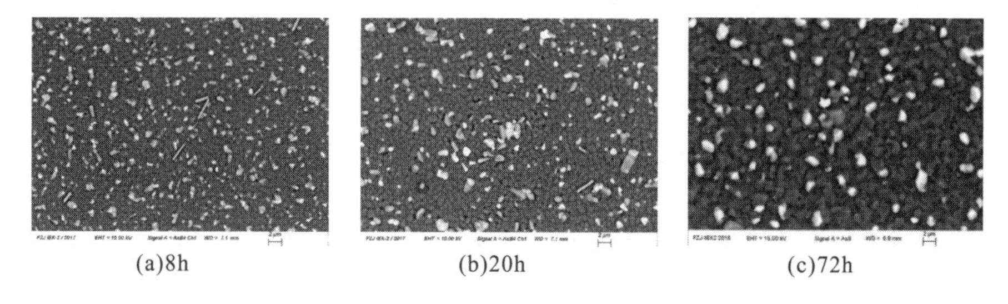

(a)8h　　(b)20h　　(c)72h

图 3.46　FAM-0.37% Y_2O_3 在 Ar-1%CO-1%CO_2 气氛中 1200℃下氧化不同时间后表面 SEM/BSE 分析结果

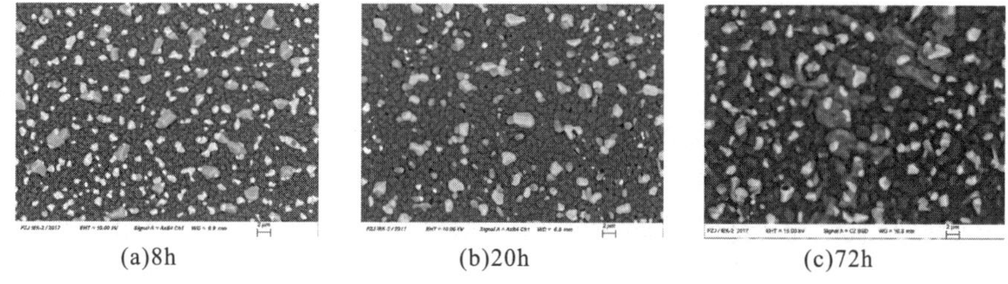

(a)8h　　(b)20h　　(c)72h

图 3.47　FAH-0.7% Y_2O_3 在 Ar-1%CO-1%CO_2 气氛中 1200℃下氧化不同时间后表面 SEM/BSE 分析结果

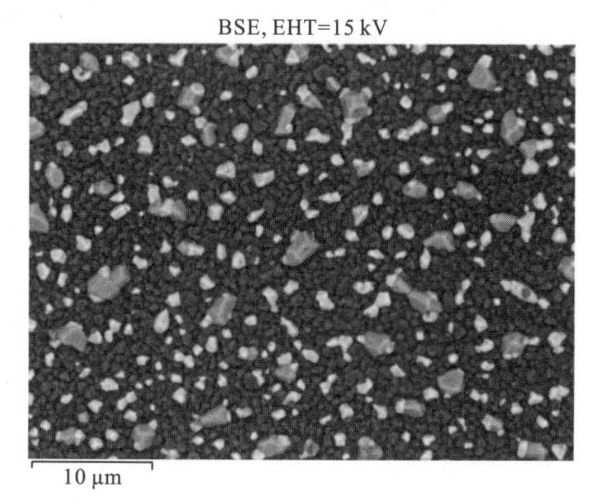

图 3.48　FAH-0.7%Y_2O_3 在 Ar-1%CO-1%CO_2 气氛中 1200℃下氧化 8h 后表面形貌与相分布

与合金 FAL 一样，合金 FAM 表面 SEM/BES 分析结果(图 3.46)显示合金氧化铝的表面出现富含 Ti 及 Ti-Y 的氧化物，但含量明显高于合金 FAL，并且随着氧化时间的延长，氧化物颗粒宽度也相应地增长。氧化铝晶粒随着氧化时间的延长，晶粒宽度也相应地增长。

合金 FAH 表面 SEM/BSE 分析结果(图 3.47)显示氧化 8h 后，氧化铝表面出现大块的富含 Ti 和 Y-Ti 的氧化物颗粒。通过对比 3 种合金氧化 8h 后的表面形貌，可以清晰地得到合金 FAH 表面灰色的富含 Ti 的氧化物颗粒含量高于合金 FAL 及 FAM。随着氧化时间的延长，富 Ti 氧化物颗粒生长，有连成片状的趋势。富含 Ti-Y 的氧化颗粒依旧分散在氧化铝表面，并随着氧化时间的延长，颗粒变大。

3.6.4 ^{18}O 示踪实验分析

从合金的氧化动力学中，经研究发现合金在氧化初期(20h 之前)，氧化增重及氧化瞬时速率存在的差异较大。为了研究此合金高温氧化机制，本书又添加了两段法氧化示踪实验，3 种合金在含有 ^{18}O 的气氛中氧化，即先在 Ar-1%$C^{16}O$-1%$C^{16}O_2$ 氧化，然后在 Ar-1%$C^{18}O$-1%$C^{18}O_2$ 气氛中氧化。利用 SNMS 分析氧化后的试样，表层成分结果如图 3.49 所示。

3 种合金 SNMS 分析结果(图 3.50)中关于 Fe、Cr 及 Y 的分布和含量与合金经 72h 氧化后 GD-OES 分析结果相似，不再赘述。利用 SNMS 重点分析 ^{18}O 的分布，从而确定氧化铝层的生长机制。在合金 FAL 表层的氧化铝中，^{18}O 在氧化层/气氛界面以及氧化层/合金界面存在峰值，这和之前在氧气中的氧化示踪实验结果相似，分别是由 ^{16}O 和 ^{18}O 之间存在交换以及氧沿晶界向内扩散的内生长造成的。同时，在氧化铝层中间存在第三个峰值，不同于之前的研究结果的是此峰值较大。氧化 8h 样品分析结果显示第三峰值的“宽度”与氧化层/合金界面的相仿。但是 20h 后，第三个峰值的宽度明显大于氧化层/合金界面的峰值。而在氧化层/合金界面的第二个峰值没有明显的变化。相对于合金 FAM，^{18}O 的含量的第三个峰值，更准确地说应该是“平台”，依旧出现在氧化铝层中，随着氧化时间的增加，此平台也相应地变宽。但是不管是其强度还是其宽度，都小于合金 FAL。氧化铝/合金界面的第二个峰值随氧化时间的增加也相应地变宽。

在合金 FAH 中，^{18}O 的含量如同前面所述的，出现两个峰值和一个“平台”。随着氧化时间的增加，“平台”的宽度变化不明显，但是第二个峰值却有显著的增加。3 种合金即存在相同的变化趋势，但各自有各自的特点。

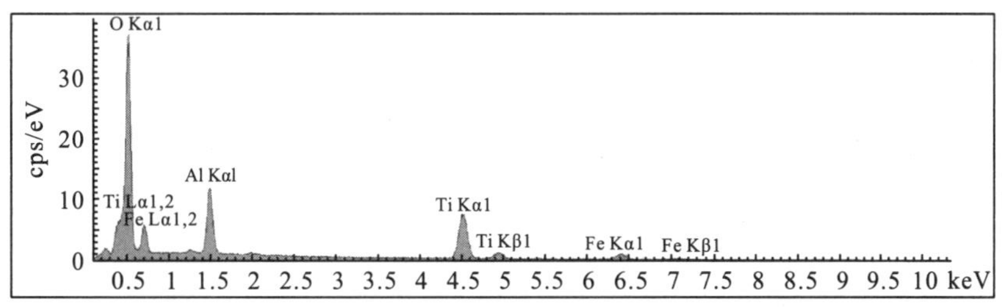

(a)富Ti氧化物

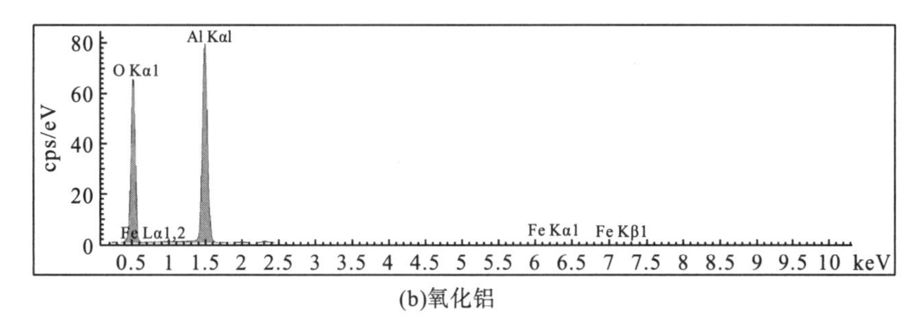

(b)氧化铝

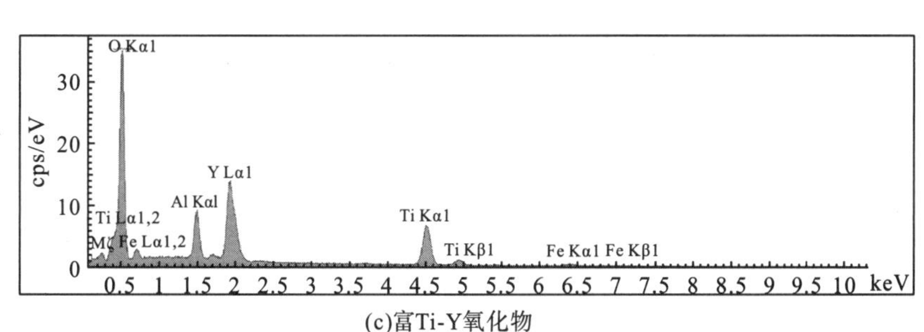

(c)富Ti-Y氧化物

(d)富Ti-Y氧化物

图 3.49　FAH-0.7%Y_2O_3 在 Ar-1%CO-1%CO_2 气氛中

1200℃下氧化 8h 后表面 EDX 分析结果

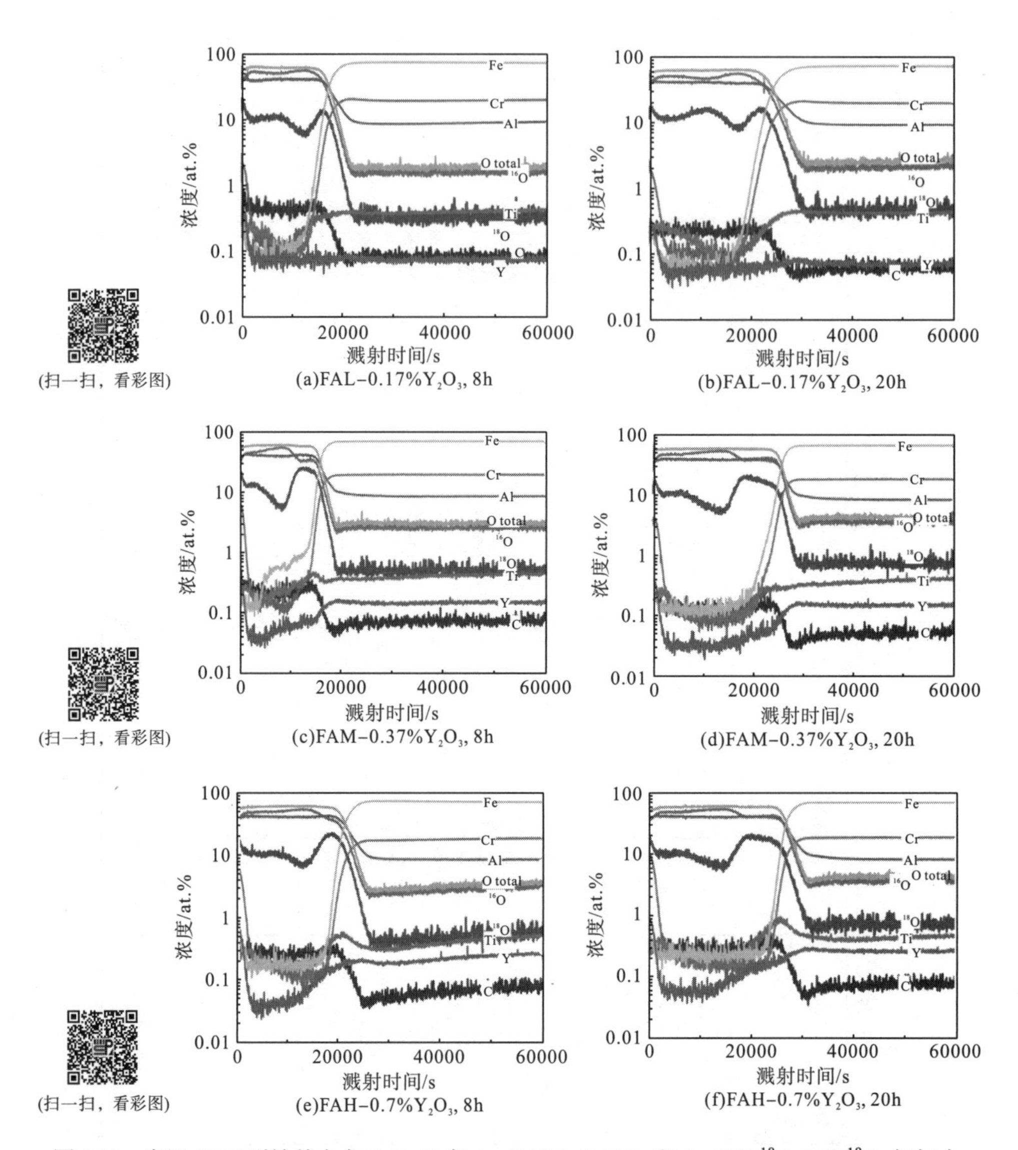

图 3.50　高温 ODS 型铁基合金 FeCrAl 在 Ar-1%CO-1%CO_2 和 Ar-1%$C^{18}O$-1%$C^{18}O_2$ 气氛中 1200℃下分别氧化 8h 和 20h 后表面 SNMS 分析结果

3.6.5　含碳气氛对氧化铝晶界上 Y 和 Ti 的分布的影响

为了研究 Y 和 Ti 在氧化铝层中的分布，利用 TEM/EDX 高分辨率可以有效地分析元素 Ti 和 Y 在晶界上的分布。如图 3.51 所示，以合金 FAM 为代表，由其 TEM/EDX 分析可知，活性元素 Y 主要分布在柱状晶的晶界上，相应的晶界上没有发现 Ti，但是在氧化铝/合金界面上出现富含 Ti 的颗粒，这和表面 GD-OES 分析的结果相吻合。

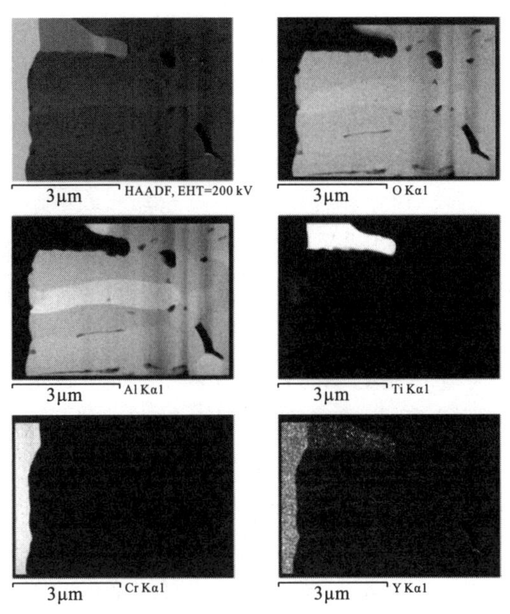

图 3.51　FAM-0.37%Y_2O_3在 Ar-1%CO-1%CO_2气氛中 1200℃下氧化 72h 后表面氧化铝层内层柱状晶 TEM 分析及其对应的元素分布分析结果

通过原子探针体成像(APT)分析(图 3.52)氧化铝层外层等轴晶晶界上的元素分布，可以知道 Ti 和 Y 都存在于等轴晶晶界上，Ti 含量高于活性元素 Y。通过表层成分分析可知，活性元素 Y 可以促进微量元素 Ti 的扩散。

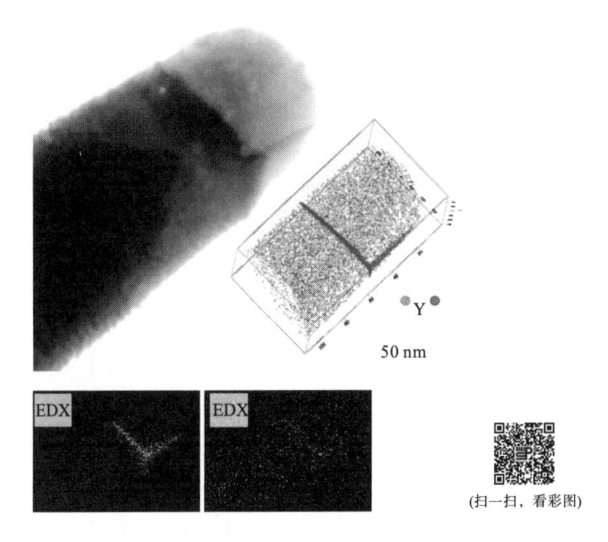

图 3.52　FAM-0.37%Y_2O_3在 Ar-1%CO-1%CO_2气氛中 1200℃下氧化 72h 后表面氧化铝层外层等轴晶 APT 分析及其对应的元素分布图

3.7 Ti 对合金表面氧化铝生长机制的影响

通过对比两种以氧化钇为弥散强化相的 ODS 型 FeCrAl 合金(3.3 节中含有 0.4 wt.%Ti 和不含 Ti 的两种合金)的氧化结果可以得出，Ti 对合金的氧化动力学影响较小，72h 静态氧化后质量增重相似(图 3.2)。两种合金表层形成的氧化铝层以柱状晶结构为主，这和其他研究添加活性元素的铁基高温合金的结果相似[11]。

这也证明了之前关于这类铁基高温合金氧化层的生长机制，如氧沿氧化铝晶界向内扩散，氧化铝晶粒多为柱状结构。但是本研究同时发现，在 0.4wt.%Ti 的合金表面氧化层外侧存在一层等轴的氧化铝晶粒。关于这层等轴晶粒，之前的研究认为是在氧化初期形成的不稳定的氧化铝 θ-Al_2O_3 [20]。随着氧化时间的延长，不稳定结构的氧化铝会向稳定的氧化铝结构 α-Al_2O_3 转变，从而会导致外层为等轴晶粒，内层为柱状晶粒。在氧化初期会形成不稳定的氧化铝，但是不稳定的氧化铝 θ-Al_2O_3 在转变为 α-Al_2O_3 后晶粒宽度不会随氧化时间延长而变宽。这和本研究中 0.4wt.%Ti 合金外层等轴晶粒宽度随氧化时间增加而增大的现象冲突，而且在表面 SEM/SE 分析中，并没有发现不稳定氧化铝 θ-Al_2O_3 的针状结构，XRD 结果中也只发现了 α-Al_2O_3 的晶体结构。

利用 ^{18}O 示踪的两段氧化法明确地显示 ^{18}O 的浓度第三个波峰在 0.4wt.%Ti 合金表面氧化铝外层附近高于 Ti-free 合金。一些研究者认为，^{18}O 的浓度峰值出现在这里主要因为同位素相互交换。但是一般同位素交换位置时，Cr 浓度也会出现峰值及一些微观空洞。在本研究中并没有发现 Cr 的峰值，微观结构也没有空洞。另外，^{18}O 的第三个波峰随着氧化时间增长而向内移动。对比 EBSD 分析结果和 SNMS 结果可知，第三个波峰位置在外层等轴晶和内层柱状晶之间。对于 Ti-free 合金，由于外层等轴晶较薄，因此在 SNMS 结果中 ^{18}O 的浓度在表面附近有一个稍高的“平台”。

结合上述的实验结果和分析，明确地表明氧化铝层的内层柱状晶粒是由氧的向内扩散形成的，而外层等轴晶是氧化铝向外生长的结果。关于这种氧化层结构和生长机制，研究者也曾提出过[19]，只是所用的合金存在差别。因为他们是先将试样氧化一段时间，然后取出，再将样品制备成楔形结构，最后将处理后的试样重新氧化。但这就造成了微观结构和微量元素的分布不同于本书所研究的。

对比图 3.5 和图 3.6，如果外层等轴晶粒层是由外生长造成的，那么就意味着 Ti 的添加改变了氧化铝层的生长机制，由原来在 Ti-free 合金表面的单一向内生长，变成了在 0.4wt.%Ti 合金表面向内和向外同时生长。值得一提的是，在 Ti-free 合金氧化 20h 后，也发现了一层非常薄的等轴晶粒层。这层等轴晶粒随氧化时间的延长，晶粒宽度有一定的增长，但是增长不明显。我们推断这可能和合金中含有少量的 Ti(0.025 wt. %)有关。合金的制备由专门的公司生产，根据我们的要求此合金不应该含有Ti，但是利用机械合金化方法制备合金粉末，容易引入其他杂质，可能造成该合金含有微量的Ti，制备后分析材料成分发现含有少量的 Ti (0.025 wt. %)。

为了验证 Ti 的存在改变了氧化铝晶界上原有的扩散方式这一假设，本书又引入两种新的试样，两种新的合金都为铁基合金传统的 FeCrAl 合金，因为传统合金的制备方式可以很精确地控制这两种合金成分。合金分别为 Fe-20Cr-5Al-0.05Y 和 Fe-20Cr-5Al-0.05Y-0.02Ti 高纯的非弥散强化的铁基合金。将这两种传统的铸造合金在 1200℃的 Ar-20%O_2 气氛中氧化 72h 后其断面 EBSD 分析结果如图 3.53 所示。分析结果很清楚地显示，不含 Ti 的合金表面形成的氧化铝没有外层等轴晶粒层，只存在非常典型的柱状晶粒并且宽度随着深度的增加而增加。在含有 0.02%的 Ti 的传统合金表面形成的氧化铝层，可以清晰地发现氧化铝层外侧存在一层等轴的柱状晶粒，其整个断面的微观结构和 Ti-free 合金非常相似。

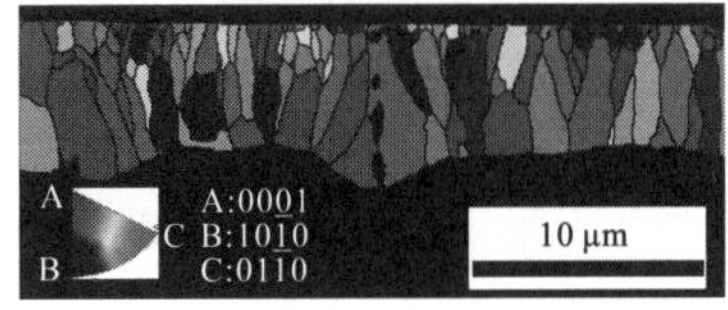

(a)合金含有0.05wt.%Y

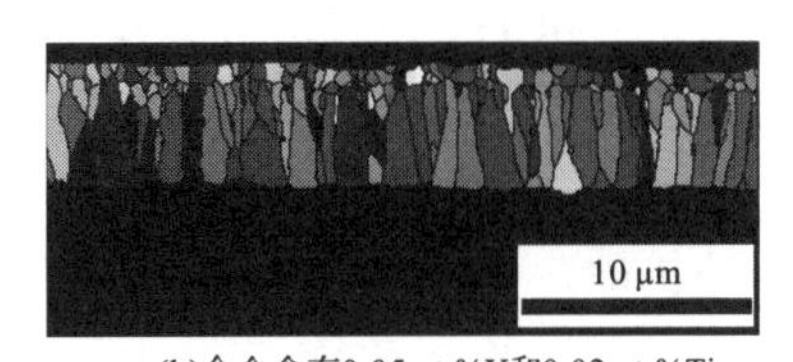

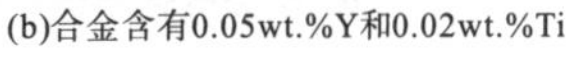
(b)合金含有0.05wt.%Y和0.02wt.%Ti

(扫一扫，看彩图)

图 3.53　传统非 ODS 型 FeCrAl 合金在 1200℃的 Ar-20%O_2 气氛中氧化 72h 后表面氧化铝沿生长方向的晶粒 EBSD 取向图及相对应的极点图

总体来说，在 FeCrAl 合金中如果不添加任何的活性元素，不管是以氧化物的形式还是以元素的形式，合金表层的氧化铝将同时存在外生长和内生长[12, 21, 22]，这个现象早已得到证实。如果在合金中添加活性元素(如 Y)，那么活性元素将抑制氧化铝层的外生长，即氧化层的生长以氧向内扩散为主的内生长[23]。现在，如果在 FeCrAl 合金中再添加 Ti(可能也存在其他元素)，将会促进合金表面氧化铝层向外生长，导致合金表面氧化铝层外生长和内生长并存，形成等轴晶和柱状晶并存的氧化铝层。

根据目前高温领域对 ODS 型 FeCrAl 合金的研究结果，行业内基本都认为氧化铝层内扩散主要是通过氧化铝的晶界扩散[9, 24, 25]，但是添加活性元素 Y 及微量元素 Ti 对氧化铝晶界上扩散到底有什么影响，目前尚没有明确的结论。B.Pint [26]认为活性元素的较大原子在氧化铝晶界上偏析，阻碍阳离子向外扩散，导致氧化铝层的生长以氧向内扩散为主的内生长。但是 A.H.Heuer 等[16, 27]认为，活性元素不仅是结构上的阻碍，而且通过影响氧化铝晶界，减少 Al 在氧化层/基体界面上的电离，以及减少 Al 空位进入氧化铝晶界的量。最近 Tautschnig 等[28, 29]利用第一性原理模拟计算氧化层中 Al 及 O 的扩散方式，通过建立柱状晶形态的氧化膜，两侧加以不同的氧分压，假设点缺陷控制晶界扩散过程(此假设和经典Wagnar 氧化理论一样)，认为离子在氧化层中的扩散是由两侧的氧分压的梯度确定的。Kitaoka 等[30]通过模拟计算认为，活性元素在氧化铝晶界上的偏析会降低 O 及 Al 在晶界上扩散的驱动力。

许多研究者都认为活性元素 Y 和微量元素 Ti 都会在氧化铝晶界上偏析[16, 31]，但是这两种元素在氧化铝晶界上偏析的位置存在差异[31]。元素 Ti 和 Y 在氧化铝晶粒中的溶解度非常小，所以利用 SNMS 分析关于元素 Y 和 Ti 的浓度都认为是其在晶界上的偏析。分析结果如图 3.53 所示，元素 Ti 和 Y 在氧化铝层中的分布完全不一样。对于不含 Ti 的合金其表面氧化层中，活性元素 Y 在氧化铝层的柱状晶区域富集，在外层等轴晶区域含量急剧减少。在含有 Ti 的合金表面氧化铝层中，Y 的含量从等轴晶区域缓慢向内增长。结合 ODS 型 FeCrAl 合金(FAL、FAM 及 FAH)在不同气氛下，氧化 72h 后活性元素 Y 及微量元素 Ti 在合金表面氧化铝层中的分布区域。利用 TEM/EDX 分析的结果(图 3.30、图 3.37、图 3.51、图 3.52)可知，3 种试样表面 Y 和 Ti 的分布存在共同之处：氧化铝内侧的柱状晶界上只分布着活性元素 Y，没有 Ti 元素(或含量较低)；外侧等轴晶界上存在微量元素 Ti，也存在一定的活性元素 Y，但是含量比内层柱状晶界上的要少。元素 Y 和 Ti 在氧化过程中都会向外扩散，但是由于 Ti 在氧化铝晶界上的扩散速率较快 [32]，导致晶界上的含量较少，无法通过 EDX 来分析。

Ti 在合金氧化过程中会向氧化铝层表面扩散形成富含 Ti-Y 的氧化物(活性元素 Y 也会向外扩散)。值得一提的是，微量元素 Ti 在不同的氧分压下存在不同的价态(图 3.54)，因此，Ti 在氧化铝层中不同的位置发挥不同的作用。在低氧分压位置，即氧化铝层/合金界面附近，Ti 以 Ti^{2+}形式存在，向外扩散过程中，以低价态的 Ti^{2+}占据高价态的 Al^{3+}时，该位置带负电，为了保持电中性，就会产生负离子空位 V_O或间隙正离子 Ti_i。在较高的氧分压的位置(氧化铝/气氛界面附近)，Ti 以 Ti^{4+}形式存在，以高价态的 Ti^{4+}占据低价态的 Al^{3+}时，该位置带正电，为了保持电中性，就会产生正离子空位 V_{Al}或产生间隙负离子 O_i，则可以推算出 Ti 在不同位置形成缺陷的方程为

$$2TiO = 2Ti'_{Al} + V_O^{\cdot\cdot} + O_O^X + \frac{1}{2}O_2(g) \tag{3-1}$$

$$3TiO_2 + \frac{1}{2}O_2(g) = 3Ti_{Al}^{\cdot} + V_{Al}^{3'} + 7O_O^X \tag{3-2}$$

当方程达到平衡后，式(3-1)和式(3-2)平衡常数 K 为

$$K_{5.1} = \frac{V_O^{\cdot\cdot}}{p_{O_2}^{-1/2}} \tag{3-3}$$

$$K_{5.2}=\frac{V_{Al}^{3'}}{p_{O_2}^{-1/2}} \tag{3-4}$$

利用式(3-3)可知，在氧化层和合金界面附近的氧空穴浓度 $V_O^{\cdot\cdot}$ 与氧分压 $p_{O_2}^{-1/2}$。利用式(3-4)可知，在氧化层和气氛界面(及氧分压较高的区域的 $V_{Al}^{3'}$ 与氧分压 $p_{O_2}^{-1/2}$。综合上面的分析可知，在氧化过程中，Ti 在向外扩散的过程中，在氧化铝层内侧促进氧空穴 V_O 形成，而在外侧则促进 Al 空穴 V_{Al} 形成。由于 Al 空位的形成，促进 Al 向外扩散，在氧化铝层外侧沿着氧化铝晶界形成等轴晶粒层。同时，在柱状晶区域(氧化铝层氧分压较低处)Ti 的扩散导致 O 空位的形成，进一步地促进 O 的向内扩散。

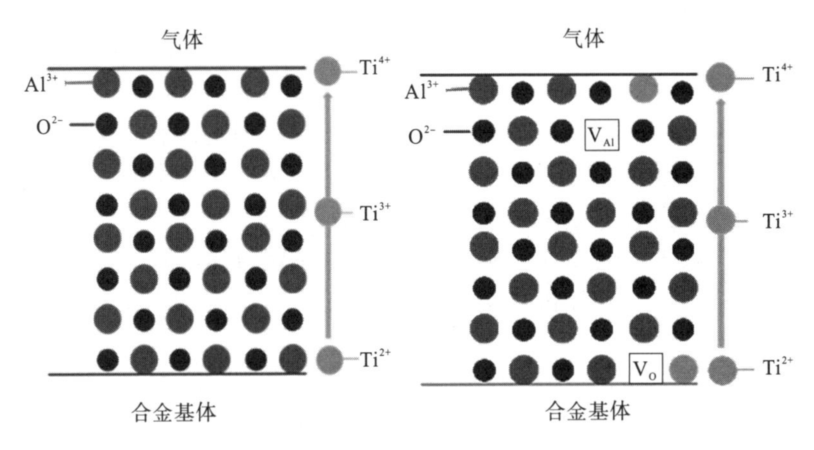

图 3.54　合金氧化过程中表面氧化铝晶界附近 Ti 原子向外扩散示意图

根据研究者之前的研究[23]，传统的非弥散强化铸造 FeCrAl 合金，同时也不含活性元素 Y 在 1200℃循环氧化过程中，合金表面形成的氧化铝层粘结性较差，脱落较早，合金使用寿命较短。Quadakkers 等[33,34]认为传统合金在氧化过程中同时存在 O 向内扩散，Al 向外扩散，导致在氧化层和合金基体界面附近出现因 Al 向外扩散而形成的缺陷，还导致界面附近易于裂纹的形成和生长，氧化层粘结性较差，易脱落。因此活性元素 Y 被引入，用于改变氧化铝层的生长模式。活性元素 Y 的存在，抑制 Al 向外扩散，减弱氧化层和基体界面上缺陷的形成，增强涂层的粘结性能。对于本研究的 ODS 型含有 Ti 的 FeCrAl 合金存在一定的外生长，但是通过 3000h 空气环境下的循环氧化实验，发现本研究中不含有 Ti 的合金循环氧化寿命反而短于含 Ti 的 ODS FeCrAl 铁基合金。再结合第 4 章中的发现及其他研究者的发现[8]，Ti 可以与合金中残余的 C 发生反应，形成稳定的 TiC，抑制 C 向氧化铝层/基体界面扩散，提升氧化铝层的粘结性。因此我们认为微量元素 Ti 的添加最主要的作用是为了改善氧化铝层的粘结性能。

3.8 氧化钇含量对合金氧化铝层生长机制的影响

活性元素 Y 的添加，对于 ODS 型 FeCrAl 合金是至关重要的。活性元素 Y 不管是以弥散强化的氧化物加入，还是以合金元素的形式加入，在氧化过程中所起的抗氧化作用相似。活性元素 Y 都会抑制 Al 向外扩散，氧化层以氧沿晶界向内扩散的内生长为主，提高了氧化层的粘结性，改善 FeCrAl 合金的抗氧化性。当 Y 以弥散强化相氧化钇的形式添加于 FeCrAl 合金，不仅可以提高上述的抗氧化性能，还可以提高合金的强度。通过前文的分析可知，添加活性元素 Y 的重要性。但是对于 FeCrAl 合金中 Y 的具体含量尚没有定量说明。

根据 3.4 节的实验结果(图 3.15 与图 3.16)发现，弥散相氧化钇的含量越高，合金的氧化增重越多，瞬时氧化速率越快。虽然之前的研究表明活性元素降低传统高温合金的氧化速率，提高氧化铝的粘结性[23, 34]，但是对于已含有活性元素的高温合金包括 TBC 系统中的粘结层 MCrAlY，活性元素含量越高，氧化速率越快。通过合金表面氧化铝层的 EBSD 分析结果(图 3.20～图 3.22)发现，虽然 3 种合金表面氧化铝层都是由外层等轴晶层和内层柱状晶层组成的，但是最大差异是在内层柱状晶的厚度上面。含有 0.17 wt. % 氧化钇的合金 FAL 经 72h 的氧化，内层柱状晶的厚度为 3μm 左右，而含有 0.7 wt. %氧化钇的合金 FAH 经 72h 氧化后，其内层柱状晶的厚度达到 8 μm。对于外侧的等轴晶，从合金经 72h 的氧化后的断面可以发现，等轴晶层的厚度及晶粒的大小差异较小，这进一步验证了之前的分析，活性元素 Y 抑制 Al 向外扩散，氧化铝层以氧向内扩散的内生长为主。再依据上述分析，我们推测活性元素 Y 具有促进氧向内扩散的作用。根据之前研究者的分析[35]，活性元素 Y 在向外扩散过程中，首先会在氧化铝晶界上偏析，但是当偏析超过一定的临界点后，晶界上就会形成富含 Y 的氧化物(一般为 $Y_3Al_5O_{12}$)沉淀。通过前文的分析可知，当氧化铝层中出现这些块状的氧化物时，这些氧化物内缺陷较多，它们会为氧的扩散提供通道，导致氧化铝层生长过快。但是，对于 ODS 型的 FeCrAl 合金，活性元素 Y 以氧化钇的形式存在，导致 Y 在合金基体中的自由能较低，意味着 Y 向外扩散的驱动力较小。活性元素 Y 在氧化铝晶界上扩散速率较慢，不容易在氧化铝晶界上形成氧化物 $Y_3Al_5O_{12}$ 沉淀。当合金中活性元素 Y(或氧化钇)的含量升高，促进氧化铝晶界上富 Y 氧化物 $Y_3Al_5O_{12}$ 的形成，导致合金表面氧化铝层生长速度较快。

通过 ODS 型 FeCrAl 合金中 Ti 的作用分析表明，Ti 的存在促进了阳离子(Al)的向外扩散，从而形成等轴晶粒层。本书所有合金都含有 0.4 wt. % 的 Ti，利用两段氧化法研究合金表层氧化铝的生长模式[4, 13, 23]，可以清晰地得到 ^{18}O 含量在所有合金的氧化铝/合金界面存在非常强烈的峰值，详见图 3.27～图 3.29 中红色的

^{18}O 浓度分布图。虽然 ^{18}O 含量在氧化铝/气氛界面也存在峰值，但是此峰较窄，根据分析可知，这是由氧化过程中同位素互换所导致的，并不是有新的氧化铝生长。根据之前的分析可确定，在氧化铝/合金界面附近有新的氧化铝生成，并且新生长的氧化层较厚。但是除了这两个峰值，在靠近氧化铝/气氛界面，^{18}O 含量出现一个“平台”，尤其在氧化 20h 后的 SNMS 分析结果中更为明显，根据上一节的分析，这是由 Ti 的添加导致的外生长现象。同时，我们发现 Ti 在上述的 3 种合金(含有 0.17 wt.%、0.37 wt.%、0.7 wt.%氧化钇的高温 ODS 铁基合金)经不同时间的氧化后表面的氧化铝层外表面的含量存在较大的差异。根据表面的成分分析(图 3.17)可知，随着弥散相氧化钇的含量增加，氧化铝层表面 Ti 的含量从 3 at.%增长到 11at.%。结合氧化铝层表面 BSE 形貌分析(图 3.23～图 3.25)，我们也证实了活性元素 Y 的含量越高，氧化铝表面形成的富含 Ti 的氧化物也越多，表明 Y 具有促进 Ti 向外扩散的作用。

另一方面，通过 TEM/EDX 分析可以清晰看出，Ti 与 Y 在氧化铝晶界上的分布存在差异(图 3.30)。Ti 主要分布在外层等轴晶的晶界上，内层柱状晶晶界上含量较少或没有。活性元素 Y 主要分布在内层柱状晶上，外层等轴晶晶界上含量相对较少。这和表面 GD-OES 以及 SNMS 分析结果相符。因此，柱状晶晶界上由于 Y 的含量较高，Ti 在该区域的扩散速度较快，从而 EDX 无法检测到 Ti 的存在。

对于活性元素 Y 的添加一方面是为了从氧化铝层生长模式上提高其粘结性能，另一方面活性元素 Y 的添加可以“钉扎”(gettering)合金中残余的有害元素 S 或 C [36-38]。

3.8.1 活性元素 Y 在氧化铝晶界上的作用

为了更方便地分析气氛对合金表面氧化铝层生长机制的影响，将每种材料在不同氧化气氛中的氧化动力学进行比较(图 3.55)，结果可以发现，在相似的氧分压下(气氛 Ar-4%H_2-7%H_2O 和 Ar-1%CO-1%CO_2)3 种合金的氧化增重在含有 CO/CO_2 的气氛中都高于含有 H_2/H_2O 的气氛。根据分析，认为活性元素 Y 在不同的气氛中具有不同的作用。

活性元素 Y 在氧化过程中会与合金中 Al 形成微小的颗粒 $YAlO_3$，但是在合金表面的氧化铝层中并没有发现此类化合物，而是在氧化铝的晶界上发现更大的富含 Y 和 Al 的氧化物 YAG(图 3.56)，根据 Ramanarayanan 的观点[39]，这是因为 Y 在向外扩散的过程中和氧化铝及氧发生了反应：

$$6Y + 5Al_2O_3 + 9O = 2Y_3Al_5O_{12} \tag{3-5}$$

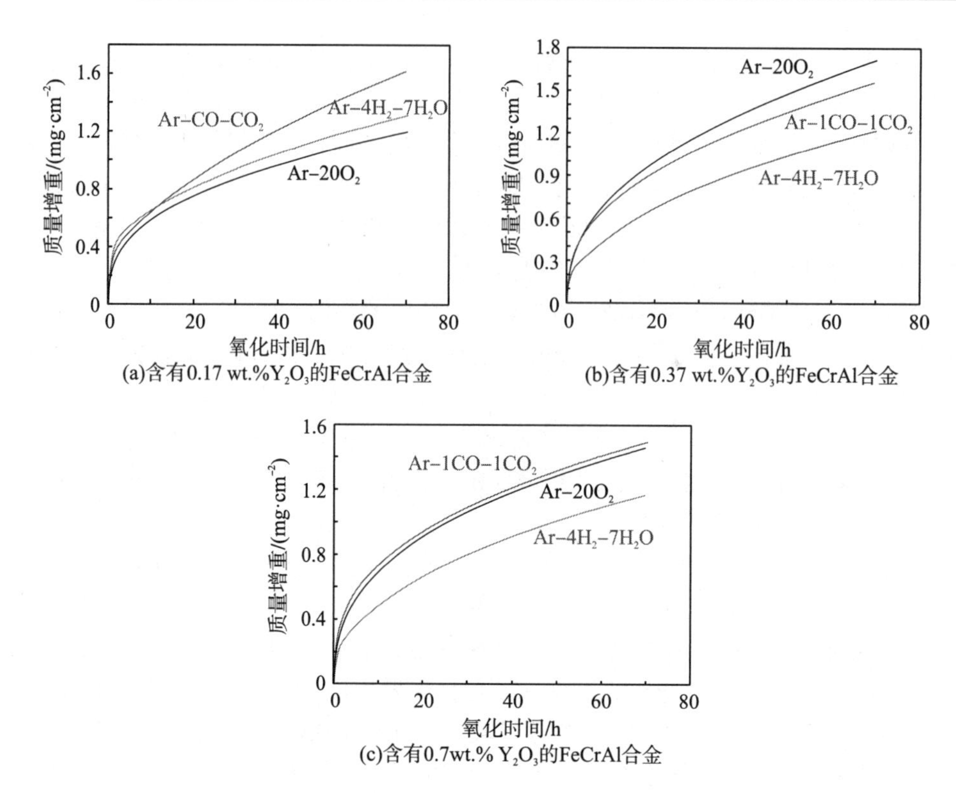

(a)含有0.17 wt.%Y_2O_3的FeCrAl合金 (b)含有0.37 wt.%Y_2O_3的FeCrAl合金 (c)含有0.7wt.% Y_2O_3的FeCrAl合金

图 3.55 高温 ODS 型铁基合金 FeCrAl 在 1200℃不同的氧化气氛中的氧化动力学

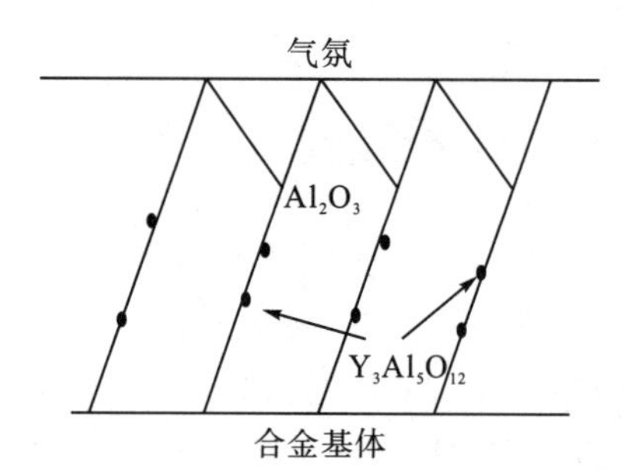

图 3.56 FeCrAl 合金表面氧化铝层及其晶界上 $Y_3Al_5O_{12}$ 的分布示意图

我们认为在合金表面的氧化铝层中，$Y_3Al_5O_{12}$ 的浓度已达到饱和，那么氧化铝层中的活性元素 Y 的浓度就能确定。我们通常认为活性元素分布于氧化铝晶界上，但在氧化铝晶格上也存在少量的 Y。根据前面章节的分析及其他研究者的研究结果[14-16, 35, 40-42]，确定添加适量的活性元素 Y 可以抑制 Al 穿过氧化铝晶界及合金表面氧化铝层的生长速率。活性元素 Y 在扩散过程中，取代原有氧化铝晶格上的 Al 原子，虽然两者都为+3 价，但是我们认为这个过程不可能没有其他的影响。有研究者称活性元素 Y 可能作为一个电子的供体[43]，即在 Y 取代 Al 所在的晶格位置上释放一个电子，意味着形成+4 的 Y，形成带有一个正电的缺陷 $Y_{Al}^{\cdot}$。该研究中通过下面两个化学反应[39]，我们认为 Y 可能是电子的供体，也可能是电子的受体：

$$2Y_3Al_5O_{12}+\frac{3}{2}O_2 = 6Y_{Al}^{\cdot}+3O_i''+9Oo^x+5Al_2O_3 \tag{3-6}$$

$$2Y_3Al_5O_{12} = 6Y_{Al}'+3V_O^{\cdot\cdot}+6Oo^x+\frac{3}{2}O_2+5Al_2O_3 \tag{3-7}$$

上述的两个公式表明，在氧化过程中氧化铝晶界的附近会生成缺陷。从式(3-6)中可以得出，活性元素 Y 作为电子供体，取代 Al 原子，形成 $Y_{Al}^{\cdot}$ 缺陷。根据化学反应平衡常数可得

$$K=\frac{(Y_{Al}^{\cdot})^6(O_i'')^3}{p_{O_2}^{3/2}} \tag{3-8}$$

当反应达到平衡时，K 为一定值，这就意味着 $(O_i'')^3$ 缺陷的浓度正比于氧分压 $p_{O_2}^{3/2}$。根据 $K_p=\left[2D_i\cdot RT\ln\left(\frac{a'}{a''}\right)\right]^{1/2}$ 意味着合金表面氧化层的生长速率

$$K_p\sim\ln\left(\frac{a'}{a''}\right) \tag{3-9}$$

将式(3-9)转换得到

$$K_p\sim\ln(p_{O_2}^1-p_{O_2}^2) \tag{3-10}$$

式中，$p_{O_2}^1$ 表示气氛与氧化层界面间的氧分压，$p_{O_2}^2$ 表示氧化层与基体界面上的氧分压。由第 3 章的计算结果可知，氧化层与基体界面上的氧分压 $p_{O_2}^2$ 约为 3×10^{-27} atm，$p_{O_2}^1$ 在目前的氧化气氛中最低为 1×10^{-14} atm。因此

$$p_{O_2}^1\gg p_{O_2}^2 \tag{3-11}$$

说明合金表层的氧化速率取决于合金氧化环境的氧分压 $p_{O_2}^1$。

对于合金中活性元素 Y 作为电子的受体[式(5-7)]，即 Y 取代 Al 原子，同时自身再吸收一个电子，形成 $Y_{Al}^{\cdot}$ 缺陷。根据反应平衡常数可知

$$K=p_{O_2}^{3/2}(V_O^{\cdot\cdot})^3 \tag{3-12}$$

当反应达到平衡时，K 为一定值，这就意味着 $(V_O^{\cdot\cdot})^3$ 缺陷的浓度正比于氧分压 $1/p_{O_2}^{3/2}$。根据式(3-10)推导可得

$$K_p\sim(1/p_{O_2}^1-1/p_{O_2}^2) \tag{3-13}$$

式中，$p_{O_2}^1$ 表示气氛与氧化层界面间的氧分压，$p_{O_2}^2$ 表示氧化层与基体界面上的氧分压。在本研究中，根据式(3-13)可知，氧化层与合金基体间的氧分压 $p_{O_2}^2$，

远小于氧化层气氛界面的氧分压 $p_{O_2}^1$。因此

$$1/p_{O_2}^1 \ll 1/p_{O_2}^2 \tag{3-14}$$

表明当Y作为电子受体时，合金的氧化铝晶界生成氧的空穴。合金的氧化速率与氧化环境中的氧化分压无关。

这就揭示了合金在相似的氧分压下却存在不同的氧化速率。在含有氢气和水蒸气的环境中，活性元素Y在氧化铝层中作为电子供体，合金的氧化速率由氧化气氛的氧分压确定。 对于含有 CO/CO_2 的氧化环境，活性元素Y作为电子受体，合金的氧化速率与氧化气氛的氧分压无关。该气氛下合金具有较高的氧化速率，这可能与气氛中的C元素有关。

3.8.2 氧化气氛的成分对合金氧化铝生长机制的影响

对于ODS合金在不同气氛（$Ar-4\%H_2-7\%H_2O$ 和 $Ar-1\%CO-1\%CO_2$）中的氧化行为存在差异的另一个可能的原因是气氛成分。之前已经分析过Ti和Y在合金中都会与残余的C反应，阻碍C在氧化过程中向氧化层/基体界面扩散，从而增强合金表面氧化层的粘结性能。但是现在氧化气氛中含有C，在氧化过程中C会向内扩散，造成合金氧化层中含碳量较高。从合金表面成分分析结果中可以发现，C在氧化铝层和基体界面上浓度较高。这是因为C在向内扩散的过程中，与氧化层界面附近的Ti反应，生成稳定的碳化物TiC，这就导致GD-OES的结果中，C在氧化铝层和基体界面附近的变化趋势与元素Ti非常相似。

同时，通过EBSD分析合金在 $Ar-1\%CO-1\%CO_2$ 中氧化后的断面形貌发现，含有0.17 wt.%氧化钇的FeCrAl合金外表面出现巨大的等轴状的氧化铝晶粒。利用SNMS分析 ^{18}O 示踪实验结果，我们发现，合金外生长较为强烈。我们分析认为是在氧化过程中，氧化铝层外侧的晶界上含有大量的C，造成晶界的“碳化”，破坏了原有的晶界结构，同时，原有的活性元素含量较低，抑制Al向外扩散的能力较弱。由于C在向内扩散的过程中，改变了Al在氧化铝晶界上的扩散路径，促进Al向外扩散，外生长现象特别明显。而当弥散相氧化钇的含量达到0.7 wt. %时，我们发现其也存在外生长，但氧化铝外层的厚度仅有1.3 μm，这和之前研究含Ti合金外层的等轴晶的厚度相似，因而这是由于Ti存在而导致的外生长。弥散相氧化钇的含量达到0.7 wt. % 可以有效地抑制Al的向外扩散，削弱了C对氧化铝层生长的影响。

同时发现在含有 H_2/H_2O 的气氛中，FeCrAl合金的氧化速率较慢。通过合金表面SEM/BSE分析，在氧化20h以后，氧化最外层晶粒的晶界不明显，无法清晰地分辨出氧化铝晶粒。我们认为是含水气氛可以使得晶界模糊或腐蚀了原有的氧化晶界，这样造成氧向内扩散的途径减少，抑制了氧化铝层的生长。把这种现象称为“钝化”现象，在后续的实验中我们也发现了这样的现象。先将样品在含

水气氛中氧化一段时间，然后再转换成 Ar-20%O_2，我们发现其氧化速率也较低。

关于含 C 气氛和含水气氛对高温合金表面氧化层生长机制的影响，还需要进一步的研究，这也是接下来将研究的重点。

3.9 本章小结

本章重点描述和分析了多种高温 ODS 型 FeCrAl 合金在不同氧化气氛中的氧化行为。总体来说，不同气氛下，不同成分的合金表现出不同的氧化行为。

含有 Ti 的高温合金经氧化后表面氧化铝层可以分为外侧等轴晶和内侧柱状晶。在氧化过程中活性元素 Y 和微量元素 Ti 都会沿着氧化铝晶界向外扩散，在氧化铝层的表面形成富含 Y 和 Ti 的氧化物。通过 ^{18}O 示踪实验可以确定，高温以氧化钇为弥散相的 ODS 型 FeCrAl 合金在 Ar-20%O_2 和 Ar-1%CO-1%CO_2 气氛中氧化，其表面氧化铝层的生长主要是以氧向内扩散的内生长为主，同时含 Ti 的合金还伴随着一定的外生长现象。

活性元素 Y 和微量元素 Ti 在氧化铝层中的分布存在较大差异。Ti 主要分布在氧化铝层外侧等轴晶晶界上，而 Y 主要分布在内侧柱状晶晶界上，外侧等轴晶上含量较少。

微量元素 Ti 的存在改变了合金氧化铝的生长机制，促进合金表面氧化铝层的外生长，但是 Ti 的添加造成的外生长不会减弱氧化层的粘结性，相反，由于 Ti 可以吸附残余的 C，因此提高了合金的粘结性能。

活性元素 Y 可以促进 Ti 沿氧化铝晶界向外扩散。活性元素 Y 含量越高，促进作用越明显。活性元素 Y 在不同的氧化气氛中存在不同的作用，合金在含有氢气/水蒸气的环境中活性元素 Y 作为电子供体，导致合金氧化速率由外界的氧分压确定。在含有 CO/CO_2 的气氛中，活性元素 Y 作为电子受体，导致合金氧化速率与外界的氧分压无关。

参考文献

[1] Capdevila C, Bhadeshia H K D H. Manufacturing and microstructural evolution of mechanically alloyed oxide dispersion strengthened superalloys. Advanced Engineering Materials, 2001,3(9)：647-656.

[2] Quadakkers W, Naumenko D, Wessel E, et al. Growth rates of alumina scales on Fe–Cr–Al alloys. Oxidation of Metals, 2004, 61, (1-2): 17-37.

[3] Quadakkers W, Bongartz K. The prediction of breakaway oxidation for alumina forming ODS alloys using oxidation diagrams. Materials and Corrosion, 1994, 45(4): 232-241.

[4] Quadakkers W J, Elschner A, Holzbrecher H, et al. Analysis of composition and growth mechanisms of oxide scales

on high-temperature alloys by Snms, Sims, and Rbs. Mikrochim Acta, 1992,107(3-6):197-206.

[5] Naumenko D, Gleeson B, Wessel E, et al. Correlation between the microstructure, growth mechanism, and growth kinetics of alumina scales on a FeCrAlY alloy. Metallurgical and Materials Transactions A, 2007,38a(12): 2974-2983.

[6] Quadakkers W J, Naumenko D, Wessel E, et al. Growth rates of alumina scales on Fe-Cr-Al alloys. Oxidation of Metals, 2004,61(1-2):17-37.

[7] Kochubey V, Naumenko D, Wessel E, et al. Evidence for Cr-carbide formation at the scale/metal interface during oxidation of FeCrAl alloys. Materials Letters, 2006,60(13-14):1654-1658.

[8] Naumenko D, Le-Coze J, Wessel E, et al. Effect of trace amounts of carbon and nitrogen on the high temperature oxidation resistance of high purity FeCrAl alloys. Materials Transactions, 2002,43(2):168-172.

[9] Huang T, Bergholz J, Mauer G, et al. Effect of test atmosphere composition on high-temperature oxidation behaviour of CoNiCrAlY coatings produced from conventional and ODS powders. Materials at High Temperatures, 2018, 35(1-3): 97-107.

[10] Bongartz K, Quadakkers W J, Pfeifer J P, et al. Mathematical-modeling of oxide-growth mechanisms measured by O-18 tracer experiments. Surface Science, 1993,292(1-2): 196-208.

[11] Naumenko D, Gleeson B, Wessel E, et al. Correlation between the microstructure, growth mechanism, and growth kinetics of alumina scales on a FeCrAlY alloy. Metallurgical and Materials Transactions A, 2007,38(12):2974-2983.

[12] Quadakkers W, Elschner A, Holzbrecher H, et al. Analysis of composition and growth mechanisms of oxide scales on high temperature alloys by SNMS, SIMS, and RBS. Microchimica Acta, 1992, 107(3):197-206.

[13] Quadakkers W J, Elschner A, Speier W, et al. Composition and growth mechanisms of alumina scales on fecral-based alloys determined by Snms. Applied Surface Science, 1991,52(4):271-287.

[14] Hou P Y, Stringer J. Oxide scale adhesion and impurity segregation at the scale metal interface. Oxidation of Metals, 1992, 38(5-6):323-345.

[15] Airiskallio E, Nurmi E, Heinonen M H, et al. Third element effect in the surface zone of Fe-Cr-Al alloys. Physical Review B, 2010, 81(3)： 033105.

[16] Heuer A H, Nakagawa T, Azar M Z, et al. On the growth of Al_2O_3 scales. Acta Materialia, 2013, 61(18):6670-6683.

[17] Pint B A. Optimization of reactive-element additions to improve oxidation performance of alumina-forming alloys. Journal of the American Ceramic Society, 2003,86(4):686-695.

[18] Smialek J L, Jayne D T, Schaeffer J C, et al. Effects of hydrogen annealing, sulfur segregation and diffusion on the cyclic oxidation resistance of superalloys - a review. Thin Solid Films, 1994,253(1-2):285-292.

[19] Tolpygo V K, Clarke D R. Microstructural evidence for counter-diffusion of aluminum and oxygen during the growth of alumina scales. Materials at High Temperatures, 2003,20(3): 261-271.

[20] Taniguchi S. Discussions on some properties of alumina scales and their protectiveness. Materials Science Forum, 2011, 696:51-56.

[21] Quadakkers J, Singheiser L. Practical aspects of the reactive element effect. Materials Science Forum, 2001, 369-372:77-92.

[22] Quadakkers W, Holzbrecher H, Briefs K, et al. Differences in growth mechanisms of oxide scales formed on ODS and conventional wrought alloys. Oxidation of Metals, 1989, 32(1-2):67-88.

[23] Quadakkers W J, Holzbrecher H, Briefs K G, et al. Differences in growth mechanisms of oxide scales formed on ods and conventional wrought alloys. Oxidation of Metals, 1989, 32(1-2): 67-88.

[24] Pint B A. Optimization of reactive - element additions to improve oxidation performance of alumina - forming alloys. Journal of the American Ceramic Society, 2003, 86(4): 686-695.

[25] Naumenko D, Pint B A, Quadakkers W J. Current thoughts on reactive element effects in alumina-forming systems: in memory of John Stringer. Oxidation of Metals. 2016,86(1-2):1-43.

[26] Pint B. Experimental observations in support of the dynamic-segregation theory to explain the reactive-element effect. Oxidation of Metals, 1996, 45(1): 1-37.

[27] Heuer A H, Hovis D B, Smialek J L, et al. Alumina scale formation: a new perspective. Journal of the American Ceramic Society, 2011, 94:S146-S153.

[28] Taniguchi S. Discussions on some properties of alumina scales and their protectiveness. Materials Science Forum, 2011, 696: 51-56.

[29] Tautschnig M P, Harrison N M, Finnis M W. A model for time-dependent grain boundary diffusion of ions and electrons through a film or scale, with an application to alumina. Acta Materialia, 2017,132:503-516.

[30] Kitaoka S. Mass transfer in polycrystalline alumina under oxygen potential gradients at high temperatures. Journal of the Ceramic Society of Japan, 2016,124(10):1100-1109.

[31] Unocic K A, Essuman E, Dryepondt S, et al. Effect of environment on the scale formed on oxide dispersion strengthened FeCrAl at 1050 degrees C and 1100 degrees C. Materials at High Temperature, 2012,29(3):171-180.

[32] Unocic K, Bergholz J, Huang T, et al. High-temperature behavior of oxide dispersion strengthening CoNiCrAlY. Materials at High Temperature, 2017:1-12.

[33] Naumenko D, Singheiser L, Quadakkers W J. Oxidation limited life of FeCrAl based alloys during thermal cycling. Cyclic Oxidation of High Temperature Materials, 1999(27):287-306.

[34] Quadakkers W J, Jedlinski J, Schmidt K, et al. The effect of implanted yttrium on the growth and adherence of alumina scales on Fe-20Cr-5Al. Applied Surface Science, 1991,47(3):261-272.

[35] Pint B A. Experimental observations in support of the dynamic-segregation theory to explain the reactive-element effect. Oxidation of Metals, 1996,45(1-2):1-37.

[36] Sarioglu S, Blachere J R, Pettit F S, et al. The effects of reactive element additions, sulfur removal, and specimen thickness on the oxidation behaviour of alumina-forming Ni- and Fe-base alloys. High Temperature Corrosion and Protection of Materials , 1997, 251: 405-412.

[37] Smeggil J G, Funkenbusch A W, Bornstein N S. Mechanistic effects of laser surface processing and reactive element additions on the oxidation behavior of protective coating Compositions. Applied Surface Science, 1984,131(3):C81.

[38] Meier G H, Pettit F S, Smialek J L. The effects of reactive element additions and sulfur removal on the adherence of alumina to ni-base and fe-base alloys. Werkst Korros, 1995, 46(4):232-240.

[39] Ramanarayanan T A, Raghavan M, Petkovicluton R. The characteristics of alumina scales formed on Fe-based

yttria-dispersed alloys. Journal of the Electrochemical Society, 1984，131(4)：923-931.

[40] Naumenko D, Quadakkers W J, Guttmann V, et al. Critical role of minor element constituents on the lifetime oxidation behaviour of FeCrAl (RE) alloys. European Federation of Corrosion , 2001 (34) : 66-82.

[41] Nychka J A, Clarke D R. Quantification of aluminum outward diffusion during oxidation of FeCrAl alloys. Oxidation of Metals, 2005,63 (5-6) : 325-352.

[42] Pieraggi B. Comments on "Growth rates of alumina scales on Fe-Cr-Al alloys". Oxidation of Metals, 2005,64 (5-6) :397-403.

[43] Elaiat M M, Kroger F A. Yttrium, an isoelectric donor in alpha-Al_2O_3. Journal of the American Ceramic Society, 1982,65 (6) :280-283.

第 4 章　铝硅高温防护涂层

航空航天涡轮发动机、燃气涡轮发动机的叶片等热端部件大部分都是采用高温合金作为结构材料，由于镍基高温合金具有很好的抗高温氧化和抗热腐蚀性能、良好的组织稳定性以及较高的高温强度，因此在这些热端部件上得到了广泛的应用[1-2]。国内外学者通过在基体表面制备高温防护涂层可以使得基体材料在原有的承温极限基础上进一步提高 150℃。通常，提高高温合金的抗高温氧化和抗热腐蚀性能的方法主要有以下几种[3]。

(1) 在高温合金原有的成分中适当地添加一些有益活性元素，从而改善合金的微观结构和提高合金的抗高温氧化腐蚀性能。

(2) 在高温合金的表面制备高温防护涂层，这不仅保持了高温合金的高温力学性能，而且使其具有更加优异的抗高温氧化腐蚀性能，从而提高基体合金的使用温度。就目前而言，在高温合金表面制备高温防护涂层已然成了提高热端部件抗高温氧化腐蚀性能的一种常用的方法，在航空航天、能源动力等领域中发挥着重要的作用。

通常在进行高温防护涂层设计时，首先要了解防护涂层的服役环境、基体所具备的性能、准确判定基体失效原因，同时考虑制备防护涂层的成本及生产工艺的复杂程度，从而准确设计出适应各种高温环境下的防护涂层。总之，在高温防护涂层设计时，应尽量达到以下几点要求。

(1) 在高温恶劣环境中，合金涂层本身要具有良好的抗高温氧化和抗热腐蚀性能；在服役过程中，涂层表面能够生成致密连续的保护性氧化膜对合金基体起到保护的作用。

(2) 要求涂层与基体之间的粘结性能良好，同时涂层和基体合金之间具有相近的热膨胀系数，可以减小涂层在服役过程中的热应力，从而抑制涂层的开裂和剥落。

(3) 在高温下，涂层的组织结构稳定，服役过程中不易发生相变退化，涂层内部缺陷少，同时在涂层和合金基体之间的界面处不易产生有害相。

(4) 高温防护涂层的制备工艺不宜过于复杂，应相对简单，而且成本尽可能要低。

高温防护涂层施加在基体合金的表面，在高温恶劣环境中能够提高基体合金的抗高温氧化腐蚀性能，从而延长了基体合金的服役寿命。因此，高温防护涂层就需要其本身具有优异的抗高温氧化腐蚀性能，具有组织结构稳定性，涂层在高温恶劣环境中能够形成连续致密的保护性氧化物，对基体合金起到很好的保护作用，另外还需要涂层与基体合金之间具有良好的结合性能。自 20 世纪 20 年代起，高温防护涂层经历了近百年的发展，目前主要分为铝化物涂层、改性的铝化物涂层、MCrAlY 涂层及热障涂层。高温防护涂层按照制备工艺大致可分为扩散型涂层和包覆型涂层，其中铝化物涂层和改性的铝化物涂层属于扩散型涂层，而 MCrAlY 涂层和热障涂层则属于包覆型涂层[4]。由于铝化物涂层本身具有优异的抗高温氧化和热腐蚀性能、与基体合金结合牢固、工艺简单、成本低廉等特点，因此铝化物涂层目前被广泛应用。

4.1 高温干燥空气下铝硅涂层的氧化

在本次实验中所采用的高温合金基体是定向凝固镍基高温合金 DZ125，DZ125 合金由于其良好的热机械性能被广泛应用在燃气涡轮发动机叶片和炉膛中，但是较差的抗高温氧化性能限制了它的应用[5, 6]。因而在 DZ125 合金表面制备一层保护性涂层是十分有必要的，应用比较广泛的保护性涂层目前有热障涂层和抗氧化涂层两种，对比这两类涂层，通常情况下，采用热喷涂或物理气相沉积的方法制备热障涂层，其中 MCrAlY(M 为 Co 和 Ni) 和 β-(Ni, Pt) Al 作为热障涂层的粘结层；扩散型铝化物涂层是抗氧化涂层里应用最广泛的一种涂层，该类涂层的制备方法有多种，如热喷涂、包埋渗和热浸镀等技术。

在扩散型铝化物中添加 Si 元素是一种十分经济实用的方法，因为相比于在高温合金表面制备 MCrAlY 和 β-(Ni, Pt) Al 涂层，该类涂层在涂层制备方面花费很低，因而，很多的研究者在含 Si 的扩散型铝化物涂层研究方面投入了许多的精力。例如，近些年，研究者分别以低碳钢、Cr-50Nb、TiAl 合金作为基体，并在其表面制备了 Al-Si 涂层，结果显示 Al-Si 涂层的存在提升了这些合金的抗高温氧化性能。Xiang[7]等通过包埋渗的方法分别将铝和硅元素共同沉积到镍基高温合金中，提升了高温合金的抗高温氧化性能，证实了在高温合金表面制备铝硅共渗涂层的可行性。随后，许多研究者便深入到该类涂层的抗氧化机制中，如一些研究者发现 Si 元素的存在能够加速表面氧化铝层的形成，提升了镍基高温合金的抗高温氧化性能；通过包埋渗将 Si 渗入到高温合金内部，Si 元素最终存在于固溶体中而不是晶粒中。事实上，一些基体中的扩散性元素，如 Cr、Co、Y、Hf、Ta、Ti 等都会与 Si 共同作用而影响到涂层的抗高温氧化性能，所以对这些元素与 Si 的协同作用也是非常有研究的必要。例如，Wang 等[8]报道的 Y 元素能够改善合金的晶粒，并促进 SiO_2 和 GeO_2 氧化物层的生成进而提升抗高温氧化性能。研究者发现 Si 元素的存在能够有效避免 Cr 和 Mo 向着涂层的氧化物层扩散，从而提升了氧化物层和合金层之间的粘结性能。但是关于 Si 与这些合金基体元素协同作用影响到涂层的抗高温氧化性能方面的研究依然是不足的，而且在这些抗氧化涂层的制备方法中，低成本和高效率使得热浸镀涂层的方法在工业生产中应用广泛，如果热浸镀制备的 Al-Si 涂层较其他方法(如制备抗氧化涂层应用非常广的包埋渗方法)有好的抗氧化性能，那么用热浸镀方法制备含 Si 的扩散型铝化物涂层是非常值得研究的，有趣的是在之后的研究中证明热浸镀方法制备的含 Si 抗氧化铝化物涂层比包埋渗方法制备的涂层抗氧化性能好。

所以本次实验旨在研究通过热浸镀方法在 DZ125 合金中制备 Al-Si 涂层的热氧化性能，以及 Si 在涂层内部与基体元素协同作用提升涂层的抗氧化性能的作用机制。

4.1.1　实验内容

在研究中，选择定向凝固高温合金 DZ125 为基体，并采用热浸镀的方法制备 Al-Si 涂层，具体的制备过程为：用线切割将 DZ125 棒材(R=7mm)切成半径为 7mm、厚度为 3mm 的规则合金片。通过喷砂处理打掉表面的氧化皮，喷砂所用材料为粒度 800μm 的刚玉砂，然后将其放入超声波清洗仪中进行清洗，清洗的顺序是先用丙酮清洗，再用无水酒精清洗；清洗完吹干后，将其浸入已配制好的助镀液中，助镀液是由质量分数为 5% NaF、10% KF、10% KCl 和 75%的去离子水组成的，助镀液的温度为 90℃，在浸入助镀液 3min 后，将其取出，放入炉温为 300℃的马弗炉中 5min，以便烘干表面助镀液，同时表面形成一层固态盐膜；随后将其浸入 Al-Si 合金熔融液体 1min，合金熔融液的质量分数为 90%Al 和 10%Si，液体温度为 800℃。浸镀之后获得一层大约 300μm 厚的镀层，经过合适的磨抛得到一个平整的表面，然后将其放入通有保护气氛 Ar 的气氛炉中进行扩散性退火，退火的温度为 850℃，时间为 24h，退火的目的是使不稳定的 Al-Si 涂层由于基体元素的外扩散和涂层元素的内扩散而形成稳定的含 Si 的铝化物涂层[9]。该组实验的对比实验是用相同的热浸镀方法制备不含 Si 的扩散型铝化物涂层，每组含有 3 个样品，为了使得以后的描述更加简单，所以用 Al-10Si 涂层指代含 Si 稳定的扩散型铝化物涂层，用纯铝涂层指代不含 Si 稳定的扩散型铝化物涂层。

另外的一组对比实验是应用比较广泛的包埋法渗铝硅，其制备过程为：将棒材样品 DZ125 用线切割的方法切割成半径为 7mm、厚度为 3mm 的规则合金片，通过抛光机打磨磨平合金表面并除去表面的氧化皮，然后将其放入超声波清洗仪中进行清洗，清洗的顺序是先用丙酮清洗，再用无水酒精清洗。浆料的粘结剂采用聚乙烯醇(质量分数为 10%)的水溶液，溶解过程的水温为 50℃，渗剂的质量之比为 2%Al + 4%NH_4Cl + 10%Si + 84%Al_2O_3，通过电磁搅拌棒将粘结剂和渗剂混合均匀，然后使用刷子将其均匀地刷涂在样品表面，来回刷涂 5 次，刷涂完成后将其放入电热鼓风干燥箱中，干燥温度为 150℃，干燥时间为 20min。干燥冷却后将样品放入氩气保护下的高温炉中进行铝硅共渗，炉膛温度为 1000℃，保温时间 6h。共渗结束后，清除表面的渗剂并用超声波清洗仪清洗干净，准备进行下一步氧化动力学测试。

4.1.2 氧化动力学测试

氧化动力学测试过程中，采用的是循环氧化测试，共循环 10 次，每次循环包含在 1050℃空气气氛中保温 15h 和 1h 炉外降温到室温(室温大约为 25℃)。降温到室温后，用电子天平进行样品的称重(称重不在氧化铝坩埚中)，每组有 3 个样品，在称量之后将其放回炉中，等待下一次称重，然后绘制氧化动力学曲线，氧化动力学曲线是选取三组样品的平均值，作为对比实验，未加涂层的 DZ125 样品、热浸镀制备的铝化物涂层以及包埋渗铝硅涂层也将进行相同的氧化动力学测试，并对氧化动力学曲线进行对比分析。

4.1.3 金相样品的制备

由于样品形状的原因，在进行金相的制备过程中要对样品进行冷镶，镶样材料采用的是环氧树脂，镶样过程为：将样品放入镶样模中，然后进行镶料的配制，首先倒出一定量的环氧树脂，加入合适的催化剂，将其搅拌均匀，注意搅拌过程中防止气泡产生，然后加入合适的固化剂，使其与环氧树脂混合均匀(固化剂、催化剂的比例为 1∶20)，最后将配制好的镶料倒入镶样模中将其固化，固化时间大约为 40min。镶样完成后，用粗砂纸(180 目)进行粗磨，磨出截面，随后分别用 200 目、400 目、600 目、800 目、1200 目、1500 目水砂纸进行精磨，得到一个拥有同一方向划痕的截面，然后转移到抛光机上进行精抛，直到抛出镜面(抛光膏的粒度为 2.5μm 和 0.5μm)。抛光完成后，用含 HF、硝酸、水的比值为 1∶1∶20 的腐蚀剂进行金相腐蚀，腐蚀时间为 10s。在进行扫描电镜检测之前，由于表面生成陶瓷导电性差的原因，要进行喷金处理，喷金时间为 120s。

4.1.4 高温干燥空气下铝硅涂层氧化动力学分析

金属材料产生的氧化物层是否致密，是否连续，是否具有优越的高温稳定性及氧化物层的热生长率，都将影响到金属材料抗氧化性能的高低，同时这些因素也是抗氧化涂层对金属基体保护作用的评判标准，前文中已经讨论了可以通过氧化动力学曲线来说明金属在高温环境中的高温氧化过程。在本次研究中，首先利用圆柱的表面积公式，将制备完成的热浸镀 Al-10Si 涂层 DZ125 样品、热浸镀纯铝涂层 DZ125 样品、包埋渗 Al-10Si 涂层 DZ125 样品、无涂层的 DZ125 样品求出表面积，随后放入高温井式炉中进行循环氧化测试，温度为 1050℃，每隔 15h 将样品取出，经过 1h 冷却至室温，进行无容器(刚玉小坩埚)称量，称量 5 次求取平均值，以减少误差，循环氧化测试的循环次数为 10 次。待测试完成后，将数据整合，求出单位面积氧化的增量，如表 4.1 和图 4.1 所示，随着时间的延长，不含有涂层裸露的 DZ125 高温合金样品氧化动力学曲线急速下降，表现出了极差的抗高温氧化性能，而其他拥有抗氧化涂层保护的 DZ125 样品随着时间的延长都表现出一定的抗高温氧化性能。图 4.1(a)中由于无涂层的 DZ125 样品氧化动力学曲线的下降幅度过大，导致了另外 3 种样品氧化动力学曲线无明显区别。图 4.1(b)所示为 3 种含涂层样品的氧化动力学曲线对比，排除无涂层样品曲线的干扰，各曲线特征明显。

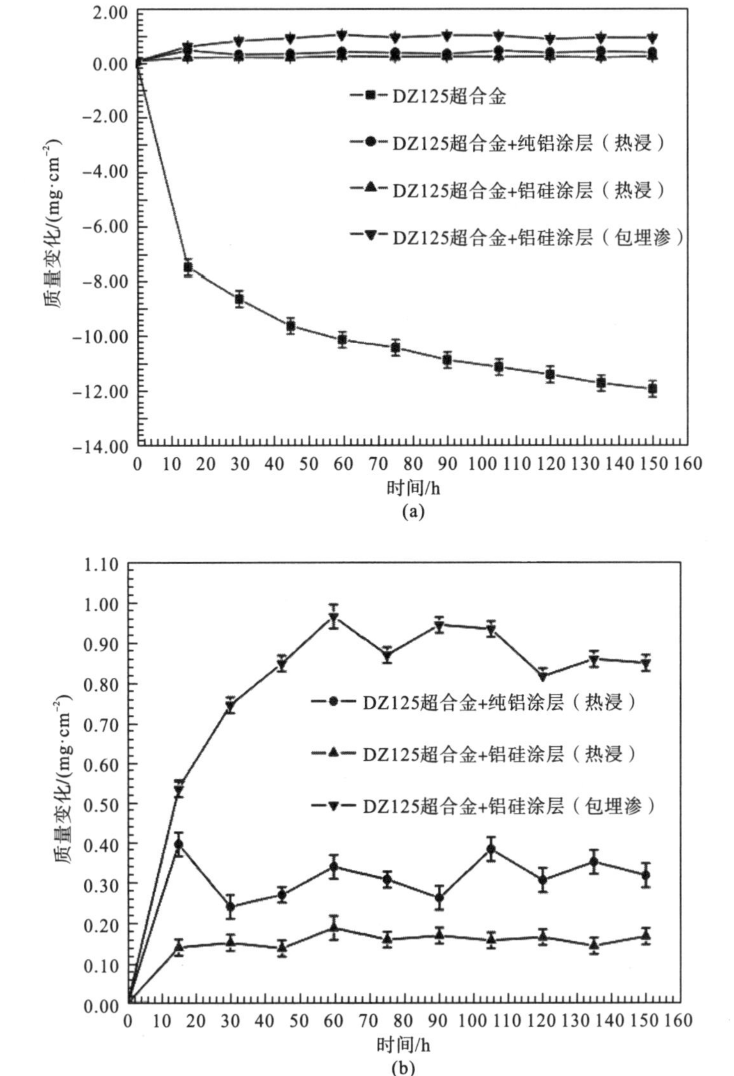

图 4.1　在初始的 10 个循环下制备有不同涂层的 DZ125 样品的循环氧化动力学曲线

表 4.1 有涂层与无涂层的 DZ125 样品在 1050℃空气中单位面积的氧化增重

时间/h	DZ125 /(mg·cm^{-2})	DZ125+包埋渗铝硅涂层/(mg·cm^{-2})	DZ125+热浸镀纯铝涂层/(mg·cm^{-2})	DZ125+热浸镀铝硅涂层/(mg·cm^{-2})
0	0	0	0	0
15	−7.549	0.535	0.397	0.139
30	−8.679	0.743	0.241	0.151
45	−9.660	0.846	0.271	0.137
60	−10.172	0.964	0.341	0.188
75	−10.471	0.867	0.309	0.159
90	−10.918	0.942	0.263	0.168
105	−11.174	0.932	0.385	0.157
120	−11.451	0.814	0.307	0.164
135	−11.771	0.857	0.353	0.143
150	−11.985	0.847	0.319	0.166

通过图 4.1(b)可以看出，在循环氧化测试的这段时间里，3 种曲线都表现出了抛物线的规律或近似的抛物线规律(由于循环氧化测试的时间间隔为 15h，因此氧化初期的直线规律忽略)，并且在氧化前期，在这 3 种样品中，含有热浸镀 Al-10Si 涂层的 DZ125 样品的氧化增重增速最慢，前 15h 增长速率约为 0.01 mg/cm^2·h，而用包埋渗法制备的 Al-Si 涂层的氧化增重最快，前 15h 的增长速率约为 0.04mg/cm^2·h，热浸镀的纯 Al 涂层氧化增重增速处于前两者之间，约为 0.03mg/cm^2·h，由此可以看出，热浸镀制备抗氧化涂层比用包埋渗制备的抗氧化涂层拥有更好的抗氧化性能，因此本文将重点研究热浸镀制备涂层的抗氧化性能。在图 4.1(b)中，在 15h 后热浸镀 Al-10Si 涂层氧化动力学曲线未表现出明显的增长或减少的趋势，较为平稳，而纯铝涂层氧化动力学曲线在 15h、60h、105h 和 135 h 均表现出降低趋势，曲线呈起伏状。

通过后期微观结构的分析可以知道出现该现象的原因是在 Al-10Si 涂层表面形成了一层十分致密并且连续的氧化铝膜，而纯铝涂层所形成的氧化铝层不致密且不连续，随着氧化时间的增加，氧化铝层不断增厚，最终导致氧化物层开裂脱落。

4.2 高温干燥空气下铝硅涂层微观形貌

在金属高温氧化过程中，微观结构是通过电子显微镜成像直观表现出材料变化的一种分析方法，在本次实验中对材料微观结构的观察和分析包含表面微观结构和截面微观结构，在检测过程中采用的仪器是扫描电子显微镜(SEM)，并且配备有 X 射线能谱仪装置(EDX)，进而对材料进行显微组织形貌以及微区成分分析，并且为了确定材料的物相组成，采用 X 射线衍射仪(XRD)进行辅助分析。

4.2.1　热浸镀涂层样品的表面微观形貌

为了更加深入地研究热浸镀 Al-10Si 涂层的抗高温氧化性能机制，对热浸镀 Al-10Si 涂层 DZ125 样品进行表面微观结构的分析，而把热浸镀纯铝涂层作为对比。

图 4.2 所示的是在 1050℃下循环氧化 150h 后热浸镀 Al-10Si 涂层和纯 Al 涂层的微观表面形貌，其中，图 4.2(a)、(c)、(e)为纯 Al 涂层，图 4.2(b)、(d)、(f)为 Al-10Si 涂层。从图 4.2(a)和(b)表面形貌中可以看出纯 Al 涂层的样品表面生成了许多针状或片状的物质，这种物质通过 XRD 和 EDX 分析可以确定为 α-Al_2O_3，针状或片状的 α-Al_2O_3 是由不稳定的 θ-Al_2O_3 在循环氧化过程转变而成的[10]，早期不稳定的 θ-Al_2O_3 呈现出针状或片状，这在早前的研究中已经被证实。同样在这种纯 Al 涂层表面上也有颗粒状的 α-Al_2O_3 生成，这些稳定的氧化铝是直接生成的而不是由不稳定氧化铝转化而来的，甚至在这种涂层的表面能够看到一些裂纹的出现；相比于热浸镀纯 Al 涂层，热浸镀 Al-Si 涂层表面未发现针状的 α-Al_2O_3，表面有一层致密并且连续的氧化铝层及颗粒状的氧化铝产生，该氧化铝层未发现有明显的裂纹产生。如图 4.3 所示，热浸镀 Al-10Si 涂层在循环氧化后的表面的高倍图像，通过该图能够观察到涂层表面生成的致密的氧化铝层及球状的 α-Al_2O_3，没有发现明显的显微裂纹产生，这是因为由氧化铝生长而出现并且会导致裂纹产生的内部应力被图 4.3 中的微孔结构所削弱。

图 4.2(e)、(f)是两种热浸镀涂层循环氧化后的表面背散电子图像，在背散电子图像中颜色越白的地方表明该处元素原子序数越大，相反，颜色越黑的地方元素的原子序数越小，进而出现不同的衬度而表现出样品表面的一些状况。从图 4.2(e)中可以看到，纯 Al 涂层中出现很多的白色区域分布在表面的氧化铝层中，而在图 4.2(f)的 Al-10Si 涂层中几乎是没有的。而通过表面的能谱和 X 射线衍射分析后，可以确定，图 4.2(e)中的白色区域是由 HfO_2 和 Ta 组成的，能谱仪测试出的数据结果如表 4.2 所示。这个结果与 Zhou 等的研究结果一致[11]。

表 4.2　图 4.2(e)中的白色区域、图 4.5(c)和(d)中的 A 和 B 点及图 4.10(a)中 D 点的化学元素组成(通过 EDX 获得，单位为 wt.%)

元素种类	O	Al	Ni	Si	Hf	Ta	Cr	W	Mo
图 4.2(e)	27.94	13.95	4.45	—	16.11	35.10	—	—	—
图 4.5(c)	—	32.56	30.21	—	—	—	14.26	8.05	14.66
图 4.5(d)	—	1.19	2.23	31.13	—	18.59	24.60	19.56	—
图 4.10(a)	—	25.14	20.35	15.49	—	9.59	10.23	17.56	—

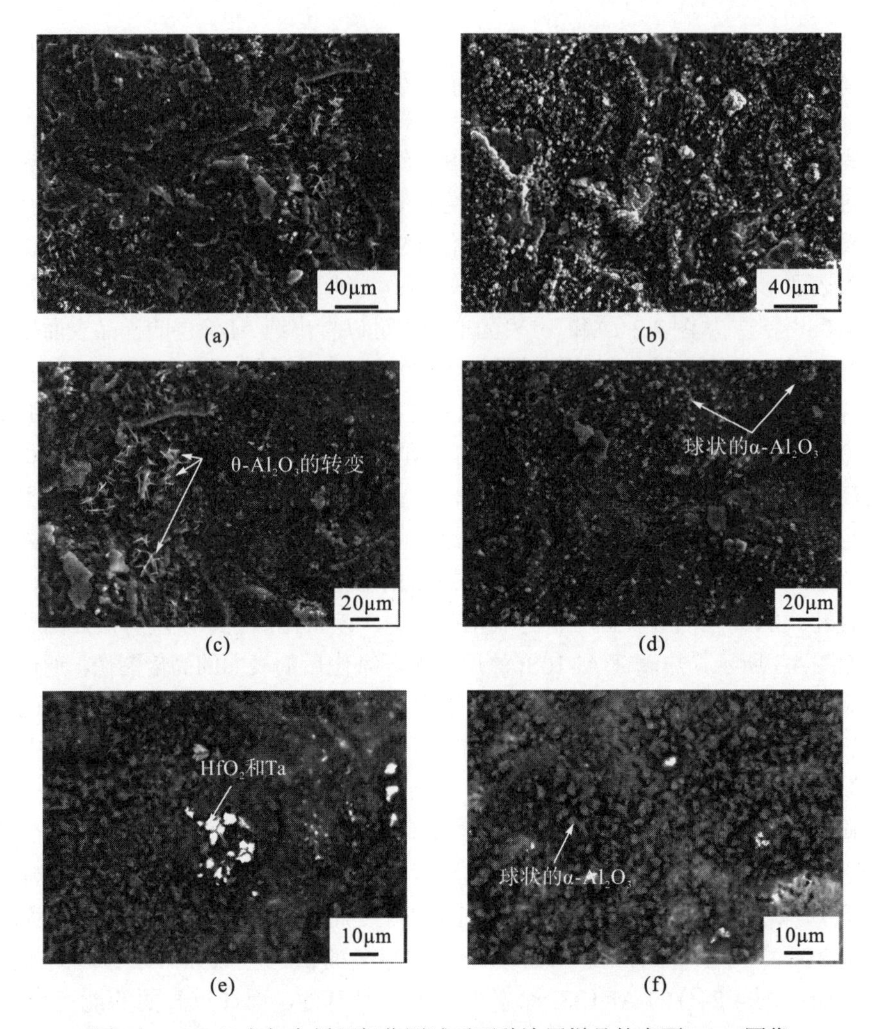

(a) (b)
(c) (d)
(e) (f)

图 4.2 1050℃空气中循环氧化测试后两种涂层样品的表面 SEM 图像

(a) (b)

图 4.3 1050℃空气中循环氧化测试后 Al-10Si 涂层的高倍 SEM 图像

4.2.2　热浸镀涂层样品的截面微观形貌

通过样品的表面微观结构研究发现，两种不同的热浸镀涂层表面形貌相差很大，进而使得两种样品表现出了不同的抗高温氧化性能，相比于纯铝涂层，Al-10Si 涂层表面产生了一层致密的氧化铝层，但是该致密的氧化物层形成机理，需要更加深入的研究。如图 4.4 所示，表面 XRD 图谱中发现 Al-10Si 产生了新相 AlHfSi 和 Ta_5Si_3 相，然而这两种相在该涂层表面 SEM 图像中未被发现，这是由于表面氧化铝层的阻挡所致，而 XRD 在金属和陶瓷中的穿透深度能够达到 10μm[12]，因此 XRD 能够收集到来自氧化铝层下部的物相的信息。综上所述，为了更加深入地研究该涂层，对涂层截面的微观形貌的检测分析是十分有必要的。

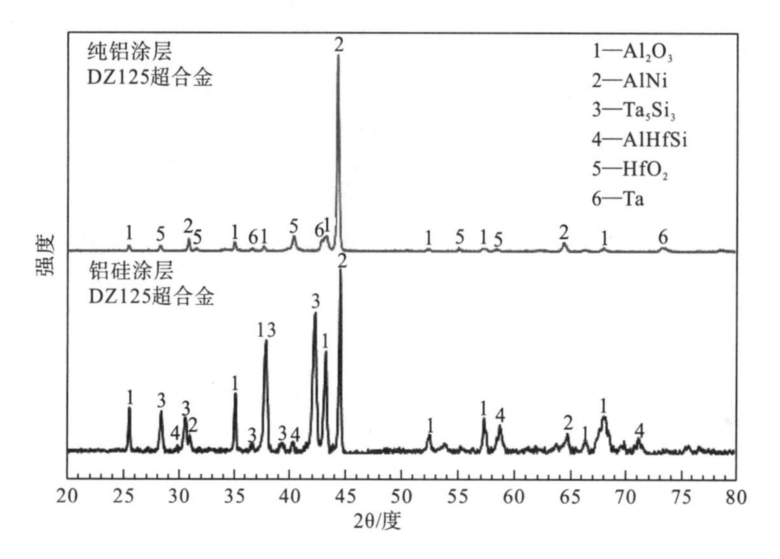

图 4.4　150h 的循环氧化测试后热浸镀纯 Al 和 Al-10Si 涂层的 DZ125 样品表面 XRD 图谱

1. 热处理后涂层截面的微观形貌

图 4.5 所示为 850℃氩气气氛下经过 24h 的热处理后的初始涂层样品的截面 SEM 图像，其中，图 4.5(a)、(c)为热浸镀纯 Al 涂层样品，图 4.5(b)、(d)为热浸镀 Al-10Si 涂层样品，对比发现，在两种涂层未进行循环氧化测试之前，涂层的内部结构已经产生了明显的不同，相比于纯 Al 涂层来说，Al-10Si 涂层的最外层形成了一层连续的合金层，通过扫描电镜的 EDX 检测，该合金层的主要元素是由元素 Al 和 Si 组成的，除了这两种元素，剩下的合金元素有 Hf、Ta 和 Ni，在纯 Al 涂层中由于没有该合金层的存在，并且在磨金相的过程中出现了明显的碎裂。为了研究这两种涂层的内部组成，分别在图 4.5(c)和图 4.5(d)中标记区域 A 和 B，然后通过 EDX 对其进行微区元素成分分析并进行截面 XRD(图 4.6)的检测，

通过分析可以确定在图 4.5(c)中纯 Al 涂层中的 A 区域为 α-Cr 相，而在图 4.5(d)中的 B 区域为富集了许多 W 和 Ta 元素的 $SiCr_3$ 相。

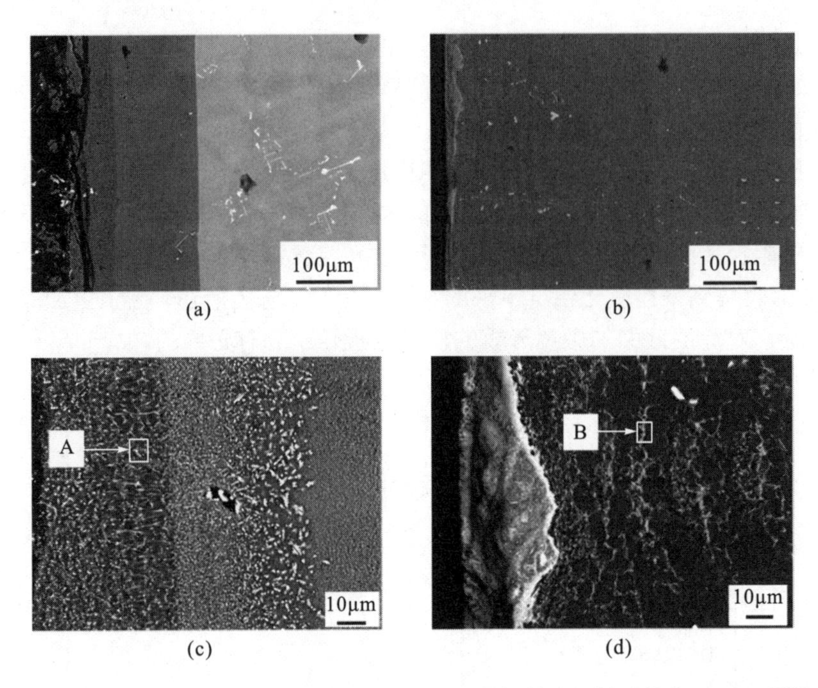

图 4.5 850℃氩气气氛下经过 24h 的热处理后的初始涂层样品的截面 SEM 图像

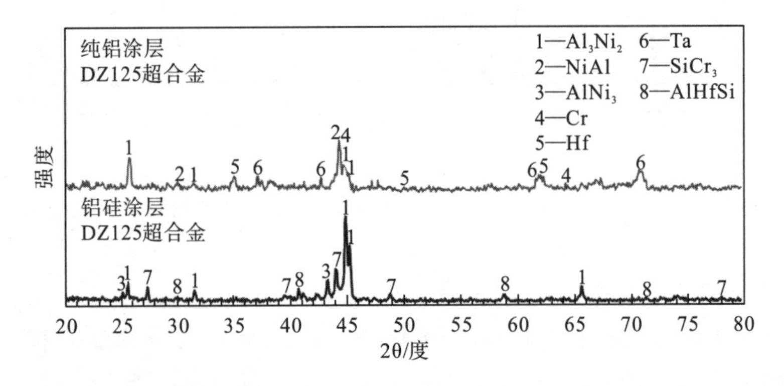

图 4.6 850℃氩气气氛下进行 24h 的热处理后的初始涂层样品的表面 XRD 图谱

2. 循环氧化后涂层截面的微观形貌

图 4.7 所示为在 1050℃条件下经过 150h 循环氧化测试后的两种涂层的截面 SEM 图像。通过截面 EDX 能谱微区分析及两种不同涂层样品的表面 XRD(图 4.5)分析可以确定涂层的外层生成一层氧化铝层，相比于图 4.7(a)来说，图 4.7(b)的氧化铝层更加致密和连续。之所以图 4.7(a)中的氧化铝层呈现出破碎状，一方面

是因为生成的氧化铝层本身不连续和不致密，另一方面是由于氧化铝层与内部合金层粘结性能差，因此在磨抛金相的过程中出现了氧化铝层的脱落。前文中已经描述 XRD 的检测深度为 10μm，而在图 4.7(b) 中氧化铝层的平均深度大约为 2μm，所以 Al-10Si 涂层表面的 XRD 能够检测到氧化物层下的物相，经过 EDX 微区分析和表面 XRD 检测可以确定，在氧化铝层下有一层连续的以 Al、Ni、Hf、Ta 和 Si 为主要元素的合金层，该合金层所含有的主要物相为 AlHfSi、Si_5Ta_3 和 β-NiAl。

对比未进行循环氧化测试的初始试样可以确定 β-NiAl 是由初始的 γ′-Ni_3Al 和 δ-Ni_2Al_3 转化而来的，这在前人的研究中已经得到证实[13]。相对于图 4.7(b) 中形成连续的致密的氧化铝层，在图 4.7(a) 中形成许多白色的点状区域，经过 EDX 点扫描确认为 Hf、W 和 Ta 等难熔金属，这些金属元素随着时间的延长向着涂层表面的氧化铝层富集，使得纯 Al 涂层表面的氧化铝层不致密并且不连续，最终随着氧化时间的增加，氧化铝层出现裂纹以至于脱落。

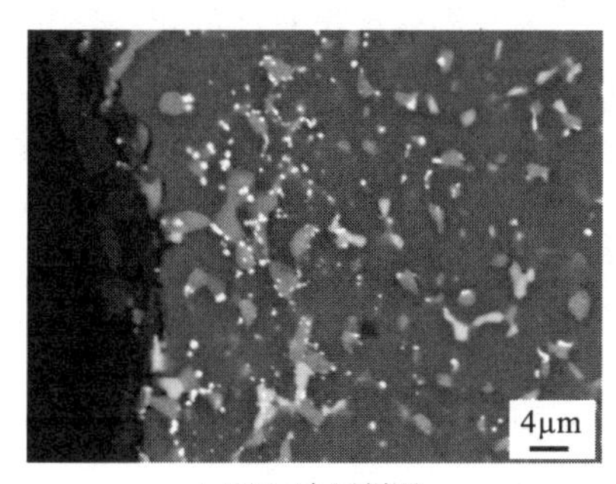

(a)纯Al涂层样品

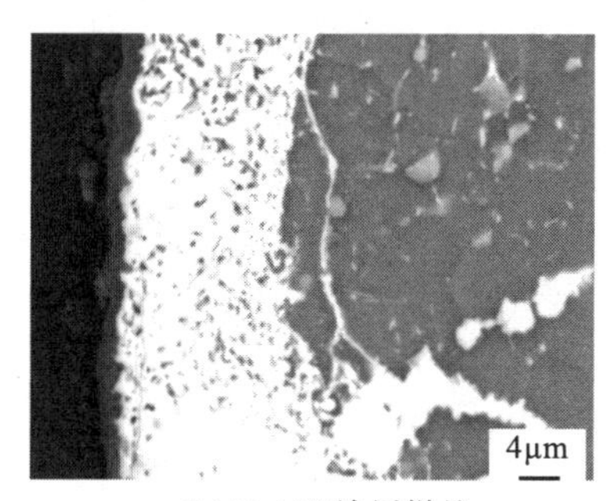

(b)Al-10Si涂层样品

图 4.7　在 1050℃空气中经循环氧化测试后两种不同的涂层样品的表面 SEM 图像

4.2.3　结果讨论

在本次研究的过程中，无涂层的 DZ125 样品在经过 150h 的循环氧化测试后，它的氧化动力学曲线减少得最为迅速，这是由于其在高温氧化过程中出现了明显的脱落。其他的两种热浸镀涂层 DZ125 样品在初期的 15h 中，氧化动力学曲线呈现出明显的增加，这是由于初始过程中，金属铝氧化在合金涂层的表面生成一层氧化物层。另一个现象是热浸镀纯 Al 涂层的氧化动力学曲线在持续的氧化过程中出现了明显的起伏，其原因是循环氧化过程中氧化物层的生长和脱落，反观热浸镀 Al-10Si 涂层的氧化动力学曲线，在持续的氧化过程中未发现明显的起伏，整体曲线平稳，这是因为一层致密的氧化铝层阻止了氧元素的渗入，阻止进一步氧化，最终使得 Al-Si 涂层的抗高温氧化性能提升。

通过对样品制备过程以及最终样品的循环氧化实验过程的分析可知，在样品制备完成且未由不稳定的涂层向稳定的涂层转变的这个过程中，在热处理初期，

Al-10Si 涂层将会熔化成液态，因为 Al-10Si 的熔点低于热处理过程中炉膛的温度 850℃(如图 4.8 所示，Al-10Si 的熔点大约为 600℃)[14]，在接下来的过程中，由于在高温环境中，涂层与基体之间开始发生相互扩散，如基体内部的 Ni、Cr、Hf、Ta 和 W 等元素随着时间的延长而扩散到液态涂层中，而涂层中的 Al、Si 等元素也随着时间的延长向基体中进行扩散[15]，在相互扩散的过程中，高熔点的金属通过扩散进入液态涂层中，低熔点的元素在液态涂层中的含量也越来越少，液态涂层也逐渐向固态涂层的方向凝固转变，最终的结果是不稳定的 Al-10Si 合金涂层转变为稳定的含 Si 的铝化物涂层。在早期的研究中[16]，研究者已经提出，Si 是一种有极强偏析效应的元素，在本次研究中，由于 Si 极强的偏析性，在液态涂层向固态涂层转变的过程中，Si 元素向涂层的外表面偏析，因此涂层经过热处理后，由不稳定转变为稳定的涂层，可以看到Si元素存在于晶界和最外层表面的位置上，最终形成了一层连续的 Al-Si 合金层[图 4.5(d)]。

经过分析研究发现，涂层中的这些物相的形成满足电负性理论，这个理论的主要内容是元素电负性差值越大，这几种元素就越容易结合到一起，越容易形成物相[17]。图 4.9[18]所示为一些元素的电负性，按照该图中所示来计算，元素 Si 和 Hf 的电负性差值为 0.66，大于元素 Al 和 Hf 的差值，元素 Si 和 Ta 的电负性差值为 0.47，大于 Al 和 Hf 的差值，因此，Hf 和 Ta 作为强偏析性能的元素，在向涂层表面偏析的过程中最终富集到 Si-Al 的合金层中并在涂层的最外层形成了 AlHfSi 和 Si_5Ta_3 相。

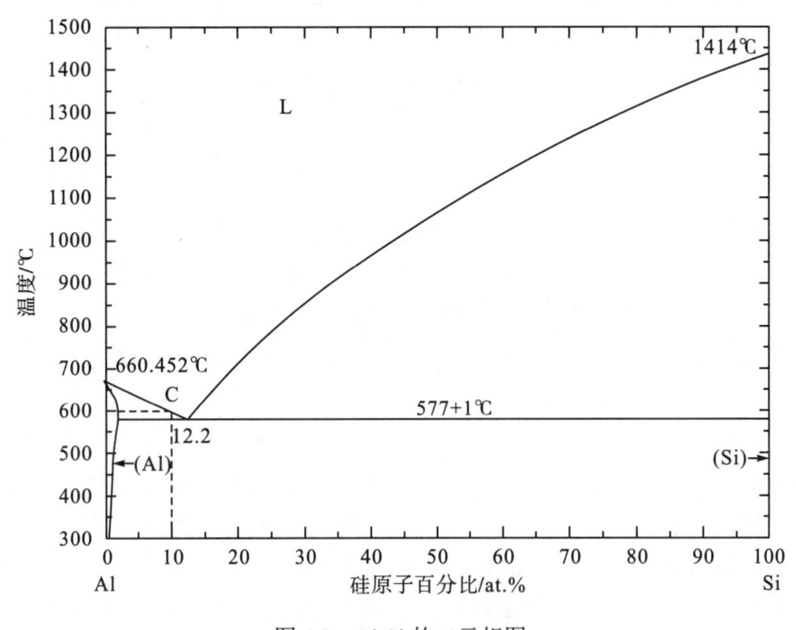

图 4.8 Al-Si 的二元相图

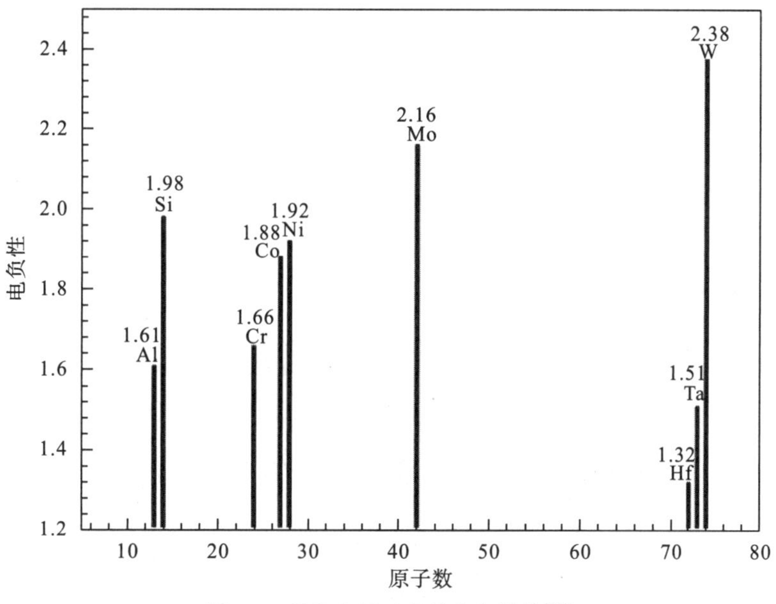

图 4.9　几种金属元素的电负性值[18]

Yang 等[19]曾经提出在高温条件下，元素 Cr 扩散进入 Al-Si 涂层后，当其遇到 Si 元素后，Cr 将会首先和 Si 结合到一块并在涂层中的晶界处形成第二相 $SiCr_3$。元素 Si 和 Ta 及元素 Cr 和 W 这两组元素的电负性差值都很大，所以在图 4.10 中 D 点所示的位置，Al-10Si 涂层中将会在循环氧化的过程中富集元素 Ta 和 W(图 4.10)，而对于 Al 元素来说，在氧化过程中表层 Al 元素会被氧化消耗掉，内部的 Al 元素会向表面位置扩散用以形成氧化物层。由于 Si 与 Al 的电负性差值相较于 Si 与 Ta 的电负性差值小，根据电负性理论，在这个晶界的位置，Al 将不会在此处富集，并且 Al 元素将通过晶界扩散的方式向涂层最外层扩散[20]，与晶内扩散相比，晶界原子排列混乱，畸变能较高，因而原子在晶界扩散速度快，提高了 Al 元素的扩散速率，促进了表面致密的连续的氧化铝层的产生。

在图 4.7(a)所示的热浸镀纯 Al 涂层中 Hf、W 和 Ta 在该涂层的最外层表面处富集，由于各个元素的金属性的不同，元素 Al 的金属性最强，使得 Al 在高温空气中能够快速被氧化成不稳定的 θ-Al_2O_3，随着时间的增加，在 1050℃的循环氧化过程中，不稳定的 θ-Al_2O_3 逐渐转化为稳定的 α-Al_2O_3，而在这段时间中，通过 EDX 和 XRD 图谱分析后发现，Hf 也被氧化成了 HfO_2。但是由于难熔的金属元素 W、Ti 和 Ta 扩散到最外层的氧化物层，使得生成的氧化铝层不能够致密和连续，不能作为一个阻挡层阻碍外界的氧与氧化物层下部的合金层接触，内部合金层的元素的氧化将增加涂层内部的内应力，最终纯铝涂层内部应力的增加和集中促进了表面氧化铝层微观裂纹的产生，导致外层不致密氧化物层的脱落。得益于最外层表面的一层十分致密和连续的氧化铝层，Al-10Si 涂层的表面未发现明显的微观裂纹及脱落，而形成这一致密氧化铝层的原因是氧化物层下部存在连续的 Al-Si 层，这层以 Al 和 Si 元素作为主要组成部分的合金层与偏析到这个位置的强偏析元素 Hf 和 Ta 形成了 AlHfSi 和 Si_3Ta_5 相，同时该层合金层将作为一个阻碍层，阻碍难熔金属元素向氧化物层及氧元素向内部扩散，内部合金层的 Al 等元素不会与 O 发生反应，这样就避免了内氧化的产生，从而降低了 Al-10Si 涂层中的热应力，因此裂纹的产生与扩展也将大大减少。

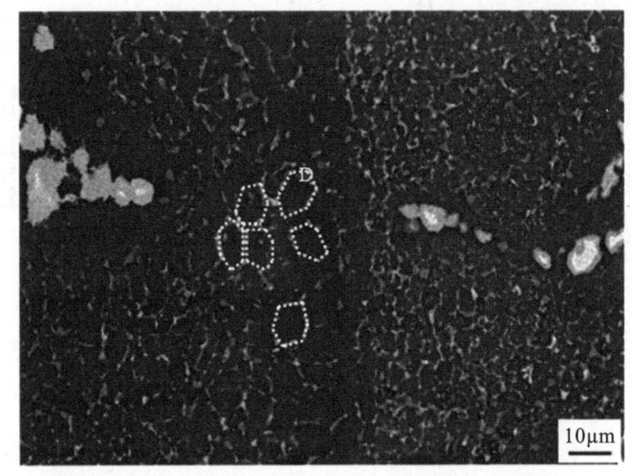

(a)在截面的SEM图像中，W和Ta被$SiCr_3$富集到涂层内部的晶界上

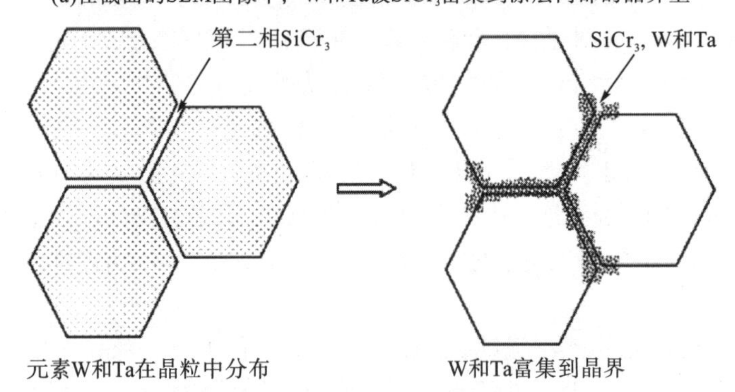

(b)$SiCr_3$相富集W和Ta的示意图

图 4.10 $SiCr_3$ 相在热浸镀 Al-10Si 涂层中的作用

本书研究发现，Si 在涂层中对元素 W、Ta、Hf 和 Cr 起到了双重的扩散阻碍作用，而对于元素 Al 向最外层扩散则起到了积极的作用，第一层阻碍作用是在涂层内部晶界处首先形成的第二相 $SiCr_3$ 促进对元素的富集，第二层阻碍作用是 Al-Si 合金层中 Si_3Ta_5 相和 AlHfSi 相的形成，不但吸附了 Hf 和 Ta 元素，而且阻碍了 W 元素向最外层的扩散，从而促进了涂层最外层致密并且连续的氧化铝层的

形成。两种涂层的氧化机制示意图如图 4.11 所示。其中，过程一为在 850℃空气中热处理 24h 基体和涂层中元素的互扩散和物相的转变，过程二为在 150h 循环氧化过程中表面氧化物的生长。

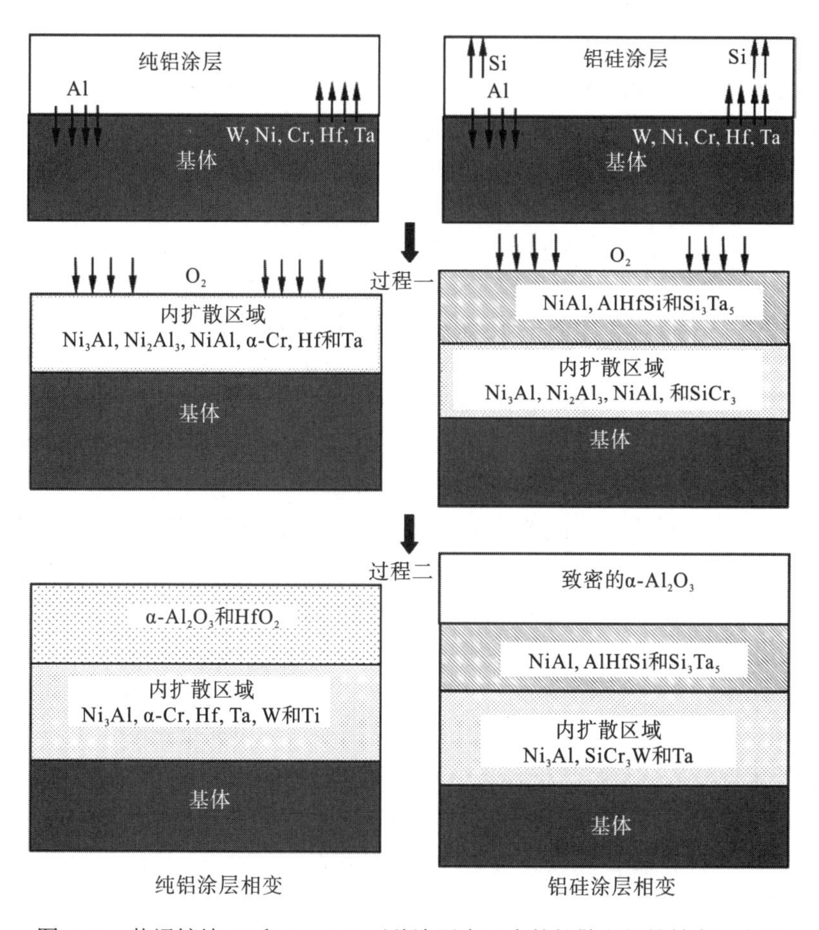

图 4.11　热浸镀纯 Al 和 Al-10Si 两种涂层中元素的扩散和相的转变示意图

4.3　高温水蒸气下铝硅涂层的氧化

4.3.1　样品的制备

在热浸镀铝硅涂层潮湿空气的高温氧化实验中，选择含有 Ti 元素的铸造高温合金 IN738 作为基体，同样采用热浸镀的方法制备 Al-Si 涂层，样品的尺寸为半径 17mm，厚度 3mm，热浸镀制备含硅的扩散型铝化物涂层的方法与过程一的一致，先采用热浸镀制备 Al-10Si 涂层，然后通过扩散退火由不稳定的涂层转化为稳定的扩散型铝化物涂层，同时制备一组不含硅的扩散型铝化物涂层作为对比实验。

4.3.2 氧化动力学测试

氧化动力学测试同样采用循环氧化测试，共 10 个循环，每次循环包含在1050℃潮湿的空气(其中蒸气含量为 20%)中保温 15h 和 1h 炉外降温到室温(室温大约为 25℃)，在氧化过程中，水蒸气储存装置中水的温度为 60℃，然后通过空气压缩机将水蒸气送入管式炉中，气流量为 1.2L/h[21]。对比实验是不含硅的铝扩散型涂层在干燥空气中的氧化动力学测试，以及含硅铝化物涂层在干燥的空气中同样的温度下进行氧化动力学测试。测量质量变化的过程与过程一中的测量过程一致，最后进行氧化动力学曲线的绘制。

4.3.3 高温水蒸气下铝硅涂层的氧化动力学分析

在研究的第一阶段，Si 元素的添加对铝化物抗氧化涂层的抗高温氧化性能起到了非常大的促进作用，并且找到了 Si 在提升抗氧化性能中所起到的作用，当然作为一种由基体中扩散元素共同组成的复合物涂层，其他元素(如 Cr、Co、Y、Hf、Ta、Ti 等)的作用是不能忽视的，正如前文所述，Cr 在涂层中与 Si 结合形成第二相富集 W、Ta 元素；元素 Y 的少量添加能够提高涂层的粘结性能等。总体来说，热浸镀铝硅涂层在高温空气中的抗高温氧化性能是很好的，但是实际上，燃气涡轮发动机的热端部件由于在燃料燃烧的作用下，会产生许多的水汽，因而在研究高温合金表面涂层的抗氧化性能过程中，对水蒸气作用的研究也是十分重要的，因而在研究的第二阶段，将热浸镀涂层样品放入高温水蒸气环境中，研究高温水蒸气的存在对含 Si 铝化物涂层抗高温氧化性能的影响，为了确认在空气中，含 Si 铝化物涂层应用在另外一种镍基高温合金上均能提高其抗高温氧化性能，基体材料使用含 Ti 的镍基高温合金 IN738，并把热浸镀纯 Al 涂层在空气中的循环氧化测试作为一组对比样品。

在研究的第二阶段中，通过热浸镀的方法制备了纯 Al 和 Al-Si 涂层，然后对一组纯 Al 涂层、一组 Al-Si 涂层在空气中进行循环氧化测试，同时一组 Al-Si 涂层在潮湿的空气中进行循环氧化测试，测试后数据结果如表 4.3 所示，随后通过制图软件将其制成曲线图，如图 4.12 和图 4.13 所示，在图 4.12 中无论是热浸镀纯 Al 涂层还是热浸镀 Al-Si 涂层的氧化动力学曲线都接近于抛物线规律，都能表现出良好的抗高温氧化性能，并且在动力学曲线中，纯 Al 涂层在循环氧化测试一段时间后出现较明显的起伏，而 Al-Si 涂层的动力学曲线则相对平稳，未出现较大起伏，因而相比于纯 Al 的热浸镀涂层，热浸镀 Al-Si 涂层表现出更好的抗高温氧化性能。这样的结果与第一阶段的研究结果完全吻合，因而在下面的研究中将不在微观结构中对比分析纯 Al 涂层和 Al-Si 涂层的抗氧化行为的不同，重点将放在水蒸气的存在对热浸镀 Al-Si 涂层抗高温氧化性能的影响上。

表 4.3　涂层在干燥空气和潮湿空气中的单位面积增重

时间/h	干燥空气中纯铝涂层+IN738 /(mg·cm^{-2})	干燥空气中铝硅涂层+IN738 /(mg·cm^{-2})	潮湿空气中铝硅涂层+IN738 /(mg·cm^{-2})
0	0	0	0
15	0.4021	0.2552	0.1632
30	0.6508	0.3976	0.2867
45	0.6788	0.4319	0.3637
60	0.7565	0.4466	0.2641
75	0.7662	0.4711	0.2868
90	0.7566	0.4907	0.2719
105	0.6996	0.5105	0.2251
120	0.8810	0.4957	0.2872
135	0.6729	0.4321	0.2794
150	0.7732	0.5399	0.2876

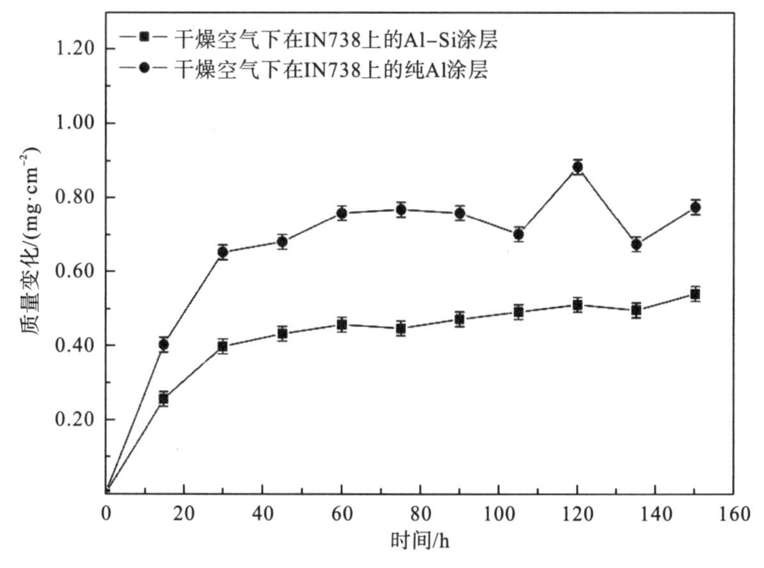

图 4.12　热浸镀纯 Al 涂层和 Al-Si 涂层在 1050℃条件下进行 150h 循环氧化测试的氧化动力学曲线

图 4.13 所示为热浸镀 Al-Si 涂层在 1050℃不同的环境中的循环氧化动力学测试曲线，在图中不同的环境下 Al-Si 涂层的氧化动力学曲线同样近似于抛物线规律，

但是在前 45h 内，Al-Si 涂层在干燥空气中的单位面积平均增量为 0.01 $mg/cm^2 \cdot h$，而其在潮湿空气中单位面积的平均增量为 0.0078 $mg/cm^2 \cdot h$，高温空气环境中的单位面积增量明显高于高温水蒸气环境中的涂层单位面积增量，按照第一阶段的描述，涂层在潮湿空气中的抗高温氧化性能优于涂层在干燥空气中的抗高温氧化性能。事实上，氧化过程中单位面积质量变化量是由氧化物层生长和脱落共同来决定的，这在早前 Zhong 等的研究中已经提到[22]。本次实验中，对比干燥空气和潮湿空气中表面 SEM 图像(参照 4.3.4 节中的表面 SEM 图像)可以发现，热浸镀 Al-Si 涂层在高温水蒸气中氧化物层发生了严重的脱落，进而导致了较低的质量增量，如图 4.13 所示，在 45 h 和 75 h 之后，氧化动力学曲线呈现了下降的趋势，这是由于在高温水蒸气环境中氧化物层的脱落速率大于氧化物层的生长速率所致。而 Al-Si 涂层在高温干燥环境中的氧化动力学曲线则相对平稳，未出现明显的降低和升高，在表面 SEM 图像中也未见到明显的脱落。

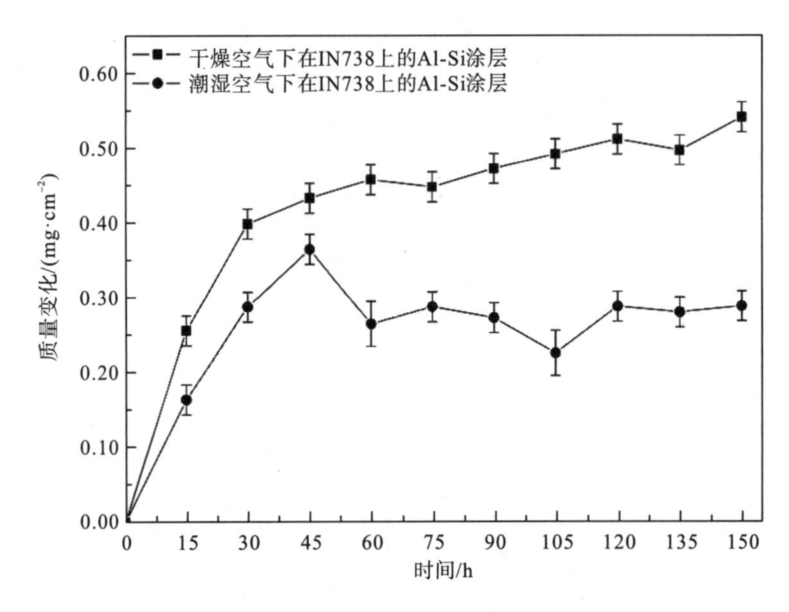

图 4.13 热浸镀 Al-Si 涂层在 1050℃下潮湿和干燥空气中的循环氧化动力学曲线

4.3.4 高温水蒸气下铝硅涂层微观形貌分析

通过氧化动力学分析可知，不同的高温合金基体，热浸镀涂层无论是 Al-Si 涂层还是纯 Al 涂层在高温空气中依然能够表现出良好的抗高温氧化性能，并且热浸镀 Al-Si 涂层有着更好的抗高温氧化性能，与第一阶段的研究结果一致。当 Al-Si 涂层在 1050℃潮湿的空气下氧化时，虽然氧化增重较低，但是其表面脱落明显，并且在氧化某一阶段出现脱落速率大于氧化生长速率的情况。为了进一步研究高温水蒸气环境中，水蒸气对 Al-Si 涂层的抗高温氧化性能的影响机制，利用 SEM

对 Al-Si 涂层表面形貌以及截面形貌进行检测分析。

1. 不同条件下铝硅涂层的表面微观形貌

图 4.14 所示为在高温干燥空气环境和高温水蒸气环境中，样品经过 150h 的循环氧化后表面的 SEM 图像。通过对比图 4.14(a)和图 4.14(b)，相同的涂层在不同的环境中表面形貌发生了明显的变化，图 4.14(a)中涂层经过循环氧化后表面高低起伏，并且生成了许多颗粒状的物质，通过 EDX 以及前一阶段的研究可以确定这些生成的颗粒状物质为 α-Al_2O_3，在图 4.14(b)中，不含水蒸气的高温条件件氧化 150h 后，表面形成一层十分平整并且致密的氧化物层。为了更加深入地观察，分别对图 4.14 中 A 和 B 区域的位置进行高倍观察。

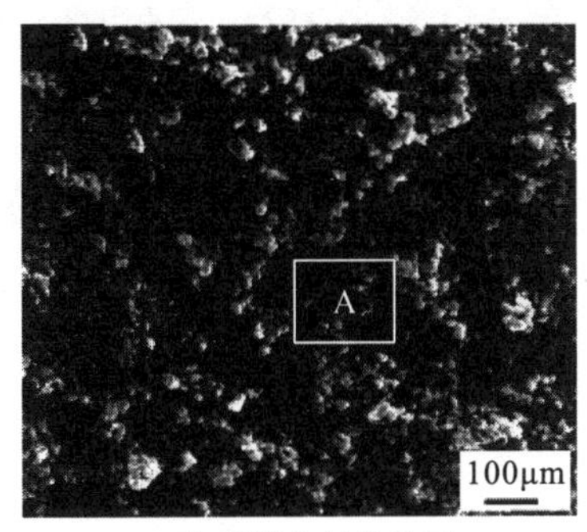

(a)在干燥空气条件下

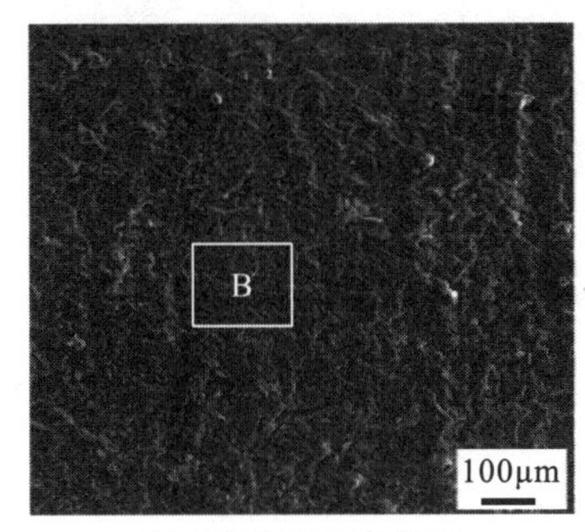

(b)在潮湿空气条件下

图 4.14 在 1050℃不同条件下 Al-Si 涂层经过 150h 循环氧化后的表面低倍 SEM 图像

图 4.15 所示为两种不同条件下 Al-Si 涂层氧化后 A 和 B 区域的高倍表面 SEM 图像，其中，图 4.15(a)、(c)为潮湿的空气条件下，图 4.15(b)、(d)为干燥的空气条件下。在图中，Al-Si 涂层在水蒸气环境中表面出现明显的脱落并且有许多孔洞，这种不致密的结构，将使得该氧化物层失去阻碍氧元素进入涂层内部的作用，导致了严重内氧化的产生，加速涂层的脱落失效，降低了涂层的抗高温氧化性能[23]，这种多孔不致密和不平整的结构是由于高温水蒸气条件下，球型 α-Al_2O_3 的快速形成及氧化过程中会产生许多的气体；而 Al-Si 涂层在干燥的空气中氧化产生了一层致密的含有非常少量脱落的氧化物层，如图 4.15(b)所示，而这种致密的氧化物层能够有效阻止内氧化的产生。图 4.15(c)、(d)是扫描电镜的 BSE 图片，在图中，分别选取 a 区域和 b 区域进行 EDX 和 XRD 检测(图 4.16)，经过分析后可以确定这两个区域为 $SiCr_3$ 对 Ti 元素的富集，两个区域的物相是一致的，但是如图 4.15(a)所示，相较于 Al-Si 涂层在干燥空气中的结构，在潮湿空气中涂层是多孔的结构，在 BSE 图像中这些孔洞中出现很多颜色较深的区域，经过检测这些颜色较深的区域是氧化铝，这是由于孔洞的产生导致严重的内氧化，内部的氧化铝在孔洞中产生和生长，进而

在扫描电镜背散电子图像中，最终呈现颜色较深的区域均匀分布在白色的区域中。

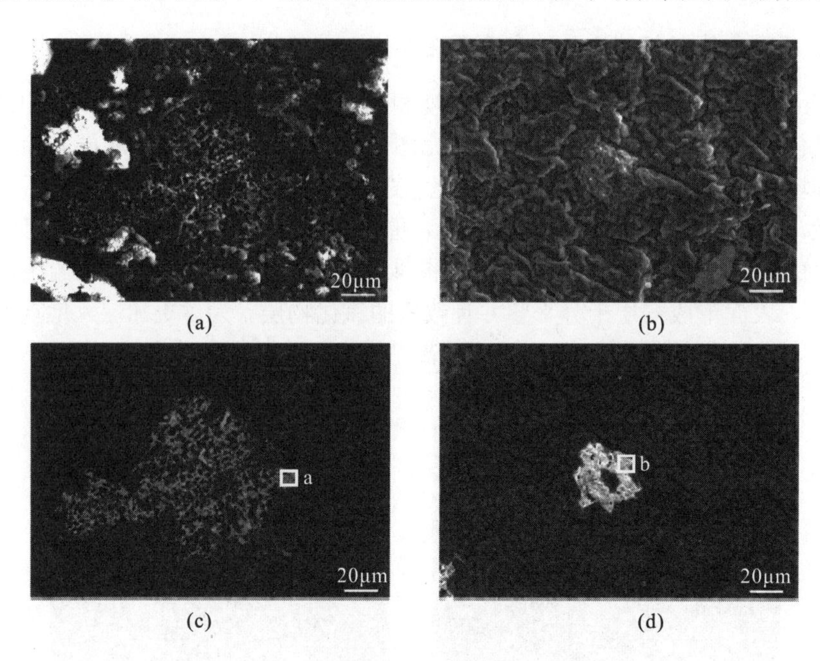

图 4.15 在 1050℃不同条件下热浸镀 Al-Si 涂层 IN738 样品经过 150 h 循环氧化后表面 SEM 图像

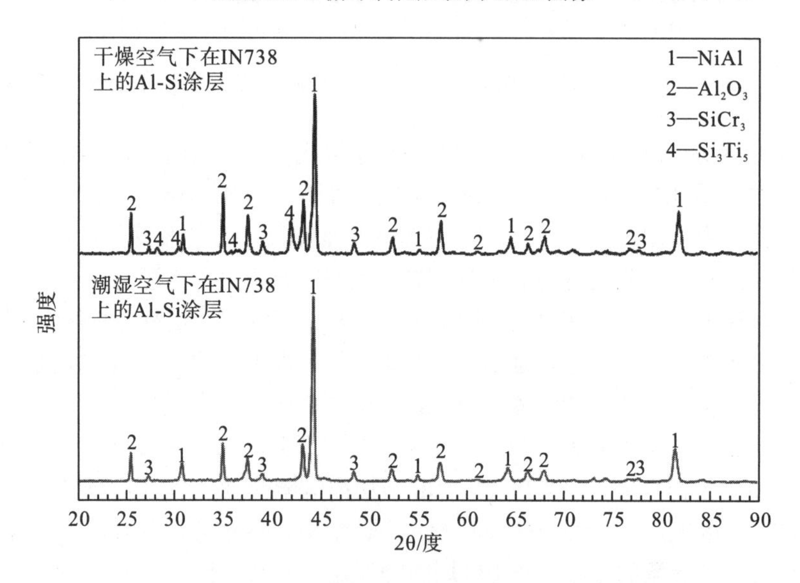

图 4.16 在 1050℃不同条件下热浸镀 Al-Si 涂层 IN738 样品经过 150 h 循环氧化后表面 XRD 图谱

2. 不同条件下铝硅涂层的截面微观形貌

通过对比两种不同条件下热浸镀 Al-Si 涂层样品表面微观形貌，涂层在不同条件下形成不同的氧化铝层，但是氧化铝层形成机理、水蒸气中涂层内部的氧化情况及失效机理还不清楚，所以需要得到氧化物层的截面微观形貌，并进行相应的原理分析。

图 4.17 所示为 1050℃不同条件下热浸镀 Al-Si 涂层 150h 循环氧化后的截面微观形貌。其中，图 4.17(a)、(c)、(e)是在潮湿的空气中测试的，图 4.17(b)、(d)、(f)是在干燥的空气中测试的。如图 4.17(a)、(b)所示，两种样品均形成明显的四层分层，涂层的最外层较厚的部位是镀 Ni 层，目的是保护脆弱的表面氧化物层，防止在磨抛过程中出现涂层的开裂和脱落。在镀镍层下部为氧化物层，随后为互扩散层，最下部为基体层。对比图 4.17(c)和图 4.17(d)，两图中均出现了大量浅色的块状区域，并且图 4.17(d)中的浅色块状区域比图 4.17(c)中多，经过 EDX 检测可知，这些浅色块状区域是一些富含 Si 元素的区域。而且，在图 4.17(c)中无论涂层的内部还是涂层的氧化物层周围均出现大量的孔洞，而在图 4.17(d)中没有孔洞。随着将该界面部位放大，如图 4.17(e)、(f)所示，经过 150h 的高温氧化后，两种环境下的涂层表面均生成了一层氧化物层，经过 EDX 检测确定为氧化铝层(EDX 数据如表 4.4 所示)，然而经过相同的氧化时间，热浸镀 Al-Si 涂层在潮湿空气环境中生成的氧化物层明显厚于干燥空气环境下生成的氧化物层，而且在更高倍数下可以发现在干燥空气环境中生成的氧化铝层的下面存在一层连续的合金物层，通过对合金层上区域 C 进行 EDX 微区分析及表面 XRD 数据可以确定该层合金层为 $SiCr_3$ 和 Si_3Ti_5 层，该层富 Si 层是提升涂层抗氧化性能的原因，说明即使选择含 Ti 的镍基高温合金 IN738，在高温空气条件下氧化后的结果也是不变的。其中能够通过表面的 XRD 确认内部的物相，其原因依然是 XRD 的测试深度为 10μm，大于涂层最外层氧化物层的厚度，所以这层连续的富 Si 层确定为 $SiCr_3$ 和 Si_3Ti_5 相。但是在图 4.17(e)中发现，这层连续的富 Si 层变得模糊，很不连续，并且在涂层的内部，块状浅色富 Si 区域周围和氧化层之下均出现了许多的孔洞，而对于存在有连续的富 Si 层[图 4.17(f)]，则仅仅存在少量的孔洞在合金涂层内部块状浅色区域内部和周围。

表 4.4　EDX 检测出图 4.15(c)中的 a 区域、图 4.15(d)中的 b 区域及图 4.17(f)中的 c 区域的成分组成(wt.%)

元素种类	0	Al	Ni	Si	Cr	Ti
图 4.15(c)中的 a 区域	10.99	9.41	6.55	27.99	30.89	14.05
图 4.15(d)中的 b 区域	8.37	8.06	—	29.05	35.44	17.08
图 4.17(f)中的 c 区域	—	12.68	11.54	34.43	21.84	19.5

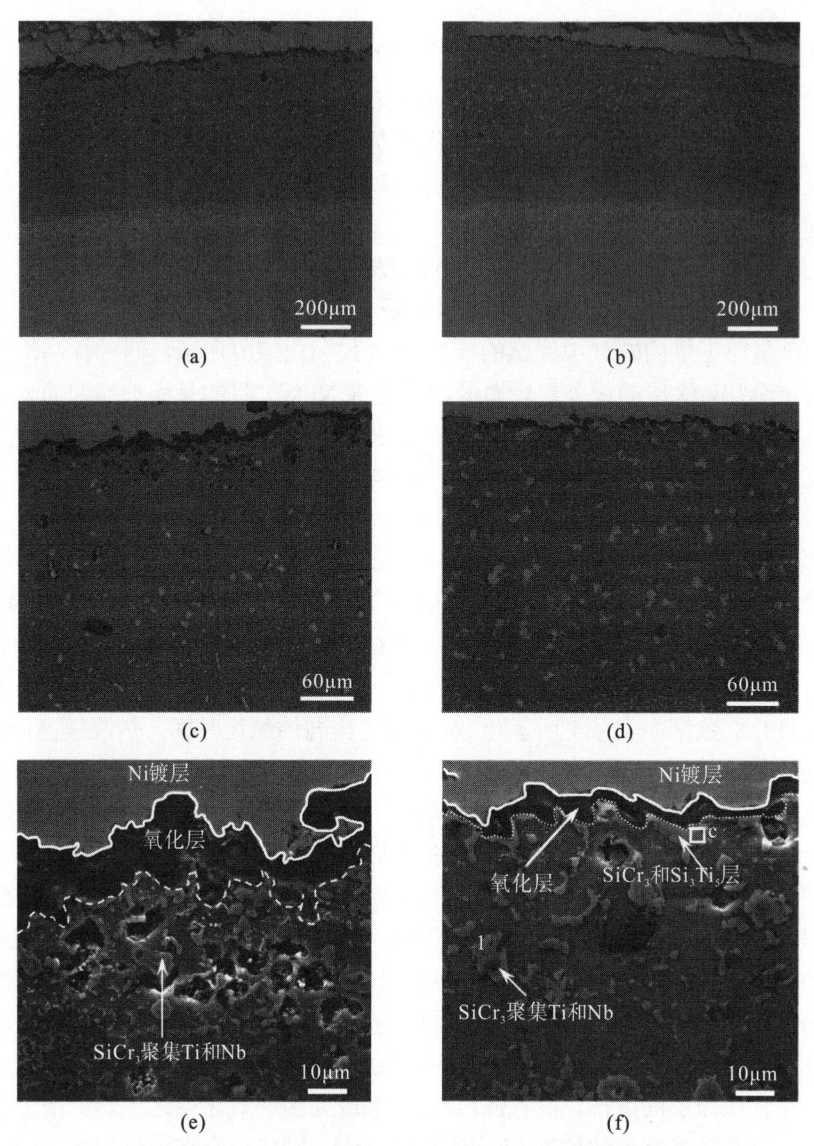

图 4.17　在 1050℃不同条件下热浸镀 Al-Si 涂层含 Ti 镍基高温合金样品经过 150 h 循环氧化后截面 SEM 图像

4.4　结 果 讨 论

热浸镀 Al-Si 涂层样品在 1050℃温度下干燥空气和潮湿空气的两种不同的条件下进行循环氧化测试，结果显示样品在潮湿的空气条件下，出现了非常严重的氧化，而在干燥的空气条件下，氧化程度大大降低。这个结果在图 4.17(e)、(f)

中对比十分明显，图 4.17(e) 中最外层生成的氧化层的厚度明显厚于图 4.17(f) 中氧化层的厚度，该种结果产生的原因是 Si 和 Ti 元素被氧化形成了氧化物，最终使得那层连续的富 Si 层被破坏，无法起到保护内部合金免遭氧化的作用，该种结果是通过图 4.18 和图 4.19 观察得到的。

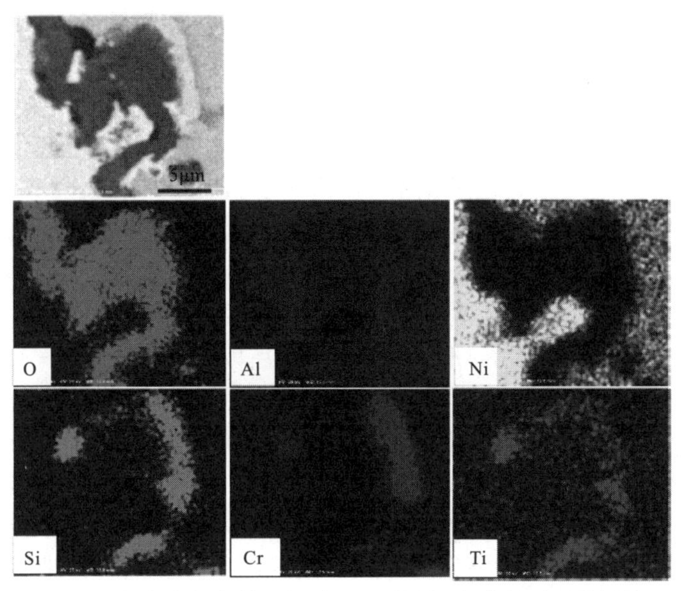

图 4.18　在 1050℃干燥的空气条件下经过 150h 的循环氧化测试后热浸镀 Al-Si 涂层的含 Ti 镍基高温合金样品最外层氧化物层/合金界面处的 EDX 面扫描图像

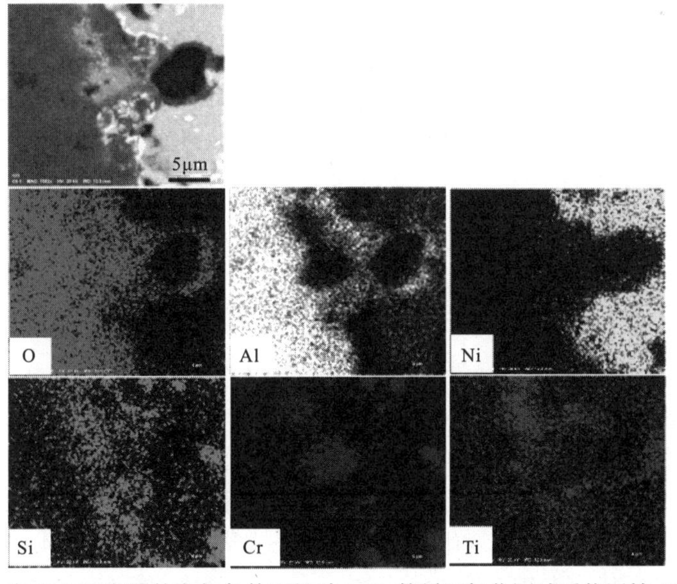

图 4.19　在 1050℃潮湿的空气条件下经过 150h 的循环氧化测试后热浸镀 Al-Si 涂层含 Ti 镍基高温合金样品最外层氧化物层/合金界面处的 EDX 面扫描图像

图4.18所示为Al-Si涂层在1050℃温度下干燥空气中进行150 h的循环氧化实验后的涂层最外层的 EDX 面扫描图像。图中显示，在氧化层的下部形成了一层富Si并且富集了Cr和Ti的合金层，这层合金层能够作为阻挡层阻碍外部的氧和涂层内部Al的接触，进而阻止内氧化的产生。然而这层阻碍层在潮湿的空气中遭到严重的破坏，使得该层阻碍层在图4.17(e)中模糊并且很不连续，通过图4.19中该合金区域的EDX面扫描图像发现，该区域的富Si的合金层中的元素Si和元素Ti被严重氧化，原有的连续的富Si层变成了氧化物层。最终的结果是在干燥的空气条件下循环氧化测试后，能够通过表面XRD检测到Si_3Ti_5合金相的产生，而在潮湿空气条件下，经过循环氧化测试后，表面XRD检测不到该合金相的存在。

在高温潮湿空气的条件下，热浸镀Al-Si涂层的表面发生剧烈高温化学反应，其中Al和水蒸气的反应尤为迅速。按照式(4-1)和式(4-2)所示，在表面氧化铝层形成的过程中，元素Al与水蒸气反应时都有大量的气体生成，如H_2和H_2O等气体，正是这些气体在氧化物层形成期间形成，所以在最后得到了一层存在许多孔洞的氧化物层，如图4.15(a)、(c)所示。事实上，在氧化层形成之前，一层连续的富含Si和Al的合金层率先在涂层的最外层表面形成，在不含水蒸气的空气中，这层合金层对形成连续致密的氧化物层十分重要，并且作为一个阻挡层阻碍氧进入涂层的内部导致内氧化的产生。但是由于初期快速形成的氧化物层是多孔的不致密的，因此氧化物层不能够充当水蒸气的阻挡层，这样水蒸气便可以达到内部的连续的富Si合金层，如式(4-3)所示，在高温环境中当水蒸气遇到表面富Si层，可发生化学反应，Si反应形成SiO_2，初期形成的富Si阻挡层遭到破坏，这样便失去了能够阻挡O_2进入涂层内部导致内氧化的阻挡层。

由于失去阻挡层的阻碍作用，无论是水蒸气还是氧气都能够进入涂层的内部，导致严重的内氧化，内部的Al也扩散到涂层的表面形成氧化铝层，增加了表面氧化物层的厚度。这也是在高温潮湿的空气条件下，截面SEM图像中富Si合金层模糊并且不连续的原因。

$$2Al + 6H_2O(g) = 2Al(OH)_3(g) + 3H_2(g) \tag{4-1}$$

$$2Al(OH)_3 = Al_2O_3 + 3H_2O(g) \tag{4-2}$$

$$Si + 2H_2O(g) = SiO_2 + 2H_2(g) \tag{4-3}$$

在涂层的内部，由于在氧化物层和合金涂层的界面处 Al 元素被大量的消耗(形成气态的氢氧化铝及氧化铝)，增加了涂层表面和内部的Al元素的浓度差值，由于没有富Si阻挡层的阻挡，加速了内部Al元素向涂层的表面扩散，随着氧化时间的增加，表面不致密的氧化物层将会越来越厚，这也是在图4.17(f)高温干燥空气中生成的氧化物层的厚度大于在图4.17(e)高温潮湿空气中生成的氧化物层的厚度的原因，最终的结果是这层厚的并且有很多孔洞的氧化物层发生了严重的脱落。

通过热浸镀涂层在不同条件下的循环氧化后的截面 SEM 图像发现，在高温干燥空气条件下循环氧化后的涂层内部出现的浅色的块状区域比高温潮湿空气条件下对涂层进行循环氧化后的明显要多，这种浅色的块状区域通过 EDX 微区分析和 XRD 分析可以确定该区域为 $SiCr_3$ 相富集元素 Ti 和 Nb，这种现象在图 4.17(c)、(d) 中非常明显。出现这种现象的原因是内部 Al 元素的含量的变化，即大量的 Al 元素向表面扩散并且导致了内部 Al 元素含量的降低。Al-Si 涂层在干燥空气中进行循环氧化后，涂层内部的浅色的块状富 Si 区域呈现出 3 种不同的样式，在图 4.17(f) 中标记的形态 1 和图 4.20 中标记的形态 2 和形态 3，而对于形态 1 可以观察到块状的浅色富 Si 区域中间的位置含有一个孔洞。按照图 4.20 中的 EDX 面扫描图像可以得到的结果是，无论是图中被标记的形态 2 区域还是形态 3 区域都是富 Si 区域富集了元素 Ti 和 Nb，之所以形态存在不同是由于块状区域中元素含量的不同。在前文研究中已经发现元素之间的电负性差值越大，元素更容易结合到一起，进而形成稳定的物相，本次实验中 Al-Si 涂层中浅色的富 Si 区域的各元素之间的电负性差值为：Si 和 Nb 元素之间的电负差值为 0.39，Si 元素和 Ti 元素之间的电负差值则为 0.44，这样就导致了相较于 Si 和 Nb，Si 和 Ti 之间更加容易形成物相。因而在干燥的空气条件下进行 150h 的循环氧化实验过程中，这个 Al-Si 涂层内部，3 种不同形态的块状区域将呈现出一种连续的元素扩散及物相变化机制，如图 4.21 所示，首先，在这个富 Si 区域中，有较大量的 Ti 元素和较少量的 Nb 元素在区域的最中部位置，如标记的形态 2 所示。随后，元素 Ti 从富 Si 区域的最内部向区域的最外层扩散，而外层的 Nb 元素则向该区域的最中间区域进行扩散，两种不同的元素在这个过程中相互弥补各自由于扩散而产生的含量变化，最终如果内部的 Nb 元素是足量的，那么便可以在涂层中形成如形态 3 所示的区域，否则，区域外部的 Nb 元素不足量，不足以弥补由于内部的 Ti 元素向最外层扩散所形成的区域空缺，并且由于 Si 和 Ti 更加容易形成物相，Si 元素对 Ti 元素作用使得 Ti 元素向区域外层扩散的速率加快，进而形成了如图 4.17(f) 中的形态 1，即浅色区域的最中间的位置出现孔洞，形成这种中间有孔洞的形态区域的原因是柯肯达尔效应[24]，两种不同的元素相互扩散，由于扩散速率的不同而导致扩散速率较慢的区域出现孔洞缺陷。

而相对于该涂层在高温潮湿空气的环境中进行循环氧化后，这些富 Si 的块状区域的数量明显比在高温空气的干燥环境中的数量要少很多，其原因是涂层内部的 Al 元素扩散到涂层的最外层导致涂层内部的 Al 元素的含量减少。在这个过程中，内部元素向涂层的表面扩散，涂层中富 Si 块状区域的元素如 Ti、Si、Cr 和 Nb 需要向富 Si 区域的周围扩散，以弥补周围由于 Al 元素的减少而形成的元素空缺，进而导致富 Si 块状区域遭到破坏甚至消失，块状富 Si 区域的面积减少，数量上也有所降低。同时，如图 4.17(e) 所示，在潮湿环境下，涂层内部有些富 Si 区域的周围出现孔洞，这些是由 Al 元素向涂层的最外层扩散并且在最外层位置被大量快速地消耗，形成很大的浓度梯度，富 Si 区域中的元素受到自身条件的限制，向富 Si 区域周围扩散的速率小于 Al 向表面扩散的速率所导致的，结果依旧与柯肯达尔效应相一致。

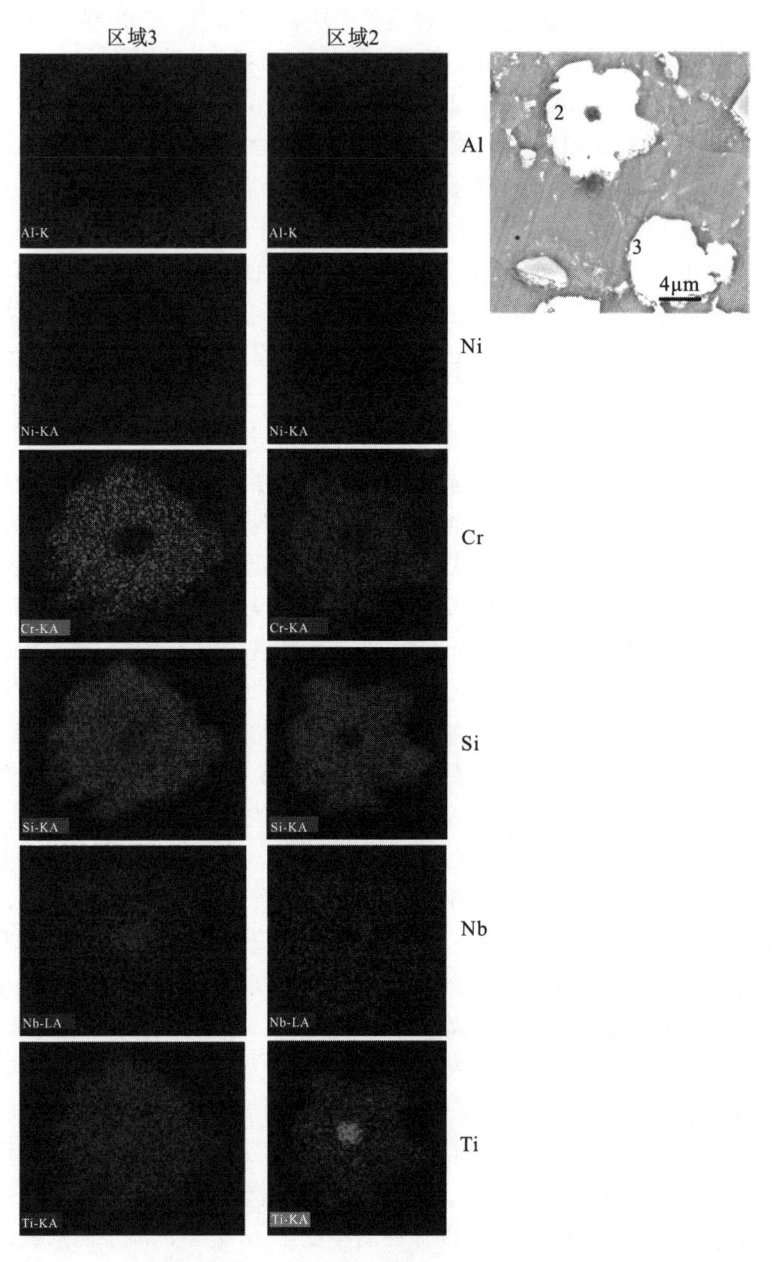

图 4.20 在 1050℃干燥的空气条件下热浸镀 Al-Si 涂层含 Ti 镍基高温合金样品进行 150h 循环氧化后涂层内部不同形态的块状富 Si 区的 EDX 面扫描图像

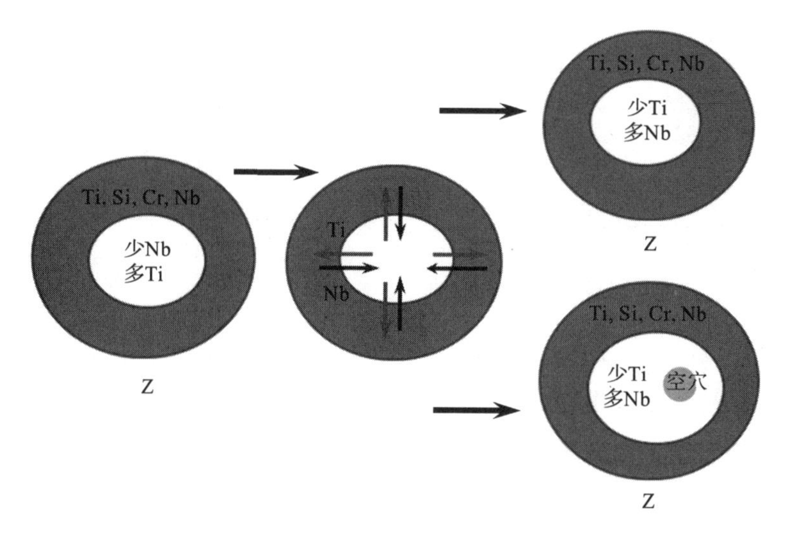

图 4.21　在 1050℃干燥的空气条件下热浸镀 Al-Si 涂层含 Ti 镍基高温合金样品进行 150h 循环氧化后关于这些富 Si 区域中不同形态转变的示意图

热浸镀 Al-Si 涂层在不同的环境中的氧化过程示意图如图 4.22 所示，在高温干燥空气条件下，氧化初期，涂层的最外层形成了一层致密并且连续的氧化铝层，在这层氧化铝层下部可以发现一层连续富 Si 合金层，这层合金层是形成致密且连续氧化物层的关键，并且能够作为一个阻挡层阻碍氧元素向内部扩散以及合金涂层内部的合金元素向外部扩散，最终降低了涂层的氧化速率，提升了涂层的抗高温氧化性能，并且在涂层的内部晶粒的晶界处形成了许多块状的富 Si 区域，富 Si 区域会对 Ti 元素富集，以阻止 Ti 向表面氧化层扩散并破坏外层氧化层的连续和致密性。在高温潮湿空气条件下，氧化初期，由于水蒸气与表面的 Al 剧烈反应产生了许多气体溢出，促进了多孔疏松的氧化铝层的产生，这种氧化铝层不能起到隔绝水蒸气与内部富 Si 层的作用，导致富 Si 层遭到破坏直至消失，由于表面的铝元素被大量消耗，因此加速了涂层内部铝元素向涂层表面扩散，此时在涂层内部块状富 Si 层周围由于 Al 元素含量的降低，导致了富 Si 区域元素向区域周围扩散，瓦解了富 Si 区域的存在，结果是在氧化一段时间后，潮湿空气条件下涂层的内部块状富 Si 区域比在干燥空气条件下涂层的内部块状富 Si 区域的范围小，并且数量也少。所以 Al-Si 涂层在高温的条件下，水蒸气的存在将会降低其抗高温氧化性能。

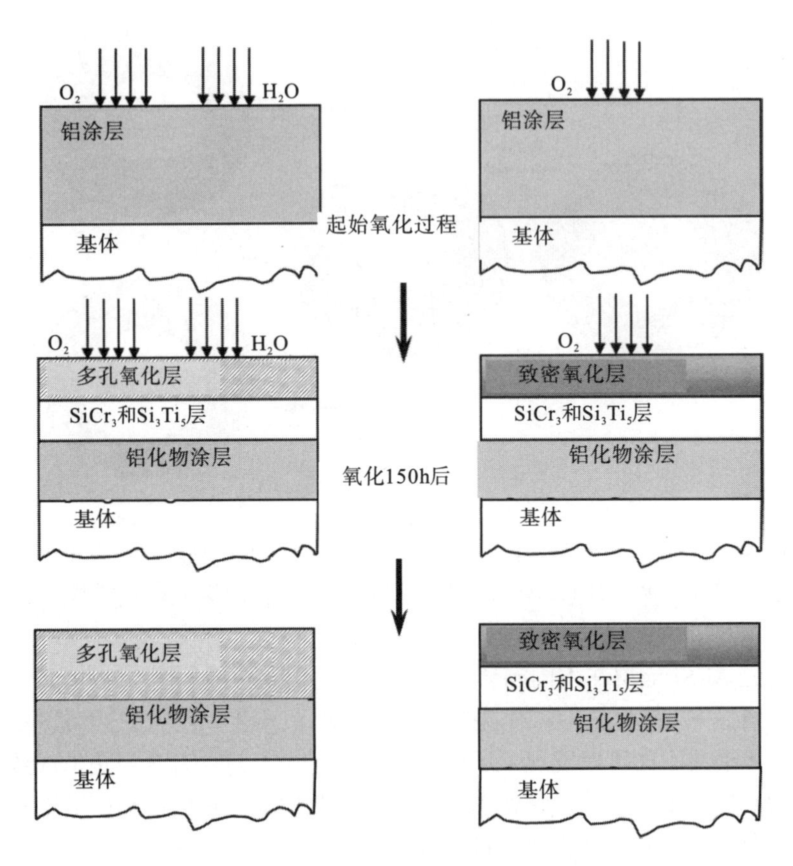

图4.22 在1050℃不同的条件(干燥的空气和潮湿的空气)下经过150h的循环氧化热浸镀Al-Si涂层的氧化过程示意图

4.5 本 章 小 结

在本书研究中，通过热浸镀方法在镍基高温合金基体上制备了纯 Al 涂层和 Al-Si 涂层，并用包埋渗工艺制备 Al-Si 涂层作为对比，得到如下结论。

(1) 热浸镀涂层的抗高温氧化性能优于包埋渗的涂层的抗高温氧化性能，并且热浸镀 Al-Si 涂层由于 Si 的存在，使其在高温空气下表现出更好的抗高温氧化性能。

(2) 热浸镀工艺制备的 Si 改性铝化物涂层，在其最外层形成一层连续富 Si 层，能够阻碍 O 元素向涂层内部扩散以及内部难熔金属元素向涂层外部扩散，促进连续致密氧化物层的形成，最终提升涂层的抗高温氧化性能。

(3) 连续富 Si 层对难熔金属元素的阻碍是通过 Si 和 Hf、Ta 等元素形成较为稳定的物相实现的，稳定物相的形成原因是该物相形成元素之间的电负差值大于其他元素之间的电负差值。

对比Si改性铝化物涂层在不同条件下(高温空气和高温水蒸气)的高温氧化性能，得到如下结论。

(1)水蒸气的存在，不仅使得连续的富 Si 层解体，增加了内氧化，使得氧化铝层加厚，而且反应中有气体产生，最终得到较厚且多孔洞的氧化物层，这种氧化物层在高温条件下极易脱落，使得涂层失效，极大地降低了 Si 改性铝化物涂层的抗高温氧化性能。

(2)水蒸气存在的条件下，外层氧化铝层快速消耗铝元素，使得内层铝元素快速向外层扩散，导致了内层块状富 Si 区域的解体，当 Al 的扩散速率大于富 Si 区域解体扩散速率，在富 Si 区域周围出现孔洞。

参 考 文 献

[1] 孙晓峰, 金涛, 周亦胄,等. 镍基单晶高温合金研究进展. 中国材料进展, 2012, 31(12):1-11.

[2] 玄伟东. 高温合金定向凝固杂晶形成规律及其控制研究. 上海:上海大学, 2013.

[3] 郭建亭. 高温合金材料学. 北京:科学出版社, 2010.

[4] Padture N P, Gell M, Jordan E H. Thermal barrier coatings for gas-turbine engine applications. Science, 2002, 296(5566):280-284.

[5] Hutchinson J W, Evans A G. On the delamination of thermal barrier coatings in a thermal gradient. Surface & Coatings Technology, 2002, 149(2–3):179-184.

[6] Mrdak M, Rakin M, Medjo B, et al. Experimental study of insulating properties and behaviour of thermal barrier coating systems in thermo cyclic conditions. Materials & Design, 2015, 67(67):337-343.

[7] Xiang Z D, Datta P K. Codeposition of Al and Si on nickel base superalloys by pack cementation process. Materials Science & Engineering A, 2003, 356(1–2):136-144.

[8] Wang W, Zhou C. Characterization of microstructure and oxidation resistance of Y and Ge modified silicide coating on Nb-Si based alloy. Corrosion Science, 2016, 110:114-122.

[9] Hu C L, Hou S L. Microstructure and corrosion resistance of rare earth NiCrMoY alloy coatings. Material Research Innovations, 2016, 19(S5):190-193.

[10] Sun C, Wang Q, Tang Y, et al. Microstructure and initial stage oxidation of NiCoCrAlY coatings deposited by arcion plating technique. Acta Metallurgical Sinica, 2005, 41(11):1167-1173.

[11] Zhou Y, Wang L, Wang G, et al. Influence of substrate composition on the oxidation performance of nickel aluminide coating prepared by pack cementation. Corrosion Science, 2016, 110:284-295.

[12] Zhan Q, Yu L, Ye F, et al. Quantitative evaluation of the decarburization and microstructure evolution of WC-Co during plasma spraying. Surface & Coatings Technology, 2012, 206(19-20):4068-4074.

[13] Tan X, Peng X, Wang F. The effect of grain refinement on the adhesion of an alumina scale on an aluminide coating. Corrosion Science, 2014, 85(85):280-286.

[14] 楼翰一. 高温合金涂层与基体界面上的互扩散. 中国腐蚀与防护学报, 1997(A05):464-470.

[15] Murray J L, Mcalister A J. The Al-Si (aluminum-silicon) system. Journal of Phase Equilibria, 1984, 5(1):74.

[16] Zhang Y J, Li Y J, Liang J, et al. Fatigue crack propagation of copper alloy ZCuAl8Mn14Fe3Ni2 for propeller. Development & Application of Materials, 2010.

[17] Zhong Z Y. Effect of ionization on crystal growing. Journal of Synthetic Crystals, 2003(2)：13.

[18] Barbalace K. Chemical Database. [2020-12-01]. https://environmentalchemistry.com/yogi/chemicals.

[19] Yang S W, Zhang F Y, Li L I, et al. High temperature oxidation morphology of Al-Si coating on K438 high-temperature alloy. Journal of Harbin Engineering University, 2005，9(4)：619-624.

[20] Li D, Guo H, Wang D, et al. Cyclic oxidation of β-NiAl with various reactive element dopants at 1200℃. Corrosion Science, 2013, 66:125-135.

[21] Abbasi-Khazaei B, Jahanbakhsh A, Bakhtiari R. TLP bonding of dissimilar FSX-414/IN-738 system with MBF-80 interlayer: the effect of homogenizing treatment on microstructure and mechanical properties. Materials Science & Engineering A, 2016, 651:93-101.

[22] Zhong J, Liu J, Zhou X, et al. Thermal cyclic oxidation and interdiffusion of NiCoCrAlYHf coating on a Ni-based single crystal superalloy. Journal of Alloys & Compounds, 2016, 657:616-625.

[23] Foroushani M H, Shamanian M, Salehi M, et al. Porosity analysis and oxidation behavior of plasma sprayed YSZ and YSZ/LaPO 4, abradable thermal barrier coatings. Ceramics International, 2016, 42(14):15868-15875.

[24] Fan H J, Knez M, Scholz R, et al. Influence of surface diffusion on the formation of hollow nanostructures induced by the Kirkendall effect: the basic concept. Nano Letters, 2007, 7(4):993-997.

第5章　温度对铂改性铝化物涂层氧化的影响

铂改性铝化物涂层中的铂元素能有效地提高热生长氧化层(thermally grown oxide，TGO，简称热生长层)的粘结性能、抗氧化性能、抗热腐蚀性能和高温循环寿命[1, 2]。金属铂尽管价格昂贵，但由于铂铝粘结层的优异性能，在涡轮发动机中仍得到了广泛应用。目前利用热障涂层虽然提高了运行温度，但由于陶瓷层与热生长层的力学性能不一样及氧化时相变的发生[3]，在循环氧化时两者热膨胀系数的差异造成内应力的积聚，从而减少涂层寿命，而且陶瓷层的存在对氧化生长层的裂纹形成及生长具有重要影响，但失效机制仍然不清楚。本章利用两种含量的铂改性涂层，研究不同温度对热障涂层的氧化生长层微观结构及内应力的影响，同时与无陶瓷层的铂改性铝化物涂层样品断面结构进行比较，进一步探讨温度和陶瓷对铂改性铝化物涂层氧化生长层的影响机制，并研究氧化初期生成的氧化铝层与铂改性铝化物涂层的粘结性能及微观结构。

铂铝粘结层作为TBC的陶瓷层和基体的连接层，其力学性能和热生长层的粘结性能决定了整个TBC系统的使用寿命。在进行温度对铂铝粘结层的氧化影响实验中，为了节省实验成本和突出关键因素研究，重点分析带有TBC陶瓷层的粘结层氧化过程，从而可以衡量铂改性铝化物涂层作为粘结层的整个热障涂层系统的使用性能与寿命。同时由于长寿命涡轮发动机的运行温度提高趋势在向1100℃逼近，因此突出1100℃的TGO生长过程，为将来发动机叶片热障涂层的1100℃氧化奠定实验基础。同时研究900℃和1000℃的涂层断面微观结构变化，对比研究温度对断面成分、结构和氧化铝生长的影响，进一步了解温度的升高对涂层的影响。另外，还可以对比研究涂层在升温或降温过程中的物相变化。

5.1　材料与制备

采用的以CMSX-4合金为基体试样，其化学组成成分如表5.1所示。实验作为粘结层(bond coat)的铂改性铝化物涂层分为两类：一类主要是由单一相(NiPt)Al组成的低含量铂铝涂层(low-a_{Al} coating，Pt原子百分比约5%)；第二类是由$PtAl_2$相和富铝β-NiAl相组成的高含量铂铝涂层(high-a_{Al} coating，Pt原子百分比约10%)。图5.1所示为实验中两种铂改性铝化物涂层的XRD分析结果，与上述分类保持一致。

表 5.1 CMSX-4 合金化学组成成分

	Ni	Al	Cr	Ta	W	Co	Re	Ti	Mo	Hf
质量分数(%)	61.7	5.6	6.5	6.5	6.0	9.0	3.0	1.0	0.6	0.1
原子百分数(%)	63.7	12.6	7.6	2.2	2.0	9.3	1.0	1.3	0.4	0.03

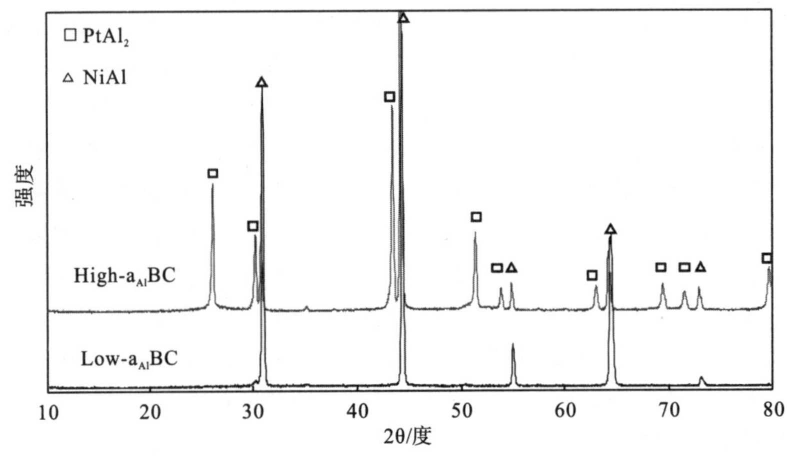

图 5.1 铂改性铝化物涂层的 XRD 分析

样品制备时首先在 CMSX-4 合金上电镀一层厚度为 9μm±2μm 的铂，接着采用低活性化学气相沉积法对同一批次合金样品形成低活性铂铝涂层，然后进行 2h/1100℃和 24h/820℃的真空热处理。同样，高活性铂铝涂层利用高活性化学气相沉积法形成，其中高活性和低活性化学气相沉积法的主要差别在于高活性化学气相沉积法包含了高温铝元素来源。高活性铂铝涂层是内生长型涂层，表面 Pt 含量相对较高。在得到两种样品后对其表面进行喷砂处理，最后在试样的一面采用电子束物理气相沉积(EB-PVD)技术制备 TBC 涂层(YSZ 氧化钇增韧氧化锆)。为了便于对比研究，把沉积有陶瓷层的一面称为热障涂层系统，无陶瓷层的另外一面称为单一铂铝粘结层系统。

图 5.2 显示了利用上述方法制取的样品大小尺寸。同时，根据图 5.2(a)中横断面位置，可以得到图 5.2(b)的横断面尺寸示意图。从图中可以发现，EB-PVD 沉积的 TBC 厚度为 130~150μm，而粘结层的厚度为 45~50μm，同时由于两种不同铂含量涂层制造工艺有区别，因此两者的扩散区域厚度会略有差异。

然后对部分无陶瓷层的样品进行表面抛光，首先利用 4000 粒度的 SiC 砂纸打磨掉样品表面的凸起，然后利用抛光液对样品进行约 2min 的表面抛光，最后对所有进行氧化实验的样品，利用丙酮和乙醇各进行 10min 的超声波清洗并烘干。另外，对添加不同活性元素的MCrAlY合金样品和添加Hf的铂改性铝化物样品进行准备。

实验中两种活度的铂铝粘结层的晶粒大小完全不同，低活度粘结层主要由β-NiAl晶粒组成，呈无定向分布状态，晶粒尺寸大小约为70μm，如图5.3和图5.4(a)所示。其中图5.3为低活度铂改性铝化物涂层的EBSD图像，从图中可以看出，晶粒没有优先取向。高活度粘结层由$PtAl_2$和富铝β-NiAl组成，晶粒较小，图5.4(b)中显示的凸起为$PtAl_2$晶粒，也呈无定向分布状态。

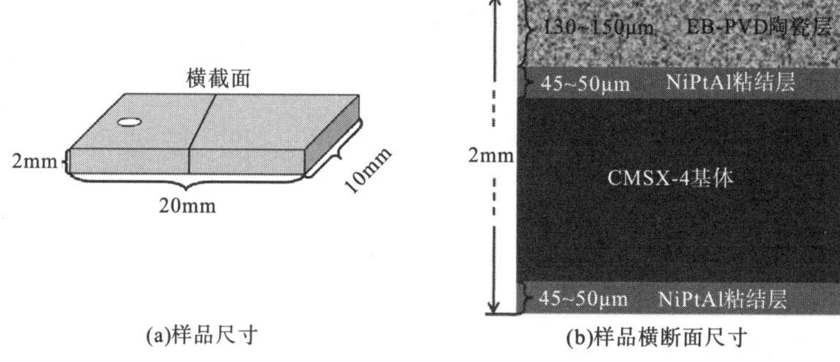

(a)样品尺寸　(b)样品横断面尺寸

图 5.2　样品形状及大小示意图

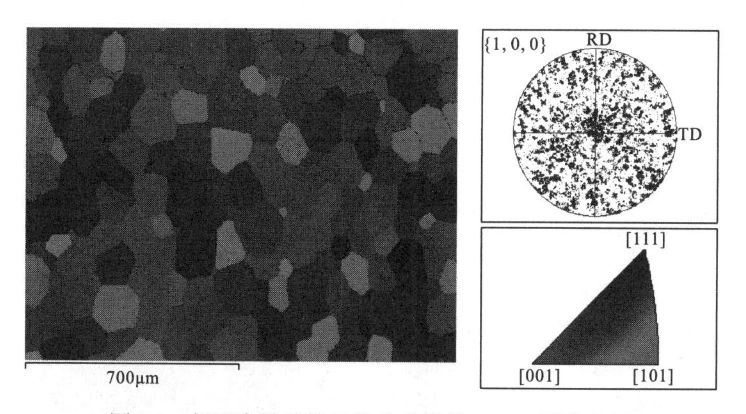

图 5.3　低活度铂改性铝化物涂层的EBSD图像分析

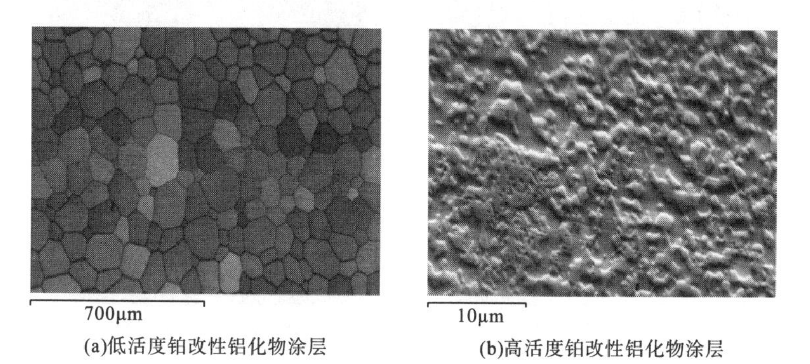

(a)低活度铂改性铝化物涂层　(b)高活度铂改性铝化物涂层

图 5.4　铂改性铝化物涂层的晶粒分布

5.2 实　　验

5.2.1 等温与非连续等温氧化

在实验室空气条件下，样品主要在1100℃平炉中进行等温或非连续等温氧化。在通常情况下，可取出样品查看其氧化情况或陶瓷层是否失效脱落，但由于样品的使用寿命在1100℃时长达2500h以上，因此在短时间内的氧化可以不用取出样品。另外，非连续等温氧化通常是由于特殊的目的而短暂停止氧化的，如观测氧化铝表面结构或者在间断过程中用光激发荧光谱技术(photo-stimulated luminescence spectroscopy，PSLS)测量热生成Al_2O_3层的内应力等。

5.2.2 循环氧化

在实验室空气条件下，样品在900℃、1000℃、1100℃和1150℃氧化炉中进行循环周期为120min/15min的循环加热，其中120min为恒温时间，15min为冷却和加热时间，冷却温度为25℃。图5.5显示了实验所用的循环氧化设备。循环氧化过程中，每18h观测一次样品的陶瓷层情况，在陶瓷层表面发现宏观裂纹时，随即停止氧化，并记录为涂层的氧化使用寿命。其中，由于热障涂层系统的隔热作用，使其与无陶瓷层样品在加热和冷却过程的温度变化略有差异。从图5.6中可以发现，热障涂层升温和降温速度稍慢。对于抛光处理的铂改性铝化物涂层样品进行相同条件的等温或非连续等温及循环氧化。

(a)空气循环炉

(b)循环氧化的热障涂层样品

图5.5　循环氧化设备

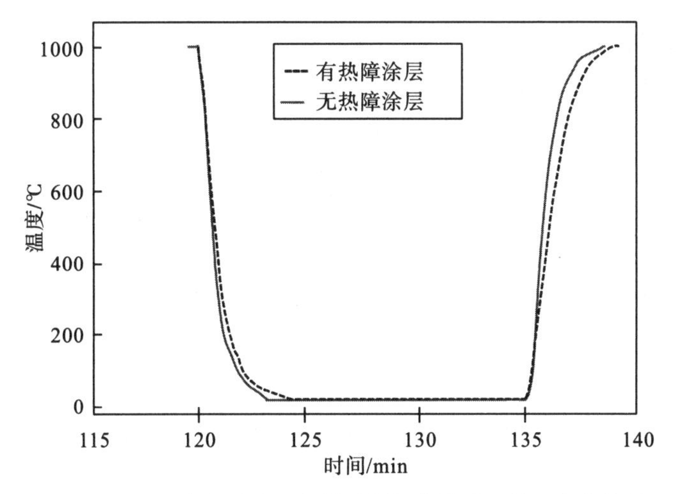

图 5.6　循环氧化中热障涂层与铂改性铝化物涂层的温度变化差异

5.3　分析和测试方法

在对循环氧化后的样品进行断面分析前，首先利用乙醇等清洗，然后利用环氧树脂进行镶样、磨样，最后利用 0.25μm 的 SiO_2 进行精抛光等程序。为了更好地观测氧化铝与粘结层之间的粘结关系，并防止氧化铝在磨样过程中脱落，在 $NiSO_4$ 盐浴中电镀一层 Ni 保护层。

利用光学显微镜(optical microscope，OM)和扫描电子显微镜(SEM)等对氧化后的样品断面的氧化铝及粘结层进行微观结构、形态和相研究，并利用 SEM 自带的能量弥散 X 射线探测器(EDX)对样品粘结层等进行化学成分分析等。对选择的样品或不能用 EDX 分析的样品，利用 X 射线衍射(XRD)和透射电子显微镜(TEM)进行分析。利用二次中性粒子质谱仪(secondary neutral mass spectrometry，SNMS)[4, 5]对样品纵深成分分析。利用 $^{18}O_2$ 对样品氧化铝的生长机制进行追踪原子研究。在样品镶样前，利用 Raman 光谱对氧化铝进行相鉴定，对氧化样品用光激发荧光谱技术(photo-stimulated luminescence spectroscopy, PSLS)[6, 7]测量热生成 Al_2O_3 层的内应力等。

对于部分铂改性铝化物涂层样品，利用表面粗糙度测量仪线性测量氧化后样品的表面粗糙度，线性测量长度为 4500μm。另外，直接利用 SEM/EDX 观测氧化铝表面特征，研究氧化铝的起伏和生长机制等。

5.4　原始铂铝粘结层

实验中所用铂铝粘结层的断面 SEM 如图 5.7 所示，其中低活度粘结层的基本相为β-NiAl，Pt元素溶解于基本相中。高活度样品为β-NiAl和$PtAl_2$相，两相相互共存，两种涂层的扩散区多为难熔金属沉淀物，这些难熔金属在氧化过程中的扩散也深刻影响着TGO的粘结性能等[8, 9]。图5.7所示为两种原始热障涂层中铂铝粘结层随距离的成分变化。在低活度粘结层中，Ni元素含量近50%（本文中成分含量为原子百分比），而高活度粘结层是Al元素，含量略高于50%，然而Ni含量仅约30%。尤其需要注意的是，Pt元素在高活度粘结层外层中约为10%，而在低活度粘结层外层中只有5%。由于基体为Ni基合金，因此沿基体方向Ni元素含量逐渐升高，而Al和Pt元素等逐渐降低，来自基体的难熔金属Co、Cr、W、Ta和Re等也向基体方向逐渐升高。

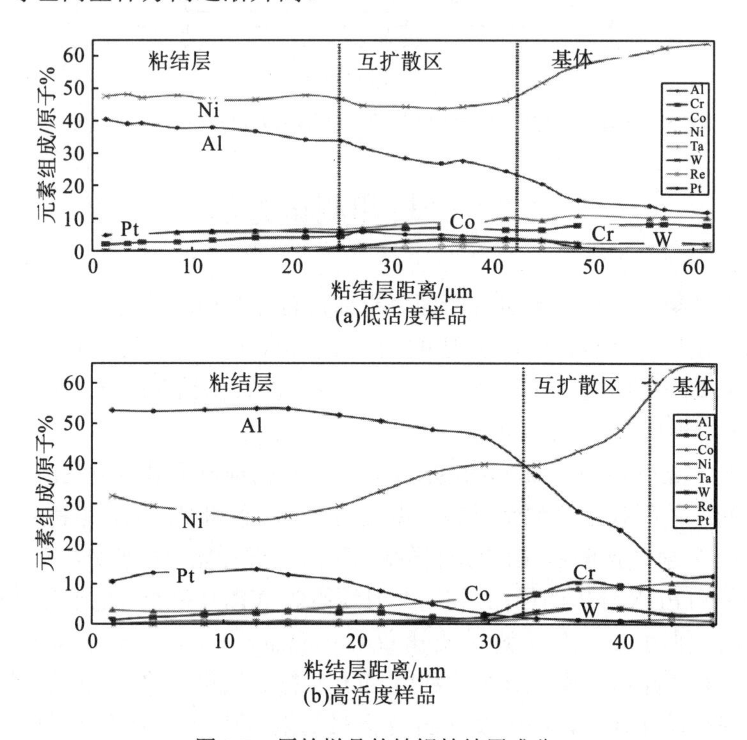

图5.7 原始样品的铂铝粘结层成分

5.4.1 900℃热障涂层的氧化

铂改性铝化物涂层在900℃表现出优异的抗氧化性能，在氧化初期粘结层中的微观结构仍然基本保持稳定，与原始铂铝粘结涂层的断面结构差别不大，特别是在高活度涂层中$PtAl_2$仍然存在，$PtAl_2$能够保证粘结层中Al元素含量较大。从图5.8中可以看出，在经过20h氧化后，两种热障涂层中的YSZ层仍然保持完整，其中，图5.8(a)、(b)为低活度样品，图5.8(c)、(d)为高活度样品。位于YSZ和粘结层之间的氧化铝已经生成，这会迅速降低粘结层的氧化速率。同样，可以从

图 5.8 中发现，低活度涂层保持了与初始样品相似的微观结构，基本相仍然为 β-NiAl。另外还发现由于氧化时间较短，粘结层中有足够的 Al 元素储存，因此没有 γ′-Ni_3Al 相生成。从图 5.8(b) 中可以发现 TBC 的陶瓷层 YSZ 保持完整，在 TGO 和 YSZ 界面上没有出现强烈的起伏，与原始样品相一致。而图 5.8(d) 中，高活度涂层中的白色区域 $PtAl_2$ 在 900℃体现了一定的稳定性。最后，图 5.8 所示的两种不同活度粘结涂层的 TGO 厚度相似。尽管粘结层的微观物相组成没有较大变化，但是粘结层的扩散层已经相对开始变厚。从实际样品表面观测，整个 TBC 系统在氧化 20h 后粘结性能良好。

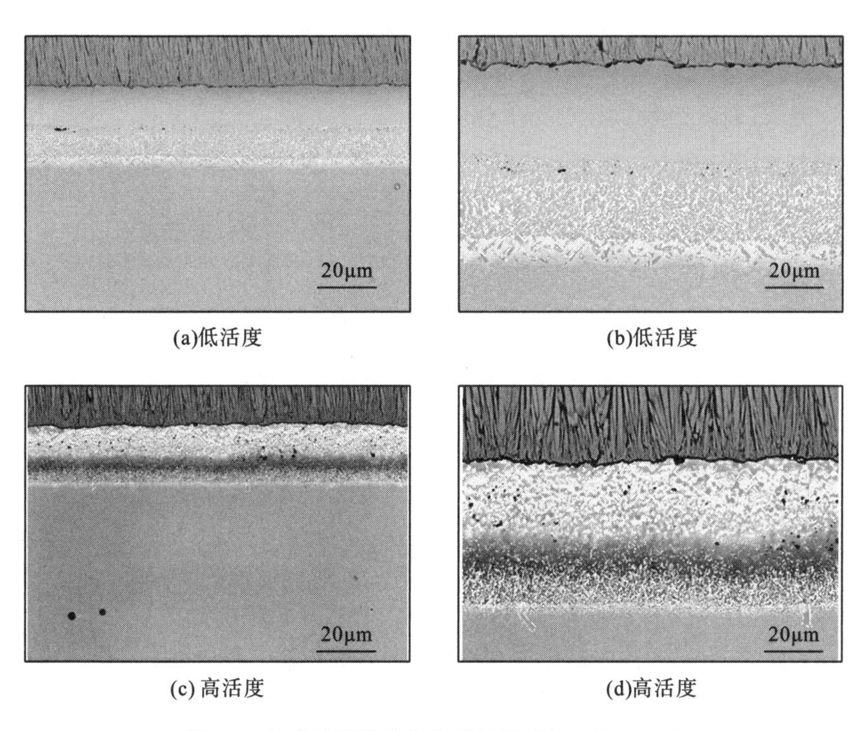

(a)低活度　(b)低活度

(c) 高活度　(d)高活度

图 5.8　铂改性铝化物氧化后的断面(900℃，20h)

对应于图 5.8 所示的断面结构，图 5.9 所示为铂铝粘结层在 900℃下氧化 20h 的成分变化曲线。与原始样品(图 5.2)比较，低活度粘结层的主要成分 Ni、Al 和 Pt 等元素含量基本保持恒定。但粘结层表面由于 Al_2O_3 的形成，使 Al 元素向外扩散造成含量稍微升高，图 5.8 断面 SEM 显示氧化铝的生成进一步证实了 Al 元素的向外扩散。同样高活度粘结层体现相似的趋势，即 Al 元素含量稍微升高，Ni 元素含量降低，Pt 元素也由于扩散使粘结层外层稍微升高。由于 Pt 在一定程度上阻碍难熔金属向外扩散[10]，因此图中两种粘结层的难熔金属含量与原始样品相比，其含量变化不明显。

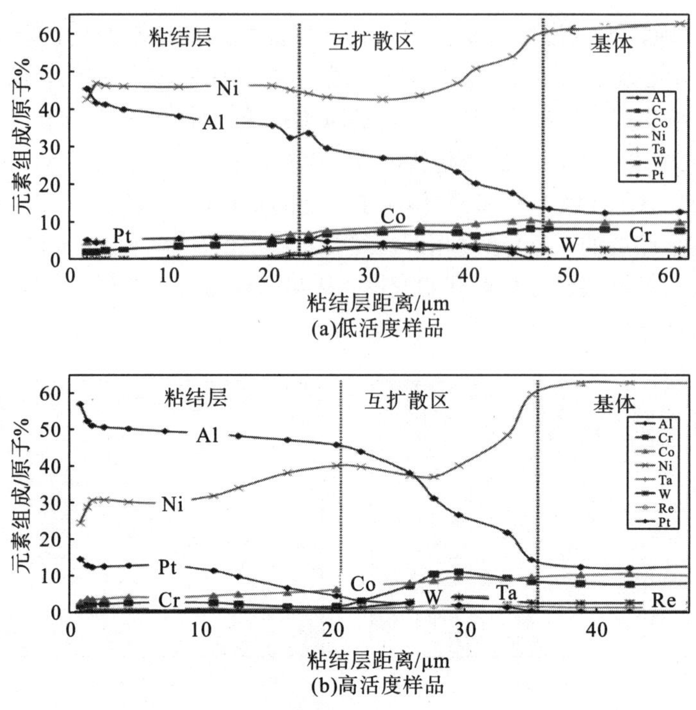

(a)低活度样品

(b)高活度样品

图 5.9 铂铝粘结层成分(900℃，20h)

随着氧化时间的延长，在氧化至 300h 时 TGO 厚度约为 1μm，整个 TBC 系统性能表现稳定。从图 5.10 中可以发现，低活度涂层 TGO 厚度出现波动，局部厚度达到 2μm，并在较厚的 TGO 内部出现空洞，同时在 TBC 与 TGO 界面开始形成裂纹等缺陷，其中，图 5.10(a)、(b)为低活度样品，图 5.10(c)、(d)为高活度样品。图 5.10(c)、(d)显示高活度涂层中的 $PtAl_2$ 在氧化 300h 后完全分解，高活度涂层的 TGO 体现了与低活度涂层 TGO 相似的形态，即 TGO 与粘结层开始同时出现起伏。但值得注意的是，高活度涂层局部出现裂纹[图 5.10(d)]，这可能是试样断面抛光过程中受到影响而造成的。同时，在循环氧化中 TBC 与 TGO 相互影响，部分 TBC 受 TGO 起伏影响而发生局部破裂，如图 5.10(d)所示。

5.4.2 1000℃热障涂层的氧化

两种铂改性铝化物涂层在 1000℃同样表现出优异的抗氧化性能，从宏观角度来看，氧化初期粘结层保持稳定，热障涂层系统完整。随着氧化温度从 900℃升高到 1100℃，高活度涂层中的相 $PtAl_2$ 在经过 100h 氧化后已经完全消失。在经过 100h 氧化后，通过断面分析发现两种热障涂层的 YSZ 陶瓷层保持完整。从图 5.10 中可以看出，两种涂层的基本相是 β-NiAl，Al 元素储存量在氧化 100h 后仍然足够，故没有 γ′-Ni_3Al 生成。在图 5.10(c)、(d)中，原始样品中的高活度涂层的白色 $PtAl_2$

相已经消失，TGO 与 TBC 的相互作用和影响明显加强。在图 5.10(a)、(b)中，可以发现 TBC 的陶瓷层 YSZ 与涂层之间出现了厚度约为 1.5μm 的氧化铝层，由于 TBC 的压制没有出现强烈的起伏。相对于 900℃氧化 300h 后 TGO 厚度为 1μm，随着氧化温度的升高，涂层的 TGO 生长速度明显比 900℃时快，这说明随着温度的升高，O 和 Al 元素在 TGO 中的扩散速度明显加快，促使了氧化铝层生长较厚。

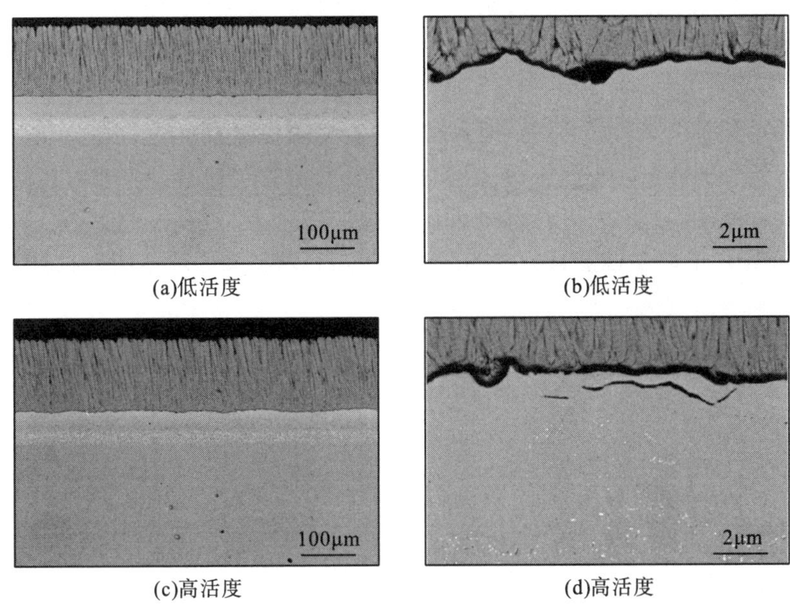

(a)低活度　(b)低活度

(c)高活度　(d)高活度

图 5.10　铂改性铝化物氧化后的断面(900℃，300h)

图 5.11 显示了高活度粘结层的热生长层的微观结构。在 TGO 外层，氧化铝晶粒细小，随着向基底方向，氧化铝晶粒逐渐变大，同时从轴状生长向柱状生长转变[11]。从氧化机制方面分析，一般氧化铝都是向基体方向生长的，即首先生成轴状的致密氧化铝薄膜，然后迅速降低了氧化速率，同时氧化速度由扩散速率控制。

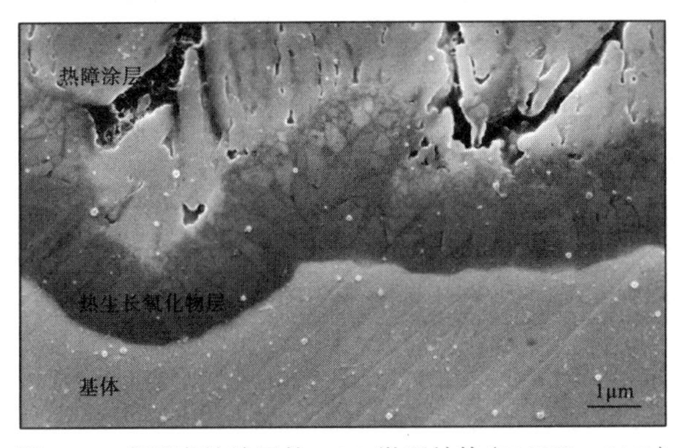

图 5.11　高活度粘结层的 TGO 微观结构(1000℃，100h)

随着在1000℃的氧化时间增长，氧化至300h时TGO厚度约为2μm，与900℃相比明显变厚了，但整个热障涂层完整稳定。图5.12中的两种涂层TGO厚度波动加强，局部TGO与TBC陶瓷层的作用明显，TBC陶瓷层局部与TGO粘结性能良好，甚至局部的TGO深入TBC中，但在循环氧化中由于热胀冷缩作用，为了释放局部内应力致使TBC局部破裂。总体而言，TBC与TGO、TGO与粘结层之间的界面粘结性能良好。与900℃氧化相比除厚度有较大变化外，图5.12说明了高活度涂层的TGO与低活度涂层的TGO相似形态，TGO起伏作为循环氧化中的内应力释放途径得到进一步的体现。同样与900℃氧化300h后的粘结层相似，高活度涂层局部出现裂纹，这也说明高活度涂层在氧化300h后，在受外界影响的情况下容易出现断裂，但低活度涂层在900℃和1000℃都表现出相对良好的力学塑性性能。高活度粘结层在样品处理后均出现局部微小裂纹，说明了在氧化初期$PtAl_2$对粘结层的力学性能有较大的影响，但从目前样品微观结构上看对TGO的生长没有太大的影响。

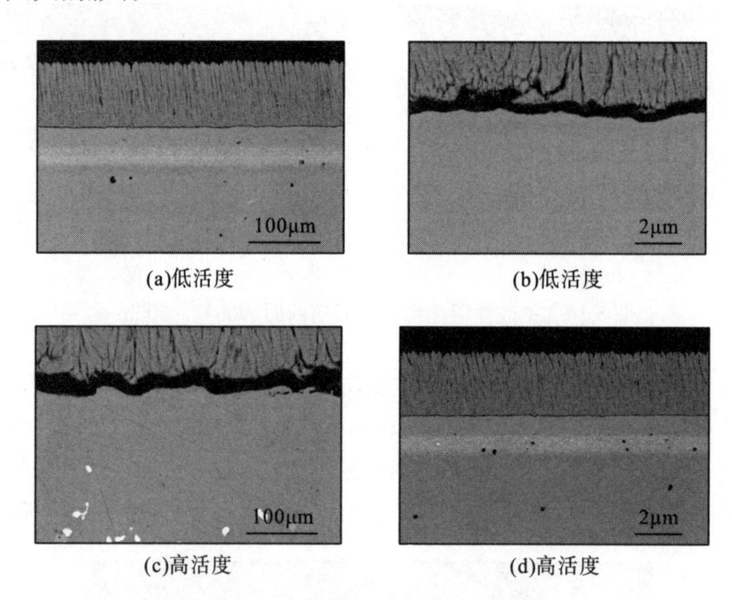

(a)低活度 (b)低活度

(c)高活度 (d)高活度

图5.12 铂改性铝化物氧化后的断面(1000℃，300h)

5.4.3 1100℃热障涂层的氧化

在前面900℃和1000℃的断面微观结构和成分变化的研究基础上，可以得到温度对其元素扩散和氧化铝生长具有重要的影响，根据实验目标，在上述较低温度的研究基础上，详细对1100℃的涂层进行研究。

5.4.4　低活度铂铝粘结层的氧化

随着温度的升高，低活度铂改性铝化物粘结层表现出更高的元素扩散速率和氧化速度。在图 5.13 中，在 1100℃下氧化 20h 后，与原始样品比较 Ni 元素含量已经增大为略微高于 50%。Al 元素含量更是迅速下降到 30%，与 900℃时同样氧化 20h 相比较，随着温度的升高 Al 元素明显扩散速率升高。在 1100℃氧化至 100h 时，与 20h 相比较，Ni 和 Al 元素基本保持稳定。这说明了随着初始氧化时间内氧化铝的快速形成，致密连续的保护性氧化铝薄膜降低了粘结层的氧化速度，在粘结层中 Al 元素含量足够的情况下，基本相 β-NiAl 保持稳定，但随着 Al 元素的进一步消耗，会逐渐形成 γ′-Ni_3Al 相。在图 5.13 中，尽管随着氧化时间到 100h，Ni 和 Al 元素的含量没有太大变化，但是扩散区域内的 Ni 和 Al 含量出现波动。

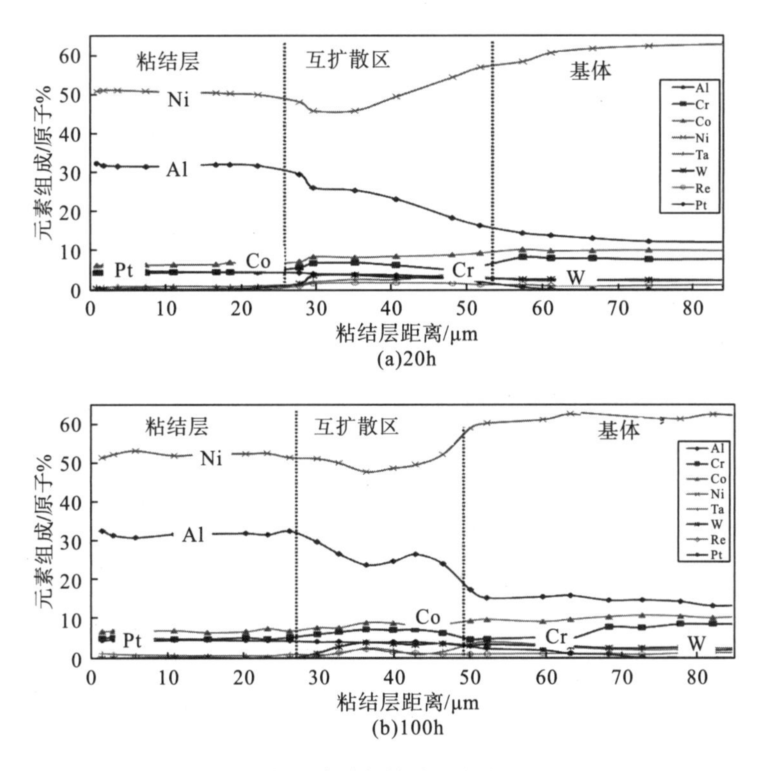

图 5.13　低活度铂铝粘结层成分(1100℃)

随着氧化时间到 300h，局部的 γ′-Ni_3Al 开始形成。由于晶界处元素扩散较快，这些 γ′-Ni_3Al 多在粘结层的晶界处形成。从图 5.14 中可以看出，从 TGO 与粘结层的界面处开始，γ′-Ni_3Al 的形成几乎贯穿整个粘结层。同时，根据 EDX 分析，粘结层的基本相仍是β-NiAl。扩散区的γ′-Ni_3Al多呈球状分布。相对于粘结层，由于基体的Ni含量较大，扩散区的γ′-Ni_3Al含量较大。另外，由于难熔金属的扩散，在扩散区形成大量难熔金属沉淀相，如σ-Cr等。同时从图5.14的EDX分析中可以发现，Pt元素在β-NiAl相的含量要比γ′-Ni_3Al稍大。这从一定程度上说明，Pt元素与Al元素在粘结层组成相中具有一定的相互依赖关系，随着Al元素整体含量的降低，Pt元素的含量也在降低。

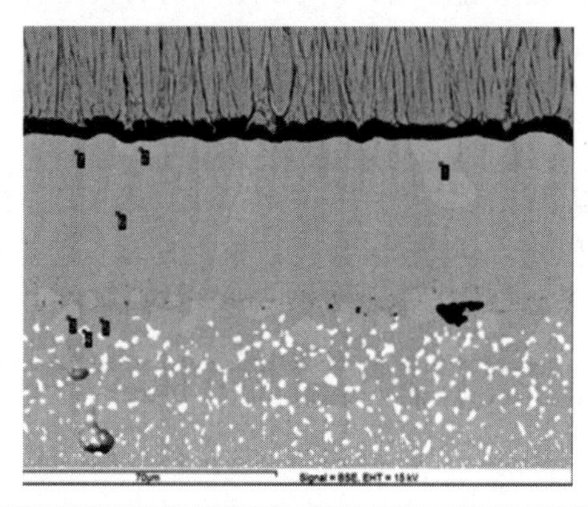

序列	相	Al	Si	Ti	Cr	Co	Ni	Ta	W	Re	Pt
1	γ′	18.3	0.0	1.2	3.6	8.2	60.1	3.4	1.4	0.0	3.7
2	γ′	17.5	0.0	1.2	3.6	8.2	60.6	3.8	1.5	0.0	3.7
3	γ′	17.7	0.9	1.5	3.7	8.4	59.7	3.0	1.4	0.0	3.6
4	σ(Carbide)	0.8	0.0	0.0	21.8	17.2	18.8	2.5	24.1	13.4	1.4
5	β	29.4	0.0	0.7	5.2	6.3	52.4	0.5	0.3	0.3	5.0
6	β	30.7	0.5	0.7	4.9	6.5	50.9	0.3	0.2	0.0	5.2
7	β	31.1	0.0	0.5	5.6	6.7	49.8	0.7	0.4	0.0	5.3

图5.14 低活度铂铝粘结层EDX分析(1100℃，300h)

粘结层中的难熔金属(如Co、Cr、Ta和W等)元素含量与Al元素表现出不同的扩散趋势，大部分难熔金属都在扩散区形成沉淀相。从图5.15中可以发现，Co和Cr随着氧化时间的延长，快速从基体向粘结层方向扩散。其中粘结层中的Co从氧化20h的5%升高到100h的7%，元素Cr从2%升高到5%，而元素Ta则升高到约1%，但W和Re的含量在粘结层基本保持稳定，在扩散区形成了W和Re的富含区。随着氧化时间的延长，这些难熔金属会在粘结层与TGO界面处形成富含区，对TGO的粘结性能具有较大的影响，具体影响机制会在下面进行详细分析。同时，随着氧化时间的增长，Pt元素向基体方向扩散，在粘结层中的含量逐渐下降，在扩散区和基体的含量逐渐升高。

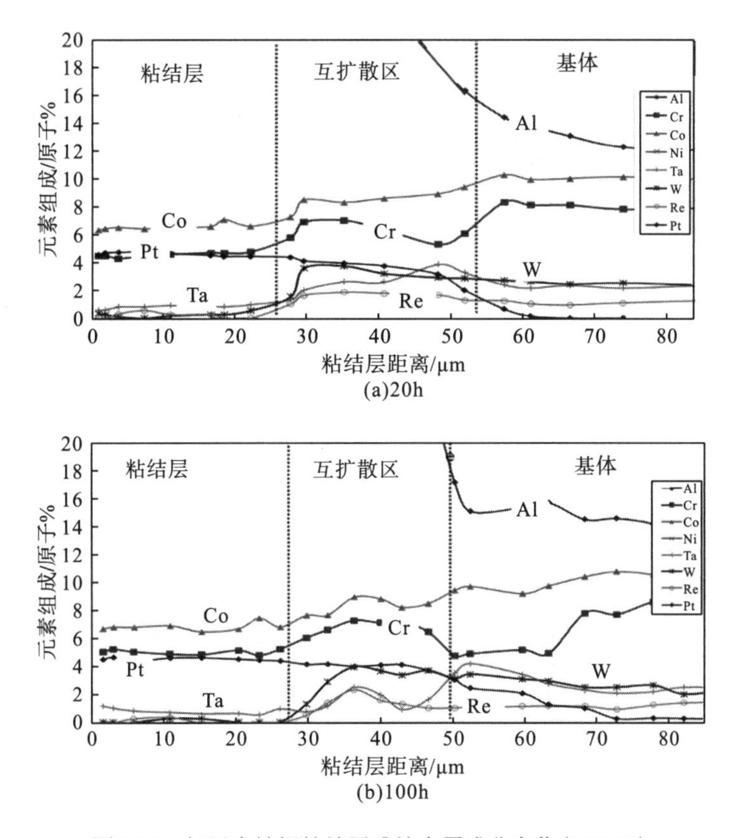

图 5.15　低活度铂铝粘结层难熔金属成分变化(1100℃)

低活度铂铝粘结层在 1100℃的空气循环氧化中，使整个热障涂层系统的使用寿命约为 3000h。图 5.16 所示为低活度铂铝粘结层在不同氧化时间的断面光学照片。从图中可以发现，γ′-Ni_3Al 在粘结层中的含量逐渐升高，到涂层氧化 2682h 时，γ′-Ni_3Al 约占粘结层的 80%。样品在氧化至 20h 时，粘结层基本没有 γ′-Ni_3Al 形成，但已经形成致密连续的稳定相氧化铝(α-Al_2O_3)保护层。在 TBC 系统中，900℃下氧化 20h 后的 TGO 中同样没有亚稳定相 θ-Al_2O_3 的形成。在氧化 100h 后，由于局部 Al 元素消耗过快，少量的 γ′-Ni_3Al 在粘结层开始形成，这些 γ′-Ni_3Al 多形成于粘结层的晶界处。而在氧化至 313h 时，粘结层中发现马氏体相变，这种相变对粘结层在冷却过程中的变形具有重要影响，同时会与其他因素共同引起 TGO 的起伏及其内应力的产生。当氧化至 1000h 后，贯穿整个粘结层的 γ′-Ni_3Al 已经形成，氧化铝厚度明显增加。同时，由于粘结层的晶内扩散等，整个粘结层与 TGO 接触的表面出现一层 γ′-Ni_3Al 相。当氧化 2682h 后，TGO 与基体完全分离。在涂层的整个氧化过程中，TGO 与粘结层出现了多种相变：θ-Al_2O_3→ α-Al_2O_3、β-NiAl→γ′-Ni_3Al、β-NiAl→Martensite 等，这些相变对热障涂层的内应力产生和积累、TGO 与陶瓷层和基体的粘结性能，以及 TGO 的起伏机制等都有重要的影响。

$\theta\text{-}Al_2O_3\rightarrow\ \alpha\text{-}Al_2O_3$ 的相变，由于体积的缩小，容易产生放射状的裂纹，而 β-NiAl→γ′-Ni_3Al、β-NiAl→Martensite 的相变，同样体积变化诱导粘结层和 TGO 发生塑性变形等，从而影响热障涂层的使用寿命。

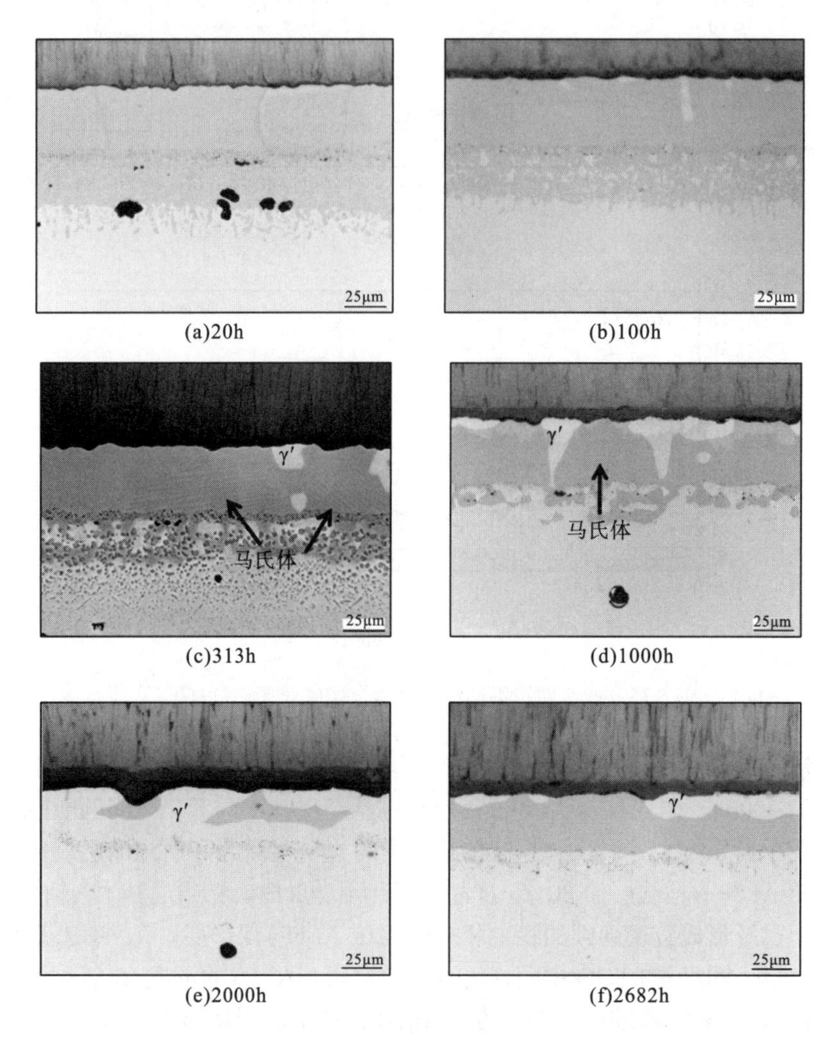

(a)20h (b)100h (c)313h (d)1000h (e)2000h (f)2682h

图 5.16 低活度粘结层 1100℃随时间氧化金相图

5.4.5 高活度铂铝粘结层的氧化

在高活度铂改性铝化物粘结层中，$PtAl_2$ 在 900℃下氧化 20h 后仍然保持稳定，含量与原始样品相似，约为 10%，但在 1100℃时表现出强烈不稳定性，粘结层中的 Pt 含量在氧化 20h 后迅速降为 5%，在氧化初始阶段表现出较高的 Pt 元素扩散速率。在图 5.17 中，在 1100℃氧化下 20h 后，与原始样品比较，Ni 元素含量从 30%升高到 50%。

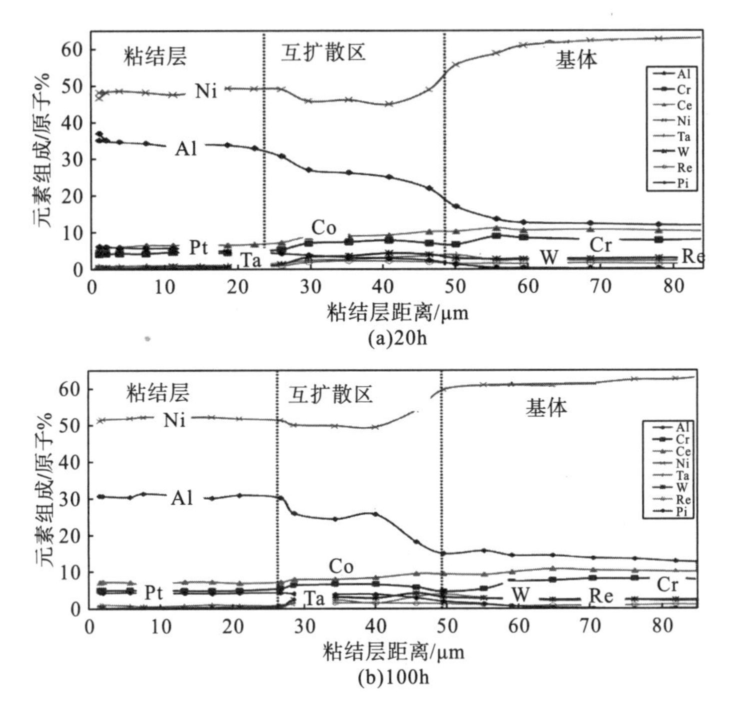

(a)20h

(b)100h

图 5.17　高活度铂铝粘结层成分(1100℃)

Al 元素含量从 52%迅速下降到 35%，与 900℃时同样氧化 20h 相比较，随着温度的升高，Al 元素下降明显，原因可能是 $PtAl_2$ 在 1100℃时的分解。而在 1100℃下氧化至 100h 时，与 20h 相比较，Ni 和 Al 元素基本保持稳定，与低活度粘结层表现出相同的含量变化趋势。这说明在初始氧化时间内保护性氧化铝薄膜快速形成，降低了粘结层的氧化速度，同时也降低了 Ni 和 Al 元素的扩散速率。高活度粘结层的难熔金属扩散趋势与低活度粘结层相似。同时，随着 Al 元素的消耗与 γ'-Ni_3Al 形成，体现了与低活度粘结层不同的分布状态。

在 1100℃高活度粘结层氧化 300h 后的断面 SEM/EDX 分析，如图 5.18 所示。局部 γ'-Ni_3Al 开始形成，与低活度粘结层分布状态有所不同，随机分布于粘结层中间。相对于低活度粘结层，高活度粘结层晶粒较小，但晶界也较多。同样由于晶界处元素较快扩散，γ'-Ni_3Al 多在粘结层的晶界处随机形成。根据 EDX 分析，在氧化 300h 后粘结层的基本相仍然为 β-NiAl。与低活度粘结层的柱状分布不同，γ'-Ni_3Al 多呈球状或块状分布。与低活度粘结层一样，由于难熔金属的扩散，在扩散区形成大量的难熔金属沉淀相。同时，从图 5.18 的 EDX 分析中可以发现，$PtAl_2$ 在快速分解后，Pt 元素溶于 β-NiAl 和 γ'-Ni_3Al 中，其分布状态与低活度涂层相似。这从一定程度上说明，在氧化一段时间后由于 $PtAl_2$ 的快速分解，其相本身与 Pt 元素对 TGO 的氧化和生长影响不大，但由于 $PtAl_2$ 的存在使原始高活度样品具有较细小的晶粒，从而造成较多的晶界，从这个方面理解，TGO 的形成与低活度粘结层的 TGO 生长机制应该不同。

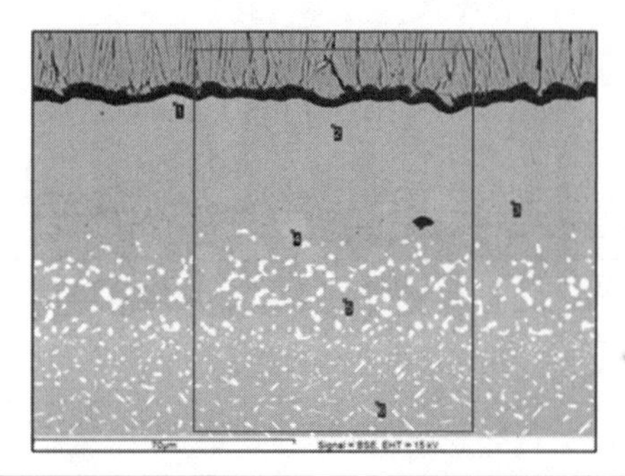

序列	相	Al	Si	Ti	Cr	Co	Ni	Ta	W	Re	Pt
1	γ'	16.9	1.2	1.4	3.4	8.1	60.8	2.7	1.5	0.0	4.0
2	β	29.9	0.0	0.6	5.5	6.7	51.0	0.4	0.0	0.3	5.6
3	β	30.0	0.8	0.6	5.6	6.8	50.2	0.0	0.0	0.4	5.7
4	γ'	17.6	0.8	1.4	3.1	8.3	60.7	3.0	1.2	0.0	4.0
5	β	29.5	0.0	0.8	5.2	7.1	50.5	0.6	0.4	0.3	5.7
6	γ'	16.6	0.9	1.4	4.0	8.6	61.7	2.8	1.6	0.0	2.4

图 5.18 高活度铂铝粘结层 EDX 分析(1100℃，300h)

为了了解粘结层中各种元素分布，取图 5.18 中矩形部分进行了 EDX 元素分析，其结果如图 5.19 所示。氧元素大量分布于 TGO 中，与 Al 元素形成氧化铝。图 5.19 也显示了 Al 元素在粘结层中不同相的含量，Al 元素在 β-NiAl 中的含量要高于 γ'-Ni_3Al。同时，Al 元素分布图也显示了 γ'-Ni_3Al 呈球状或块状分布。

需要注意的是，由于 EDX 分析的 Pt 元素与 Zr 元素特征谱线相似，因此造成 TBC 陶瓷层中 Pt 元素分布明显，但实际上这是 Zr 元素。在粘结层中 Pt 元素体现了与 Al 相似的分布状态，这与前面的分析相一致。从 Pt 元素分布图上可以看出，粘结层中的 Pt 元素含量明显高于基体，并且在粘结层与基体之间形成明显的分布界限。

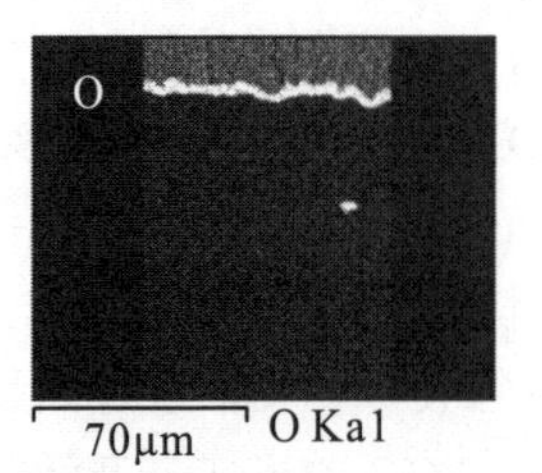

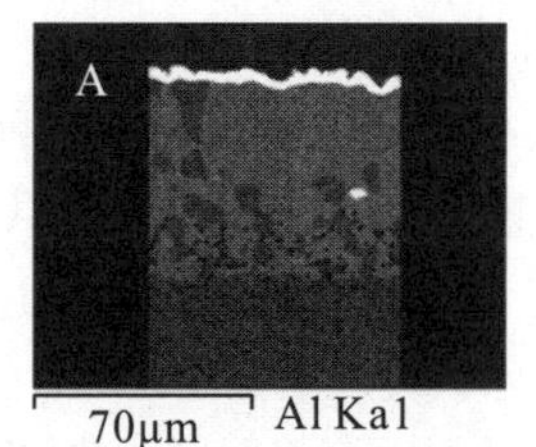

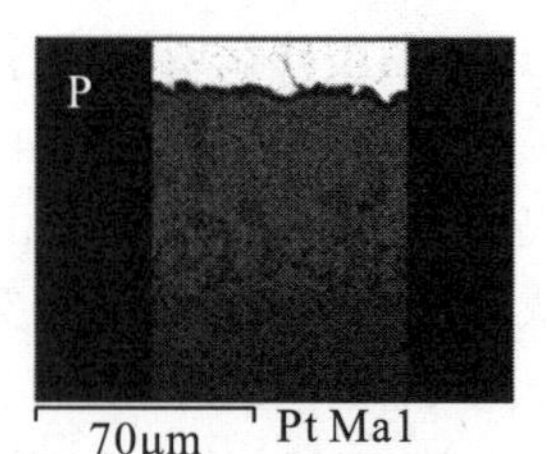

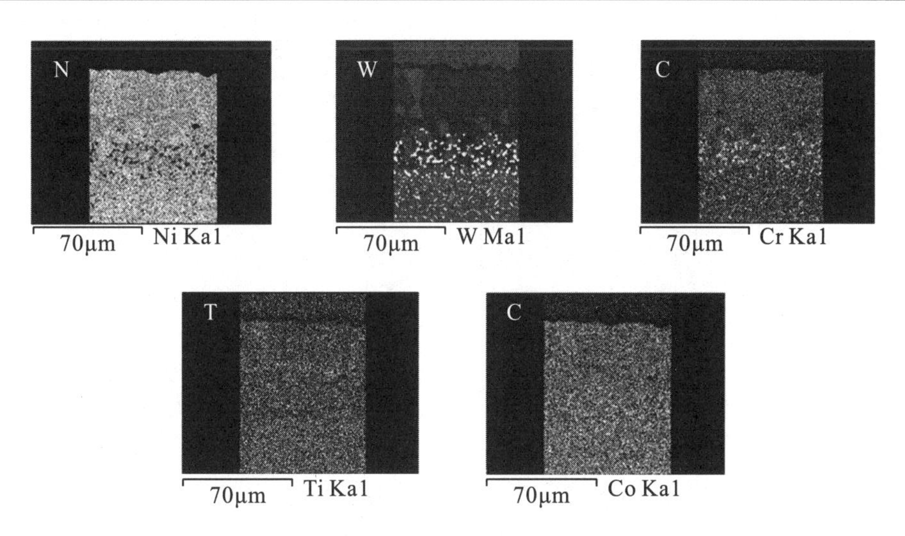

图 5.19 低活度铂铝粘结层元素分布图(分析区域为图 5.18 中红色矩形部分)

由于 Ni 元素的快速扩散，在氧化 300h 后，已经分布于整个粘结层和基体之间，与之相似的还有 Cr 和 Co 元素。但是 Ni 元素在扩散区的难熔金属沉淀相含量明显降低，在 Ni 元素分布图上形成相应的暗色点。与 Ni 元素相反，Cr 和 Co 元素分别在扩散区形成相应的富含区。其中 Cr 元素在 γ′-Ni_3Al 中的含量比 β-NiAl 中稍低。同时，裂纹扩展 TGO 完全阻碍了 Ni 元素向 TBC 陶瓷层的扩散，这有利于粘结层的抗氧化性能。而少量的 Cr 和 Co 元素扩散到 TBC 陶瓷层，但在 TGO 中含量较少。由于 Cr 也容易与 O 形成氧化物，但其氧化物在 1100℃时容易挥发，因此在陶瓷层中 Cr 元素很可能是与其他金属的氧化化合物。与 Al 和 Pt 元素相反，W 元素在 γ′-Ni_3Al 中含量较高，同时与 Cr 元素在扩散区形成沉淀相，相应文献做了说明[12]。Ti 元素与 Co 元素相似，分布于整个涂层中。相对于 Cr 和 Co 而言，氧化铝层对 Ti 元素的扩散作用不明显。

高活度铂铝粘结层在 1100℃空气循环氧化中，使整个热障涂层系统的使用寿命约为 3500h。图 5.20 所示为高活度铂铝粘结层的断面光学照片。从图中可以发现，与低活度粘结层相似，γ′-Ni_3Al 在粘结层中含量逐渐升高，当氧化 3474h 时，粘结层中的 β-NiAl 明显减少，基本相已经变为 γ′-Ni_3Al。

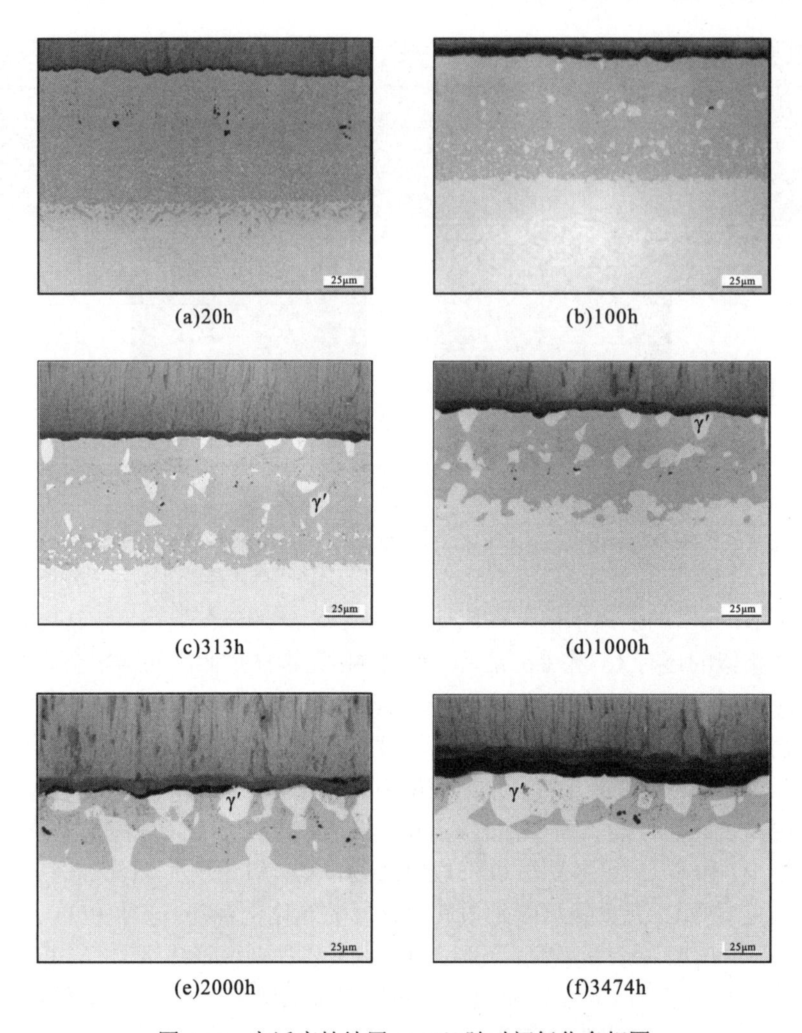

(a)20h (b)100h

(c)313h (d)1000h

(e)2000h (f)3474h

图 5.20 高活度粘结层 1100℃随时间氧化金相图

在高活度样品氧化至 20h 时，粘结层中少量 γ'-Ni_3Al 形成，但稳定相氧化铝(α-Al_2O_3)保护层已经形成。在氧化 100h 后，局部 Al 元素消耗过快，γ'-Ni_3Al 在粘结层开始长大，这些 γ'-Ni_3Al 多形成于粘结层的晶界处。当氧化至 1000h 后，由于 Ni 元素的扩散和 Al 元素的消耗，γ'-Ni_3Al 大量形成，β-NiAl 明显变薄。在氧化至 2000h 后，大量的 γ'-Ni_3Al 已经形成，而经 3474h 的氧化后，少量的 β-NiAl 剩余，同时沿 TGO 和基体界面，TGO 完全脱落。在整个氧化过程中，TGO 与粘结层同样出现了多种相变：θ-Al_2O_3→α-Al_2O_3、β-NiAl→γ'-Ni_3Al、β-NiAl→Martensite 等，$PtAl_2$ 相的存在对这些相变可能产生不同的影响，如可能阻碍 θ-Al_2O_3→ α-Al_2O_3 的相变等。但这些相变对 TGO 的起伏机制和 TBC 的失效机制的影响仍然不清楚，同时与低活度涂层比较，高活度粘结层表现出较长的使用寿命。

5.4.6　1150℃热障涂层的氧化

温度对铂铝粘结层的氧化具有重要的影响，随着温度的进一步升高，各种元素的扩散速度和氧化速度加快。图 5.21 所示为 1100℃和 1150℃的热障涂层失效时的断面结构图。从图中可以发现，低活度粘结层 TBC 失效时的 TGO 厚度相似，这意味着在 1150℃下氧化 576h 生成的氧化铝与在 1100℃下氧化 2682h 相当。从氧化时间看，1150℃的 TBC 使用寿命约为 1100℃的 1/4，但氧化速度是 1100℃的 4 倍。粘结层中的 Al 元素消耗主要体现在两个方面：一是生成 TGO 层需要消耗 Al 元素；二是由于浓度梯度的驱动，氧化过程中粘结层的 Al 元素向基体扩散。在生成氧化铝相似的情况下，对比图 5.21(a)、(b)可以发现 1150℃氧化后残余的 β-NiAl 要明显多于 1100℃，这说明在 1100℃下氧化 2682h 后，粘结层中扩散到基体中的 Al 元素要多于 1150℃下氧化 576h 后。这在一定程度上说明，粘结层与基体的相互扩散和氧化时间对最终的扩散结果影响更大。

(a)1100℃, 2682h(低活度粘结层)

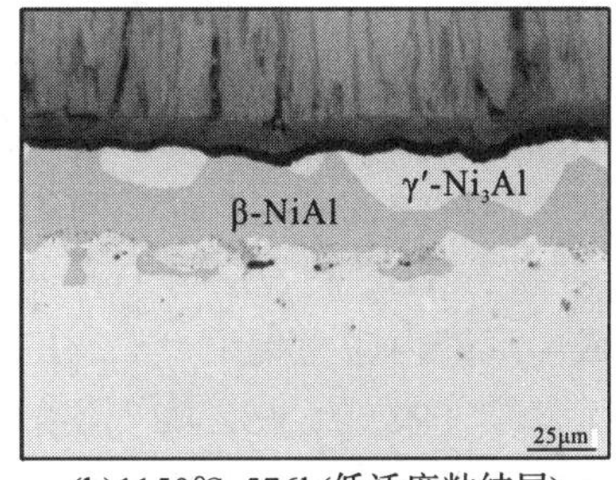

(b)1150℃, 576h(低活度粘结层)

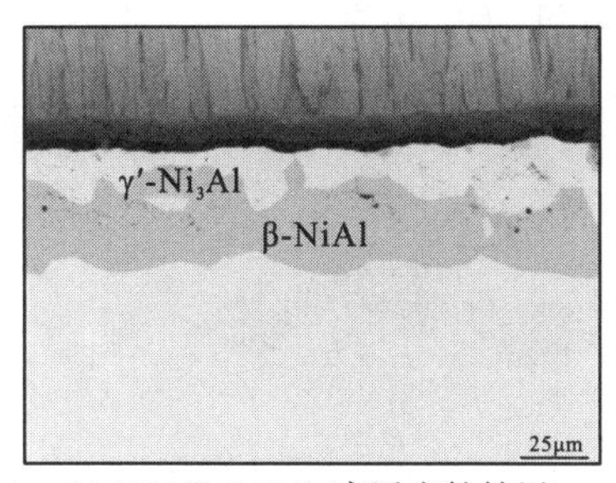

(c)1100℃, 3474h(高活度粘结层)

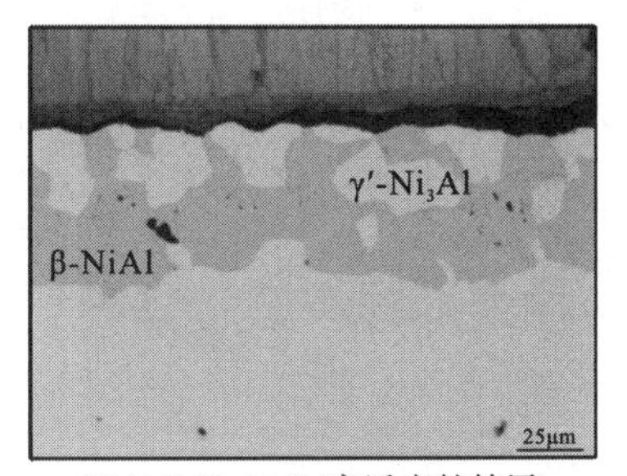

(d)1150℃, 576h(高活度粘结层)

图 5.21　铂铝粘结层 TBC 断面金相图

高活度粘结层的 TBC 在 1100℃和 1150℃同样体现了相同厚度的 TGO，并且粘结层在 1150℃下氧化后部分 β-NiAl 晶粒完全转变为 γ'-Ni_3Al，但仍然残余较多的 β-NiAl。与 1100℃的高活度粘结层比较，1150℃氧化后的 β-NiAl 稍微多一点，但不明显。这与低活度粘结层在 1100℃和 1150℃氧化形成的较大差异不同，这说明 $PtAl_2$ 分解后的 Pt 元素可以阻碍 Al 元素向基体扩散，但是对于1100℃氧化时，这种效应影响比较明显，随着氧化温度升高到 1150℃，这种效应减弱。从 Al 元素消耗方面看，高活度粘结层适合 1100℃的循环氧化使用，因为在长时间的氧化中始终保持足够的 Al 元素储存来保证氧化铝生长的 Al 元素需求量。而低活度粘结层适用于 1150℃的温度环境，因为粘结层在达到 TGO 临界厚度时，在其使用寿命范围内 1150℃氧化后的 Al 元素残余量较多，从而保证氧化铝的生长需求量。

5.4.7 铂铝粘结层的热生长层微观结构比较

低活度粘结层和高活度粘结层在 1100℃的循环氧化过程中，粘结层中 γ'-Ni_3Al 体现了不同的分布状态，同时图 5.11 也说明了 TGO(热生长层)上层为轴状晶粒生长，而下层为柱状晶粒生长，并且在循环氧化过程中，这两种粘结层的 TGO 均出现了起伏现象，而且裂纹和空洞等缺陷随着起伏现象同时出现。热障涂层是陶瓷和合金组成的复杂系统，在循环氧化过程中由于各种成分的力学性能不同，而且陶瓷和合金之间氧化铝的生长，容易产生诱导裂纹生长的各种因素。图 5.22 所示为氧化 300h 后，TGO 中裂纹的生长状态。在低活度粘结层中，TGO 与基体界面出现了较长且连续性的裂纹。而在 TGO 与陶瓷层界面上两者相互生长，同时局部出现破裂，使部分 TBC 陶瓷层与 TGO 粘结在一起。这种裂纹的产生多是由于 TGO 的起伏造成的局部内应力集中，当 TGO 与 YSZ 的粘结性能高于 YSZ 的断裂极限时，造成了局部 TBC 的 YSZ 陶瓷层的破裂，从而释放此处的内应力。高活度粘结层的 TGO 同样由于内应力的积累，而造成各种裂纹的形核和生长。在图 5.22 中形成了贯穿 TGO 的裂纹，也发现了局部的 TBC 破裂。

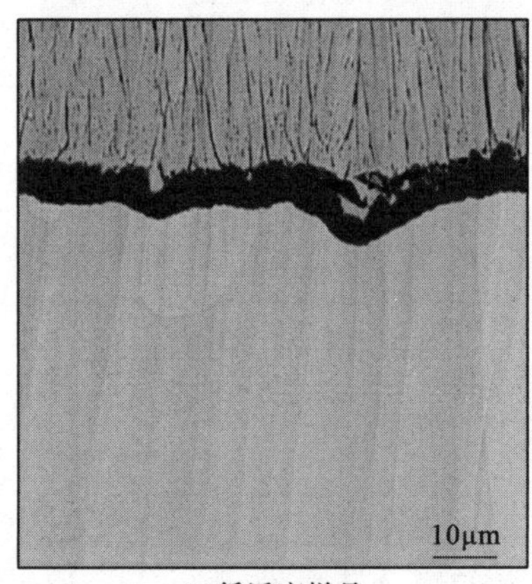

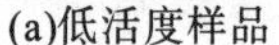
(a)低活度样品

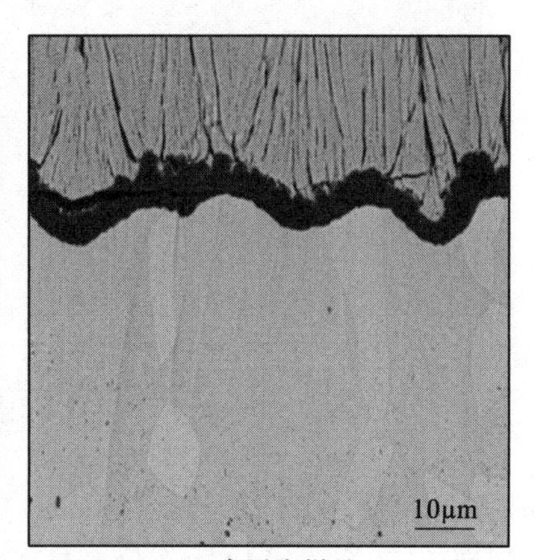

(b)高活度样品

图 5.22 铂铝粘结层 TGO 微观结构(1100℃，300h)

TGO 起伏现象作为循环氧化中的内应力积累的必然表现，在起伏的凸起和凹谷处由于内应力的积累状态不一样，导致了裂纹的产生位置不同。从图 5.23(a)中可以发现，低活度粘结层的 TGO 凹谷处裂纹多产生于局部的陶瓷层之间。高活度粘结层的凹谷处的裂纹产生位置与低活度粘结层 TGO 相似。而对于两者粘结层图 5.23(c)、(d)的凸起处，裂纹产生于 TGO 中。这说明两种粘结层的 TGO 由于内应力等原因造成的起伏中，相似的内应力原因造成了相似的裂纹产生位置。凹谷处的裂纹造成了 TGO 与陶瓷层相互之间的脱落或断裂，而凸起处的裂纹造成了 TGO 内部的断裂，当这两个位置的裂纹生长连接在一起时，对整个涂层使用寿命具有较大危险的裂纹就会产生。

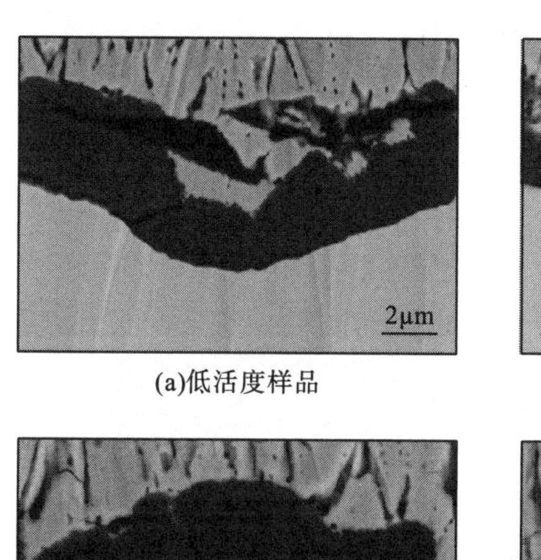

(a)低活度样品

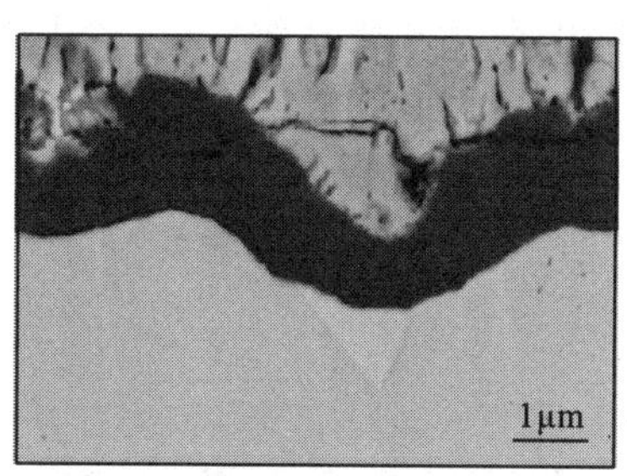

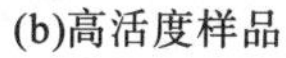

(b)高活度样品

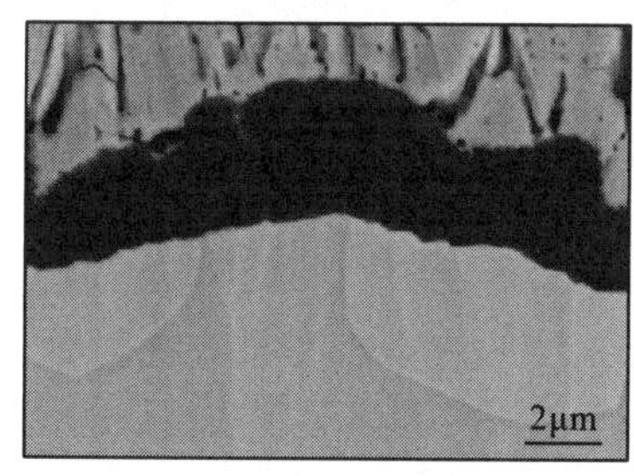

(c)低活度样品

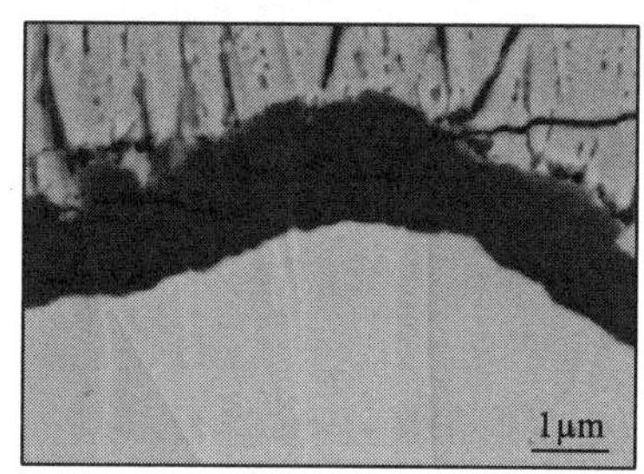

(d)高活度样品

图 5.23　铂铝粘结层 TGO 微观裂纹(1100℃，300h)

同时，粘结层的变形也是影响 TGO 起伏的原因之一，由于整个热障涂层的完整性，不同热膨胀系数的材料在循环氧化中必须相互协调变形，从而尽量释放 TGO 的内应力，因此图 5.23 中显示的裂纹对 TGO 长时间氧化的内应力发展趋势和整个热障涂层的力学性能都产生重要的影响。了解 TGO 起伏和裂纹产生以及协调粘结层变形等机制，对延长 TBC 的使用寿命和评估涂层的使用质量显得尤为重要。

除裂纹之外，TGO 内部缺陷对其内应力积累和释放也有重要的影响。图 5.24 中体现了 TGO 内部空洞等缺陷，尽管相关文献说明 Pt 元素能有效地消除 TGO 内部空洞的形成，但其具体的影响机制仍然不清楚。对于本研究中涉及的低活度和高活度粘结层而言，TGO 内部空洞并不明显。从图 5.24 中可以发现，这些空洞大都处于 TGO 的上层，说明是在粘结层的初始氧化过程中产生了能引起空洞的因素。根据热障涂层的生成过程，在 TBC 的陶瓷层和粘结层之间容易造成局部空洞或引入其他污染物，这可能是这些空洞产生的诱导因素之一。

TGO 的厚度不均匀也是影响裂纹产生的重要原因。通常，粘结层的 TGO 是晶界扩散控制氧化。同时，对于粘结层而言，初始氧化时粘结层的表面晶界处容易产生较厚的氧化铝层。图 5.23 和图 5.24 表现出 TGO 凹谷处 TGO 较薄，或者说较薄的 TGO 容易处于热生长层起伏中的凹谷处。粘结层中的 γ'-Ni_3Al 也会影响 TGO 的生长，由于 γ'-Ni_3Al 的 Al 含量比 β-NiAl 低，会造成 β-NiAl 相界处的 Al 元素扩散迅速。同时，γ'-Ni_3Al 对粘结层循环氧化过程中的变形也有重要影响。

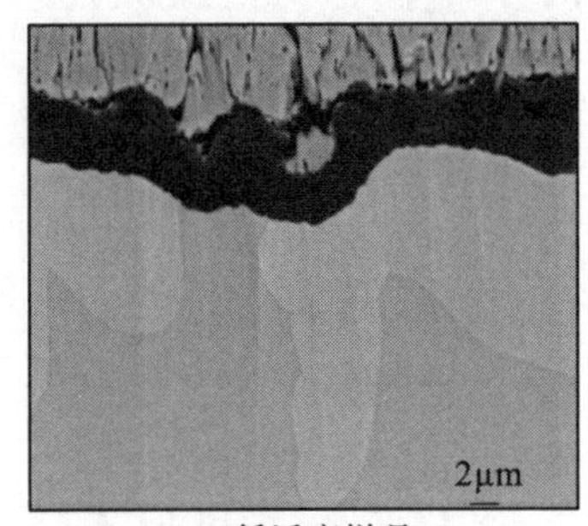

(a)低活度样品

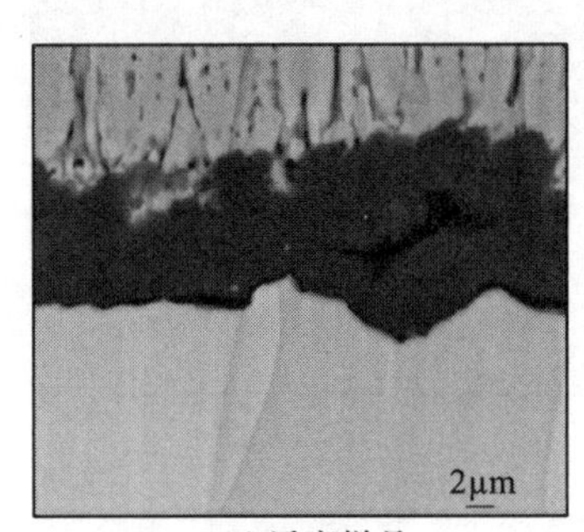

(b)高活度样品

图 5.24 铂铝粘结层 TGO 微观空洞(1100℃，300h)

氧化 300h 时 TGO 与粘结层界面的连续长裂纹，意味着 TGO 与粘结层的粘结性能已经下降，相对于 TGO 与 TBC 陶瓷层的良好粘结性能，热障涂层的失效和脱落更容易发生在 TGO 与粘结层界面。而低活度和高活度粘结层的 TBC 系统在氧化 1000h 后，在 TGO 与粘结层界面处出现一层富含难熔金属层。根据粘结层中的元素扩散和 TGO 阻碍难熔金属扩散，这层难熔金属形成于 TGO 与粘结层之间。由于这层难熔金属的形成，使粘结层的表面力学性能严重下降。图 5.25 所示为低活度和高活度粘结层在氧化 1000h 后的断面 SEM，可以清楚地发现粘结层表面存在一薄层物质。这一薄层位于粘结层上方，与粘结层的粘结性能较差。需要说明的是，循环氧化后的样品在准备断面抛光过程中，抛光工艺容易造成 TGO 与粘结层之间较大的间隙。对于高活度粘结层样品，TGO 与粘结层之间同样在氧化 1000h 后出现一层薄层。通过 1000h 的实验，TGO 的脱落界面可以确定是 TGO 与粘结层界面处，而 TGO 与 TBC 陶瓷层表现出相对较好的粘结性能。

为了进一步验证 TGO 与粘结层之间的薄层物质，并消除样品抛光过程中对样品的影响对氧化 2000h 的低活度粘结层 TBC 样品断面进行离子轰击抛光，然后进行 EDX 分析。从图 5.26 中可以看出，TGO 与粘结层之间的间隙在离子轰击抛光断面仍然存在，这进一步说明 TGO 与粘结层的粘结性能较差。在积累的内应力驱动下，当受到外界因素诱导时，TGO 与粘结层通过产生裂纹和脱落而释放内应力。通过 EDX 分析，可以发现 TGO 下面的白色薄层为富含难熔金属 Pt、Ta、W、Co、Cr、Ti 和 Re 等的 NiAl 层，与粘结层表面的 EDX 分析相比较，可以发现 Ti、W、Ta 和 Re 等含量明显较高。同时，由于离子轰击抛光的影响，富含难熔金属薄层与 TGO 仍然粘结在一起，但从 TGO 与粘结层之间的脱落来看，难熔金属薄层的出现削弱了粘结层表面与 TGO 的粘结性能。

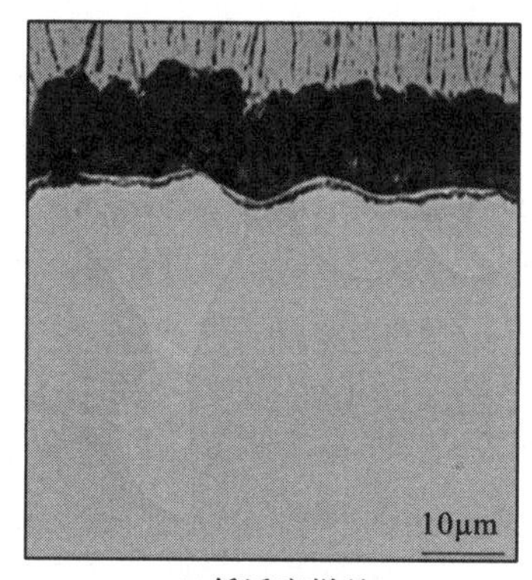

(a)低活度样品

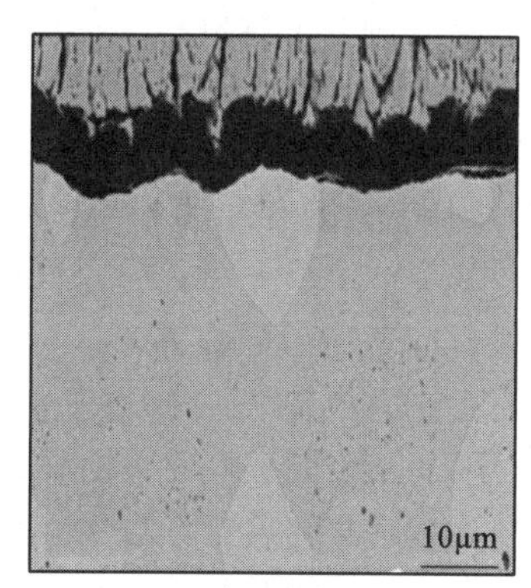

(b)高活度样品

图 5.25　铂铝粘结层 TGO 微观结构(1100℃，1000h)

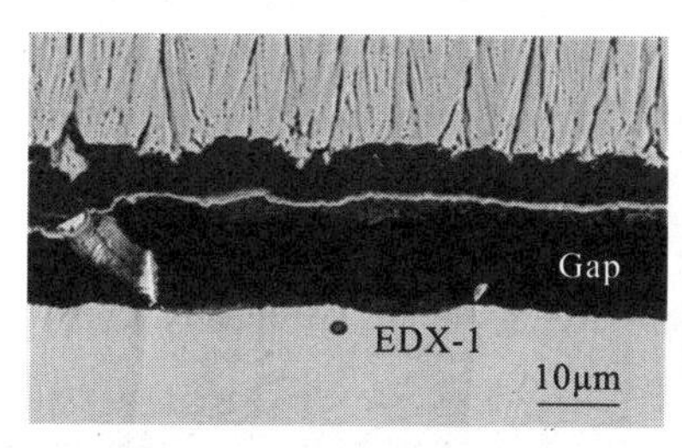

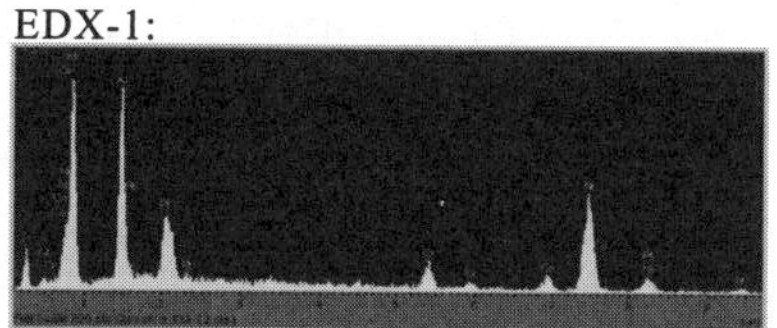

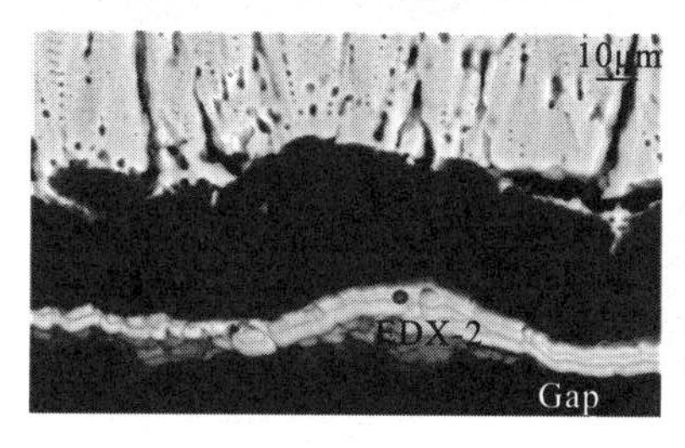

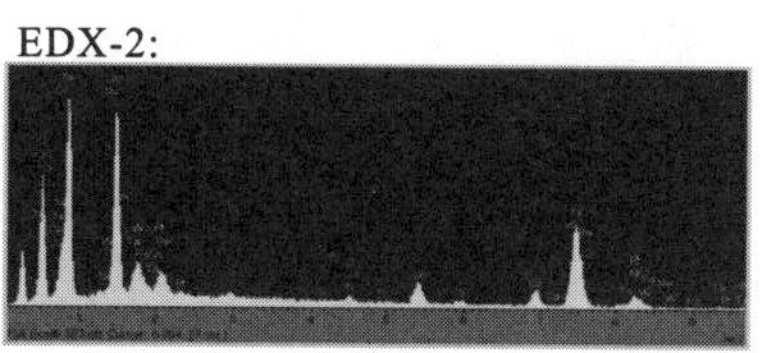

图 5.26　低活度铂铝粘结层 TGO 的 SEM/EDX 分析结果(1100℃，2000h)

需要注意的是，图 5.22～图 5.24 显示样品氧化至 300h 时 TGO 与粘结层之间没有出现富含难熔金属薄层等。当氧化至 1000h 时低活度和高活度粘结层的 TBC

系统均出现富含难熔金属薄层，这说明富含难熔金属薄层的形成需要较长的氧化时间，至少对少于 300h 氧化的样品，TGO 与粘结层之间裂纹的产生应该是由难熔金属的影响等多种因素诱导产生的。

低活度和高活度粘结层 TBC 样品，当氧化至约 3000h 后，TBC 陶瓷层开始脱落。由于 TBC 陶瓷层与 TGO 粘结性能较好，脱落界面多位于 TGO 与粘结层的界面上。图 5.27 显示了样品 TBC 陶瓷层没有完全脱落的 TBC 断面。从低活度粘结层样品可以发现粘结层基本全部变为 γ′-Ni_3Al，TGO 的厚度为 7~8μm。尽管 TBC 陶瓷层与 TGO 粘结性能较好，但从图 5.27(a)可以发现大量宏观裂纹等缺陷已经形成，TBC 陶瓷层也由于氧化中的循环变形而造成局部损耗等疲劳缺陷。高活度粘结层的 TBC 样品，脱落界面与低活度粘结层相似，同样 TGO 厚度为 7~8μm，但粘结层仍残余少量的 β-NiAl，从目前样品的使用寿命来看高活度粘结层样品的使用寿命较长。从 TGO 厚度来看，两种涂层失效时 TGO 厚度相似，从相关文献来看[13]，存在 TBC 失效的临界 TGO 厚度为 7～8μm。

从 Al 元素的消耗量来看，尽管高活度粘结层的原始 TBC 样品中 Al 含量较高，但样品氧化至 20h 后低活度粘结层样品的 Al 含量与高活度粘结层相似，所以从 20h 至 TBC 失效时高活度粘结层的 Al 元素消耗速率较低活度粘结层低。尽管高活度粘结层具有较小的晶粒和较多的晶界，从而具有元素扩散较多的“短路”通道，从高活度粘结层中残余少量的 β-NiAl 来分析，说明 Al 元素消耗较少，从而可以证明样品中较高的 Pt 浓度可以降低 TBC 长期氧化中 Al 元素的消耗速度。同时，$PtAl_2$ 可以促进 20h 前的 Al 元素消耗，使粘结层中的 Al 含量迅速从 50%降低 30%。综上所述，高活度粘结层中的 $PtAl_2$ 对样品的初始氧化和长期氧化都具有较大的影响。

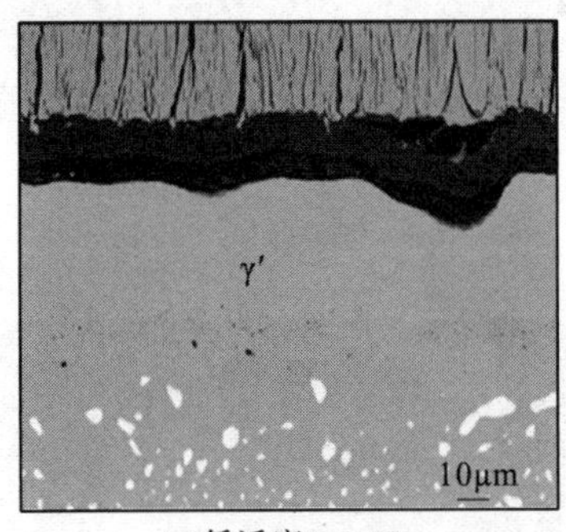

(a)低活度(2682h)

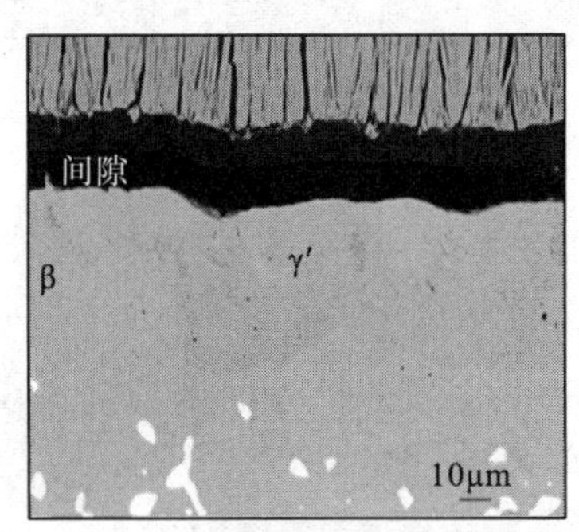

(b)高活度(3474h)

图 5.27 TBC 陶瓷层没有完全脱落的断面(1100℃)

5.4.8 温度对铂改性铝化物粘结层氧化的影响

前面研究了温度对铂铝粘结层的氧化具有重要的影响，同时决定着热障涂层的寿命。实验中铂改性铝化物粘结层的热障涂层在 1100℃的使用寿命约为 3000h，但是在 1150℃的使用寿命则缩短为 500h。图 5.28 比较了低活度粘结度和高活度粘结层的 TBC 系统的使用寿命。从图中可以看出，低活度粘结层和高活度粘结层的 TBC 使用寿命在同一温度下相差不大，但温度对寿命影响甚大。

热障涂层的陶瓷层脱落主要是由 TBC 的陶瓷层和 TGO 的粘结性能或 TGO 与粘结层的粘结性能下降而造成的。在实验中，根据前面所述，脱落界面是 TGO 与粘结层的界面。关于此界面粘结性能下降的原因和机制目前是研究的热点，也是本文的研究重点。通过前面 900℃、1000℃、1100℃和 1150℃的 TGO 的生长和微观结构分析，初步说明 TGO 的临界厚度对应 TBC 实效确实存在，这与其他研究者的发现相似。

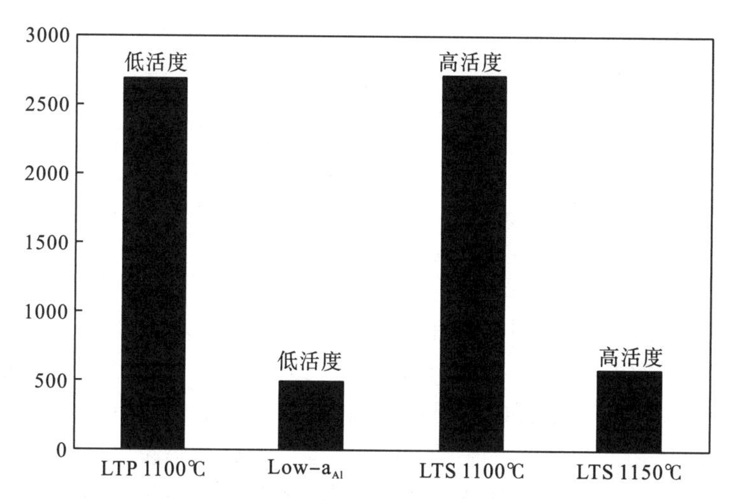

图 5.28　铂铝粘结层的热障涂层在 1100°C 和 1150°C 时的使用寿命

图 5.29 显示了不同温度循环加热铂铝粘结层的 TBC 系统时 TGO 的平均厚度。在同一温度下，随着氧化时间的延长 TGO 平均厚度逐渐变大，同样氧化时间随着温度的升高，TGO 厚度迅速变大。这再次说明在同样的氧化气氛和循环周期条件下，温度是影响 TGO 生长的主要因素之一。在温度为 1100℃和 1150℃时，当厚度为 6~8μm 时，热障涂层的陶瓷层脱落，故在图 5.29 中可以发现本研究中所用铂铝粘结层的 TBC 对应的 TGO 临界厚度为 6~8μm。

但是同一温度下两种铂铝涂层的 TGO 平均厚度存在细微的差异。在 900℃和 1000℃短期氧化时，高活度粘结层的 TGO 厚度稍厚，而且在 1000℃，随着氧化时间延长，这种差异变大。但当氧化温度为 1100℃时，可以发现两种粘结层的 TGO 厚度已经相差不大。在 1150℃氧化时，低活度粘结层具有稍厚的 TGO。考虑到测量误差及 900℃和 1000℃统计数据偏少等因素，图 5.29 所示的两种粘结层的 TGO 平均厚度可以认为相差不大。其中 1100℃氧化时，TGO 厚度随时间增加的趋势符合抛物线规律，这说明 TGO 的生长速率由氧元素向内沿晶界扩散控制。

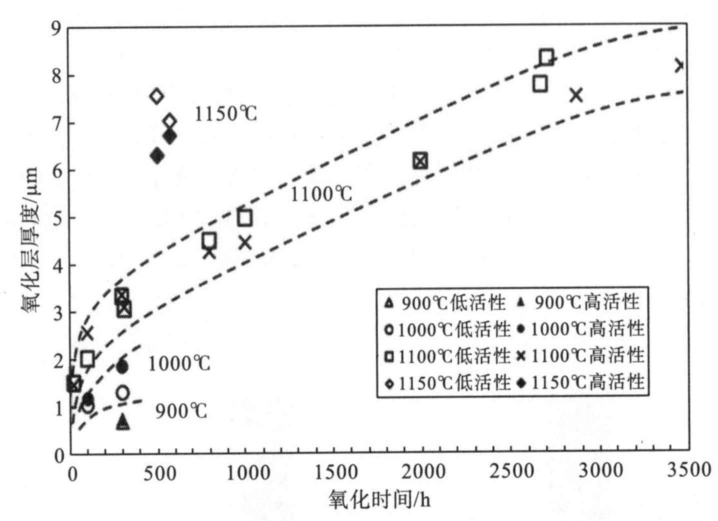

图 5.29 铂铝粘结层 900℃、1000℃、1100℃和 1150℃循环氧化层厚度随时间的变化趋势

通过图 5.30 可以更好地理解温度对低活度粘结层的 TGO 生长的影响，图中显示了明显的 TGO 平均厚度差异和各种不同的缺陷。由于 900℃铂铝粘结层初始氧化时形成大量的亚稳定氧化物，如 δ-Al_2O_3 或 θ-Al_2O_3，随着氧化时间的延长部分亚稳定氧化铝向 α-Al_2O_3 转变，这会引起氧化铝体积减小 10%，从而诱导空洞和裂纹的形成，并且在 TBC 与 TGO 的界面处形成微小裂纹。同样，1000℃和 1100℃由于 TGO 的平均厚度相应增加，TGO 本身的热生长内应力也相应变大，与 TBC 和粘结层的相互作用也变强。

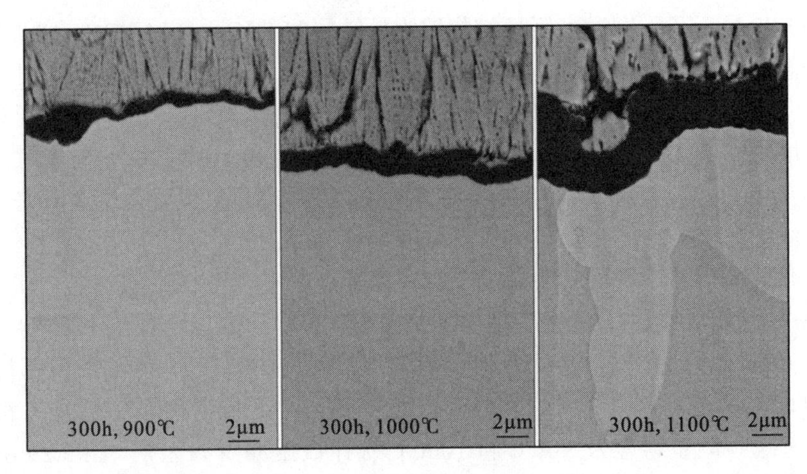

图 5.30 低活度粘结层 900℃、1000℃和 1100℃循环氧化 300h 后断面 SEM 形貌

图 5.31 表现出与图 5.30 相似的断面结构特点(需要注意的是，图 5.32 与图 5.31 中的放大倍数不同)。900℃时，TGO 内部也形成空洞，1000℃和 1100℃时两种粘结层都发生 TBC 的局部断裂和裂纹的形成。但整体而言，氧化铝相对比较完整，具有较好的粘结性能，但是低活度粘结层与高活度粘结层在氧化过程中内应力出现了较大的差异。

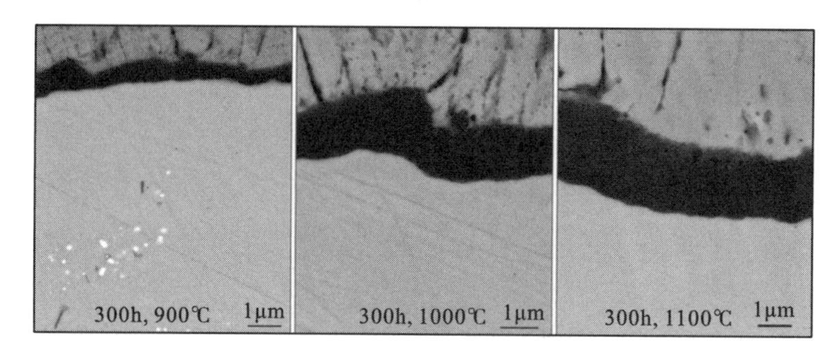

图 5.31　高活度粘结层 900℃、1000℃和 1100℃循环氧化 300h 后断面 SEM 形貌

5.5　本 章 小 结

通过对铂改性铝化物粘结层在 900℃、1000℃、1100℃和 1150℃的氧化研究，对比合金化学成分随时间的变化趋势，横向比较两种铂改性铝化物涂层的断面微观结构，主要发现以下几点。

(1) 实验采用低活度和高活度铂改性铝化物粘结层氧化时，在其表面均快速生成稳定而致密的热生长层(TGO)氧化铝，体现了良好的抗氧化性能和优异的粘结性能，均可以作为性能良好的粘结涂层，在 1100℃时两种涂层的使用寿命可达到 3000h，根据温度寿命曲线，基本可以在 1000℃时使用寿命达到 25000h。

(2) 随着温度的升高，热障涂层的使用寿命明显降低。1150℃时热障涂层的使用寿命约为 500h，只有 1100℃时使用寿命的 1/4。同时根据上述的断面微观结构，发现热障涂层在同一温度氧化时，两种粘结层的 TGO 平均厚度相似，测量热障涂层失效时的断面结构 TGO 临界厚度为 6~8μm，进一步确定了 TGO 厚度的增加是导致涂层失效的重要因素之一。

(3) 铂改性铝化物粘结层在氧化时，由于 TGO 的生成和扩散，Al 元素的含量降低，而 Ni 元素的含量由于基体向粘结层的扩散而升高。其中高活度粘结层，由于 $PtAl_2$ 高温(尤其是 1100℃)快速分解，使 Al 元素的含量在氧化 20h 后从 50%降到 30%。而难熔金属(如 Co、Cr、Ta 和 W 等)元素的含量与 Al 元素表现出不同的扩散趋势，其中 Co、Ta 和 Cr 随着氧化时间的延长，快速从基体向粘结层方向扩散，但 W 元素和 Re 元素的含量在粘结层基本保持稳定，同时在扩散区形成了

W 和 Re 的富含区。

(4) 随着氧化时间的延长，在 1100℃氧化至 2000h 时，这些难熔金属会在粘结层与 TGO 界面处形成富含区，对 TGO 的粘结性能具有较大的影响。同时，随着氧化时间的延长，Pt 元素向基体方向扩散，在粘结层中的含量逐渐下降，在扩散区和基体的含量逐渐升高。并且原始样品粘结层的基本相 β-NiAl 随着 Al 元素的消耗向 γ'-Ni_3Al 转变。同时，粘结层和 TGO 发生起伏现象，协调 TGO 中内应力的发展。另外，为了保证氧化铝生长的 Al 元素需求量，根据涂层失效时含 Al 元素较高的 β-NiAl 多少，可以发现高活度粘结层适合 1100℃的循环氧化使用，低活度粘结层适用于 1150℃的温度环境。

参考文献

[1] Krishna G R, Das D K, Singh V, et al. Role of Pt content in the microstructural development and oxidation performance of Pt-aluminide coatings produced using a high-activity aluminizing process. Materials Science and Engineering, 1998, 251 (1-2)：40-47.

[2] 刘刚, 王文, 牛焱. Pt-Al 涂层进展. 腐蚀科学与防护技术, 2001,13 (2):106-108.

[3] Davis A W, Evans A G. Effects of Bond Coat Misfit Strains on the Rumpling of Thermally Grown Oxides. Metallurgical and Materials Transactions-A, 2006, 37:2085-2095.

[4] Nickel H, Quadakkers W-J, Singheiser L, Analysis of corrosion layers on protective coatings and high temperature materials in simulated service enviroments of modern power plants using SNMS,SIMS,SEM,TEM,RBS and X-ray diffraction studies. Analytical Chemistry, 2002,374: 581-587.

[5] Pfeifer J-P, Holzbrecher H, Quadakkers W-J, et al. Quantitative analysis of oxide films on ODS-alloys using MCs+-SIMS and e-beam SNMS. Fresenius' Journal of Analytical Chemistry, 1993,346:186-191.

[6] Gell M, Sridharan S, Wen M. Photoluminescence piezo spectroscopy: a multi-purpose quality control and NDI technique for thermal barrier coatings. International of Applied Ceramic Technology, 2004,1 (4) : 316-329.

[7] Secluk A, Atkinson A. Analysis of Cr^{3+} luminescence spectra from thermally grown oxide in thermal barrier coatings. Materials Science and Engineering A, 2002, 335:147-156.

[8] Vialas N, Monceau D. Substrate effect on the high-temperature oxidation behavior of a pt-modified aluminide coating. part i: influence of the initial chemical composition of the coating surface. Oxidation of Metals, 2006,66 (3/4) : 155-189.

[9] Vialas N, Monceau D. Substrate effect on the high temperature oxidation behavior of a pt-modified aluminide coating. part ii:long-term cyclic-oxidation tests at 1,050 C. Oxidation of Metals, 2007,68: 223-242.

[10] Tawancy H M, Abbas N M, Rhys-Jones T N. Role of platinum in aluminide coatings. Surface and Coatings Technology, 1991,49:1-7.

[11] Pint B A, Wright I G, Lee W Y, et al. Substrate and bond coat compositions: factors affecting alumina scale adhesion.

Materials Science and Engineering A, 1998, 245:201-211.

[12] Zhang Y H, Knowles D M, Withers P J. Microstructural development in Pt-aluminide coating on CMSX-4 superalloy during TMF. Surface & Coatings Technology, 1998,107: 76-83.

[13] Spitsberg I T, Mumm D R, Evans A G. On the failure mechanisms of thermal barrier coatings with diffusion aluminide bond coatings. Materials Science and Engineering A, 2005, 394 :176-191.

第6章　表面处理对粘结层的高温氧化影响

铂元素能够提高铝化物粘结层的抗氧化性能，使其具有优异的高温循环寿命，而且能显著提高涡轮发动机的能源转化率和经济效益，但在同样铂含量粘结层的情况下，通过对铂铝粘结层的预氧化处理，可以进一步提高涂层的使用寿命[1]；而喷砂处理适当增加粘结涂层的表面粗糙度，可以提高与陶瓷层的粘结性能，宏观上形成清洁表面，提高涂层使用寿命的稳定性[2]，但喷砂处理同时在微观上导致了碱性或碱土金属及钛的污染物进入粘结层表面，这些污染物提高了氧化铝的生长速率[3]。针对铂元素可以促进涂层中铝元素的选择性氧化[4]，以及阻碍难熔金属元素从基体向涂层扩散[5]的特点，在使用较少铂的情况下，通过表面抛光技术，使涂层具有较低的氧化速率，降低 Al 的消耗量，提高涂层的使用寿命，就显得尤其重要。

由于铂铝粘结层的不同活度可以显著影响粘结层的 TGO 表面形态和微观结构[6]，同时对氧化初期生成的氧化铝层与铂铝粘结层的粘结性能及微观结构也有重要影响。在实验工作中，通过两种活度的铂铝粘结层在 1100℃下的循环高温氧化行为，研究表面喷砂和抛光处理对氧化铝生长层的微观结构及 TGO 平均厚度等影响，同时明确 TBC 陶瓷层对 TGO 脱落的抑制作用，进一步阐明 TBC 的失效机制。通过优化涂层制备工艺，降低铂的使用量，扩大铂铝粘结层的使用范围，提高经济效益。

6.1　铂铝粘结层氧化后的结构特征

6.1.1　原始样品

原始铂铝粘结层分为低活度粘结层和高活度粘结层，其表面经过简单的喷砂处理后，其表面适合 TBC 的 YSZ 陶瓷层沉积，其基体是 CMSX-4 镍基单晶合金。图 6.1 显示了低活度粘结层和高活度粘结层的断面结构(不带陶瓷层)。低活度粘结层由溶解 Pt 元素的单一相 β-NiAl 组成，高活度粘结层的基本相为 β-NiAl，但是同时 Pt 元素与 Al 元素构成 $PtAl_2$，图 6.1(b)中粘结层的白色区域为 $PtAl_2$，通过第 5 章中的分析，可以知道由于 $PtAl_2$ 的存在，高活度粘结层的

Al 元素含量高达 50%。同时因为两种活度的粘结层制造工艺的差别，所以粘结层的扩散区较宽。其中箭头处标示了低活度粘结层的断面凸起处，这与其表面特殊微观结构有关。

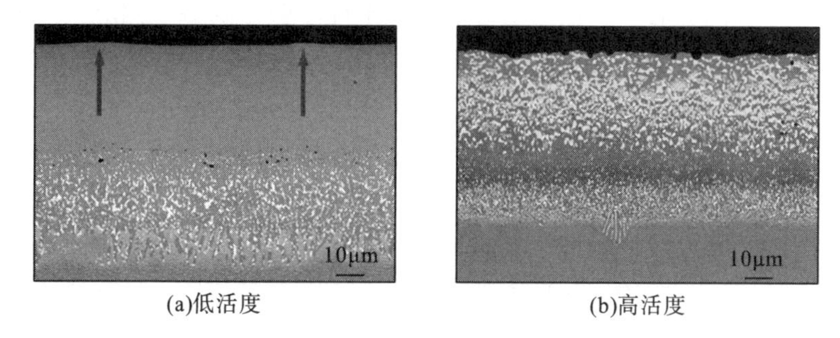

(a)低活度　(b)高活度

图 6.1　原始样品的铂铝粘结层断面 SEM 形貌

图 6.2 显示了两种活度的粘结层经过喷砂处理后的表面微观结构，整体表现宏观平整，微观又具有一定的粗糙度。其中图 6.2(b)显示了低活度粘结层表面特殊的网格状微观结构，这种结构是在粘结层制备过程和真空热处理时形成的晶界凸起处，与图 6.1(a)中的低活度粘结层断面 SEM 中的箭头标示处相一致。图 6.2(c)和(d)显示了高活度粘结层的表面微观结构，与图 6.1(b)断面的凹凸不平相对应。对这两种活度粘结层的样品进行相应的氧化实验前，利用 Raman 荧光谱检测仪对其表面进行了氧化铝检测，发现其表面没有形成亚稳定或稳定的氧化铝。

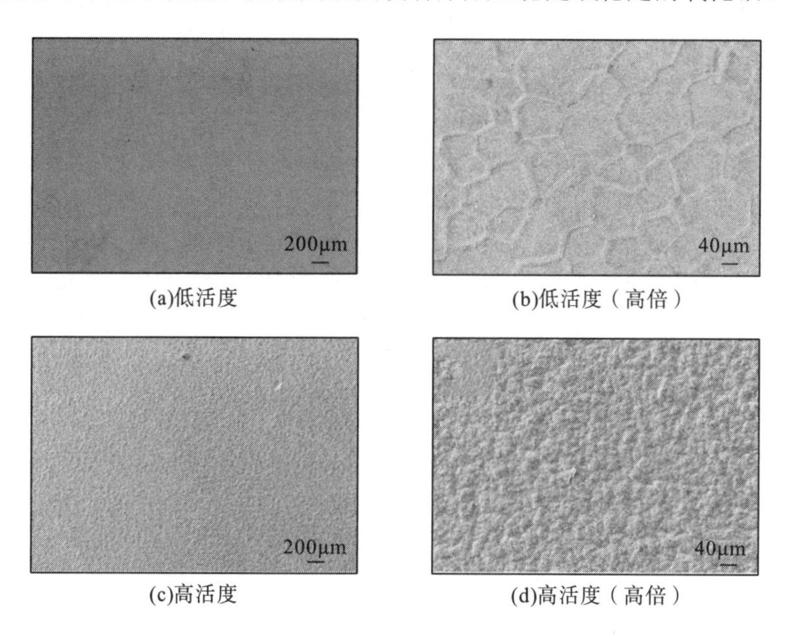

(a)低活度　(b)低活度（高倍）

(c)高活度　(d)高活度（高倍）

图 6.2　原始样品的铂铝粘结层表面 SEM 形貌

低活度粘结层在 1100℃氧化时，在其表面迅速形成相对比较平整的氧化铝。图 6.3 显示了低活度粘结层在氧化 20h、100h、1000h 和 2682h 后的氧化铝形态和结构。其中在图 6.3(c) 中氧化铝上层为金属 Ni 电镀层，防止样品断面抛光中的氧化铝的脱落。氧化 20h 后，粘结层表面已经形成了致密的氧化铝薄膜，随着粘结层表面而起伏，同时局部的氧化铝由于没有 TBC 陶瓷层的压制而发生断裂和脱落。氧化 100h 后，粘结层的 TGO 平均厚度相对于氧化 20h 后没有明显增加，但在粘结层中局部发现 γ'-Ni_3Al。随着氧化时间延长到 1000h，TGO 厚度增加到 4μm，粘结层中由于 Al 元素的消耗，出现较大的 γ'-Ni_3Al 晶粒。一般 γ'-Ni_3Al 首先形成于基本相的晶界处，而且由于 γ'-Ni_3Al 的硬度比 β-NiAl 大，其高温力学性能如杨氏模量较高，因此 β-NiAl 相对容易在循环氧化中发生变形，故容易在粘结层的 γ'-Ni_3Al 表面形成氧化铝脊背，在此处容易发生氧化铝的断裂和脱落，图 6.3(c) 显示了这一现象。当氧化时间与 TBC 陶瓷层相同，到达 2682h 时，粘结层的 TGO 厚度约为 5μm，并且 TGO 与粘结层的裂纹已经形成。

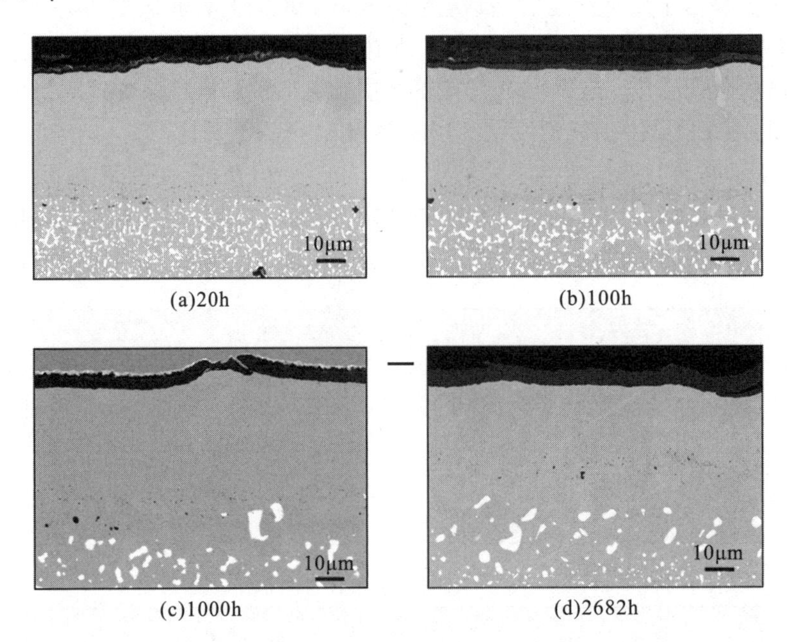

(a)20h (b)100h

(c)1000h (d)2682h

图 6.3 低活度铂铝粘结层断面 SEM 形貌(1100℃)

同样，高活度粘结层在 1100℃氧化时粘结层表面快速形成保护性的氧化铝。图 6.4 显示了高活度粘结层在氧化 20h、100h、1000h 和 3474h 后的氧化铝形态和结构，其中在图 6.4(a) 中出现少量沉积 TBC 陶瓷层，由于高活度粘结层的初始氧化 20h 内氧化铝形成速度较快且几乎没有脱落，少量的 TBC 陶瓷层对氧化铝的脱落影响甚微，因此图 6.4(a) 显示的 TGO 厚度仍在此采用。

循环氧化 20h 后，致密氧化铝薄膜在粘结层表面形成，$PtAl_2$ 分解消失形成单

一相 β-NiAl。高活度粘结层晶粒较小，图 6.4 显示粘结层表面起伏比低活度粘结层强烈，同时由于较小的晶粒和较多的晶界，使 TGO 的表面形态与低活度粘结层不同，这将在后面进行详细的描述和解释。图 6.4 显示高活度粘结层的 TGO 形态使这种粘结层的 TGO 在氧化初期粘结性能较好。空气循环氧化 100h 后，粘结层的 TGO 平均厚度与氧化 20h 后的厚度相似，粘结层中发现微小 γ′-Ni_3Al 形成。随着氧化时间进一步延长到 1000h，TGO 厚度增加到约 3μm，粘结层中由于 Al 元素的消耗，出现较大球状或块状的 γ′-Ni_3Al 晶粒，图 6.4(c)中氧化铝下方颜色较浅的为 γ′-Ni_3Al 晶粒，但与低活度粘结层形成的 TGO 不同，这时的 TGO 与粘结层出现强烈的起伏，并且 TGO 自身厚度不均匀。当氧化至 3474h 后，粘结层表面的 TGO 在粘结层强烈起伏的影响下发生较大的起伏，这种起伏会削弱 TGO 与粘结层的粘结性能，从而导致氧化铝脱落失效。图 6.4(d)中由于为电镜准备样品的断面抛光影响，导致大部分的 TGO 脱落，但脱落的 TGO 仍然保持整体形状，可以显示出 TGO 的厚度不均匀。整体厚度不均性说明了在循环氧化过程中高活度粘结层的 TGO 局部生长速度不一致或表面局部发生脱落。

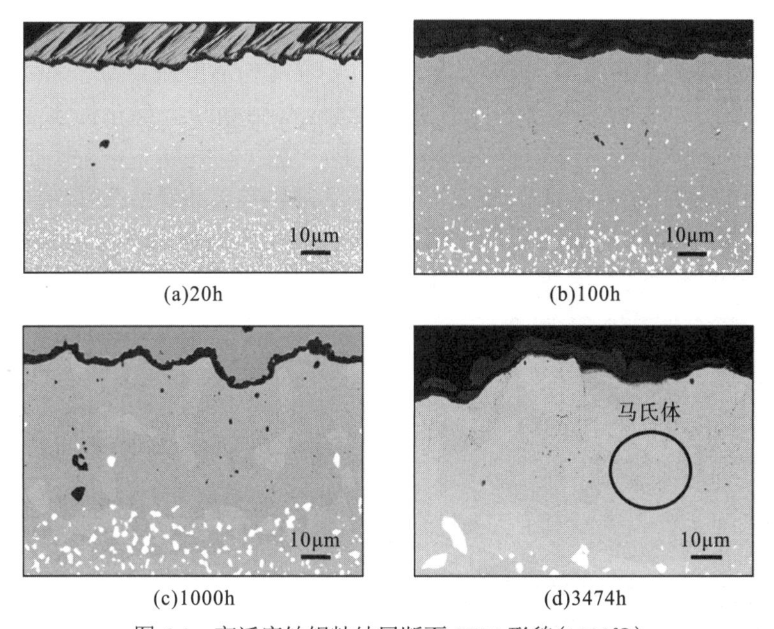

图 6.4　高活度铂铝粘结层断面 SEM 形貌(1100℃)

比较图 6.3 和图 6.4 的 TGO 形态和粘结层的结构，两种不同活度的粘结层由于微观结构的不同，造成了循环氧化中不同的 TGO 生长机制和起伏程度，从而影响热生长层的失效脱落机制。分析认为两种涂层的不同微观结构造成了粘结层的不同变形状态，低活度粘结层在经过长时间的氧化后，一般在 γ′-Ni_3Al 处形成凸起，从而造成氧化铝的脱落。而高活度粘结层，由于 γ′-Ni_3Al 在粘结层随机呈球状或块状分布，使粘结层在经过长时间的氧化后，形成表面强烈的起伏，导致氧化铝表面脱落严重。

6.1.2 喷砂处理对氧化铝表面形态的影响

为了更好地体现温度对氧化铝表面形态的影响，在 900℃对原始样品进行了20h 和 300h 的氧化处理。图 6.5(a)显示了 900℃氧化 300h 后的表面形态，从图中可以看出 TGO 表面粗糙不平，这是由于 900℃时生成的亚稳定相 θ-Al_2O_3 的特定形态多呈针状分布。随着氧化时间的延长，θ-Al_2O_3 会向 α-Al_2O_3 转变，这种相变由于其体积的变化，容易产生内应力，从而导致裂纹等缺陷形成。从 Raman 荧光谱图 6.5(b)来看，氧化 20h 后生成的氧化铝层主要是由 θ-Al_2O_3 和 α-Al_2O_3 混合组成的，但随着氧化时间延长到 300h，θ-Al_2O_3 已经消失，此时的氧化铝完全由稳定相 α-Al_2O_3 组成，但图 6.5 中仍然可以看出氧化铝的凸起结构。这些凸起的脊背特征根据图 6.3(c)中的显示，多数形成于粘结层的晶界上方。

图 6.6 显示高粘结层的 TGO 成分变化与低活度粘结层相似但略有不同。在900℃进行 20h 氧化后，氧化铝层主要是由 θ-Al_2O_3 和 α-Al_2O_3 混合组成的，但是根据图 6.6(b)中的 θ-Al_2O_3 相对强度来看，明显比低活度涂层高，说明高活度粘结层的 θ-Al_2O_3 的生成量较多。随着氧化时间延长到 300h，氧化铝大部分由稳定相 α-Al_2O_3 组成，但从图 6.6(b)中仍可以看到少量的 θ-Al_2O_3。这说明了高活度粘结层会阻碍 θ-Al_2O_3 向 α-Al_2O_3 转变，根据高活度粘结层和低活度粘结层的成分差别，说明了高含量的 Pt 元素对氧化铝的相变具有明显的延迟作用，这种相变的延迟可能会降低相变体积的变化，从而减少裂纹的产生。

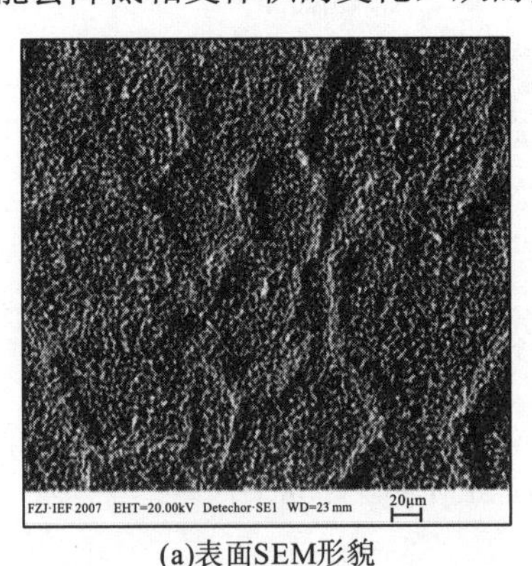

(a)表面SEM形貌

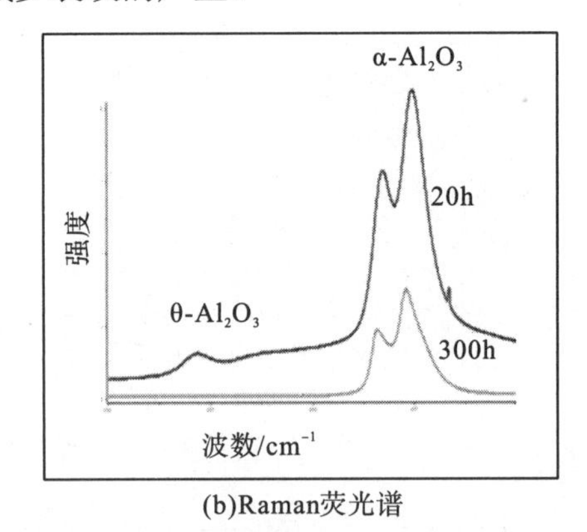

(b)Raman荧光谱

图 6.5 原始低活度粘结层样品氧化后表面 SEM 形貌(900℃，300h)及其氧化 20h 和 300h 后生成氧化铝的 Raman 荧光谱

高活度粘结层 TGO 与低活度粘结层的另外一个不同特征是没有 TGO 脊背的形成。图 6.6(a)中没有显示明显的凸起状结构，两种活度涂层不同的制备加工工

艺造成了粘结层中晶粒尺寸的差异，从而带来了涂层微观结构的差异。

从上面 900℃两种铂铝粘结层的氧化可以看出，氧化铝在 900℃容易形成亚稳定相 θ-Al_2O_3 或 β-Al_2O_3，并且可以保持相当长的时间，特别是对高活度粘结层，但是当温度高至 1100℃时，这些亚稳定相会快速转变为稳定相 α-Al_2O_3，这种快速转变会带来体积的迅速变化，从而导致内应力急剧增大，容易导致裂纹等缺陷的产生。两种活度的粘结层微观结构也深刻地影响着 TGO 的表面形态，低活度粘结层容易产生凸起的脊背结构，同时使粘结层中的 γ′-Ni_3Al 也呈现了不同的生长和分布状态，进一步说明了涂层晶粒尺寸对粘结层的影响。

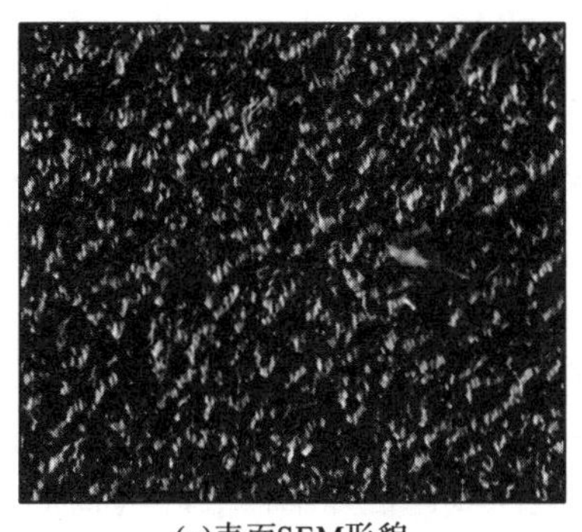

(a)表面SEM形貌

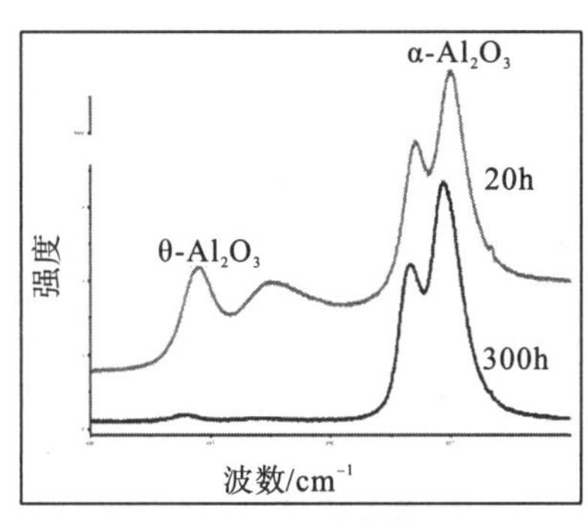

(b)Raman荧光谱

图 6.6　原始高活度粘结层样品氧化后表面 SEM 形貌(900℃，300h)及其氧化 20h 和 300h 后生成氧化铝的 Raman 荧光谱

当氧化温度为 1100℃时，低活度粘结层的 TGO 表现出不同的表面形态和特征。与低活度涂层 900℃氧化的效果不同，在 1100℃氧化形成的 TGO 比较平整，没有明显的亚稳定相生成。图 6.7 显示了低活度粘结层在 1100℃氧化 300h 后的 TGO 表面形态(图中为不同的电镜信号照片)。从图 6.7(a)中可以看出，少量氧化铝发生脱落形成表面的白色缺陷。根据对应的图 6.7(b)可以看出，这种氧化铝脱落发生在氧化铝凸起脊背处，这说明此处的氧化铝粘结性能不好。根据粘结层的氧化机制和元素扩散机制，一般粘结层中的晶界会成为元素快速扩散通道，同时根据 Wagner 高温氧化理论，可以认为这种脊背结构多形成于粘结层的晶界处上方，而且此处也多是氧化铝的晶界处。因此，由于脊背处的氧化铝生长速度较快，导致生长内应力会诱导裂纹产生，提高元素扩散速率和氧气分压，从而进一步促进氧化铝的生长，特别是当部分氧化铝脱落后，在脱落处氧化铝会迅速重新生长。并且这种凸起脊背结构一定程度上可以反映出粘结层的晶粒尺寸，从图 6.7 中可以发现低活度粘结层的平均晶粒尺寸约为 70μm，这与原始样品 EBSD 图像显示的晶粒尺寸相一致。

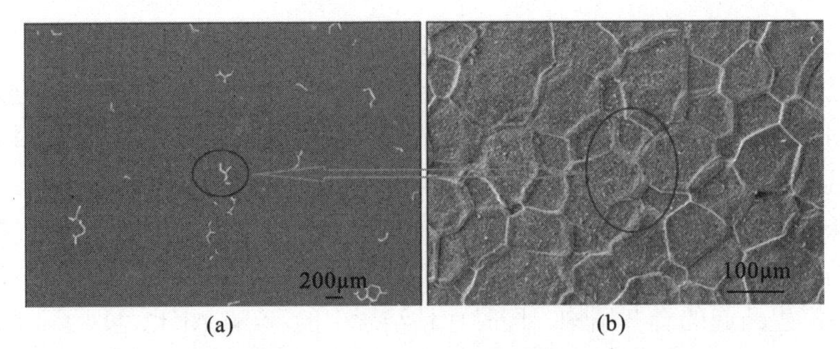

图 6.7 低活度粘结层原始样品氧化后表面 SEM 形貌(1100℃，100h)

原始样品的粘结层表面结构决定了氧化后的 TGO 表面微观结构。图 6.8 显示了低活度粘结层和高活度粘结层的 TGO 不同表面形态和特征。图 6.8(b)显示了高活度粘结层的 TGO 表面形态和特征，与低活度粘结层的 TGO 的主要区别是没有 TGO 凸起脊背的形成。另外，图 6.7 中低活度粘结层 TGO 脊背围绕之间的氧化铝相对比较平整。由于样品循环氧化时样品的热胀冷缩，导致低活度粘结层的 TGO 脊背与其周围氧化铝应变不协调，通常由于内应力的原因在脊背处更容易形成微观裂纹，从图 6.8(c)中可以发现脊背中间形成的微小裂纹，这些裂纹的形成会促进 O 元素向氧化铝内部的扩散或 Al 元素向氧化铝外部扩散，从而加速此处氧化铝的生长。

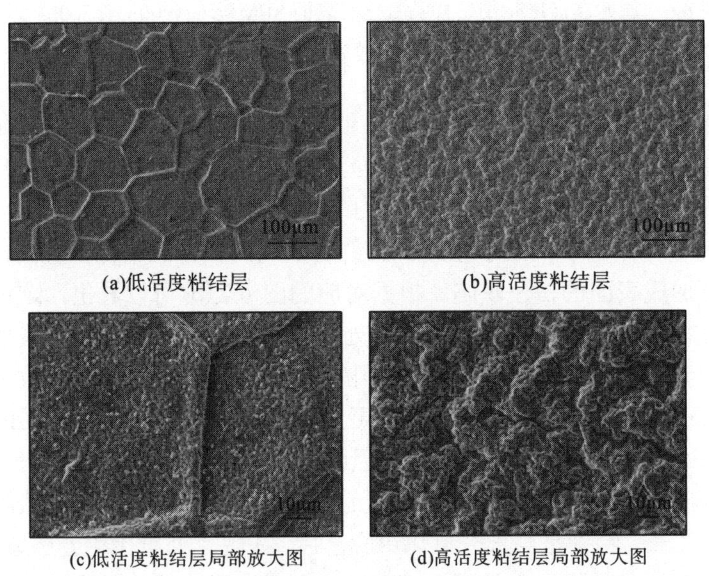

图 6.8 原始样品氧化后表面 SEM 形貌(1100℃,100h)

高活度粘结层由于晶粒尺寸较小且经喷砂处理后，图 6.8(b)没有显示粘结层晶界上方脊背的形成。根据两种涂层的微观表面结构，分析认为是由于高活度粘结层晶粒较小，同时相应的表面处理引入的表面缺陷促进了氧化铝的生长，在高温氧化过程中迅速生成大量较小的氧化铝晶粒，从而消除或掩盖了基体晶界对氧化铝生长的影响，不能形成明显的脊背特征。从图 6.8(d) 中可以看出整个高活度粘结层 TGO 的表面呈高低不平的微观结构，这种结构同时造成了图 6.4(c) 中 TGO 厚度不均匀。同时，由于粘结层氧化铝在循环氧化生长中产生内应力，会造成高活度粘结层 TGO 的这种结构局部内应力过大，从而较容易发生局部脱落。

图 6.8 显示的低活度和高活度粘结层 TGO 的表面微观结构与图 6.3 和图 6.4 对应的断面结构相比较，可以发现低活度粘结层相对比较平整，通常在粘结层的凸起处形成氧化铝的脊背等特征。而高活度粘结层 TGO 的断面结构显示相对起伏较大，与 TGO 表面特征相似。基于上述研究发现，粘结层的 TGO 表面微观结构特征与原始样品极为相似，原始样品的表面特征决定了氧化生长层 TGO 的生长特征。根据内应力对材料的作用特点，涂层不同的微观结构造成了同一表面中不同地方的氧化铝发生脱落：对低活度涂层，一般脊背处的氧化铝由于内应力等原因容易脱落；而对于高活度涂层，一般表面凸起处容易发生脱落。

随着氧化时间的延长与原始样品粘结层相比较，低活度和高活度粘结层的 TGO 表面结构特征变化不大，但氧化铝脱落进一步加强。图 6.9 显示了低活度粘结层在 1100℃氧化 300h 后的 TGO 表面形态。由于没有 TBC 陶瓷层的压制，随着氧化铝的生长和其内应力的增大，低活度粘结层 TGO 的脊背处氧化铝大量脱落。图 6.9(b) [为图 6.9(a) 的局部高分辨照片] 显示了脊背氧化铝脱落后，新一层氧化铝重新生成，在其他未脱落的氧化铝脊背中央可以发现宏观裂纹。从氧化铝脱落断口处可以发现分为三层：第“1”层为原始粘结层表面生成的氧化铝。这些粘结层表面由于喷砂处理引入的微观缺陷和污染物会促进氧化铝的快速生成，同时由于氧化铝从室温开始加热时，在低温阶段会形成针状结构的亚稳定相，随着氧化时间的延长，亚稳定相氧化铝转变为稳定相，但这种氧化铝层缺陷多。第“2”层为粘结层中 Al 元素扩散至表面氧化而成。由于第一层氧化铝的保护，第二层氧化铝相对比较纯净，并且缺陷相对较少。第“3”层为脊背裂纹等形成后造成氧化铝脱落，氧化铝重新生成。

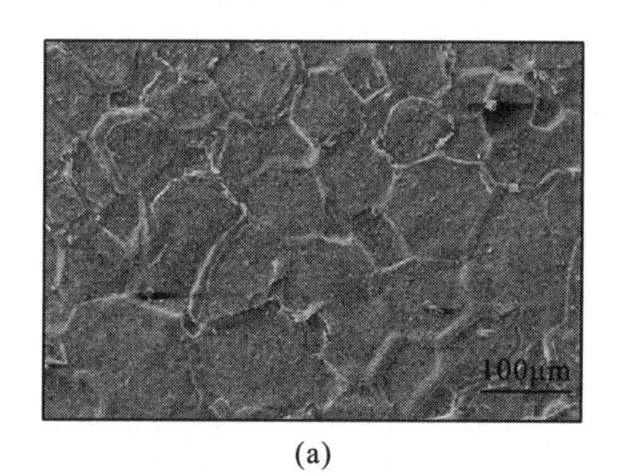

(a)

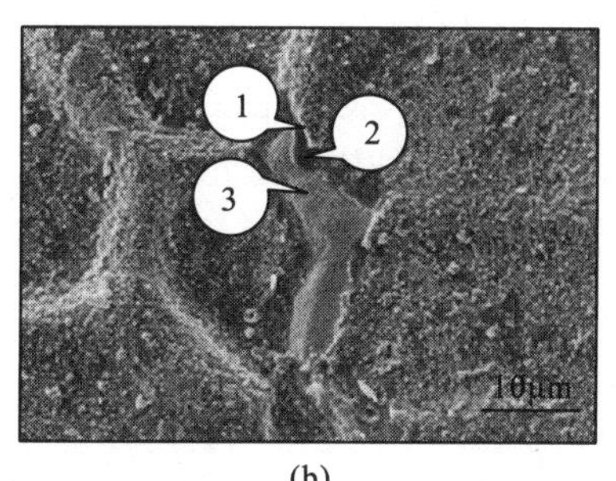

(b)

图 6.9　低活度粘结层氧化后表面 SEM 形貌(1100℃，300h)

图 6.10 显示了高活度粘结层在 1100°C 氧化 300h 后的 TGO 表面形态，相对于氧化 100h 的 TGO 表面形态，TGO 表面裂纹明显增多。根据图 6.4 中体现的断面 TGO 厚度不均匀形态，随着裂纹的增多局部氧化铝容易发生脱落。需要注意的是，尽管图 6.10(a) 中发现了很多裂纹，但没有发现氧化铝明显脱落，估计随着时间的延长，氧化铝脱落会随时发生。

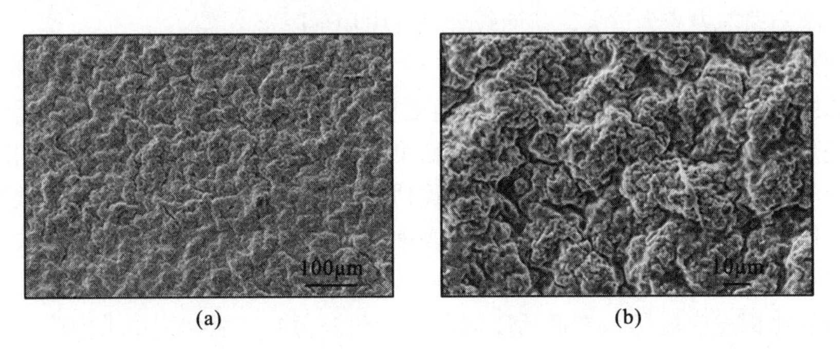

图 6.10　高活度粘结层氧化后表面 SEM 形貌(1100℃，300h)

另外，图 6.10(b) 显示了高活度粘结层的 TGO 的高分辨率微观结构。从其 TGO 表面形态来看，其表面多为球状或块状形态的氧化铝颗粒，并且整个氧化铝表面多褶皱。

6.1.3　抛光处理对铂铝粘结层氧化的影响

为了更好地研究铂铝粘结层的表面氧化行为，同时优化铂铝粘结层的加工工艺，使其具有更好的粘结性能，通过 1μm 的表面抛光去除粘结层表面的污染物，同样，原始样品表面的“脊背”结构和“鱼鳞”状表面也被抛光消除。这样两种活度的粘结层表面特征一样，在氧化后就可以比较 TGO 表面形态的差异。抛光的低活度和高活度粘结层经过 1100℃等温氧化 8h 后，两种粘结层的 TGO 表现出不同的形态和特征。图 6.11(a)、(c) 显示氧化 8h 后低活度粘结层的 TGO 表面生长了大量针状的氧化物，这是开始氧化时温度上升亚稳定相 θ-Al_2O_3 的生长特征，但随着氧化时间的延长，低活度粘结层的 TGO 表面 θ-Al_2O_3 向 α-Al_2O_3 转变引起氧化铝体积变化产生拉应力[7]，形成放射状裂纹[图 6.11(c)]，同时裂纹的生长造成氧化铝的脱落。而原始样品中体现的脊背结构在抛光氧化后明显削弱，图 6.11(b)、(d) 显示氧化 8h 后高活度粘结层的 TGO 表面 SEM，其中图 6.11(c)、(d) 为放大倍数较大的图片。

图 6.11(a) 显示了部分氧化铝脱落后，显露出合金表面，并且在合金表面多凹陷，这样 TGO 的下表面与合金表面的凹陷形成大量的空洞，根据长时间氧化的样品断面分析显示，这些空洞会随着氧化铝的生长而填补。分析认为空洞在氧化初期的形成主要是由合金涂层中的 Al 元素向氧化层扩散造成的。而随着氧化时间的

增长，空洞消失是因为氧化铝生长机制的改变，由开始的 Al 元素向外扩散氧化生长，变为氧元素沿氧化铝晶界向内扩散氧化生长，这样生成的氧化铝很快就会填充在氧化铝与铂改性铝化物涂层界面处形成的空洞。一般情况下，1100℃氧化 20h 后 TGO 与涂层的空洞就会完全消失。

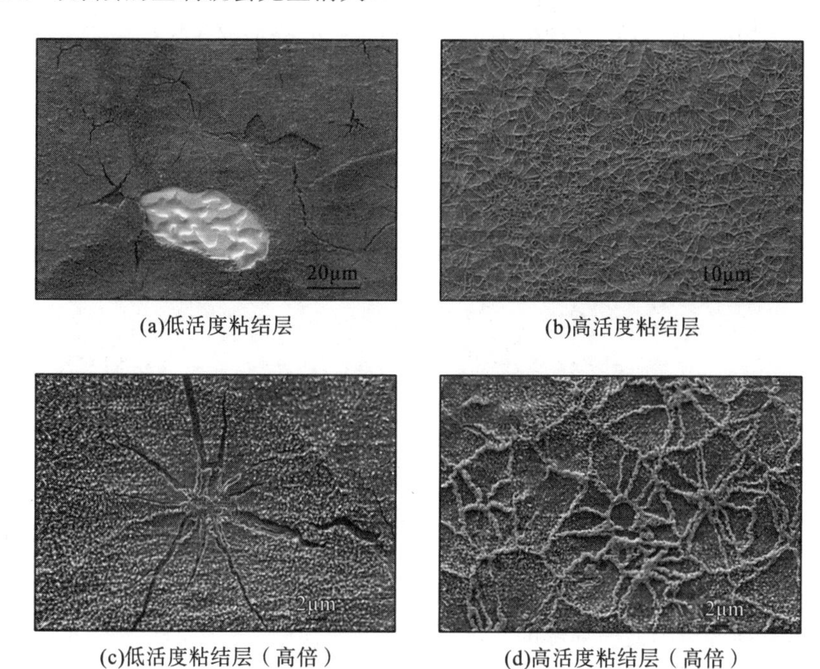

(a)低活度粘结层　(b)高活度粘结层

(c)低活度粘结层（高倍）　(d)高活度粘结层（高倍）

图 6.11　铂铝粘结层抛光、氧化后表面 SEM 形貌(1100℃，8h)

图 6.11(b)显示高活度粘结层的 TGO 表面形成脊背网状结构，在抛光去除了表面污染物和缺陷后，与低活度粘结层相似的晶界脊背生长结构就显露出来了。与低活度粘结层原始样品的脊背结构相比较，这些脊背结构明显细小而密集。一般涂层晶界处由于元素扩散迅速，从而造成氧化铝生长迅速，因此相对容易在晶界上方形成脊背，而且在脊背中央由于内应力积累容易发生裂纹，从而导致氧化铝脱落。

从抛光后低活度和高活度粘结层的 TGO 表面形态来看，高活度粘结层的 TGO 粘结性能得到明显提高，而低活度粘结层由于氧化铝的相变而引起了大量裂纹的产生和较多氧化铝脱落。因此，从粘结性能比较，低活度粘结层在比较粗糙的表面情况下可以弥补相对较少的晶界，从而可以提高氧化铝的生长速度，协调由于相变而引起的体积变化。而高活度粘结层本身晶粒较小，从而晶界较多，所以可以保证抛光后使氧化铝的生长速度仍然较快，从图 6.11 来看，其粘结性能相对较好。

图 6.12 显示了两种活度粘结层在抛光氧化 8h 后形成的 TGO 表面缺陷形貌。

图 6.12(a)显示了放射状裂纹中间氧化铝重新生长的特征形态，在 θ-Al_2O_3 向 α-Al_2O_3 发生相变后由于体积的变化而引起裂纹，从而使合金表面重新暴露在氧化气氛下，而此时的温度等条件促使 Al 元素直接生成稳定相 α-Al_2O_3，这些重新生成的氧化铝迅速填充由于裂纹而形成的空隙。从图 6.12 来看，高活度粘结层好像也形成了放射状的特征。这种特征由于沿粘结层晶界形成氧化铝微小脊背结构，这些脊背相互连接形成放射状特征。由于这种特征相互连接从而提高了 TGO 的粘结性能。

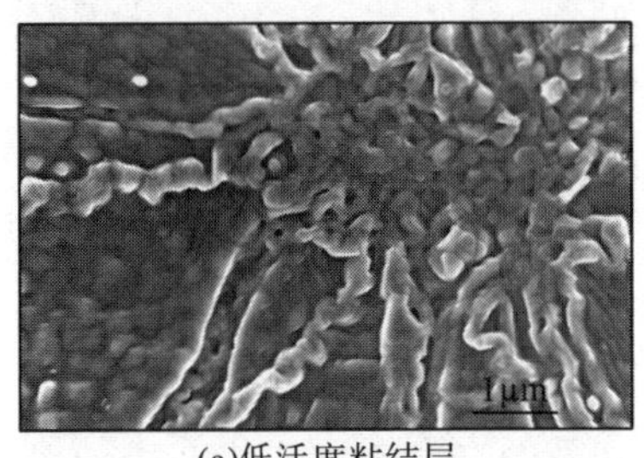

(a)低活度粘结层

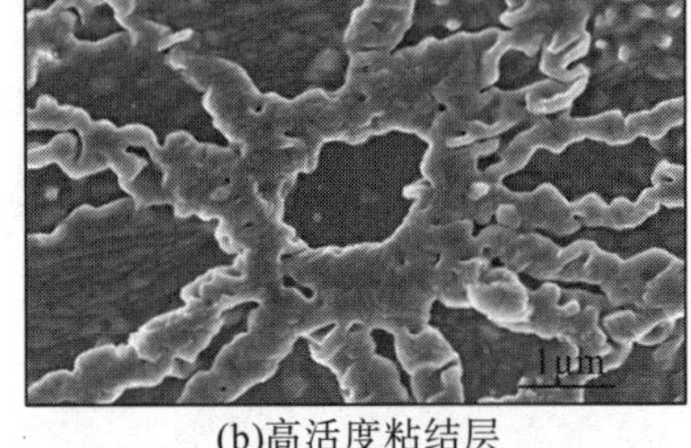

(b)高活度粘结层

图 6.12 高倍率下铂铝粘结层抛光、氧化后表面 SEM 形貌(1100℃，8h)

高活度粘结层样品抛光后氧化生成的 TGO 表面仍然表现了各种缺陷的形成和对热生长层的影响。图 6.13 显示了高活度粘结层形成的 TGO 表面缺陷，一种是由于污染物等原因促使局部的氧化铝生长较快，从而生成了较大的氧化铝晶粒，最终在 TGO 表面形成了凸起状缺陷。尽管根据现有的信息不能对其生长的详细机制进行解释，但这种缺陷显然会引起大量的氧化铝脱落，从而影响其粘结性能，进而说明样品制备和样品抛光清洗等程序尤其重要。图 6.13(b)显示了凹陷处形成的 TGO 表面形态，可以在凹陷边缘处发现许多裂纹，这说明样品的局部形状会对 TGO 中内应力分布状态产生重要影响，在凹陷边缘处由于内应力积累和释放容易产生裂纹。

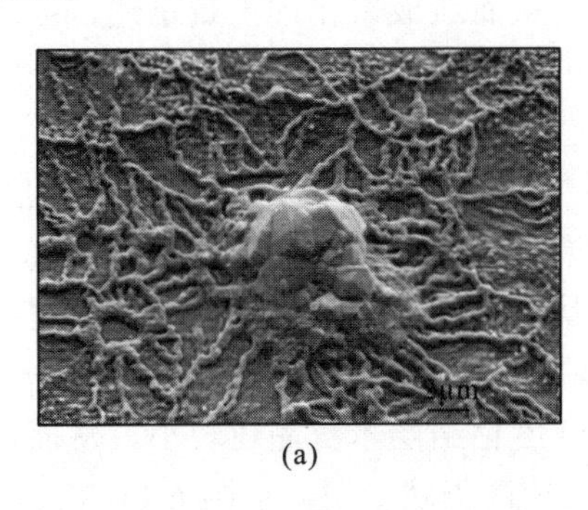

(a)

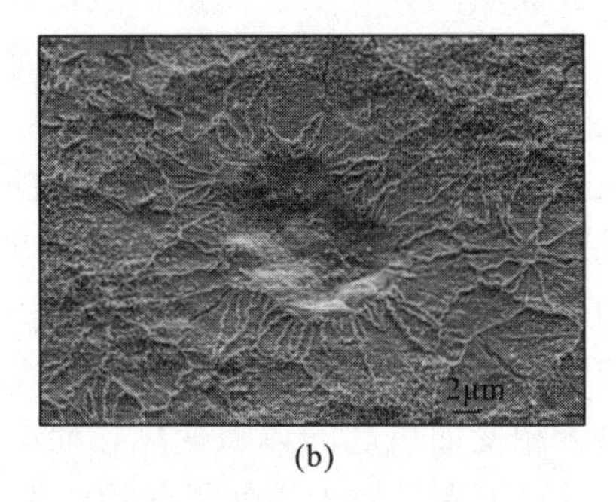

(b)

图 6.13 高活度铂铝粘结层抛光、氧化后表面 SEM 形貌(1100℃，8h)

在粘结层使用过程中，Pt 元素会影响粘结层的结构及其本身化学特性，同时 Pt 元素可以有效地消除 S 元素偏析，从而提高热生长层的粘结性能[8]。同样不同活度的铂元素使粘结层具有不同的结构，高活度铂铝粘结层基本相 β-NiAl 晶粒较小，在对样品进行喷砂处理后造成粘结层的氧化表面特征表现出较大的差异，如图 6.14(a)、(c)所示。图 6.14(a)、(b)为低活度粘结层，图 6.14(c)、(d)为高活度粘结层，其中图 6.14(b)、(d)为局部放大图。

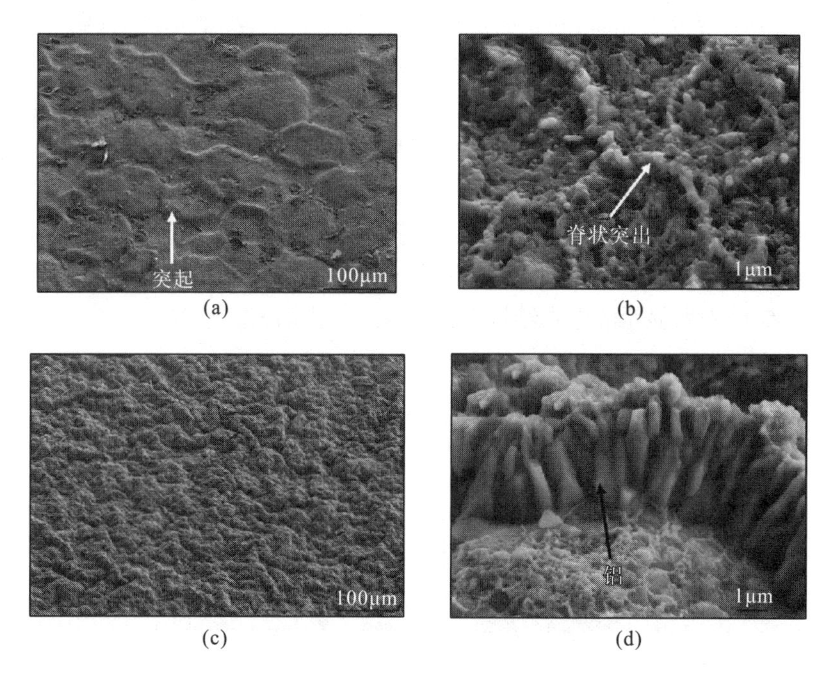

图 6.14　原始铂铝粘结层循环氧化后断面 SEM 形貌(1100℃，1000h)

低活度铂铝粘结层 1100℃高温氧化，热生长层(TGO)表面具有特殊的网状凸起脊背结构。特别是较长时间(如 1000h)高温氧化后，这种特征更加明显，如图 6.14(a)所示。从氧化铝起伏角度研究比较图 6.14(a)和图 6.14(c)，氧化后高活度粘结层的氧化层起伏比较紧密，没有出现低活度铂铝粘结层的网状表面微观结构。而对应低活度铂铝涂层的高放大倍数 SEM，图[6.14(b)]显示经过 1000h 的循环氧化后，在 TGO 表面会形成球形凸起。这种表面凸起多在涂层晶界上形成，并同时向下突出[7]，连接成网状脊背，由于氧化时间较长使 TGO 厚度较厚，因此网格大小可以相应反映氧化铝晶粒尺寸大小。随着氧化时间的增长，这些凸起脊背会氧化生长，直到完全覆盖 TGO 表面。

图 6.14(c)显示了高活度铂铝粘结层的 TGO 表面微观结构呈无规则起伏，没有发现网状脊背现象，但由于氧化铝生长层中内应力积累，部分区域发生了氧化铝脱落现象，如图 6.14(d)所示，从而使氧化铝层凹凸不平，而且图 6.14(d)中氧化铝层

的脱落断面初步表明了氧化铝层为柱状生长，这与其他文献所述一致[9]。

抛光样品经过 1000h 的高温循环氧化的表面形态如图 6.15(a)、(c)所示。图 6.15(a)、(b)为低活度粘结层，图 6.15(c)、(d)为高活度粘结层，其中图 6.15(b)、(d)为局部放大图。表面抛光处理的低活度粘结层的 TGO 表面仍然相对平坦，一定程度上表现为整体轻微起伏，并且如图 6.15(a)所示，局部有氧化层脱落发生。而且与高放大倍数的原始样品[图 6.14(b)]相比较，抛光处理后的样品热生长层具有如图 6.15(b)所示的完全不同的表面形态和缺陷。这种裂纹的形成有两个方面的原因：一是由于抛光处理后，氧化初期涂层表面缺陷缺少，形成的 Al_2O_3 相对比较完整，造成氧化铝层内应力较大，一旦裂纹形核开始，比较容易在内应力的驱动下长大；二是随着氧化时间的增长，在氧化初期生成的 θ-Al_2O_3 向 α-Al_2O_3 转变，而这种相变会造成约 10%体积的减少[7]，从而促进裂纹的形核，最终形成如图 6.15(b)所示的放射状裂纹，但与抛光样品氧化 8h 后形成的大量氧化铝脱落和大量裂纹生长不同，可能是经过较长时间(1000h)的氧化后，氧化初期(8h)形成的氧化铝已经全部脱落，图 6.15(b)中所显示的微观结构为新生成的氧化铝表面结构。

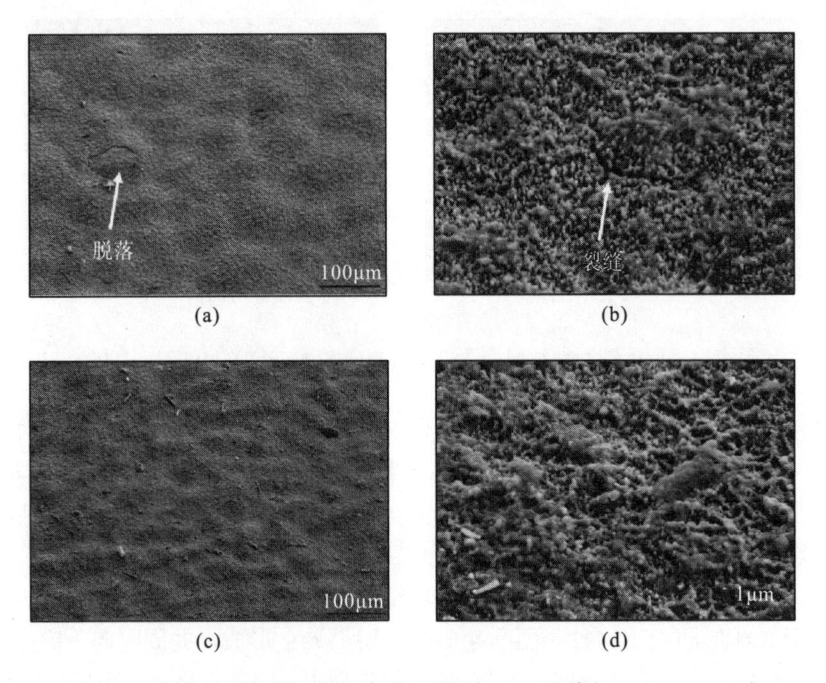

图 6.15 抛光铂铝粘结层循环氧化后断面 SEM 形貌(1100℃，1000h)

图 6.15(c)显示抛光处理的高活度铂铝粘结层的 TGO 表面也相对平坦。从图 6.15(c)、(d)来看，高活度粘结层的 TGO 起伏波长比低活度粘结层小。虽然生长氧化层的表面起伏由各种影响因素综合决定，但氧化铝层的生长是促进起伏的重要原因，这将在第 7 章进行详细的讨论。同样，抛光样品氧化 8h 后形成

的大量氧化铝脊背结构已经完全消失，由于没有 TBC 陶瓷层的压制，与低活度粘结层一样有可能是经过较长时间(1000h)的氧化后，氧化初期(8h)形成的氧化铝已经全部脱落，图 6.15(d)中所显示的微观结构为新生成的氧化铝表面结构，其表面没有裂纹形成，表现出较好的粘结性能。

图 6.15(c)、(d)显示了抛光处理的铂铝涂层氧化后存在针状形态氧化铝，与前面的分析相似，这是 θ-Al_2O_3 存在的重要特征，一般是在循环氧化升温阶段形成的，但高活度铂铝粘结层的 TGO 没有发现图 6.15(b)所示的微小裂纹，这说明高活度铂对 Al_2O_3 的相变和内应力释放都有重要的影响。

喷砂与抛光处理的铂铝粘结层热生长层(TGO)表面形态的不同，在样品的断面微观结构中也有相应的显示。对于喷砂处理的低活度铂铝粘结层原始样品，图 6.16(a)可以说明 TGO 的脊背在晶界处形成。这是由于铂铝粘结层中晶界是元素的快速扩散通道，铝元素更容易沿晶界向外扩散，随着高温氧化时间的增长，晶界上方的氧化铝厚度较厚，从而造成表面形成大量凸起，如图 6.16(a)所示，并且从图 6.17(a)中可以发现，凸起处的氧化铝容易发生脱落，脱落后形成的裂纹等促使 O 元素容易从外部进入氧化铝层内部，促进凸起处 Al 元素的氧化。这种现象造成 Al 元素在涂层中的加速消耗，使涂层晶界处的 β-NiAl 向 γ'-Ni_3Al 转变。由于 γ'-Ni_3Al 的硬度相对 β-NiAl 较大[10]，因此高温循环中 γ'-Ni_3Al 相对不容易变形，这造成在 γ'-Ni_3Al 相上层的 α-Al_2O_3 凸起，在图 6.16(a)中可以清楚地发现，在 α-Al_2O_3 凸起处下面有 γ'-Ni_3Al 形成。

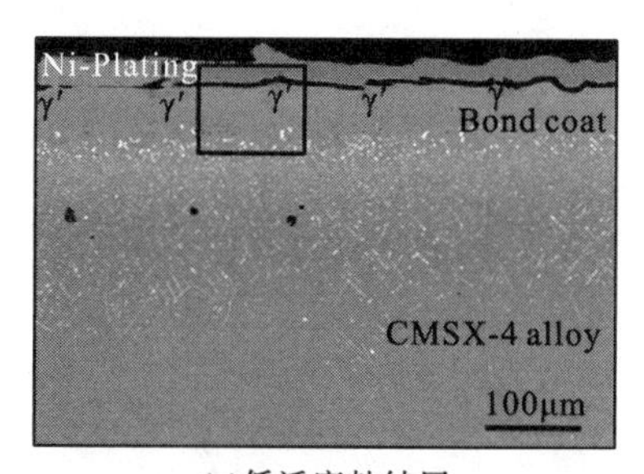

(a)低活度粘结层

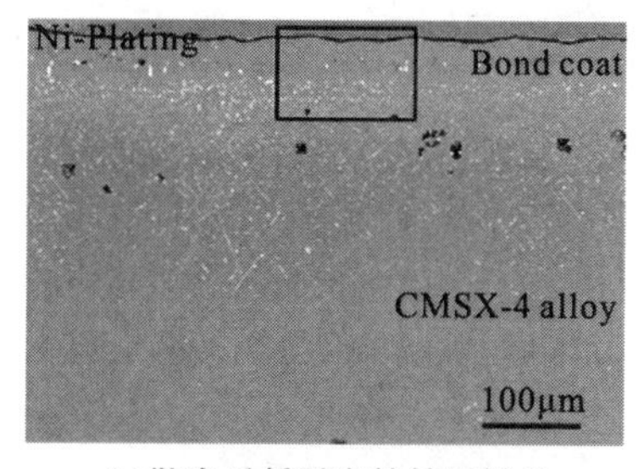

(b)抛光后低活度粘结层样品

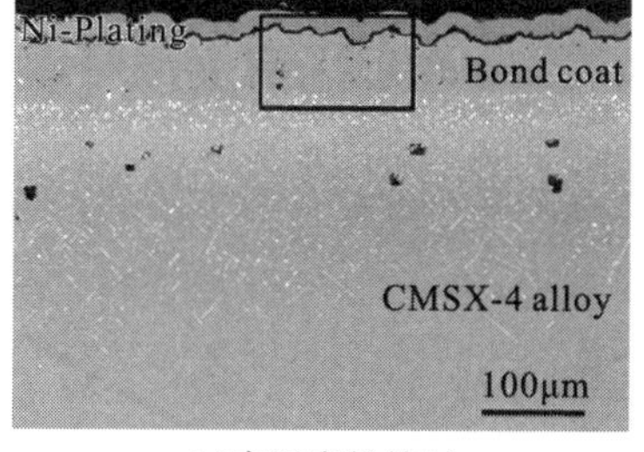

(c)高活度粘结层

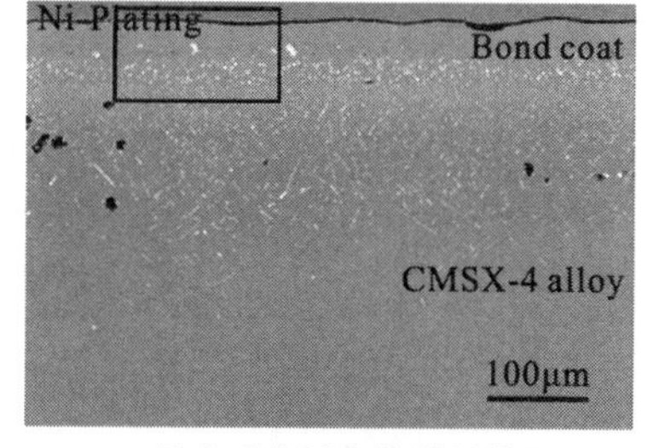

(d)抛光后高活度粘结层样品

图 6.16　低倍率下铂铝粘结层循环氧化后断面 SEM 形貌(1100℃，1000h)

图 6.16(b)显示抛光处理的低活度粘结层样品没有凸起形成，TGO 层比较平坦。由于 Al 元素的消耗，在图 6.17(b)所示的粘结涂层中发生马氏体相变。相对于图 6.16(a)未抛光处理样品，抛光样品氧化形成的氧化铝厚度明显较小，说明氧化铝的生长速率较低或者部分 TGO 发生脱落，没有在 γ'-Ni_3Al 处形成脊背氧化铝，同时也没有裂纹形成。图 6.17(a)、(b)为低活度粘结层，图 6.17(c)、(d)为高活度粘结层，其中图 6.17(b)、(d)为抛光后样品。

高活度铂铝粘结层的原始喷砂样品经过 1000h 的氧化后，图 6.16(c)和图 6.17(c)显示了粘结层及表面 TGO 的强烈起伏，同时生成的氧化铝层局部厚度不均匀。这种厚度不均现象主要是由局部氧化铝的脱落造成的，如图 6.14(d)所示。同时与图 6.17(a)比较，显示图 6.17(c)中高活度铂铝粘结层的 TGO 平均厚度较小，说明主要影响因素可能是高含量铂可以促进铝元素加速扩散。其具体影响过程为：在氧化初期，高含量铂促使铝元素快速在涂层表面生成缺陷较少和致密的氧化铝层，而内应力的积累造成局部氧化铝的脱落，同时脱落处重新快速形成致密氧化铝，从而降低涂层的进一步氧化，如此周而复始。随着氧化时间的延长，氧化铝的快速形成和脱落造成了图 6.17(c)中的 TGO 平均厚度较小，并且厚度不均匀。

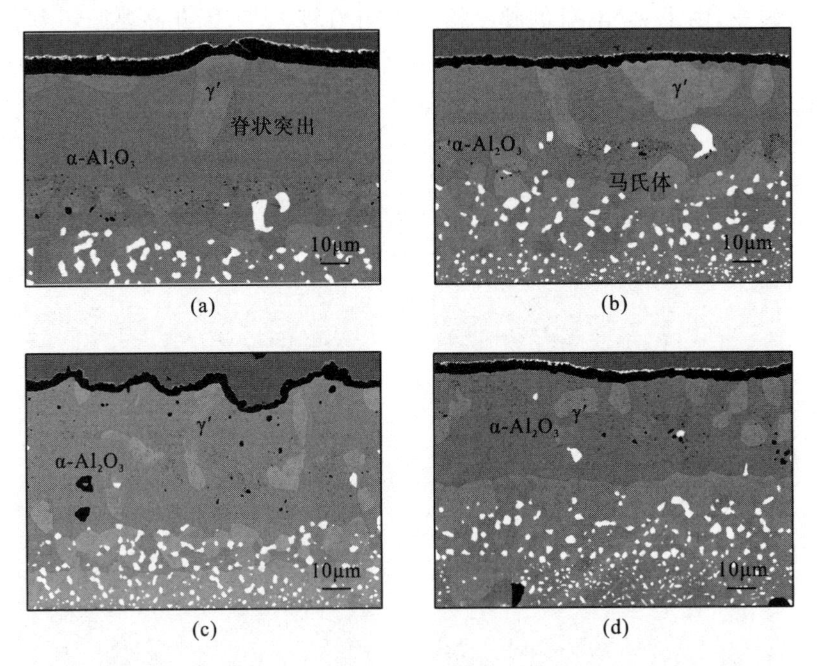

图 6.17 高倍率下铂铝粘结层循环氧化后断面 SEM 形貌(1100℃，1000h)

另外，由于氧化铝的脱落，同时伴随内应力的释放，造成高活度铂铝涂层样品内应力较小，如图 6.18 所示。对于高活度铂铝粘结层样品，图 6.16(d)和图 6.17(d)

显示抛光处理有效抑制了氧化过程中 TGO 层表面起伏，并且图 6.17(d)显示 TGO 相对比较平整，没有氧化铝的脱落，但抛光处理会影响 TGO 的内应力。

与喷砂原始样品比较，图 6.18 显示抛光样品的氧化铝层在氧化初始阶段内应力迅速升高，在随后的氧化中，内应力测量显示了较大的内应力。图 6.17(b)同时也表明氧化铝层整体具有较好的粘结性能。对于抛光低活度粘结层，图 6.18 显示在氧化初期内应力较低，这是由于氧化初期的大量裂纹的形成，使内应力得到释放。而高活度粘结层在抛光后，在氧化初期没有发现氧化铝脱落，故图 6.18 显示抛光高活度粘结层的内应力从氧化开始就较大，但与喷砂处理的铂铝粘结层的 TGO 内应力相比较，在长期氧化中，抛光样品的内应力明显增大。从长期氧化来看，低活度粘结层的 TGO 内应力比高活度粘结层大 0.5～1.0GPa。

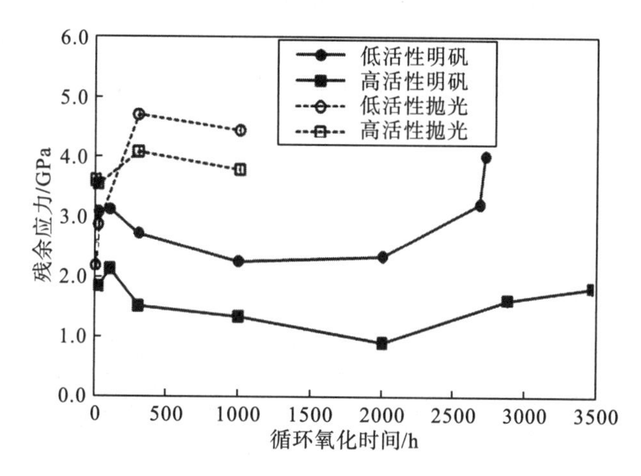

图 6.18　铂铝粘结层 1100℃空气循环氧化后内应力趋势

6.1.4　YSZ 陶瓷层对 TGO 生长的影响

进行喷砂或抛光处理的铂铝粘结层表面显示了对 TGO 生长的巨大影响，但在喷砂处理的粘结层表面利用 EB-PVD 技术沉积 YSZ 陶瓷层，对 TGO 的生长和起伏同样产生了影响。实验发现由于 TBC 陶瓷层的存在，初期氧化生成的氧化铝不会发生脱落。同时 TBC 的 YSZ 陶瓷层与 TGO 由于热膨胀系数不同，从而循环氧化过程中两者相互作用而产生内应力，但陶瓷层会压制 TGO 起伏，阻碍内应力的释放，热障涂层中的 TGO 内应力在长时间积累效果下，呈上升趋势。

分析显示 TBC 陶瓷层对 TGO 起伏具有压制作用。图 6.19 显示了低活度粘结层非连续氧化 772h 后的断面结构图，从热障涂层系统断面结构来看，TGO 相对比较平整。尽管热障涂层中 TGO 局部发生微小起伏，但与低活度粘结层的 TGO 起伏相比较，TBC 陶瓷层压制了由于 γ'-Ni_3Al 的出现而导致的 TGO 凸起，从而使 TGO 相对比较平整。

如果没有 TBC 陶瓷层的压制，TGO 与粘结层同时起伏变形，尤其是粘结层由于 Al 元素的消耗导致发生 β-NiAl→γ′-Ni_3Al 的相变，γ′-Ni_3Al 的出现导致了断面结构中的 TGO 局部凸起。

与低活度粘结层比较，由于高活度粘结层的不同微观结构而导致出现了不同的 TGO 起伏。图 6.20 显示了高活度粘结层非连续等温氧化 772h 的断面结构，其中 γ′-Ni_3Al 的分布与低活度粘结层完全不同，同时在高活度粘结层表面形成比较密集的起伏。同样，TBC 的陶瓷层也压制了 TGO 的密集起伏。

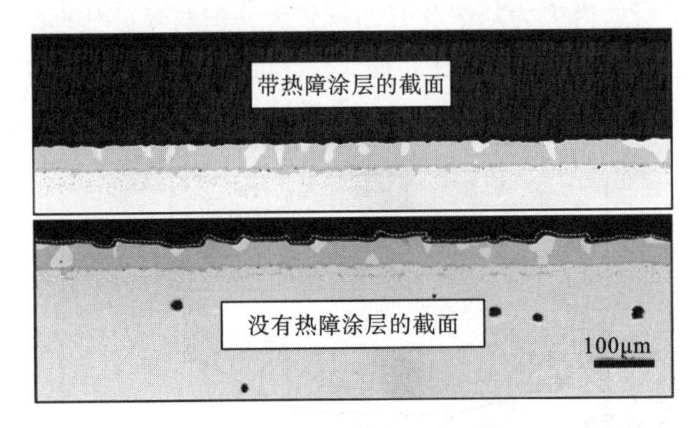

图 6.19 低活度粘结层非连续等温氧化后断面金相图(1100℃，772h)

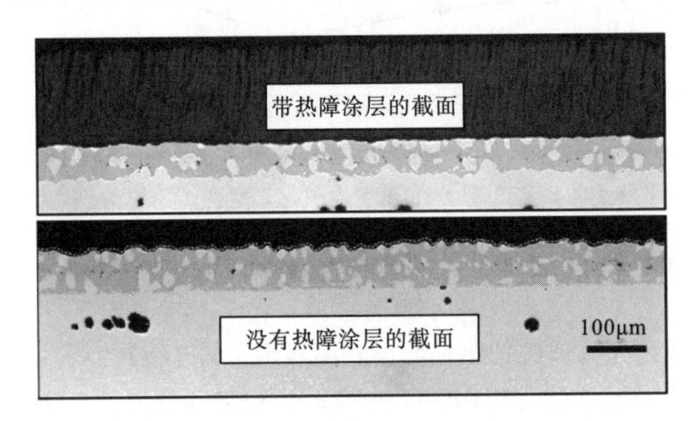

图 6.20 高活度粘结层非连续等温氧化后断面金相图(1100℃，772h)

图 6.21 显示了低活度铂铝粘结层的 TGO 在热障涂层系统、原始喷砂处理和抛光处理后的样品生长的不同情况。图 6.21(a)显示了热障涂层系统的 TGO 生长情况，由于 TBC 陶瓷层的压制，使 TGO 与粘结层发生微小起伏和形变，从而释放循环氧化中产生的部分内应力。而图 6.21(b)(为较大放大倍数，没有表现出 TGO 起伏)显示了喷砂处理的原始低活度粘结层表面 TGO 生长情况，相对于图 6.21(a)中显示的 TGO 厚度明显较小，而抛光处理后的低活度粘结层则表现出了更薄的 TGO 厚度，从图 6.21(c)中可以发现，抛光后的 TGO 厚度约为原

始喷砂样品的 1/2。

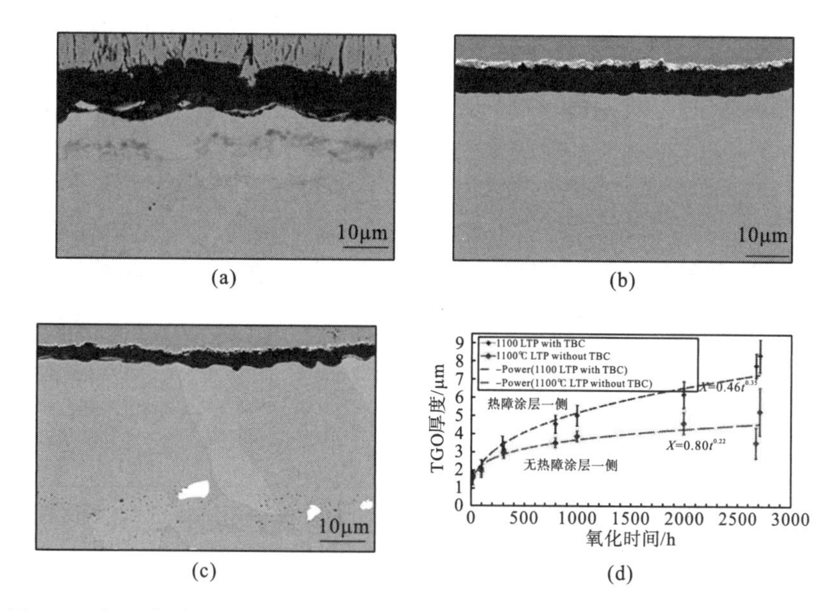

图 6.21　低活度铂铝粘结层断面 SEM 形貌比较及 TGO 厚度分析(1100℃，1000h)

低活度粘结层抛光后样品的 TGO 厚度明显降低可能存在两个原因：一是表面抛光后由于污染物的减少，使氧化铝的生成速度降低；二是抛光后的低活度粘结层在氧化初期由于相变而容易发生氧化铝脱落，从而使厚度较小。

图 6.21(d)显示了热障涂层中 TGO 的厚度随时间增长曲线及无 TBC 陶瓷层压制的低活度粘结层的 TGO 厚度曲线。通过两者比较符合幂函数趋势的 TGO 厚度曲线，可以发现随着时间的增长两者的厚度差异越来越大。由于热障涂层系统和无陶瓷层的单一铂铝涂层系统，在氧化反应过程中偏氧分压相同，两者的氧化铝生长速率也应相似，因此较薄的氧化铝厚度说明低活度粘结层原始样品的 TGO 脱落越来越严重。当氧化至 2682h 时，脱落的 TGO 厚度已经约有 3μm。这里需要注意的是，热障涂层中 TGO 是向粘结层方向生长的，由于氧化铝表面不会发生脱落，因此 TGO 与氧气的接触界面环境是不会变化的，但是低活度粘结层原始样品由于表面氧化铝的脱落，造成 TGO 与氧化的接触界面环境不断发生变化，由于新生成的氧化铝表面缺陷较少，有可能降低 O 元素向氧化铝内部扩散的速率。

图 6.22 显示了高活度铂铝粘结层在热障涂层系统中、原始喷砂处理和抛光处理后的样品氧化后 TGO 生长的不同情况。图 6.22(a)显示了热障涂层系统的 TGO 生长情况，与低活度粘结层的 TBC 系统相似，TGO 与粘结层发生微小起伏和形变，从而可以释放部分循环氧化过程中产生的内应力。而图 6.22(b)显示

了喷砂处理的原始高活度粘结层的表面 TGO 生长情况，与低活度粘结层原因相似，由于没有 TBC 压制使 TGO 平均厚度明显变小，同时与原始样品比较，TGO 与粘结层的起伏明显加强。从图 6.22(c)中可以发现，抛光后的 TGO 厚度比原始喷砂样品的 TGO 小。另外，抛光处理后的高活度粘结层则表现出了相对比较平整的 TGO。

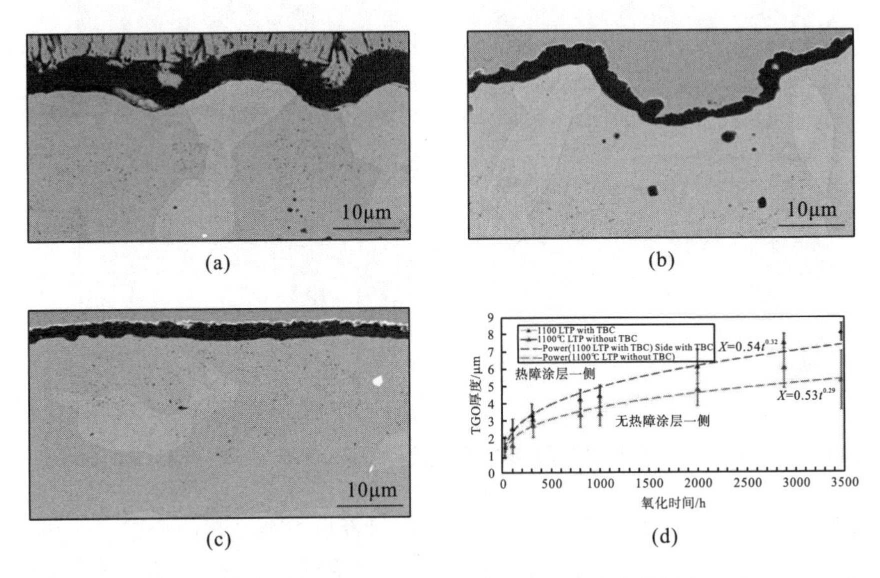

图 6.22　高活度铂铝粘结层断面 SEM 形貌比较及 TGO 厚度分析(1100℃，1000h)

高活度粘结层抛光样品的 TGO 厚度降低可能存在两个原因：一是表面抛光后由于污染物的减少，可能使氧化铝的生成速度降低；二是长时间的氧化使局部内应力达到一定程度，从而导致氧化铝发生脱落使厚度较小，这与低活度粘结层初期氧化由于相变引起氧化铝脱落不同。

图 6.22(d)显示了热障涂层中 TGO 的厚度随时间增长曲线及无 TBC 陶瓷层压制的高活度粘结层的 TGO 厚度曲线。与低活度粘结层的情况相似，TGO 厚度曲线符合幂函数趋势，但随着氧化时间的增长，高活度粘结层的 TGO 差异比低活度粘结层的 TGO 差异小。

6.1.5　氧化铝厚度与时间的函数关系

氧化铝的厚度随着氧化时间的增长而变厚，这是由于 O 或 Al 元素通过氧化铝扩散，从而相互反应的。一般情况下，氧化铝的生长速率由 O 或 Al 元素扩散速率单一或联合控制。为了研究铂铝涂层本身的氧化生长机制，实验中通过表面抛光可以消除样品表面其他因素对氧化铝生长机制的影响，故对抛光样品进行 SNMS 纵深成分分析。图 6.23 显示了低活度铂铝涂层 1100℃氧化 6h 的 SNMS 纵深成分含量曲线，其中氧化气氛为 2h $^{16}O_2$+6h$^{18}O_2$。从图 6.23(a)的成分含量曲线可以看出氧化铝厚度约为 0.8μm，从作为追踪原子的同位素 ^{18}O 含量变化可以看出，氧化铝的生长主要由向外扩散的 Al 元素与 O 反应控制。

从图 6.23(b)所示的成分含量对数曲线可以更加清楚地看出少量元素的分布情况。可以发现 Pt 元素没有向氧化铝层扩散，仍然在粘结层富集。这里需要注意的是元素 Cr 在氧化铝层中呈向外扩散趋势，且氧化铝外部含量比内部稍高。一般情况下，Cr 元素能够降低生成连续致密保护膜的 Al 元素的含量，能够提高涂层的抗氧化性能。其他元素(如 Ti、Ta 和 Co 等元素)没有向氧化铝扩散。

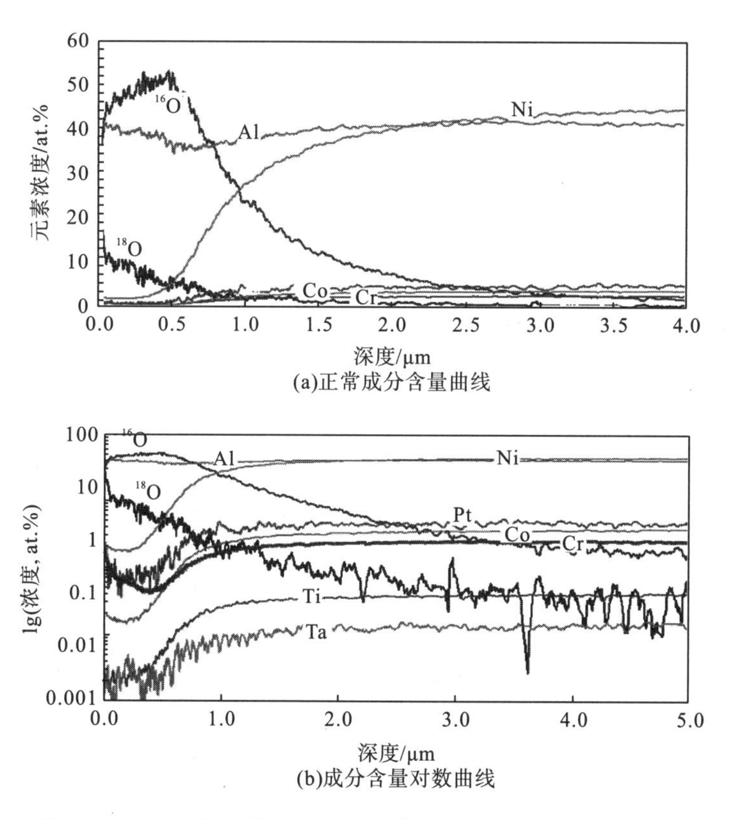

图 6.23　低活度铂铝涂层 1100℃氧化 6h 的 SNMS 成分含量曲线

与低活度粘结层氧化气氛相同，图 6.24 显示了高活度铂铝涂层 1100℃氧化 6h 的 SNMS 成分含量曲线，其中氧化气氛为 2h $^{16}O_2$+6h $^{18}O_2$。从图 6.24(a)的成分含量曲线可以看出氧化铝厚度约为 0.4μm。在时间和气氛相同的条件下，涂层的化学成分成为控制氧化铝初期生长速率的主要因素，当然从前面的断面分析来看随着氧化时间增长，两者的氧化铝厚度趋于相似。对比图 6.23(b)和图 6.24(b)的对数成分曲线，可以发现主要元素 Pt 的含量成为影响氧化铝生长厚度的主要原因。氧化铝生长机制为 Al 元素沿晶界向外扩散的生长机制，这与低活度粘结层相同。

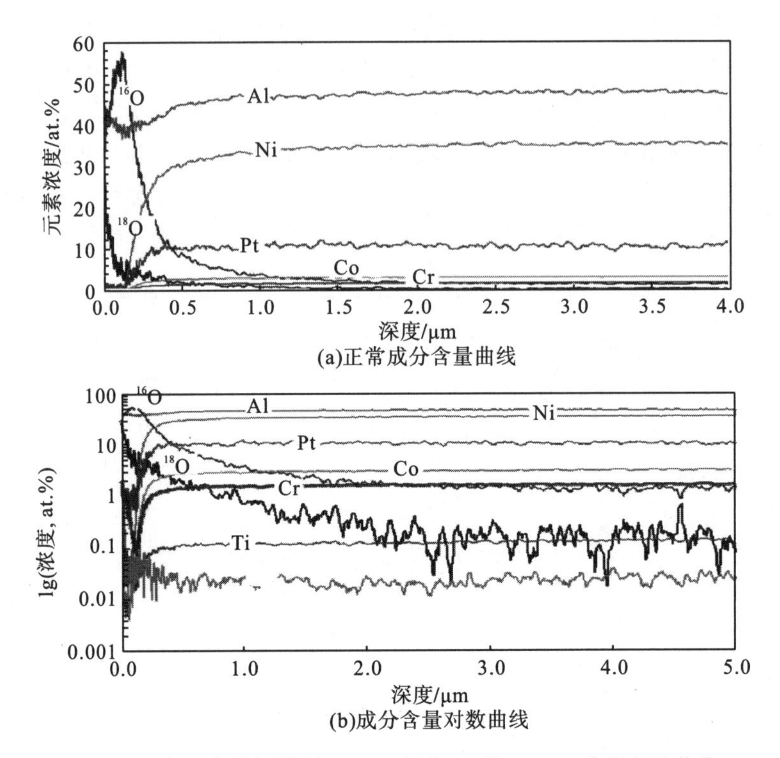

(a)正常成分含量曲线

(b)成分含量对数曲线

图 6.24 高活度铂铝涂层 1100℃氧化 6h 的 SNMS 成分含量曲线

为预测氧化铝生长模型和失效机制奠定基础，图 6.25 进一步说明氧化铝厚度与时间函数关系。在热障涂层系统中，低活度粘结层的 TGO 厚度在经过长时间的氧化后比高活度粘结层稍大，在氧化 700h 之内两者的差别不大，但当热障涂层的陶瓷层失效时低活度和高活度粘结层的 TGO 临界厚度相似。通常铂改性铝化物涂层的氧化膜形成多为晶界扩散，根据 Wagner 理论如果氧化物的生长由晶界扩散控制，那么氧化物生长在本质上多为抛物线或者类抛物线规律生长。

$$X = Kt^n \tag{6-1}$$

式中，X 为氧化铝厚度；t 为氧化时间；K 和 n 为生长系数。

根据上述理论，利用幂函数对铂铝涂层在不同氧化时间内生成的氧化铝厚度拟合，可以得到相对准确的氧化铝厚度与时间关系曲线。根据两种热障涂层系统在 1100℃循环氧化的氧化铝厚度数据拟合，得到了两种活度粘结层的热生长层厚度 X 随时间 t 的生长函数为

$$\begin{aligned} X_{\text{Low}-a_{\text{Al}}}^{\text{TBC}} &= 0.46t^{0.35} \\ X_{\text{High}-a_{\text{Al}}}^{\text{TBC}} &= 0.54t^{0.32} \end{aligned} \tag{6-2}$$

从图 6.25(a)中可以发现，热障涂层在约 3000h 失效时 TGO 存在临界厚度，为 6～8μm。同时，由于高活度粘结层氧化的生长系数 n 较小而 K 较大，说明了其氧化铝在开始生长时较快速，然后比低活度粘结层慢。

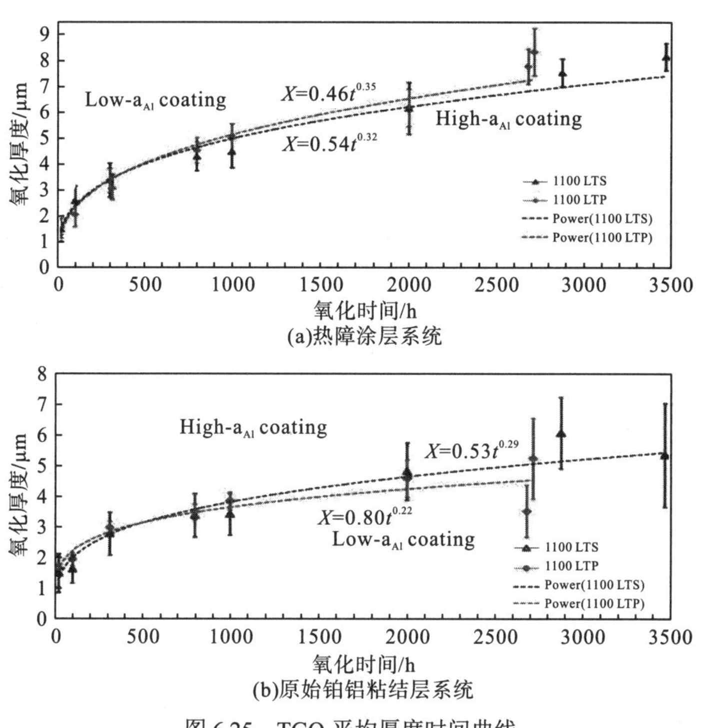

图 6.25　TGO 平均厚度时间曲线

同理，根据两种无陶瓷层的单一铂铝涂层系统在 1100℃循环氧化的氧化铝厚度数据拟合，从而得到了两种活度粘结层的热生长层厚度 X 随时间 t 的生长函数为

$$\begin{aligned} X_{\text{Low}-a_{\text{Al}}}^{\text{BC}} &= 0.80t^{0.22} \\ X_{\text{High}-a_{\text{Al}}}^{\text{BC}} &= 0.53t^{0.29} \end{aligned} \tag{6-3}$$

根据函数关系式(6-2)和式(6-3)，可以计算出在失效之前的任意时间的氧化铝厚度。由于氧化初期的氧化铝生长情况对后续氧化具有重要影响，尤其是氧化铝在开始生长阶段容易生成亚稳定相，这会严重影响涂层的粘结性能和使用寿命。根据函数关系式(6-2)和式(6-3)对低活度粘结层取 t=8h 可以计算出热障涂层系统(TBC)和单一粘结层系统(BC)相应的氧化铝厚度(单位为 μm)

$$\begin{aligned} {}^{8}X_{\text{Low}-a_{\text{Al}}}^{\text{TBC}} &= 0.95 \\ {}^{8}X_{\text{Low}-a_{\text{Al}}}^{\text{BC}} &= 1.46 \end{aligned} \tag{6-4}$$

从式(6-4)中可以发现，单一低活度粘结层的氧化铝明显较厚，根据图 6.11

可以发现 θ-Al_2O_3 向 α-Al_2O_3 发生转变，这种相变引起了裂纹产生，与氧化铝和粘结层界面上形成的空洞共同作用，导致局部氧化铝脱落，增加了 O 和 Al 元素的扩散速率，从而造成较快的增长速度，但对热障涂层系统而言，由于 TBC 陶瓷层延缓裂纹产生和防止氧化铝脱落，从而使氧化铝变薄。

同样，对高活度粘结层取氧化时间 t=8h，计算出热障涂层系统(TBC)和单一粘结层系统(BC)相应的氧化铝厚度(单位为 μm)

$$
\begin{aligned}
{}^{8}X_{\text{High}-a_{\text{Al}}}^{\text{TBC}} &= 1.05 \\
{}^{8}X_{\text{High}-a_{\text{Al}}}^{\text{BC}} &= 0.97
\end{aligned}
\tag{6-5}
$$

式(6-5)体现了与低活度粘结层完全不同的氧化铝厚度相对大小趋势。高活度粘结层在两种系统中厚度相似，根据前面图 6.11 中相应的氧化铝表面微观结构，可以认为较高含量的 Pt 元素改进了氧化铝的生长结构，体现了较好的粘结性能。仅从氧化铝厚度而言，外部陶瓷层对其影响甚微。

整体而言，对无陶瓷层的铂铝粘结层系统，由于没有 TBC 陶瓷层的压制，两种活度的粘结层 TGO 表现出了与热障涂层系统相反的趋势。低活度粘结层的 TGO 厚度随着氧化时间的增长比高活度粘结层的 TGO 小。这从上面的分析可以知道，由于初期氧化的相变和特殊的脊背结构造成了低活度粘结层的氧化铝脱落比高活度粘结层严重。

6.1.6 小结

通过对样品涂层表面不同处理的研究，主要得到以下结论和创新点。

(1)铂铝粘结层的表面处理对其氧化产生的 TGO 有重大的影响。热障涂层的 YSZ 陶瓷层严重压制了 TGO 的起伏，发现了 γ′-Ni_3Al 在粘结层中对 TGO 起伏造成的影响。

(2)表面抛光处理工艺使两种活度的铂铝粘结层 TGO 表面起伏变小，并且由于抛光处理后的样品表面缺陷减少，高活度粘结层生成的氧化铝层显示了整体较好的粘结性能。同时，抛光处理也使高含量铂铝涂层局部氧化铝脱落减少，且促进高含量铂铝涂层样品的氧化铝层平坦生长。

(3)表面抛光处理有效地减少了低含量铂铝涂层样品表面脊背或凸起的形成，但由于氧化初期氧化铝相变的发生，造成了低含量铂铝涂层样品的 TGO 表面大量微小裂纹的形成，使在氧化初期低活度粘结层的 TGO 大量脱落。

(4)热障涂层中 YSZ 陶瓷层的沉积有效地避免了氧化铝的脱落，同时两种活度的热障涂层系统在长期氧化中低活度粘结层的 TGO 厚度比高活度粘结层的稍大；而单独使用两种活度粘结层时，由于没有 TBC 陶瓷层的压制，TGO 发生了大量脱落，使高活度粘结层的 TGO 厚度比低活度粘结层厚度稍大。

(5)在同一温度氧化时，低活度粘结层的热生长层生长速率稍高，且在热障涂层失效时 TGO 存在临界厚度，为 6～8μm。针对热障涂层系统和单一粘结层系统，提出了两种粘结层的热生长层厚度 X 随时间 t 的生长函数为

$$\begin{aligned} X^{\mathrm{TBC}}_{\mathrm{Low}-a_{\mathrm{Al}}} &= 0.46t^{0.35}; & X^{\mathrm{BC}}_{\mathrm{Low}-a_{\mathrm{Al}}} &= 0.80t^{0.22} \\ X^{\mathrm{TBC}}_{\mathrm{High}-a_{\mathrm{Al}}} &= 0.54t^{0.32} & X^{\mathrm{BC}}_{\mathrm{High}-a_{\mathrm{Al}}} &= 0.53t^{0.29} \end{aligned} \tag{6-6}$$

6.2　热生长层起伏机制

铂改性铝化物粘结层在涡轮发动机高温运行过程中，粘结层中的 Al 元素与运行环境气氛中 O 元素容易生成致密而连续的氧化铝保护膜，从而提高了叶片抗氧化性能，延长了使用寿命，同时由于提高了运行温度，从而提高了能源转换效率。一般情况下运行环境多是循环氧化，而在循环氧化的冷却过程中，由于热生长层与 TBC 陶瓷层和粘结层之间具有不同的热膨胀系数等性能，从而导致在涂层中产生较大的内应力，在这种内应力驱动下造成 TGO 发生起伏。TGO 起伏可以造成内应力的重新分布和释放，并且容易造成裂纹的产生和生长。强化粘结层和降低粘结层与合金基底的热膨胀系数差，可以减弱 TGO 起伏[11]。由于热生长层的环境复杂性，了解 TGO 的起伏机制就显得尤为重要。通过研究低活度和高活度粘结层的 TGO 起伏特征，量化氧化时间对 TGO 起伏的影响，同时研究在不同氧化温度和表面抛光情况下 TGO 的起伏特征，得到循环氧化和非连续等温氧化及 TBC 的陶瓷层对 TGO 起伏的影响。

6.2.1　非连续等温氧化

由于使用铂铝粘结层的涡轮发动机在现实使用环境中使用时间并不固定，因此非连续等温氧化是现实环境中一种重要的随机使用氧化条件。实验即在 1100℃等温随机氧化一段时间后冷却至室温 25℃，放置一段时间后重新升温进行等温氧化，共计 1100℃等温氧化 772h。在样品冷却至室温后，利用表面粗糙度仪器线性测量氧化铝表面起伏数据。尽管涂层厚度可以影响氧化铝的起伏，实验中所用样品同一活度铂铝涂层的厚度差异较小(约 1μm)，对计算结果误差影响不大[12]。实验中提出用均平方根起伏系数(RMS)来说明氧化层表面法线方向的起伏程度

$$\mathrm{RMS} = \sqrt{\frac{1}{n}\sum_{i=1}^{n}(h_i - \bar{h})^2} \tag{6-7}$$

式中，h_i 为每个测量点的高度值；n 为测量点个数；$\bar{h}$ 为所有测量点高度的平均值。

图 6.26 显示了利用表面粗糙仪测量得到的样品表面起伏特征，并且在图中附注了经过计算得到的 RMS 参数。从图中可以直观地看出，随着氧化时间的增长

氧化铝起伏明显加强。原始样品喷砂处理后的表面 RMS 为 1.03，而氧化 772h 后 TGO 的起伏 RMS 达到了 3.74，法线方向的起伏增大 3 倍多，显示了氧化时间能增强 TGO 起伏程度。

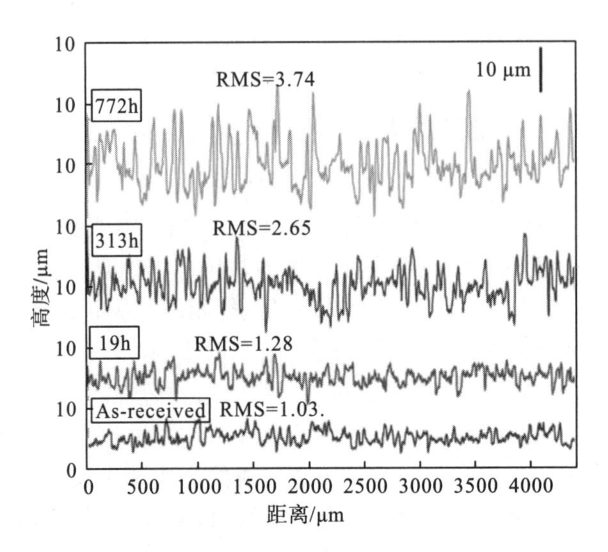

图 6.26 部分低活度粘结层样品非连续等温氧化的 TGO 表面起伏特征(1100℃)

图 6.27 显示了低活度粘结层在非连续等温氧化后的样品断面 SEM。氧化 313h 后，粘结层中形成了 γ′-Ni_3Al，并且在每个 γ′-Ni_3Al 晶粒对应的 TGO 表面形成凸起。这说明了粘结层中成分变化对 TGO 起伏的强烈影响。氧化 772h 后，样品断面的 TGO 形态变化不大，粘结层中的 γ′-Ni_3Al 继续对 TGO 起伏产生影响。

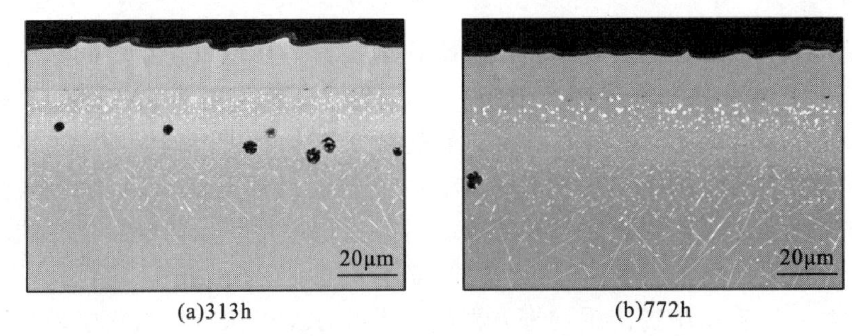

(a)313h (b)772h

图 6.27 低活度粘结层非连续等温氧化后断面 SEM 形貌(1100℃)

另外，第 5 章已经发现，如果没有 TBC 陶瓷层的压制，部分 TGO 可能在氧化过程中会产生脱落。这就意味着图 6.26 中氧化 19h 后测量得到的数据，可能来源于已经脱落或部分脱落的 TGO 表面，所以图 6.26 和图 6.27 TGO 显示的特征可能没有体现出脱落氧化铝的影响，但体现了氧化过程中累积的全部粘结层变形和真实氧化铝表面特征，有利于粘结层的起伏机制研究。

图 6.28 显示了高活度粘结层样品的表面氧化起伏特征。与低活度粘结层样品相似，随着氧化时间的增长，氧化铝起伏特征明显加强。原始样品喷砂处理后的表面 RMS 为 1.13，与低活度粘结层样品相差约 8%。在氧化至 19h 后，高活度粘结层的 TGO 起伏比低活度粘结层大约 50%，但随着氧化时间的增长，高活度粘结层的 TGO 起伏程度比低活度粘结层变弱，当氧化 772h 后高活度粘结层 TGO 的起伏参数 RMS 仅为 3.49，低活度粘结层的 TGO 起伏已经超越高活度粘结层。根据法线方向的起伏参数 RMS 的初步对比，说明经过长时间(大于 800h)的高温氧化后，高活度粘结层的 TGO 起伏相对较弱或粘结层相对比较稳定和不容易变形。

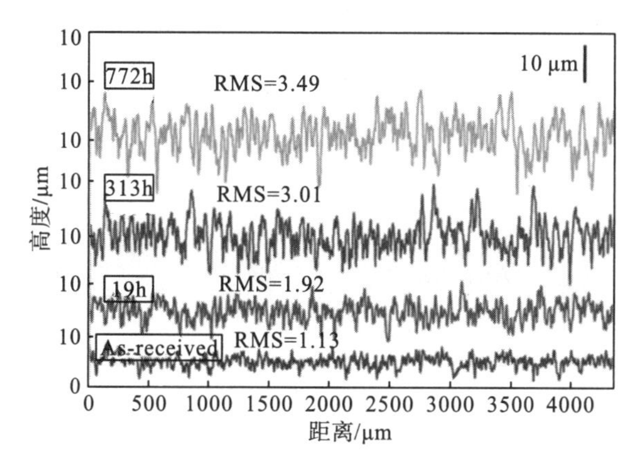

图 6.28　部分高活度粘结层样品非连续等温氧化的 TGO 表面起伏特征(1100℃)

图 6.29 显示了高活度粘结层在非连续等温氧化后的样品断面 SEM。在氧化 313h 后，粘结层中形成了大量随机分布的球状或块状的 γ′-Ni_3Al。同样，氧化 772h 后样品断面的 TGO 形态与氧化 313h 后相似，在 TGO 起伏凸起处粘结层形成 γ′-Ni_3Al。对于低活度粘结层和高活度粘结层，γ′-Ni_3Al 都影响了 TGO 的起伏，即在每个 γ′-Ni_3Al 晶粒对应的 TGO 表面都形成凸起。

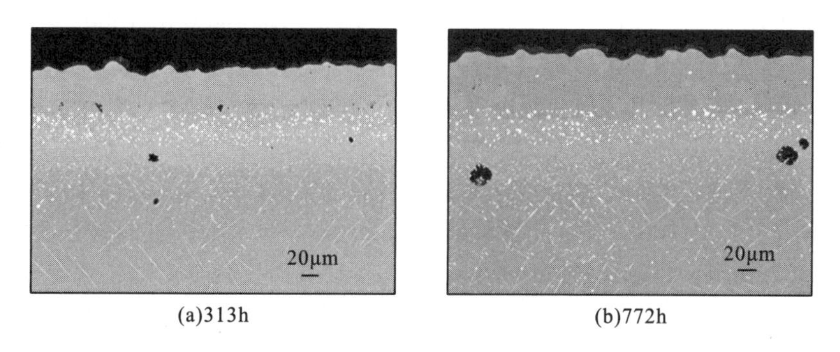

(a)313h　(b)772h

图 6.29　高活度粘结层非连续等温氧化后断面 SEM 形貌(1100℃)

6.2.2 1100℃循环氧化

循环氧化中的低活度粘结层在热障涂层系统和原始粘结层系统中表现出了不同的表面起伏。当热障涂层系统失效时，从图6.30可以发现热障涂层系统的低活度粘结层和 TGO 表面相对比较平整，而原始低活度粘结层表现了强烈的表面起伏。低活度粘结层由于 Al 元素的消耗已经完全转变为 γ'-Ni_3Al，并且由于 TGO 表面氧化铝的脱落，图6.30(b)只显示了残余的部分氧化铝。同样，为了方便表面粗糙度的测量，取单一原始低活度粘结层系统的 TGO 表面起伏为研究对象。

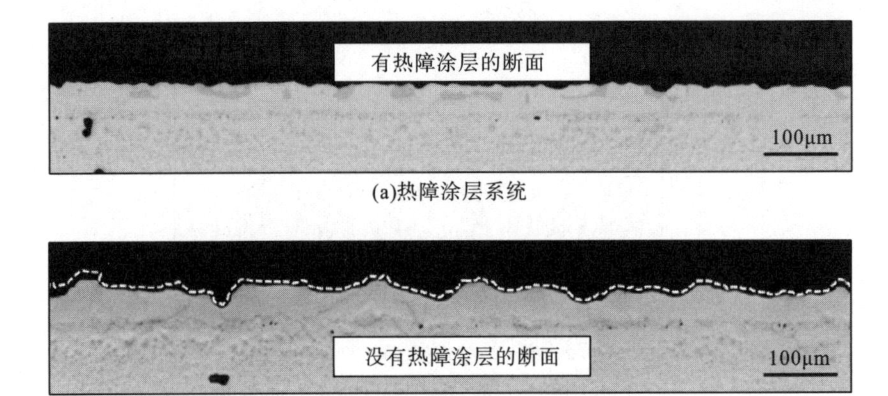

(a)热障涂层系统

(b)低活度粘结层

图6.30 低活度粘结层循环氧化后断面金相图(1100℃，2718h)

图6.31显示了部分原始低活度粘结层的 TGO 起伏情况。从图中可以看出，随着氧化时间的增长，TGO 法线起伏参数 RMS 加强。与非连续等温氧化相比较，初始氧化(小于 20h)后，两种不同的氧化周期对 RMS 影响相似，两者仅相差1.5%，而氧化1000h后循环氧化方式造成涂层起伏比非连续等温氧化大约47%。通过循环氧化1000h后的低活度粘结层 TGO 起伏对比，可以发现表面抛光处理对 TGO 的法线方向起伏有重要影响，原始喷砂处理样品氧化1000h后的 RMS 为抛光处理样品的3倍多。

高活度粘结层在循环氧化后的 TBC 陶瓷作用与低活度粘结层相似。高活度粘结层在热障涂层系统和原始粘结层中同样表现出了不同的表面起伏。图6.32表现了热障涂层系统失效时，热障涂层系统的高活度粘结层和 TGO 表面相对比较平整。在氧化长达3574h，比图6.30所示低活度粘结层氧化时间相对较长的情况下，对比图6.30和图6.32显示高活度粘结层热障涂层系统比低活度粘结层残余了较多的 β-NiAl。同样，原始高活度粘结层系统也表现出强烈的表面起伏和残余较多的 β-NiAl，但图6.30(b)中显示低活度粘结层已经完全转变为了 γ'-Ni_3Al。图6.32(b)

显示了由于氧化铝脱落而残余的部分氧化铝，γ'-Ni_3Al 对其表面起伏的影响用箭头标注。

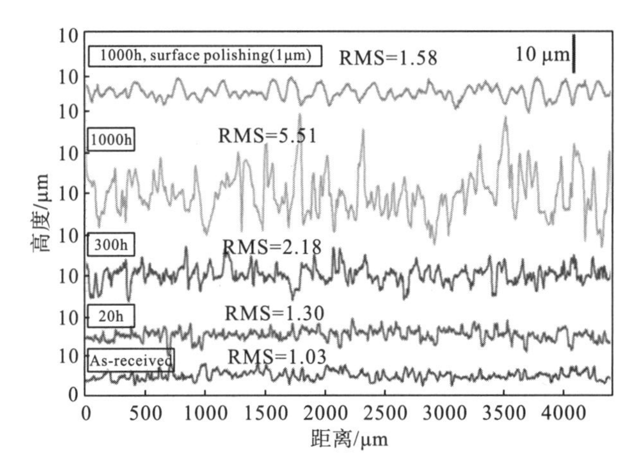

图 6.31　部分低活度粘结层样品循环氧化的 TGO 表面起伏特征(1100℃)

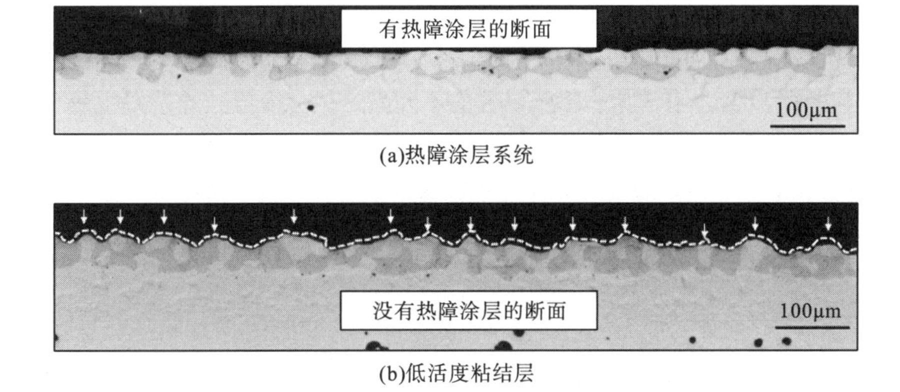

(a)热障涂层系统

(b)低活度粘结层

图 6.32　高活度粘结层循环氧化后断面金相图(1100℃, 3574h)

图 6.33 显示了部分原始高活度粘结层系统在氧化 20h、300h 和 1000h 后的 TGO 起伏情况。从图中可以看出，随着氧化时间的增长，TGO 法线起伏 RMS 参数变大。表面抛光处理迅速削弱 TGO 法线方向的起伏程度，循环氧化 1000h 后的抛光高活度粘结层 TGO 法线起伏 RMS 仅比原始样品稍大。循环氧化与非连续等温氧化相比较，两种活度的涂层在初始循环氧化 20h 后的 RMS 都稍大。

通过上述低活度和高活度粘结层的 TGO 粗糙度曲线比较，可以发现高活度粘结层的曲线起伏较为密集，而低活度粘结层相对比较松散。由于低活度铂铝粘结层表面相对晶粒较大，从而导致曲线起伏较为松散，粗糙度曲线特征与相应的断面结构相符合。同理，高活度粘结层则相对密集。

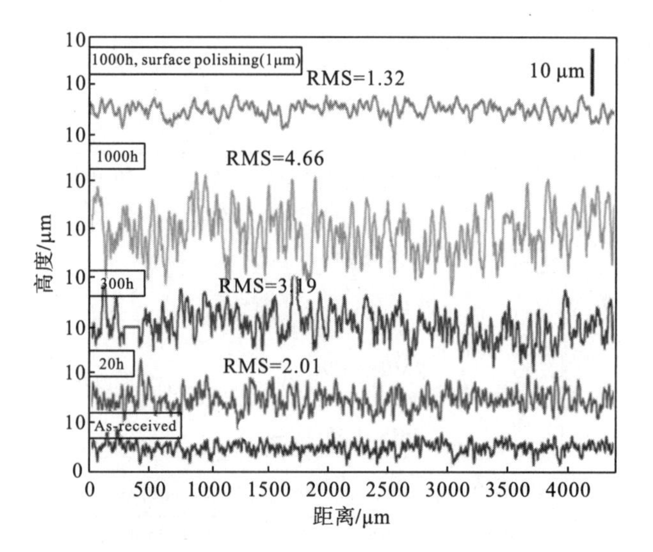

图 6.33 部分高活度粘结层样品循环氧化的 TGO 表面起伏特征(1100℃)

6.2.3 1100℃等温氧化

循环氧化的冷却过程导致样品的热生长层 TGO、合金基体和热障涂层的陶瓷层等发生热胀冷缩，由于其热膨胀系数的不匹配产生应变导致涂层发生变形，从而引起 TGO 的表面起伏。为了验证等温氧化和表面处理对 TGO 表面起伏的影响，在 1100℃进行了 1008h 的等温氧化，其比较类别为原始涂层等温氧化、原始涂层循环氧化、抛光涂层等温氧化和抛光涂层循环氧化。然后根据这 4 种条件，与未氧化的原始涂层进行对比研究，如图 6.34 所示。

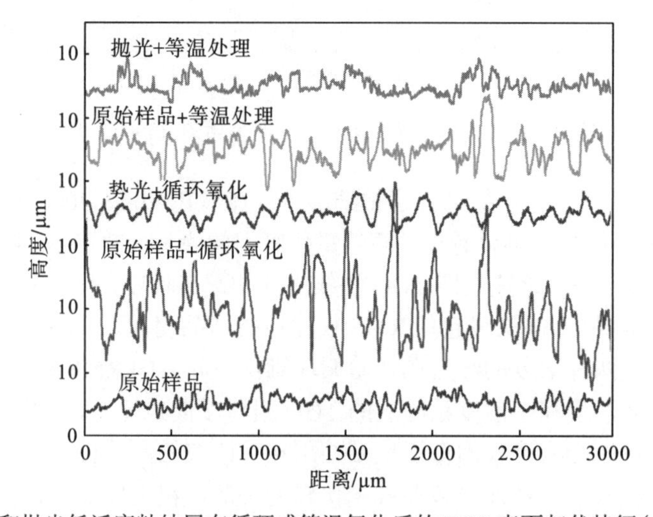

图 6.34 原始和抛光低活度粘结层在循环或等温氧化后的 TGO 表面起伏特征(1100℃, 1008h)

图 6.34 显示，等温氧化和表面抛光对低活度粘结层的 TGO 起伏具有重要的影响。从图中可以看出，原始铂铝粘结层样品在循环氧化 1008h 后，表面起伏明显大于等温氧化后的样品，这说明了循环氧化中的冷却过程对 TGO 变形而导致的起伏具有重要的影响。另外，这种冷却过程会导致较大的 TGO 内应力，从而导致氧化铝表面的裂纹形成和局部脱落，也会影响氧化铝粗糙度曲线的法线方向起伏。

表面抛光处理也体现了显著的减弱表面起伏的作用。图 6.35 显示抛光样品在循环氧化后，表面也发生起伏，但是利用表面粗糙度仪测得的表面曲线相对光滑。抛光样品等温氧化后表面曲线却局部相对曲折，这说明了等温氧化后的抛光样品具有与循环氧化后的样品不同的表面微观特征和结构。这主要是由于等温氧化中生成的氧化铝相对比较平整，当等温氧化完成后冷却过程导致局部氧化铝脱落，从而造成表面曲线局部曲折。而对循环氧化而言，由于冷却过程周期发生，促使氧化铝脱落，随着时间的积累，造成了表面曲线相对光滑。从表面起伏特征整体对比来看，抛光样品在等温氧化后具有相对平整的 TGO 表面。

等温氧化和表面抛光对高活度粘结层的 TGO 起伏同样具有重要的影响。从图 6.35 中可以看出，原始涂层样品在循环氧化 1008h 后，表面起伏明显大于等温氧化后的样品，这与低活度样品的 TGO 表面起伏对比趋势一致。尽管由于高活度样品和低活度样品的粘结层化学成分不一致，而且其微观结构和表面特征都不同，但是循环氧化后的 TGO 起伏增大趋势一致，这说明了氧化时间周期的改变对表面起伏的趋势影响要大于涂层化学成分的影响。表面抛光处理使样品在等温氧化后 TGO 表面平整。从图 6.35 显示抛光样品在等温氧化后，表面也发生微小起伏。但与循环氧化抛光样品比较，等温氧化的抛光样品整体表面明显比较平整。相对低活度样品而言，等温氧化和循环氧化对高活度抛光样品的 TGO 表面起伏影响较大。

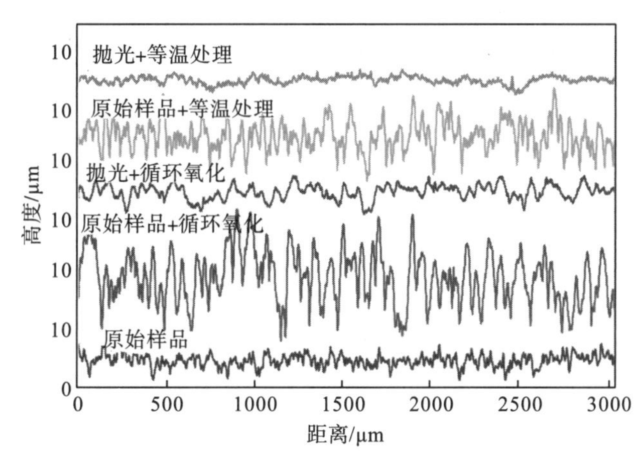

图 6.35　原始和抛光高活度粘结层在循环或等温氧化后的 TGO 表面起伏特征(1100℃, 1008h)

6.2.4 1150℃循环氧化

温度对低活度和高活度粘结层的热障涂层系统的使用寿命具有重要影响，1150℃循环氧化的使用寿命约为1100℃的1/4。从前面的分析得知，热障涂层失效时1100℃和1150℃氧化后的TGO临界厚度相似，为6～8μm。

两个低活度粘结层的热障涂层系统样品在1150℃循环氧化时使用寿命分别为504h和576h。当热障涂层系统失效时，图6.36显示了1150℃原始喷砂处理低活度粘结层的TGO起伏情况。从氧化时间和温度来看，1150℃氧化约500h后的TGO法线起伏RMS约为1100℃氧化1000h后的2倍。

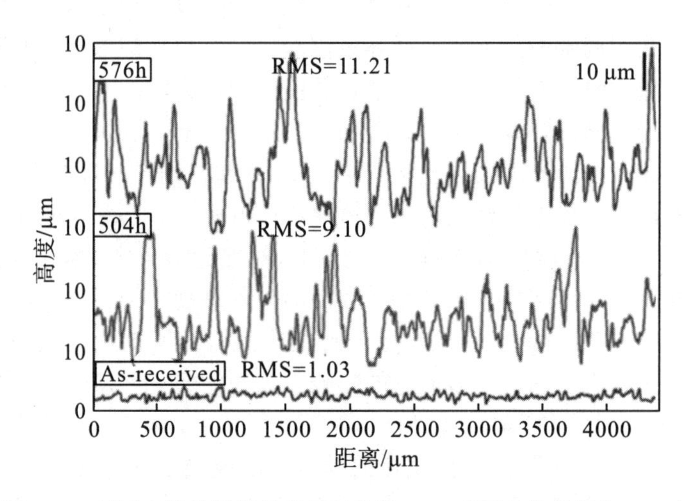

图6.36 低活度粘结层样品循环氧化的TGO表面起伏特征(1150℃)

高活度粘结层的热障涂层系统在1150℃的使用寿命与低活度粘结层热障涂层系统相同，即两个高活度粘结层的热障涂层系统样品使用寿命也分别为504h和576h。图6.37显示了1150℃原始喷砂处理高活度粘结层的TGO起伏情况。从氧化时间来看，氧化576h后的TGO法线起伏RMS比504h后稍大，但在1150℃氧化时高活度粘结层的TGO起伏明显比低活度粘结层小。同时在1150℃氧化约500h后的TGO法线起伏RMS约为1100℃氧化1000h后的1.5倍。

从上述低活度和高活度粘结层在1150℃氧化生成的TGO表面特征比较，可以发现高活度粘结层在1150℃高温氧化时，TGO法线方向的起伏较弱。相对于低活度粘结层，高活度粘结层表现出了相对稳定的粘结层结构，但是对于低活度和高活度原始喷砂处理粘结层氧化而言，温度对TGO表面起伏有重要的影响。

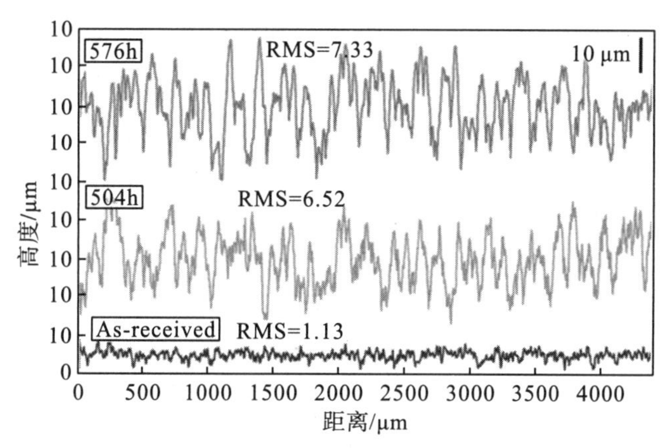

图 6.37　高活度粘结层样品循环氧化的 TGO 表面起伏特征(1150℃)

6.2.5　TGO 起伏的 RMS 比较

从前面氧化铝表面曲线分析可以看出温度、表面处理和氧化时间周期等对低活度和高活度粘结层的 TGO 起伏有重要影响。为了量化研究低活度和高活度粘结层 TGO 起伏，在实验中分别系统地对比温度、表面处理和氧化时间周期等对 TGO 法线 RMS 的起伏。从图 6.38 中可以看出，随着氧化时间的增长，RMS 逐渐变大，在氧化至 2000h 的过程中，RMS 初期增长较快，然后逐步趋于平缓。Tolpygo 等认为 RMS 的增长趋势符合幂率型增长[13]，这与氧化铝的厚度增长相似，即氧化初期快速生长，然后逐渐变平缓。从氧化铝生长本质上看，铂铝涂层的氧化层生长主要受晶界扩散控制，而 RMS 的变化主要是由氧化铝生长引起的，所以 RMS 实际上也是由晶界扩散控制的。当氧化铝层厚度增加到一定程度时，扩散氧化生长变得越来越慢，故 RMS 增长也变小了；反之，较小的 RMS 说明氧化铝层相对较薄。

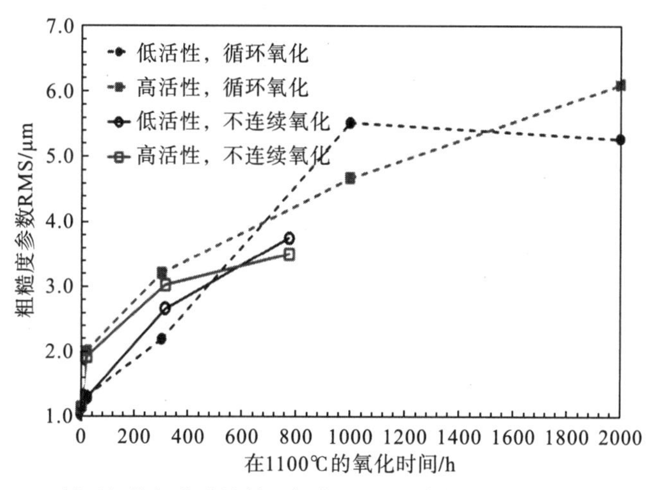

图 6.38　循环氧化与非连续等温氧化对 TGO 起伏 RMS 的影响(1100℃)

同时，从图 6.38 中可以发现，低活度粘结层在非连续等温氧化后的 RMS 比循环氧化后的小，但高活度粘结层 TGO 在循环氧化和非连续等温氧化的 RMS 表现出了不稳定性。整体而言，高活度粘结层的 TGO 法线起伏 RMS 比低活度粘结层小。

另外，图 6.38 显示循环氧化和非连续等温氧化的时间周期对粘结层的 TGO 起伏影响较弱，这意味着低活度和高活度粘结层可以用于长时间或短时间运行的环境，如远洋航行或飞机短途飞行等。需要说明的是，由于氧化铝的厚度对 RMS 有重要影响，氧化 1000h 后的 RMS 值变化，反映了氧化铝层表面脱落严重或氧化铝生长缓慢，因此该参数对具体量化研究氧化铝的生长和脱落机制具有十分重要的参考价值。

与循环氧化和非连续等温氧化比较，等温氧化后的样品显示了较小的 RMS 值。图 6.39 显示粘结层的表面抛光处理使 RMS 在同样 1100℃氧化 1008h 条件下，等温氧化样品表面具有较小的法线方向起伏。从图中可以发现，循环氧化的样品具有最大的 RMS，等温氧化次之。氧化时间周期和表面抛光处理对 RMS 的影响明显偏大，对于抛光样品，氧化时间周期的改变几乎不能影响法线起伏参数 RMS 的变化，而且除了等温氧化，低活度粘结层 TGO 起伏比高活度粘结层稍大。

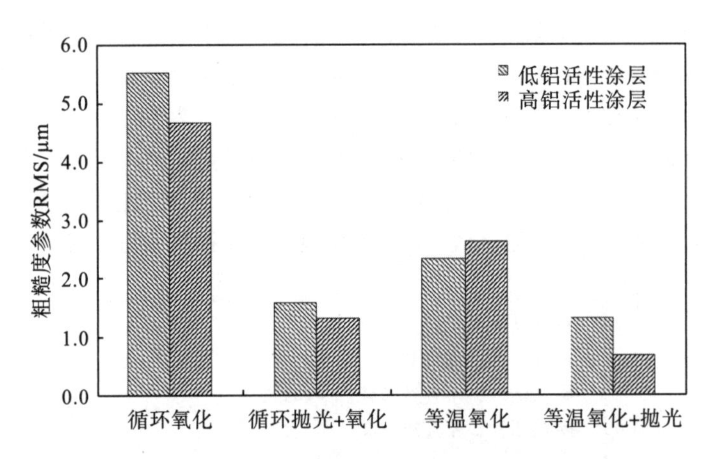

图 6.39 循环氧化、等温氧化及表面抛光对 TGO 起伏 RMS 的影响(1008h，1100℃)

同样，氧化温度也极大地影响着 TGO 法线起伏 RMS。从图 6.40 中可以看出，1150℃粘结层法线起伏的 RMS 比 1100℃大。同样，相对于高活度粘结层，低活度粘结层表现出了较大的 TGO 法线起伏。

由于 TGO 起伏降低热障涂层的循环寿命[14]，因此实验发现的抛光处理能够减低 RMS，即可以降低起伏程度，这显示抛光处理对其涂层寿命延长具有重要意义。

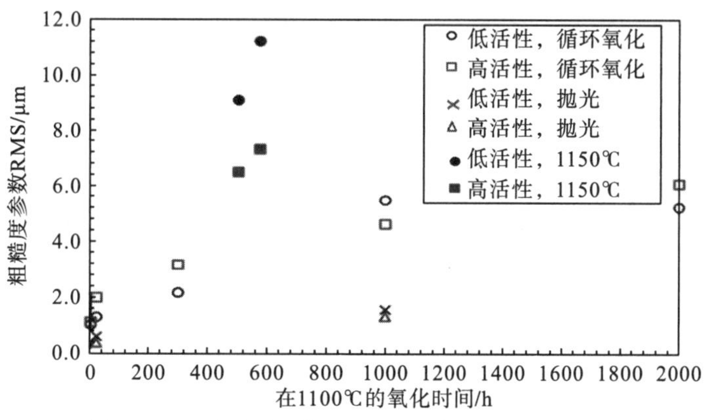

图 6.40　温度和表面抛光对 TGO 起伏 RMS 的影响

6.2.6　TGO 起伏的 L/L_0 比较

热生长层的法线起伏 RMS 说明了氧化铝在垂直于其表面方向的变形和生长。同时平行于 TGO 表面的方向也会由于氧化铝的生长而变长。线性起伏参数 (L/L_0)[14]用来说明氧化铝层在平行粘结层表面方向的变化。实验中提出用均值法来计算氧化后的 TGO 表面长度，公式为

$$L=\int_{x=0}^{x=L_0} f(x)\mathrm{d}x \tag{6-8}$$

式中，L 为氧化铝层的表面起伏长度；L_0 为未氧化前的样品表面长度；$f(x)$ 代表利用表面粗糙度仪测得的 TGO 表面真实数据得到的逼近曲线。使用均值法计算更加方便和易于控制准确性。另外，由于 TGO 表面的缺陷和不规律性，采用均值法平滑化后得到 $f(x)$ 曲线，从而尽量消除对 L 的计算影响。图 6.41 显示了部分 TGO 数据的拟合曲线，本文中所有拟合曲线的平均值均采用 7 个数据点，然后再利用式(6-8)计算 L。

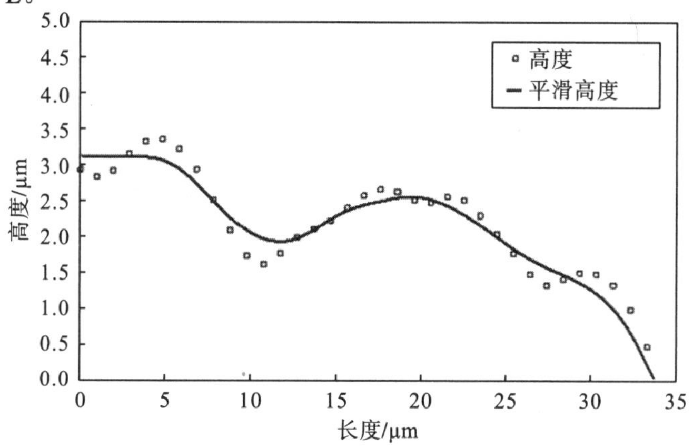

图 6.41　TGO 表面部分数据的平滑拟合曲线

图6.42显示了低活度粘结层在循环氧化和非连续等温氧化后的TGO线性起伏L/L_0参数的变化。L/L_0逐渐增大说明了随着氧化时间的增长，TGO的长度也逐渐变大，而且图6.42显示循环氧化和非连续等温氧化对线性起伏L/L_0参数影响不大。

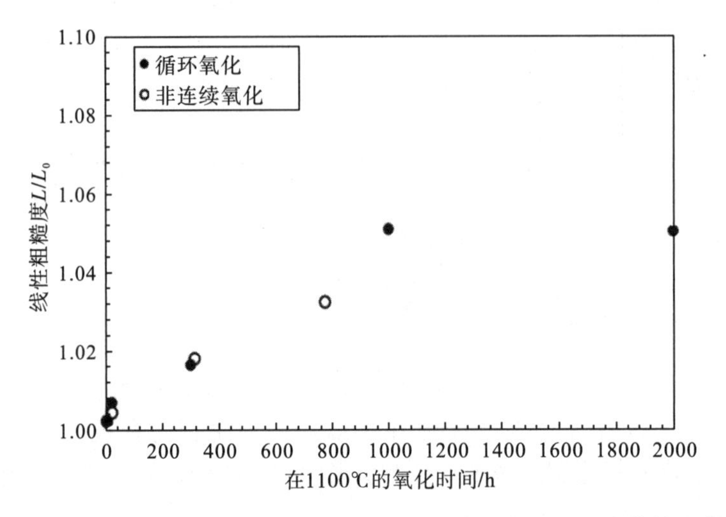

图6.42 循环氧化与非连续等温氧化对低活度粘结层TGO起伏L/L_0参数的影响(1100℃)

与低活度粘结层相似，图6.43显示了高活度粘结层在循环氧化和非连续等温氧化后的TGO线性起伏L/L_0参数的变化。与图6.42相比较，从图6.43中可以看出，在相同氧化时间内，高活度粘结层L/L_0表现出相对较大的L/L_0值和相似的增长趋势及函数类型。

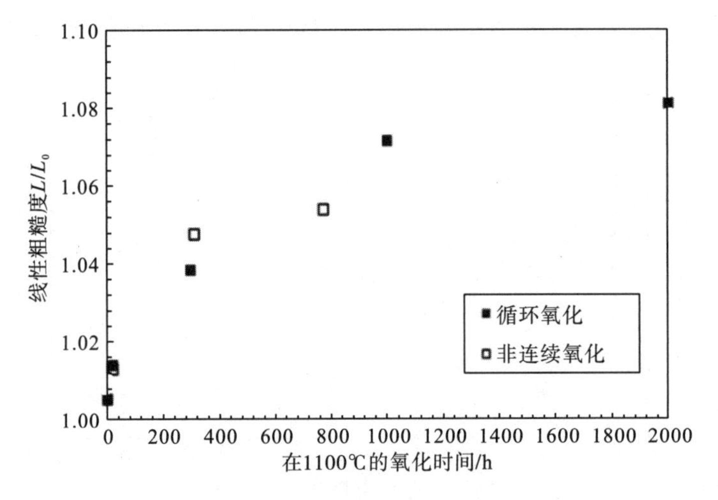

图6.43 循环氧化与非连续等温氧化对高活度粘结层TGO起伏L/L_0参数的影响(1100℃)

同时，从图 6.42 和图 6.43 显示的循环氧化和非连续等温氧化后相似的线性起伏 L/L_0 参数结果来看，循环氧化与非连续等温氧化几乎对 L/L_0 参数的数值和增长趋势没有影响，这说明氧化方式的变化对氧化铝平行方向的生长影响不大。

与循环氧化相比，等温氧化后的样品显示了较小的 L/L_0 参数变化。图 6.44 显示粘结层的表面抛光处理使 L/L_0 在同样 1100℃氧化 1008h 条件下，循环氧化和等温氧化样品表面具有相似的平行方向增长。从图中可以发现，循环氧化的样品具有最大的 L/L_0，等温氧化次之，但两者相差不大。与 RMS 不同的是，表面抛光处理对 L/L_0 的影响明显偏大，但是氧化方式几乎没有影响，并且抛光处理使两种活度的铂铝粘结层 L/L_0 相似。以上叙述说明，抛光处理可以有效地降低样品的 L/L_0 并消除粘界层成分的影响。

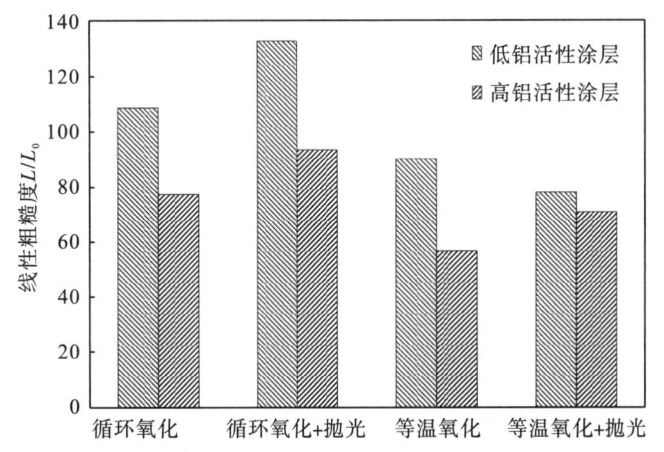

图 6.44　循环氧化、等温氧化及表面抛光对 TGO 起伏 L/L_0 参数的影响(1008h，1100℃)

图 6.45 中显示了温度和表面抛光等条件对 L/L_0 参数的影响。随着氧化时间增长高活度铂铝粘结层的 L/L_0 比低活度铂铝粘结层相应条件下得到的 L/L_0 参数要大。同时随着氧化时间的增长，两者 L/L_0 差别也越来越大。由于高活度铂铝粘结层的晶粒较小，生成的氧化铝表面曲折较多，这相当于增加了表面积，从而使高活度铂铝粘结层的氧化铝层在平行涂层方向的变化较大，但抛光处理后的样品 L/L_0 明显变小，而且与原始样品的 L/L_0 相似，两种活度的粘结层在抛光后的 L/L_0 差别也不大。平行于粘结层方向的氧化铝长度增长，可以促进粘结层的形变[15]，所以抛光处理后，较小的 L/L_0 可以降低涂层的形变程度。

温度对 L/L_0 的影响较大，当循环氧化温度为 1150℃时，两种活度粘结层的 TGO 线性起伏参数 L/L_0 明显较大。与法线起伏 RMS 参数不同的是，高活度粘结层的线性起伏参数 L/L_0 比低活度粘结层大。这样对于原始喷砂粘结层样品而言，在相同的氧化时间和周期下，低活度粘结层的 TGO 高度方向起伏较大，长度变化较小，而高活度粘结层的 TGO 高度方向起伏较小，长度变化较大。

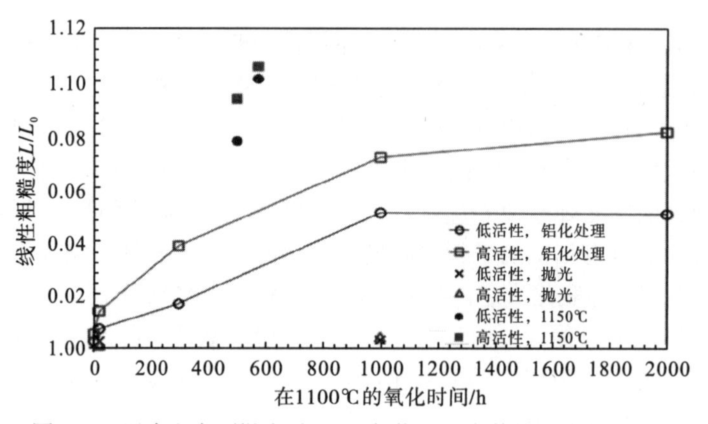

图 6.45 温度和表面抛光对 TGO 起伏 L/L_0 参数的影响(1100℃)

6.2.7 TGO 起伏的 W 比较

为了方便研究涂层表面起伏的规律性，假设其符合正弦函数，起伏的波长(W)用来说明生成的氧化铝层沿涂层表面方向起伏的波峰之间的距离[14]。

$$W \approx \frac{\pi A}{\sqrt{\frac{L}{L_0} - \left(\frac{L}{L_0}\right)_0}} \tag{6-9}$$

式中，$A \approx \sqrt{2}\,\mathrm{RMS}$，$\left(\frac{L}{L_0}\right)_0 \approx 1$。

从图 6.46 中可以看出，随着氧化时间的增长，W 值基本保持恒定，这与其他研究者的发现相似。低活度铂铝粘结层的 W 值比高活度铂铝粘结层的 W 值大，这可能是不同的铂含量导致涂层中晶粒大小不同造成的。

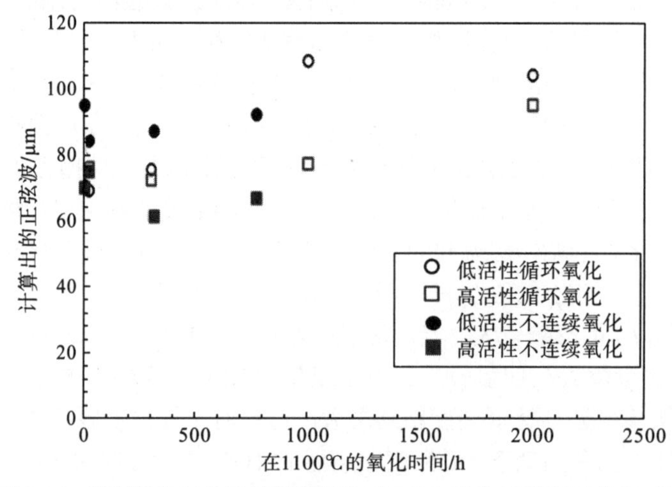

图 6.46 循环氧化与非连续等温氧化对 TGO 起伏 W 的影响(1100℃)

根据三角正弦函数的图形，可以认为氧化周期越大，W 值也越大，等温氧化没有 TGO 起伏。与之相似，在氧化前 1000h 内，低活度铂铝粘结层在非连续等温氧化后的 W 最大，从而说明低活度铂铝粘结层的起伏较小。

表面抛光处理后的铂铝粘结层样品在循环氧化后，图 6.47 的 W 值变化表现出明显的不同。在循环氧化 20h 后，两种活度的粘结层 W 值相似，但随着氧化时间的增长，在 1000h 后低活度粘结层氧化后的 W 值较大。温度的升高对低含量铂铝涂层样品的起伏 W 影响明显，但对高活度粘结层的 W 影响不大。

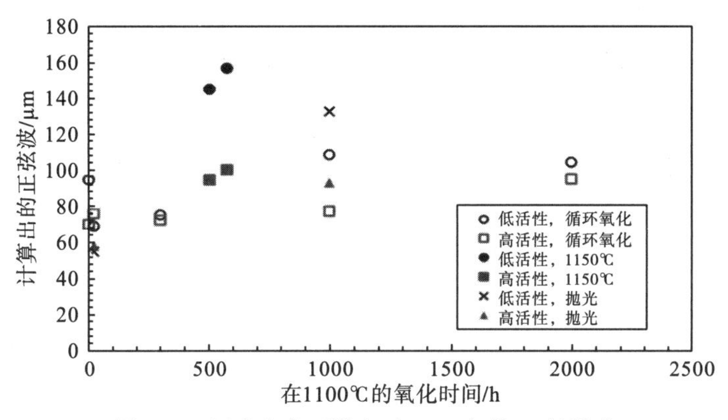

图 6.47　温度和表面抛光对 TGO 起伏 W 的影响

图 6.48 显示粘结层的 W 在同样 1100℃氧化 1008h 条件下，低活度粘结层具有较大的表面起伏波长 W。从图中可以发现，循环氧化的抛光样品具有最大的 L/L_0，循环氧化的原始样品次之。表面抛光处理使 W 明显增大，氧化方式对 W 影响较小，并且抛光处理使两种活度的铂铝粘结层在等温氧化下具有相似的 W。抛光处理和氧化方式可以有效地影响样品的 W，但同时粘结层化学成分具有明显的影响，低活度粘结层的 W 始终较大。

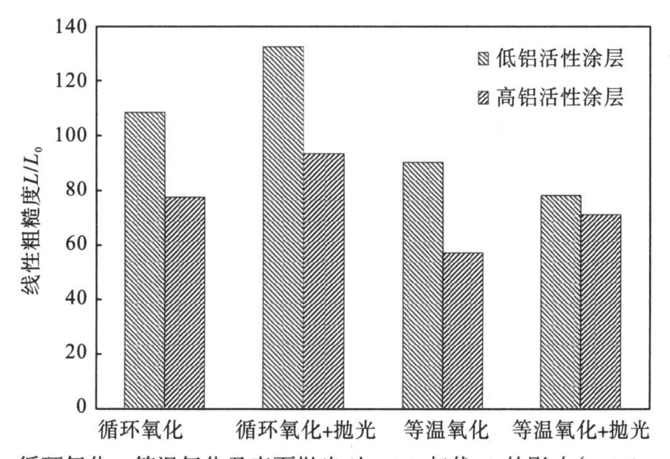

图 6.48　循环氧化、等温氧化及表面抛光对 TGO 起伏 W 的影响(1008h，1100℃)

通过参数 RMS、L/L_0 和 W 的比较，可以看出抛光处理对氧化铝层的生长有重要影响，1μm 表面抛光使氧化铝层的表面起伏变小，结合粘结层的断面 SEM，表面抛光可以有效地减缓 TGO 的起伏，从而减少因起伏而引起的缺陷，并且提高寿命。由于抛光处理后的氧化铝生长层缺陷较少，粘结性能提高，使内应力也相应提高，这是影响氧化铝层整体突然脱落的一个重要因素。高含量铂能提高氧化铝的生长率和延迟涂层中 β 向 γ' 的相变[16]，也能影响氧化铝的相变，这种影响使氧化物体积发生变化，也会导致氧化铝层的内应力变化和表面起伏。另外，粘结层晶粒的滑移也可能是造成表面起伏的原因之一[17]。结合氧化初期(如 2～20h)的氧化铝生长情况及 TBC 陶瓷层中 Zr 元素对 TGO 的影响[18]，将在下一步的工作中进一步研究抛光处理及热障涂层等其他制备工艺对铂铝涂层高温氧化的影响。

6.2.8 小结

表面抛光处理工艺使铂铝涂层的氧化生长层的表面起伏变小，同时抛光处理后的样品表面缺陷减少，生成的氧化铝层显示了整体较好的粘结性能，降低了氧化铝层的生长率，从而可以在优化工艺的基础上进一步降低铂的使用量，具体影响规律如下。

(1)从氧化铝法线方向、横向方向和起伏波长系统定量研究了不同氧化时间周期和表面抛光处理对氧化铝起伏程度的影响。发现在同等条件下，低活度粘结层氧化铝起伏参数 W 比高活度涂层稍大。

(2)抛光处理也使铂铝涂层具有较小的 RMS 和 L/L_0 及较大的 W。同时发现氧化时间周期和表面抛光处理对 RMS 的影响明显，但氧化时间周期对 L/L_0 的影响不明显而表面抛光处理影响明显，氧化时间周期和表面抛光处理对 W 几乎没有影响。

(3)高活度铂铝涂层样品的氧化铝层平行方向生长较快，但是低活度铂铝涂层样品的氧化铝层法线方向生长较快。

(4)抛光处理有效地减小氧化铝层的厚度，降低了 Al 元素的消耗率，尤其是低铂含量涂层样品。

6.3 热生长层内应力变化机制

热障涂层失效主要是陶瓷层与热生长层或者热生长层与粘结层之间发生断裂而造成的。一方面，热生长层主要由氧化铝组成，具有较好的高温抗氧化性能，从而可以保护结构基体；另一方面，由于热生长层在陶瓷层与粘结层之间慢慢变厚导致了热生长应力的产生，同时各层之间不同的热膨胀系数等力学性能也导致产生较大的内应力积累。另外，材料的蠕变和裂纹产生等会导致内应力的释放。

内应力的产生和积累及释放等成为导致热障涂层失效的主要原因之一。铂铝粘结层中的 Al 元素在氧化早期(约 20h)即形成连续致密的 $\alpha\text{-}Al_2O_3$ 层，在相当长的时间内保持良好的粘附性。以实验中铂铝粘结层热障涂层系统为基础，从温度和表面处理对铂铝涂层的断面分析和涂层失效情况来看，$\alpha\text{-}Al_2O_3$ 层与粘结层界面处容易发生分离而导致氧化铝脱落，这说明了 $\alpha\text{-}Al_2O_3$ 与 TBC 层的粘结性能相对较强，或者 $\alpha\text{-}Al_2O_3$ 层与基体界面积累了较大的内应力。

在 TBC 陶瓷层与基体间形成的 $\alpha\text{-}Al_2O_3$ 所具有的内应力 σ_{total} 主要为[19]

$$\sigma_{total} = \sigma_{growth} + \sigma_{thermal} - \sigma_{relaxation} \tag{6-10}$$

式中，σ_{growth} 为 Al_2O_3 生长形成的应力，根据热障涂层的设计结构决定了其在整个内应力发展中占较小的比例，但可能影响初期的内应力发展；$\sigma_{thermal}$ 主要是由生成的 $\alpha\text{-}Al_2O_3$ 与 TBC 和粘结层之间的热膨胀系数不同造成的，在内应力中起主要作用；$\sigma_{relaxation}$ 是由于 $\alpha\text{-}Al_2O_3$ 在生长过程中，内部会形成各种缺陷及发生蠕变等，会释放一部分内应力和导致微观裂纹形成。裂纹的形成和生长，最终会形成宏观可见的裂纹，严重影响涂层的使用寿命。

6.3.1　非连续等温氧化与循环氧化的内应力

图 6.49 显示了利用光激发荧光谱技术(PSLS)测量的在 1100℃非连续空气氧化形成的 $\alpha\text{-}Al_2O_3$ 内应力 σ_{total} 曲线。对于低活度粘结层，$\alpha\text{-}Al_2O_3$ 内应力 σ_{total} 在开始氧化时约为 3.0GPa，然后慢慢增大，氧化至约 100h 后，内应力达到峰值，约为 3.3GPa，随后逐渐缓慢下降，当氧化至约 780h 内应力仍约为 3.0GPa。而对于高活度粘结层，$\alpha\text{-}Al_2O_3$ 内应力 σ_{total} 在开始氧化时约为 3.3GPa，然后表现出与低活度粘结层相似的内应力曲线趋势，首先慢慢增大，氧化约 100h 后内应力达到峰值，约为 3.8GPa，随后逐渐下降，氧化至约 780h 内应力约为 3.3GPa，整个高活度粘结层的内应力曲线比低活度粘结层高出约 0.4GPa。随着氧化时间增长内应力的下降主要是 $\alpha\text{-}Al_2O_3$ 内各种缺陷增多，同时更多裂纹形成和生长，$\sigma_{relaxation}$ 逐渐变大，使整个曲线趋势逐渐变小。

对于低活度粘结层和高活度粘结层的氧化铝内应力随时间关系曲线变化的原因，以及在氧化初期约 100h 后 σ_{total} 达到峰值等现象，这里提出如下解释。

(1)开始随着温度升高，在粘结层与陶瓷层之间快速生成 $\theta\text{-}Al_2O_3$，当经过一段时间(约 1h)氧化后 $\theta\text{-}Al_2O_3$ 会完全转变为 $\alpha\text{-}Al_2O_3$，并且在后续的氧化过程中，直接生成高温稳定相 $\alpha\text{-}Al_2O_3$，在这个过程中氧化铝厚度迅速增加。由于一定厚度的氧化铝一旦形成，与陶瓷层和粘结层的热膨胀系数差异已经确定。在冷却温度差一定的情况下，$\sigma_{thermal}$ 在上述氧化铝生成过程中保持相对恒定，所以对内应力变化趋势影响不大。根据式(6.10)，如果 $\sigma_{thermal}$ 数值相对恒定，σ_{total} 随时间变化的趋势应该受σ_{growth}和$\sigma_{relaxation}$的影响。在涂层使用初期，热障涂层系统的各种缺陷相对较少及材料蠕变程度较轻，形成的Al_2O_3层与粘结层和陶瓷层没有裂纹产生，使$\sigma_{relaxation}$在开始氧化过程中也影响较小。基于上述分析，σ_{total}在氧化初期100h内增长趋势仅受σ_{growth}的影响。

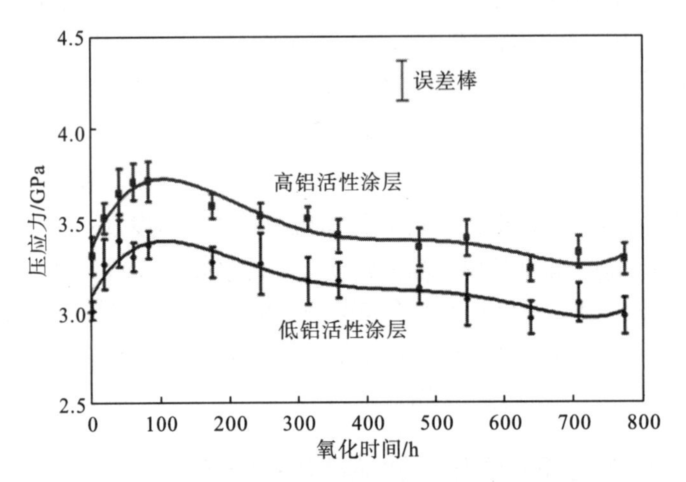

图 6.49 热障涂层系统非连续等温氧化的 TGO 内应力曲线(1100℃)

(2) 在开始氧化时生成的亚稳定氧化铝θ-Al_2O_3相向α-Al_2O_3相开始转变，这种相变导致氧化铝体积发生改变，从而导致部分σ_{growth}产生，同时氧化初期的Al_2O_3层快速形成使整个氧化铝层的体积快速增大，使σ_{growth}呈增加趋势。上述两个原因导致σ_{growth}影响σ_{total}开始阶段的增加趋势，从而导致σ_{total}在氧化100h后达到峰值。根据图6.49和氧化铝厚度与时间函数关系，在经过氧化前期热生长层快速生长阶段后，氧化铝厚度增加变缓慢，导致σ_{growth}对全部内应力的影响开始变缓，达到一定厚度的氧化铝与基体的热膨胀系数差，导致$\sigma_{thermal}$成为内应力的主要影响部分，同时$\sigma_{relaxation}$开始发挥作用，导致σ_{total}呈缓慢下降趋势。

从前文可知，低活度粘结层的TGO表面具有较大的起伏周期，并会在涂层表面形成典型的脊背连续晶界形网状结构，而高活度粘结层由于具有高含量的铂，使呈块状的γ'-Ni_3Al在粘结层中相对随机分布，同时造成高活度粘结层表面的变形周期较小，起伏比较紧密，由于γ'-Ni_3Al的强化作用改变了粘结层的力学性能，使α-Al_2O_3与高活度粘结层的热膨胀系数相差更大，从而影响$\sigma_{thermal}$使高活度铂铝粘结层生成的α-Al_2O_3内应力较大。

为了更好地表现两种铂铝粘结层在氧化过程中的内应力σ_{total}差异，去除TBC陶瓷层抑制铂铝粘结层和热生长层塑性变形的因素，取同一样品无TBC陶瓷层的TGO作内应力分析。图6.50显示了去除TBC陶瓷层后的不同内应力发展趋势及差异。首先，如果没有 TBC 陶瓷层的压制，TGO 容易发生局部表面脱落而造成内应力的释放，从而使图 6.50 中的内应力具有较大的平均值偏差。

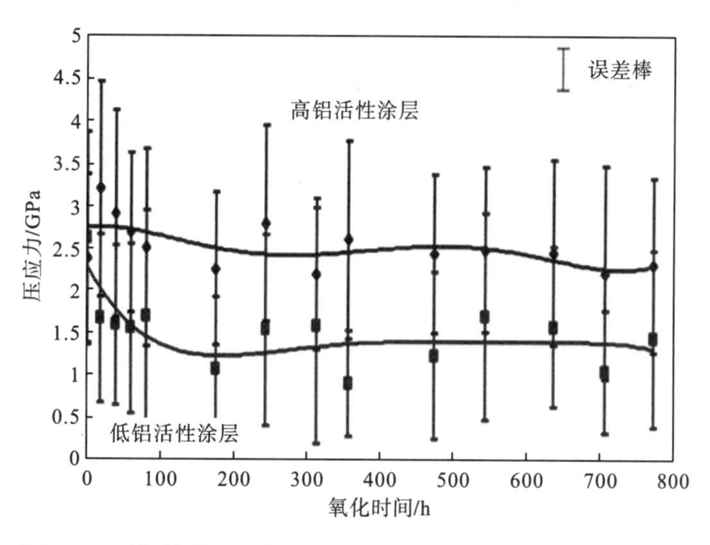

图 6.50　铂铝粘结层非连续等温氧化的 TGO 内应力曲线(1100℃)

另外，图 6.50 体现了无 TBC 陶瓷层压制的内应力另一个不同表现，低活度粘结层的 TGO 表现了较大的内应力平均值。本文认为这一现象主要是由两种活度粘结层的微观结构不同而造成的。由于低活度粘结层具有较大的晶粒，其 TGO 内应力的释放主要发生在脊背处的裂纹生长和脱落，而脊背围绕的内部氧化铝相对比较完整，从而也具有较大的内应力，如图 6.51 所示。在使用 PSLS 测量内应力时，测量位置的不同会造成内应力数值的不同，从而导致内应力偏差较大。高活度粘结层 TGO 由于表面裂纹生长和局部脱落随机发生，从而使 TGO 整体内应力偏小。如果有 TBC 陶瓷层的压制，上述造成内应力不同的因素就不存在或减弱其影响。

为了说明低活度和高活度粘结层的 TGO 表面微观结构对内应力的具体影响，测量了低活度粘结层中脊背和脊背围绕内部的氧化铝内应力差异。从图 6.51 可以看出，低活度粘结层由于测量位置的差异，其内应力平均值差异约为 0.7GPa。对于高活度粘结层内应力的测量，由于图 6.51(c) 中显示 TGO 表面结构无明显差异，因此其测量点是随机选取的。

图 6.50 显示，低活度和高活度粘结层在氧化开始的 TGO 内应力平均值相似，这说明高活度粘结层在氧化 20h 内生成的 TGO 内应力受微观结构的影响较小。随着氧化时间的增长，其微观结构影响逐渐加大，逐渐导致高活度粘结层的平均内应力恒定且比低活度涂层低约 1GPa。

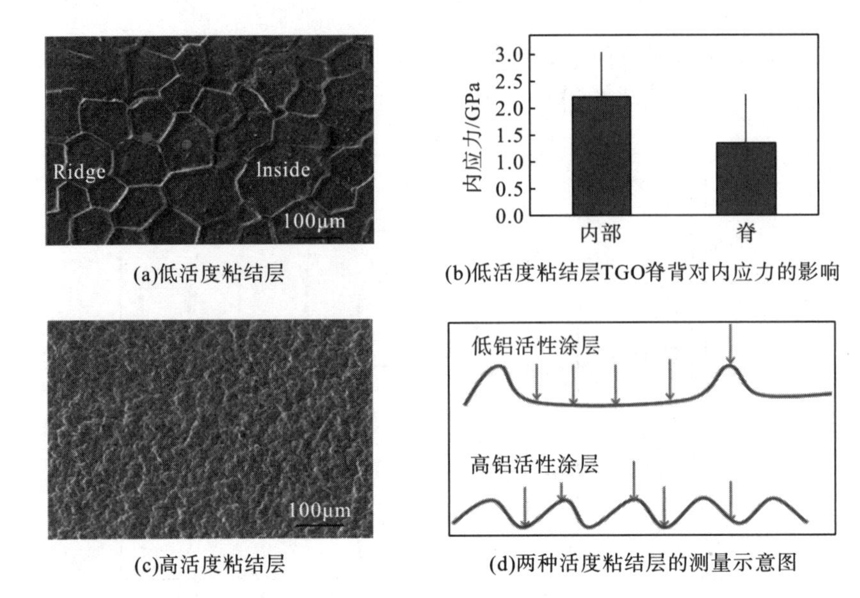

(a)低活度粘结层　(b)低活度粘结层TGO脊背对内应力的影响

(c)高活度粘结层　(d)两种活度粘结层的测量示意图

图 6.51　铂铝粘结层 TGO 内应力测量

如前所述，循环氧化和非连续等温氧化后热障涂层系统中 TGO 的生长厚度相似，断面微观结构相差不大，但 TGO 的生长内应力出现了稍许差异。图 6.52 显示了循环氧化和非连续等温氧化的 TGO 内应力的差异。从图中可以看出，低活度粘结层循环氧化后的 TGO 内应力比非连续等温氧化后稍小。另外，循环氧化初期内应力较大，然后呈逐渐变小趋势，接着内应力相对稳定，约为 3GPa，当热障涂层系统失效时由于 TBC 陶瓷层的脱落而造成内应力迅速下降。

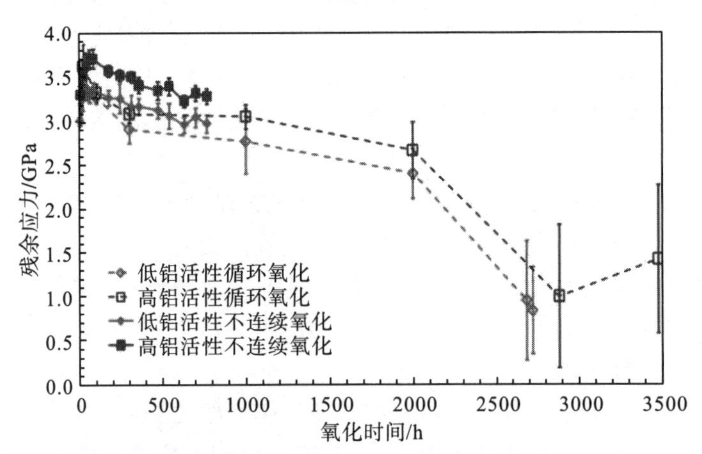

图 6.52　热障涂层非连续等温氧化和循环氧化的 TGO 内应力曲线(1100℃)

比较热障涂层循环氧化后的内应力，高活度粘结层的 TGO 内应力比低活度粘结层小，这与非连续等温氧化内应力差异相似。说明氧化时间周期的变化对两种活度粘结层的 TGO 内应力发展趋势没有较大影响，但对内应力绝对值有一定影响，由于循环氧化会导致较多裂纹的产生，使内应力绝对值相对较低。当热障涂层最终失效时，陶瓷层已经完全脱落，两种活度粘结层表面的内应力相差不大。

由于没有热障涂层陶瓷层的压制，循环氧化和非连续等温氧化后的单一铂铝粘结层 TGO 的生长厚度表现出较大差异，但是缺少了与陶瓷层的相互力学作用。图 6.53 显示非连续等温氧化后的铂铝粘结层由于没有 TBC 陶瓷层的压制而出现了较大的内应力起伏，但是循环氧化和非连续等温氧化后 TGO 的内应力平均值相似，这与热障涂层系统的内应力不同。对比热障涂层系统和单一铂铝涂层系统在循环氧化和非连续等温氧化的内应力差异，说明了循环氧化对带有 TBC 陶瓷层的热障涂层系统影响较大。另外，图 6.53 显示循环氧化和非连续等温氧化后 TGO 内应力具有相似的发展趋势。从图中可以看出，低活度粘结层循环氧化后的 TGO 内应力在氧化初期较大，随后内应力略微下降，但随着氧化时间的增长内应力逐渐增大。

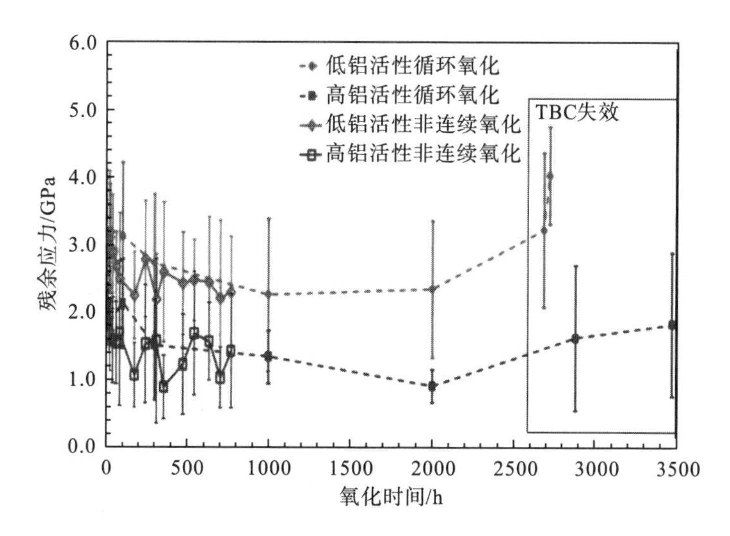

图 6.53　铂铝粘结层非连续等温氧化和循环氧化的 TGO 内应力曲线(1100℃)

对比图 6.52 和图 6.53，发现对热障涂层系统而言，循环氧化后高活度粘结层的 TGO 内应力与低活度粘结层差异较小，约为 0.5GPa，这与非连续等温氧化后的结果相似。对单一铂铝粘结层系统而言，如果没有 TBC 陶瓷层的压制，高活度粘结层的 TGO 内应力与低活度粘结层差异较大，约为 1GPa。同时对热障涂层系统和两种活度单一粘结层系统，陶瓷层对 TGO 内应力发展趋势有较大影响，热障涂层系统随着氧化时间的增长内应力逐渐下降，但没有陶瓷层的铂铝粘结层氧化后内应力先稍微下降，然后逐渐上升。

6.3.2 时效对内应力的影响

时效对材料内应力的发展具有重要影响。下面利用非连续等温氧化后的样品，室温自然放置 180 天后重新测量其 TGO 的内应力，通过对比研究时效对 TGO 内应力的影响。

图 6.54 显示了时效对热障涂层系统中 TGO 内应力的影响，在室温自然放置 180 天后，通过相同的测量方式，发现其内应力基本没有变化，但是对高活度粘结层非连续等温氧化 772h 后样品自然时效效果明显，内应力平均值下降约 0.5GPa，由于内部裂纹的生长等导致了较大的内应力平均值偏差。

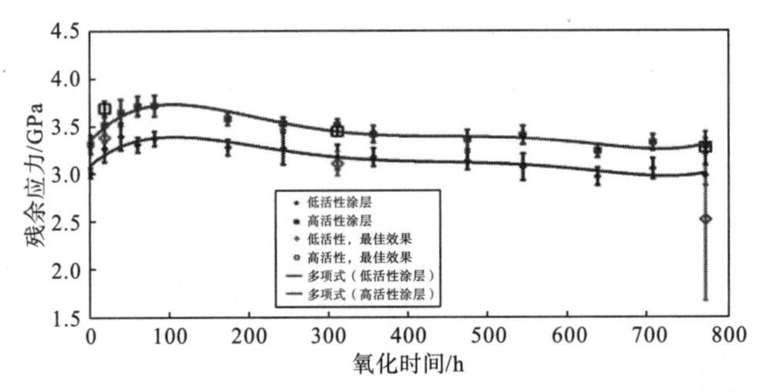

图 6.54 时效对热障涂层系统非连续等温氧化的 TGO 内应力的影响(1100℃)

对于非热障涂层系统，由于没有 TBC 陶瓷层对 TGO 的压制等，其时效结果明显。从图 6.55 可以发现，内应力平均值在时效 180 天后均出现下降。这说明了低活度和高活度粘结层的 TGO 由于没有陶瓷层的压制，通过长时间时效处理后 TGO 内部和表面的裂纹发生生长，同时释放了部分内应力。

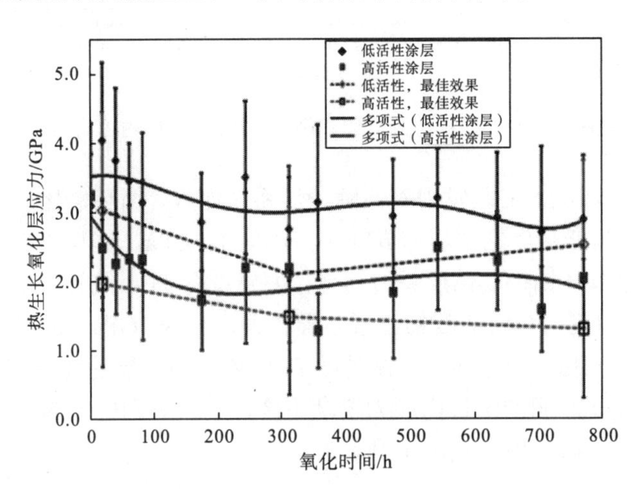

图 6.55 时效对热障涂层系统非连续等温氧化的 TGO 内应力的影响(1100℃)

6.3.3　表面抛光对内应力的影响

表面抛光对铂铝粘结层的 TGO 内应力表现出强烈的影响，通过表面抛光消除了粘结层表面的缺陷和污染物，改变了 TGO 生长速率等，同时对 TGO 的内应力产生了重要影响。

图 6.56 显示了表面抛光处理对低活度粘结层循环氧化后的影响。抛光样品在开始氧化阶段由于 θ-Al_2O_3 向 α-Al_2O_3 转变导致氧化铝放射状裂纹的形成，而 TGO 内应力也相应较低，甚至低于原始样品的 TGO 内应力平均值，但随着氧化时间的增长，抛光样品的 TGO 内应力逐渐增大，并且其平均值比原始样品大 2GPa。

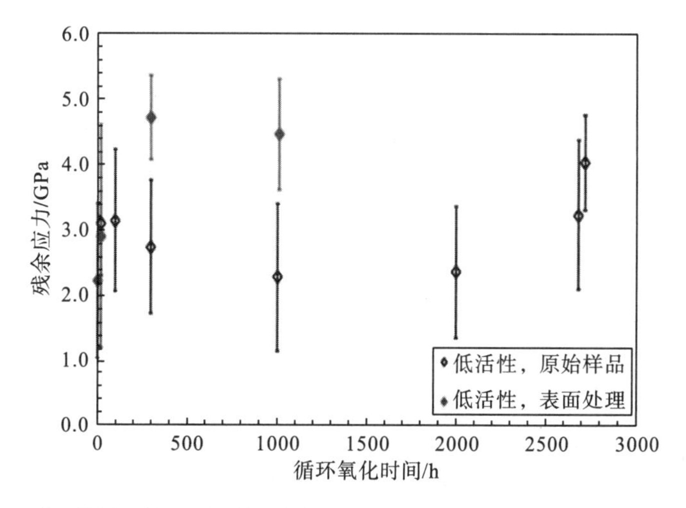

图 6.56　表面抛光对低活度铂铝粘结层循环氧化的 TGO 内应力的影响(1100℃)

抛光样品的内应力平均值的偏差仍然较大，说明表面抛光处理后的 TGO 并不紧凑，仍然存在多种缺陷导致内应力释放，从而使测量值具有较大偏差。

图 6.57 显示表面抛光处理对高活度粘结层循环氧化后的影响。由于高含量 Pt 和较小的涂层晶粒尺寸，使高活度粘结层抛光样品在开始氧化阶段具有相对完整和粘结性能良好的 TGO，造成初始 TGO 内应力较高，约为 3.8GPa，比原始样品的 TGO 内应力平均值高约 1.8GPa。随着氧化时间的增长，抛光样品的 TGO 内应力基本保持恒定，并且其平均值比原始样品大约 2GPa。由于没有陶瓷层的压制，表面抛光处理后生成的氧化铝仍然会产生局部脱落等，从而造成多种缺陷致使内应力得到一定释放，使整个涂层表面的内应力不均匀。故与低活度粘结层相似，抛光高活度粘结层的内应力平均值偏差仍然较大。

图 6.58 显示了两种活度粘结层抛光样品的比较结果。从图中可以发现，循环氧化 300h 后，低活度粘结层的 TGO 内应力比高活度粘结层高约 1GPa，但是抛光

处理对两种活度的粘结层的初始氧化产生了较大影响。通过前面的分析可以知道，由于两种活度粘结层的不同微观结构，使生成的 TGO 微观结构也不同，从而造成初期氧化较大的内应力差异。

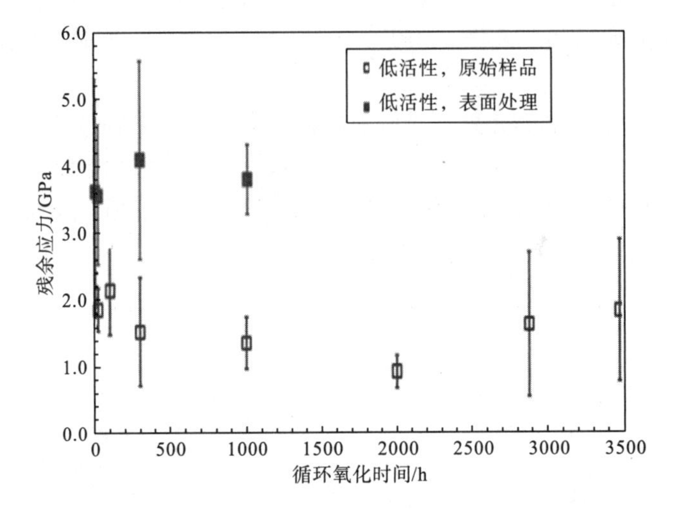

图 6.57 表面抛光对高活度铂铝粘结层循环氧化的 TGO 内应力的影响(1100℃)

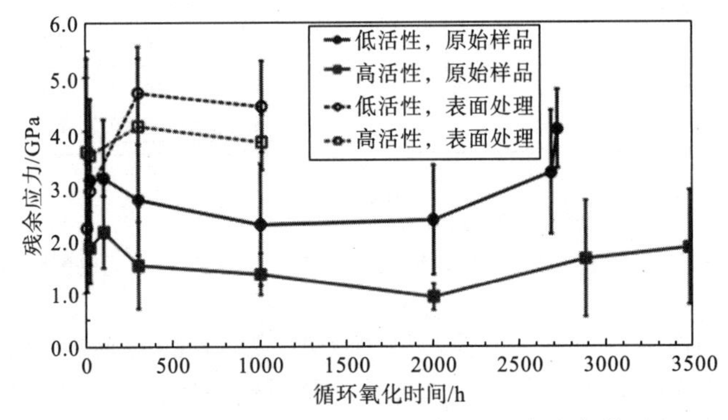

图 6.58 表面抛光铂铝粘结层循环氧化的 TGO 内应力发展(1100℃)

6.3.4 温度对内应力的影响

根据低活度和高活度粘结层在 1100℃和 1150℃氧化后的断面结构及热障涂层使用寿命的比较，可以发现温度的提高会加速 Al 元素的消耗，缩短热障涂层的使用寿命，同时也显示了对 TGO 内应力发展的较大影响。

图 6.59 表现了温度对低活度和高活度粘结层的TGO 内应力的影响。图中 1150℃处的内应力对应时间是样品热障涂层失效时间。从图中可以发现，低活度粘结层在 1150℃氧化约 500h 后出现了较大的内应力平均值偏差，但其内应力的平均值表现了与 1100℃氧化时的时间协调性，即与 1100℃氧化 500h 时的内应力相当。

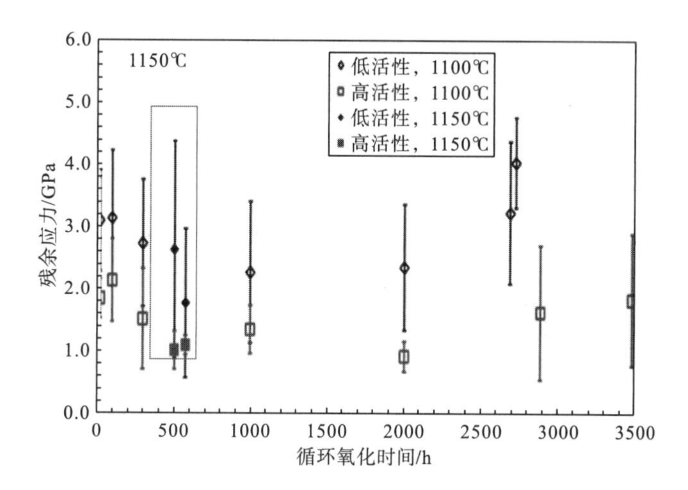

图 6.59 温度对低活度和高活度粘结层的 TGO 内应力的影响

需要注意的是，1150℃失效时，两种活度粘结层表现出不同的内应力偏差值，从图 6.59 可以发现，两种活度的粘结层在 1150℃氧化后的内应力偏差表现出明显的不同。对高活度粘结层而言，1150℃氧化约 500h 后的内应力平均值偏差较小，这说明高活度粘结层的 TGO 在氧化约 500h 后仍然保持相对完整，体现了较好的 TGO 高温粘结性能。

图 6.60 表现了温度对低活度和高活度粘结层热障涂层系统的 TGO 内应力的影响。图中 1150℃处的内应力对应时间是其热障涂层失效时间。从图 6.60 中可以发现，两种活度粘结层的热障涂层在 1150℃氧化约 500h 后部分出现了较大的内应力平均值偏差。其原因主要是由于 TBC 的失效意味着大部分氧化铝已经脱落，因此内应力的测量位置导致出现较大的内应力平均值偏差。如果 TBC 陶瓷层完全脱落，那么会造成较低的内应力平均值，这与 1100℃氧化热障涂层失效时的内应力相当。

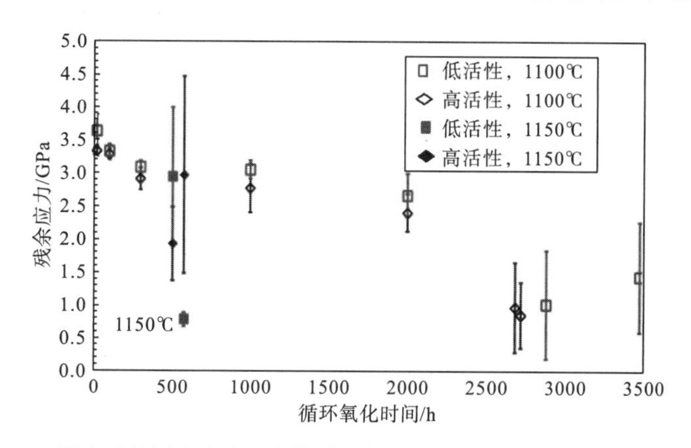

图 6.60 温度对低活度和高活度粘结层热障涂层系统的 TGO 内应力的影响

目前，铂铝合金粘结层在高温氧化环境中的部件得到广泛使用。针对铂对铝化物涂层的影响机制，下一步工作是进行长时间的失效循环氧化，进一步优化铂含量对涂层寿命的影响和澄清影响机制，同时在铂铝涂层的基础上添加稀土元素[20]，目前已经初步显示 Hf 可以明显地降低 Al 的氧化速率，但其影响机制尚未澄清。

6.3.5 氧化铝失效的力学解释

氧化铝的失效有两方面的原因：一是由于内应力太大，超过了氧化铝本身的断裂力学极限，从而导致氧化铝脱落；二是由于氧化铝本身缺陷的发展，使其力学性能下降，即使在较小的内应力情况下，也可能造成氧化铝脱落而导致涂层失效。一般情况下两者同时发生，致使氧化铝形成裂纹而脱落失效。在前面氧化铝内应力生长趋势的系统分析和影响内应力生长因素分析的基础上，综合氧化铝失效的临界厚度、内应力随时间变化曲线、氧化铝厚度随时间曲线、粘结层 β-NiAl 向 γ′-Ni_3Al 随时间的转变和对氧化铝起伏机制的量化研究等相关因素，研究氧化铝失效的力学解释。

两种活度的单一铂铝粘结层系统在开始氧化时，由于铂铝涂层中 Al 元素较为充足，能够保证生成保护性氧化铝薄膜。根据式(6-10)，σ_{growth} 影响氧化初期 σ_{total} 的变化趋势，但是在冷却温度差一定的情况下，σ_{thermal} 在上述氧化铝生成过程中保持相对恒定，尽管对内应力变化趋势影响不大，但对内应力的绝对数值起着决定性的影响。由于粘结层合金与氧化铝具有完全不同的热膨胀系数 α，因此致密并具有良好粘结性能氧化铝的内应力由冷却温度差 ΔT 决定，其公式[7]为

$$\sigma_{\text{thermal}} = \frac{-E_{\text{ox}}\Delta T(\alpha_{\text{M}} - \alpha_{\text{ox}})}{[(E_{\text{ox}}/E_{\text{M}})(X_{\text{ox}}/X_{\text{M}})](1-\nu^{\text{M}}) + (1-\nu^{\text{ox}})} \tag{6-11}$$

式中，X_{ox} 和 X_{M} 为氧化铝和粘结层合金的厚度；ν^{ox} 和 ν^{M} 为氧化铝和粘结层合金的泊松比。由于在实验中氧化铝的厚度远远小于粘结层的厚度，如果认为整个模型符合线性弹性，那么式(6-11)可以简写为

$$\sigma_{\text{thermal}} = \frac{-E_{\text{ox}}\Delta T(\alpha_{\text{M}} - \alpha_{\text{ox}})}{1-\nu^{\text{ox}}} \tag{6-12}$$

取 $\Delta\alpha = \alpha_{\text{M}} - \alpha_{\text{ox}}$，从式(6-12)中可以发现，$\sigma_{\text{thermal}}$ 取决于 $\Delta\alpha$ 和 ΔT，由于实验中冷却过程的温度差 ΔT 也已经确定，因此 σ_{thermal} 将会随 $\Delta\alpha$ 而变化。而氧化铝本身的热膨胀系数也已经确定，故粘结层合金的膨胀系数变化将影响 $\Delta\alpha$ 的变化，从而影响热生长内应力 σ_{thermal}。

如图 6.61 所示，随着氧化时间的延长，氧化铝开始稍微起伏[图 6.61(b)]，同时 Al 元素向外扩散，并生成氧化铝。由于 Al 元素沿晶界向外扩散，造成局部的 Al 元素消耗，使 β-NiAl 向 γ′-Ni_3Al 转变，这种相变改变了粘结层的热膨胀系数 α_{M}，

一般情况下 γ′-Ni_3Al 比 β-NiAl 热膨胀系数小，且硬度较高。这样根据式(6-12)，可以得到氧化铝与粘结层的热生长应力 $\sigma_{thermal}$ 变小。在高温循环氧化下，粘结层中相变必然会导致体积的改变，同时材料本身也会发生热胀冷缩，这些因素会导致粘结层的变形。由于 γ′-Ni_3Al 硬度较高，在冷却过程中 γ′-Ni_3Al 相对不容易变形，从而形成凸起，而 β-NiAl 为了协调样品整体的变形，成为凹处。

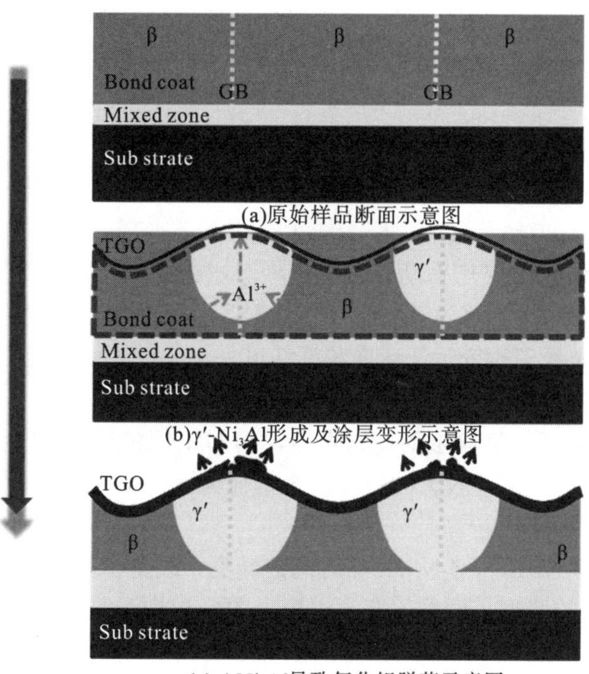

(a)原始样品断面示意图

(b)γ′-Ni_3Al形成及涂层变形示意图

(c)γ′-Ni_3Al导致氧化铝脱落示意图

图 6.61　铂铝涂层高温氧化 γ′-Ni_3Al 的形成及作用机制示意图

铂铝粘结层由于发生表面变形，内应力的分布不再均匀，在样品凹凸处容易形成局部应力集中。根据呈凹凸形状材料中应力的分布状态，容易在凸起处氧化铝上边沿形成拉应力，而下边沿形成压力。一旦上述应力超过氧化铝本身的断裂力学极限，就会形成裂纹导致局部脱落。随着氧化时间的增加[图 6.61(c)]，显示在 γ′-Ni_3Al 处形成的凸起氧化铝上边沿已经形成裂纹，裂纹的形成会进一步促进 Al 和 O 元素的扩散，使 γ′-Ni_3Al 进一步增大，同时上方氧化铝容易造成脊背状结构。

随着上述过程的发生，当氧化铝生长到一定厚度后，如图 6.61 显示的凹凸处内应力集中导致的微小裂纹会长大合并，最终导致氧化铝与粘结层的分离，从而使涂层失效。

6.3.6 小结

铂铝粘结层的失效，主要是指氧化铝脱落导致失去了保护内部合金避免氧化的能力，同时造成陶瓷层的脱落，从而导致内部支撑材料温度升高，容易导致叶片不能正常运行。而上述氧化铝的脱落，主要是由内应力的发展造成的。本节对氧化铝内应力发展趋势原因解释、表面抛光和温度等对内应力的影响等方面进行了系统分析，并首次提出了 γ'-Ni_3Al 的形成对氧化铝失效的影响。本节的主要结论如下。

(1) 高活度粘结层的热障涂层系统比低活度粘结层在 1100℃氧化后内应力高，而非热障涂层系统，由于没有 TBC 陶瓷层的压制，出现了较大的内应力平均值偏差。同时低活度粘结层的内应力较大。

(2) 氧化周期的改变几乎没有影响热障涂层系统和铂铝粘结层系统的内应力生长趋势和平均值，说明了这两种活度的粘结层适用于不同氧化周期的运行环境。

(3) 表面抛光处理改变了低活度和高活度粘结层的表面内应力，比相应原始样品的内应力约大 2GPa。

(4) 温度缩短了热障涂层的使用寿命，但对铂铝粘结层系统出现了不同的影响，低活度粘结层出现了较大的内应力平均值偏差，而高活度粘结层相对比较完整且具有较好的粘结性能。

(5) 粘结层 β-NiAl 向 γ'-Ni_3Al 随时间的转变，改变了粘结层本身的力学性能，并导致了粘结层的变形，同时改变了内应力的分布状态，最终导致氧化铝脱落。

6.4 活性元素对粘结涂层的高温氧化影响

自从明确活性元素(REE)效应，即活性元素可以有效地提高涂层的氧化性能，科研工作者对这种现象做了大量的研究。到目前关于这种效应的作用机制仍然没有取得一致的结论。同时对于影响生成 α-Al_2O_3 合金的活性元素添加量也没有明确定论，但如果添加量太多，会严重地加速涂层氧化的副作用。目前，关于活性元素效应理论解释主要包括以下几点。

(1) 改变了 Al_2O_3 的生成机制。活性元素阻碍金属阳离子的外扩散，使金属离子和氧离子互扩散变为氧离子单一内扩散[21]，有效地降低了 α-Al_2O_3 的生长速率，从而减小了 Al_2O_3 的厚度，提高涂层寿命。

(2) 提高了 Al_2O_3 的粘结性能[21, 22]。活性元素能降低热生长成层(TGO)和基底之间界面上空洞的积累和形成，使 Al_2O_3 层保持整体较高的致密性，提高抗氧化能力。

(3) 改变了 Al_2O_3 层的微观结构，使晶粒呈柱状或等轴生长[23]，从而改变氧化铝的形态，同时改变了氧化铝层的力学性能，如蠕变性能和氧化铝的弹塑性。

(4)活性元素可以消除晶界偏析[20]，从而提高粘结性能。

由于活性元素作用的复杂性，大多是一种或多种理论来解释活性元素效应的。目前针对 Al_2O_3 的生成，研究活性元素效应的合金主要是 FeCrAl 合金[24]及少量的 NiAl 和 Ni(Co)CrAl 合金。并且多数文献研究不添加与添加单一活性元素的合金氧化行为，这造成对比不同活性元素之间的效果比较困难，且相应文献中活性元素含量和样品厚度的信息严重缺乏，不仅难以估计活性元素在运行环境样品中的储备量，也难以估算进入氧化铝薄膜的活性元素含量。

针对上述研究情况，为了降低实验成本，首先探讨添加 Y、La、Hf、La+Hf 和 Ce+Hf 元素对 CoNiCrAl 合金粘结涂层高温氧化行为的影响，对比不同元素的活性元素效应。在得到上述活性元素的优化结果后，研究发现 Hf 对铂改性铝化物合金涂层的高温氧化具有显著影响。

6.4.1　添加活性元素的合金样品成分

实验所用 CoNiCrAl 合金试样为 20mm×10mm×1mm，其主要化学成分组成如表 6.1 所示。氧化前对样品进行表面抛光(1μm)。把准备好的样品放在 1100℃平炉中，在实验室空气成分下，进行等温氧化。同时对 1μm 表面抛光的样品在 1100℃的 Ar+20%O_2 中进行热重分析(TGA)，研究添加不同活性元素的合金氧化动力学，然后利用扫描电子显微镜(SEM/EDX)对氧化后的样品断面进行微观结构对比研究。所用的 NiPtAl 合金成分为 Ni-20Pt-20Al 和 Ni-20Pt-20Al-0.5Hf，形状是直径为 10mm 的 2mm 厚的圆盘。对此类 NiPtAl 合金试样，在 1150℃的空气平炉中，进行 100h 和 500h 的等温氧化，然后利用 SEM/Inlens 进行氧化铝的断面微观结构研究，从而明确 Hf 的高温氧化影响和作用。

表 6.1　CoNiCrAl 合金主要化学成分

合金序号	材料	组成/wt.%							
		Co	Ni	Cr	Al	Y	La	Hf	Ce
1	CoNiCrAlY	38.3	27.5	24.2	10.3	0.28			
2	CoNiCrAlLa	38.3	27.5	24.2	10.3		0.36		
3	CoNiCrAlHf	38.3	27.5	24.2	10.3			0.25	
4	CoNiCrAlLaHf	38.3	27.5	24.2	10.3		0.31	0.091	
5	CoNiCrAlCeHf	38.2	27.9	24.1	10.4			0.094	0.33

6.4.2 活性元素合金氧化动力学

在 Ar+20%O_2 气氛中，通过热重分析(TGA)测量和分析了添加 Y、La、Hf、La+Hf 和 Ce+Hf 的 CoNiCrAl 合金在 1μm 表面抛光后的 1100℃氧化动力学曲线(图 6.62)。从图 6.62 中可以看出，添加了元素 Ce+Hf 的 5 号合金表现出较大的质量增加，而添加单一元素 Hf 的 3 号合金表现出较小的质量变化。为了比较清晰地对比添加不同活性元素合金的瞬时氧化速率，同时可以判断其氧化动力学是否符合抛物线生长规律，根据图 6.62 中样品质量变化的数据，由下面的公式计算得到图 6.63 中合金的氧化率 $K_p(t)$[25]。

$$K_p(t)=\left[\frac{\mathrm{d}(\Delta m)}{\mathrm{d}(t^{1/2})}\right]^2 \tag{6-13}$$

式中，Δm 为氧化造成的样品单位面积质量变化量；t 为氧化时间；$K_p(t)$ 为等温瞬时氧化率。

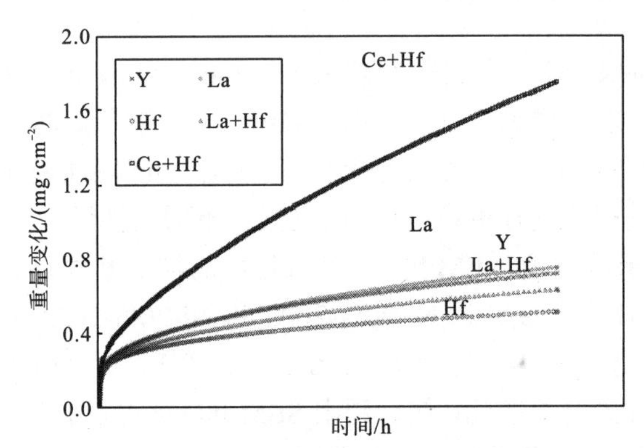

图 6.62 表面抛光(1μm)的 CoNiCrAl 合金在 Ar+20%O_2 中 1100℃等温氧化动力学曲线

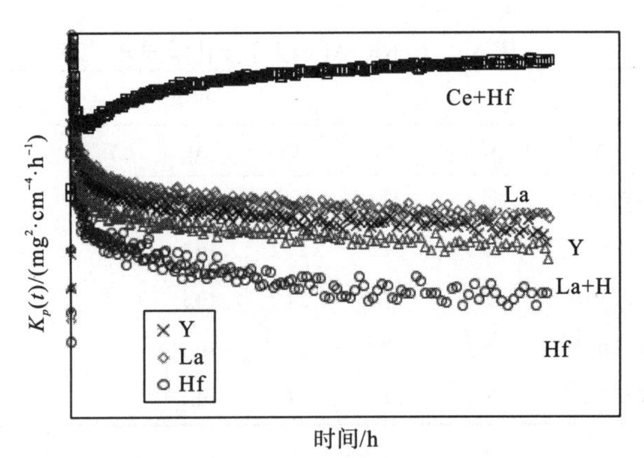

图 6.63 表面抛光(1μm)的 CoNiCrAl 合金在 Ar+20%O_2 中 1100℃等温氧化的瞬时抛物线氧化速率 $K_p(t)$

从图 6.63 中可以发现，添加了 Y、La、Hf 和 La+Hf 合金的 $K_p(t)$ 随着氧化时间的增长而单调降低。而由于保护性的氧化铝薄膜形成速度较快，$K_p(t)$ 的单调降低意味着添加了元素 Y、La、Hf 和 La+Hf 的 CoNiCrAl 合金呈“准”抛物线规律生长，但 CoNiCrAlCeHf 合金的 $K_p(t)$ 曲线则显示了不同的生长规律，$K_p(t)$ 在经过生长初期的下降后逐渐上升，然后逐渐呈常数生长。总之，通过对以上合金的氧化动力学研究，可以发现 Hf 明显地降低了合金氧化速率，具有良好的抗氧化性能。

6.4.3　活性元素合金高温氧化的断面结构

添加不同活性元素的合金 CoNiCrAl 在氧化后，表现出不同的氧化动力学曲线，同时也表现出不同的断面微观结构。从一定程度上，揭示了活性元素在合金中的作用机制。

元素 Y 改变了热生长层氧化铝的生长机制，可以明显降低其氧化速率。图 6.64 显示了 CoNiCrAlY 合金氧化 96h 后的断面微观结构和成分。从图中可以看出，氧化铝表面形成了 $NiAl_2O_4$ 的尖晶石，同时在氧化铝内部有 $YAlO_3$ 化合物形成，并在β-NiAl 和 γ′-Ni_3Al 的晶界处形成了 Y 的氧化物。

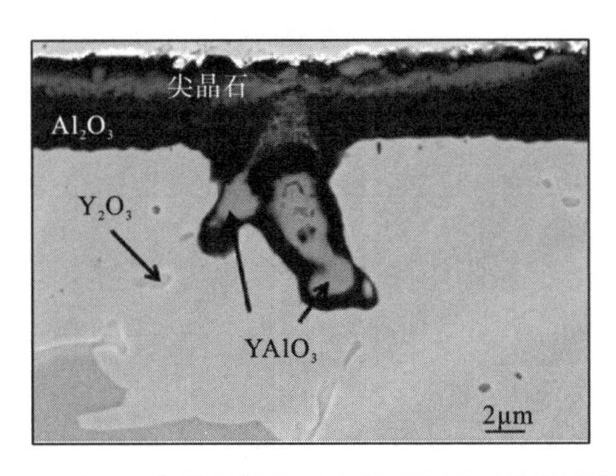

图 6.64　CoNiCrAlY 合金在空气中 1100℃下氧化 96h 后的断面微观结构

目前，对添加元素 La 来影响氧化铝生长机制的文献不多。图 6.65 显示了 CoNiCrAlLa 合金氧化 96h 后的断面微观结构。与 CoNiCrAlY 合金一样，氧化铝表面形成了 $NiAl_2O_4$ 的尖晶石，同时在氧化铝内部有 $LaAlO_3$ 化合物形成，并在β-NiAl 和 γ′-Ni_3Al 的晶界处形成了 La_2O_3 的氧化物。从氧化铝的粘结性能来看，CoNiCrAlLa 合金形成的氧化铝比较容易脱落，粘结性能较差。

活性元素 Hf 能够显著减小氧化速度的作用已经得到了一定的认可，但是其具体的影响机制不清楚。图 6.66 显示了 CoNiCrAlHf 合金氧化 96h 后的断面微观结构。从图中可以发现，生成的氧化铝较薄，但是氧化铝表面同样形成了 $NiAl_2O_4$ 的尖晶石，同时在氧化铝内部形成了 HfO_2 的氧化物。从其氧化动力学和断面微观结构来看，如果能提高其氧化铝的粘结性能，那么 Hf 的活性元素效应将会得到充分的应用。

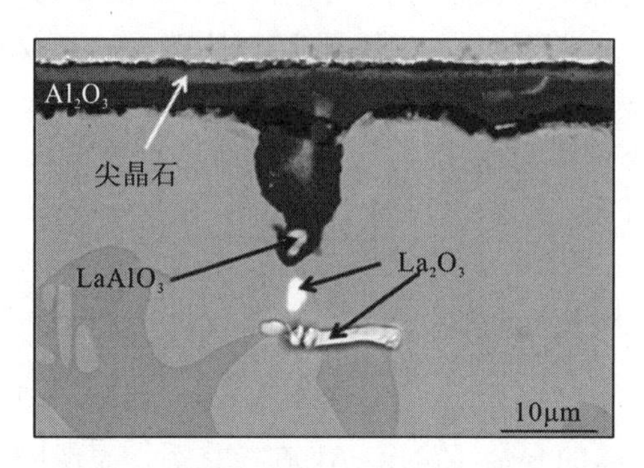

图 6.65 CoNiCrAlLa 合金在空气中 1100℃下氧化 96h 后的断面微观结构

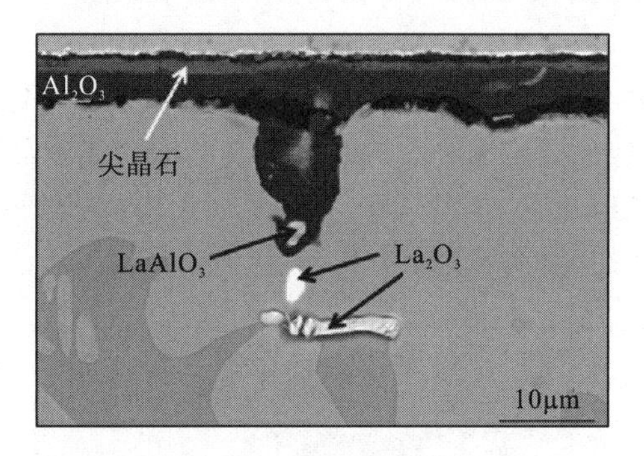

图 6.66 CoNiCrAlHf 合金在空气中 1100℃下氧化 96h 后的断面微观结构

尽管单一地添加 Hf 元素不能提高氧化铝的粘结性能，但是同时添加 La+Hf 等元素，合金表现出不同的断面结构和氧化动力学。图 6.67 显示了 CoNiCrAlLaHf 合金氧化 96h 后的断面微观结构。从图中可以看出，氧化铝表面平整，没有尖晶石形成。在氧化铝内部形成了 HfO_2，但是没有 $LaAlO_3$ 化合物形成。在 γ′-Ni_3Al 中发现 $LaAlO_3$ 形成。CoNiCrAlLaHf 体现了较好的粘结性能和抗氧化性能。

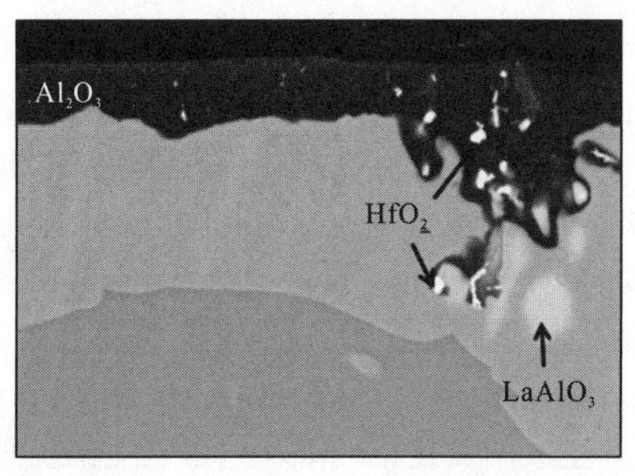

图 6.67 CoNiCrAlLaHf 合金在空气中 1100℃下氧化 96h 后的断面微观结构

为了进一步研究 Hf 元素优异的抗氧化作用，同时为了提高含 Hf 合金生成的氧化铝粘结性能。添加 Ce+Hf 元素时，合金表现出与上述元素不同的断面结构和氧化动力学。图 6.68 显示了 CoNiCrAlCeHf 合金氧化 96h 后的断面微观结构。从图中可以看出，合金发生强烈的内氧化，同时氧化铝表面形成尖晶石。在氧化铝内部形成了 CeO_2 和 HfO_2，但是没有其他化合物形成。从其氧化动力学来看，经历了开始阶段的氧化速度下降后，氧化速度开始缓慢上升，这说明 CoNiCrAlCeHf 形成的氧化铝没有保护作用，其原因可能是较差的粘结性能和较强的内氧化。

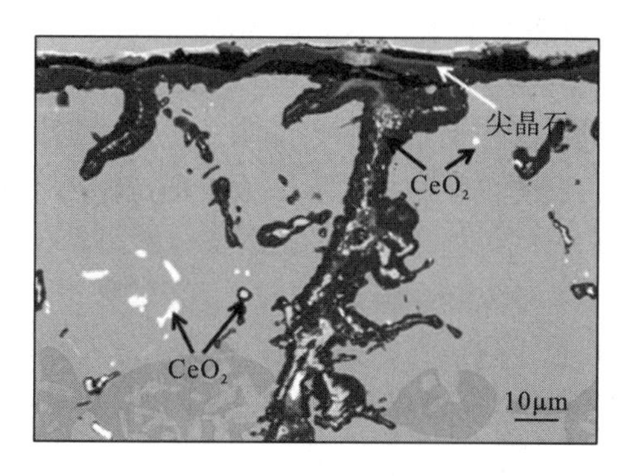

图 6.68　CoNiCrAlCeHf 合金在空气中 1100℃下氧化 96h 后的断面微观结构

从前面叙述的几种合金来看，元素 Hf 有效地降低了氧化速度，但是其生成氧化铝的粘结性能不佳。而 La+Hf 在保证较低的氧化速率的同时，有效地提高了氧化铝的粘结性能。元素 Ce 能导致合金强烈的内氧化，即使与 Hf 同时添加也没有发生明显变化。对于同时添加多种活性元素的影响，还需要进一步的研究和优化。

6.4.4　NiPtAl(Hf)合金高温氧化的断面结构

通过上述活性元素的初步探讨，尽管在 MCrAlY 合金中，添加 Hf 后的合金生成的氧化铝粘结性能并不好，但 Hf 元素可以降低氧化铝的生长速率，故在铂铝合金中添加 Hf 元素来研究其生成的氧化铝情况。

图 6.69(a)显示了 NiPtAl 合金高温氧化的氧化铝微观结构。从图中可以看出，氧化铝上层为等轴晶生长，而下层为柱状生长。在氧化 100h 后，氧化铝厚度约为 5.6μm。整个氧化铝层结构致密，在氧化铝外层有少量微观小孔等缺陷。但是添加了 Hf 元素的 NiPtAl 合金在同样的氧化温度和时间条件下，氧化铝厚度明显降低。图 6.69(b)显示了 NiPtAl+Hf 合金的氧化铝微观结构，从图中可以发现，氧化铝微观结构不再是柱状，并且氧化铝上层出现微观小孔，说明 Hf 对 NiPtAl 合金的氧化铝生长具有重要的影响。

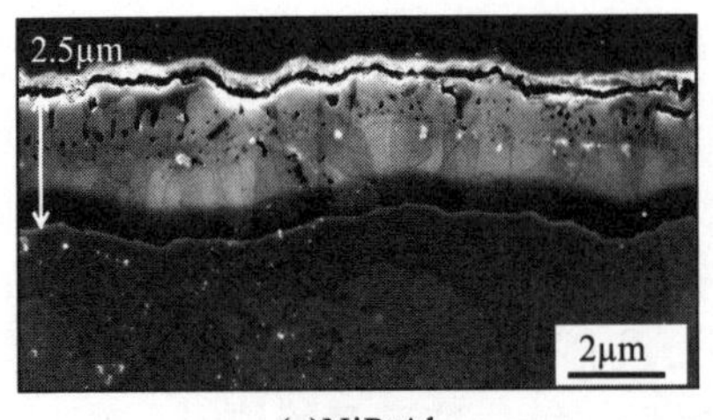

(a)NiPtAl

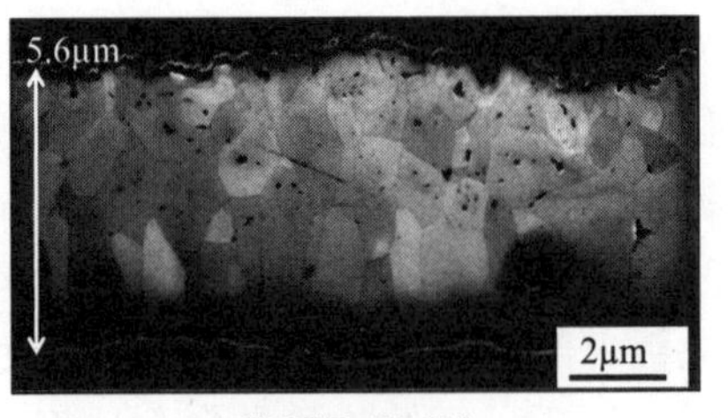

(b)NiPtAl+Hf

图 6.69 NiPtAl 合金在空气中 1150℃下氧化 100h 的微观结构

图 6.70(a)显示了 NiPtAl 合金高温氧化 500h 的氧化铝微观结构。从图中可以看出，氧化铝上层为等轴晶生长，而下层为柱状生长，厚度变为 9.2 μm。这里需要注意的是，在样品抛光时，由于水的表面张力，造成氧化铝层断面上方存在一定的污染，在氧化铝内层的柱状结构明显长大，但是添加了 Hf 元素的 NiPtAl 合金在同样的氧化温度和时间条件下，氧化铝生长速度明显较低。图 6.70(b)显示在氧化 500h 后，其厚度仅为 3.3 μm。图 6.70(b)显示，即使增长氧化时间，NiPtAl+Hf 合金的氧化铝微观结构也不再呈柱状，说明 Hf 改变了 NiPtAl 合金的氧化铝生长机制。同时从图 6.69 和图 6.70 可以看出，其氧化铝具有较好的粘结性能。

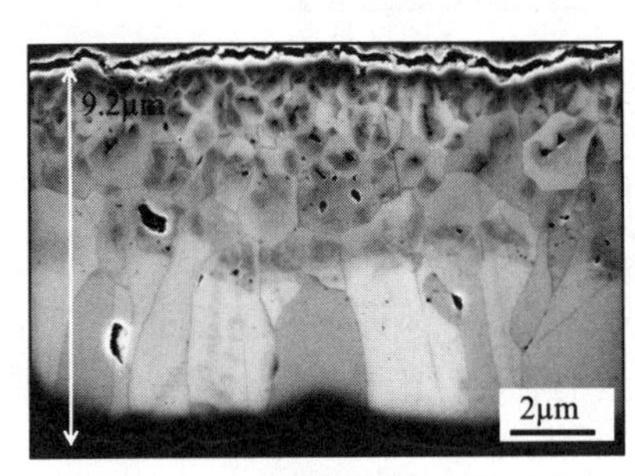

(a)NiPtAl

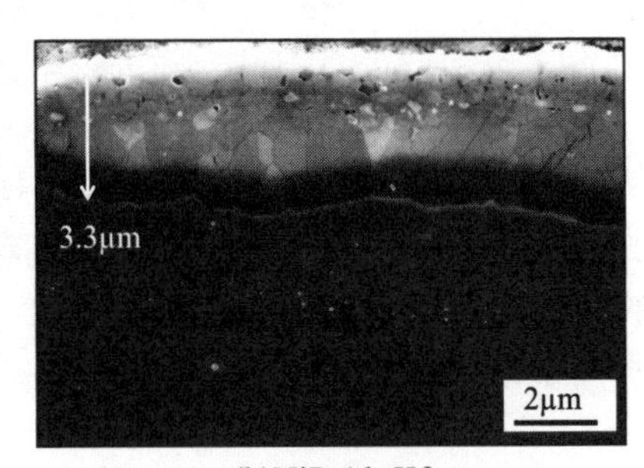

(b)NiPtAl+Hf

图 6.70 NiPtAl 合金在空气中 1150℃下氧化 500h 的微观结构

综上所述，可以发现活性元素 Hf 在铂改性铝化物涂层中能够降低氧化速率，同时其生成的氧化铝具有较好的粘结性能。添加活性元素 Hf 的铂铝涂层的长时间氧化机制和失效机制需要进一步的研究。

6.5 本 章 小 结

通过研究温度、氧化方式和表面抛光等对铂改性铝化物粘结层的微观结构变化、氧化铝的起伏生长机制及内应力变化等影响，对氧化铝的失效机制进行了力学解释。基于上述研究，得到如下结论。

(1) 实验采用单一铂改性铝化物粘结层氧化时，在其表面生成稳定致密的热生长层(TGO)氧化铝。低活度涂层表面生成脊背网状氧化铝，而高活度涂层表面形成了“鱼鳞”状氧化铝形态，两者均体现了良好的抗氧化性能和优异的粘结性能，可以作为性能良好的粘结涂层。含有两种活度铂铝粘结层的热障涂层系统同样体现了良好的抗氧化性能和稳定性。

(2) 在高温氧化过程中，粘结层中的 Al 元素含量降低，同时随着 Al 元素的消耗使粘结层的结构和性能发生改变，影响热生长层氧化铝的生长，而 Ni 元素在粘结层中的含量升高。氧化温度对铂改性铝化物热障涂层系统的使用寿命具有明显的影响，1150℃时热障涂层的使用寿命约为 500h，仅为 1100℃使用寿命的 1/4。

(3) 当铂改性铝化物粘结层氧化时，由于氧化铝的生成及元素扩散，粘结层中各种元素的扩散也引起了其成分和物相的改变。其中高活度粘结层，由于 $PtAl_2$ 高温(尤其是 1100℃)快速分解，使 Al 元素含量在氧化 20h 后从 50%降到 30%。同时发现难熔金属(如 Co、Cr、Ta 和 W 等)元素与 Al 元素表现出不同的扩散趋势，其中 Co、Ta 和 Cr 随着氧化时间的增长，快速从基体向粘结层方向扩散，但 W 和 Re 含量在粘结层基本保持稳定，同时在扩散区形成了 W 和 Re 的富含区。

(4) 热障涂层在同一温度氧化时，发现低活度和高活度粘结层的 TGO 生长速率相似，且在热障涂层失效时 TGO 临界厚度为 6～8μm，并提出了两种粘结层在热障涂层系统和单一铂铝粘结涂层系统中的热生长层厚度 X 随时间 t 生长函数。

$$X_{\text{Low}-a_{\text{Al}}}^{\text{TBC}} = 0.46t^{0.35} \qquad X_{\text{Low}-a_{\text{Al}}}^{\text{BC}} = 0.80t^{0.22}$$

和

$$X_{\text{High}-a_{\text{Al}}}^{\text{TBC}} = 0.54t^{0.32} \qquad X_{\text{High}-a_{\text{Al}}}^{\text{BC}} = 0.53t^{0.29}$$

(5) 高含量的 Pt 使粘结层具有较小的晶粒，并使高活度粘结层表现出完全不同的表面微观结构。随着氧化时间的增长，Pt 元素在粘结层中的含量逐渐下降，在扩散区和基体的含量逐渐升高。发现较高含量的 Pt 元素能够减缓样品粘结层的基本相 β-NiAl 向 γ'-Ni_3Al 转变，从而使高活度粘结层的使用寿命比低活度粘结层稍长。

(6) 表面抛光处理工艺使铂铝粘结层的 TGO 表面起伏变小，促进高含量铂铝涂层样品的氧化铝层平坦生长，抛光高活度粘结层生成的氧化铝层显示了整体较好的粘结性能。同时，抛光处理可以有效地降低高活度铂铝涂层初始氧化的局部氧化物脱落。另外，热障涂层的 YSZ 陶瓷层严重压制了 TGO 的起伏，有效地避免了氧化铝的脱落。

(7) 首次发现粘结层中的 γ'-Ni_3Al 形成是导致 TGO 起伏和脱落的原因之一。粘结层 β-NiAl 向 γ'-Ni_3Al 随时间的转变，改变了粘结层本身的力学性能，并导致了粘结层的变形，同时改变了内应力的分布状态，最终导致氧化铝脱落。

(8) 表面抛光处理有效地减少了低含量铂铝涂层样品表面脊背或凸起的形成，但由于氧化初期氧化铝 θ→α 相变的发生，造成了低含量铂铝涂层样品的 TGO 表面大量微小裂纹的形成，使在氧化初期低活度粘结层的 TGO 大量脱落。抛光处理有效地减小了氧化铝层的厚度，降低了 Al 元素的消耗率，尤其是低铂含量涂层样品，从而可以在优化工艺的基础上，进一步降低铂的使用量。

(9) 高活度粘结层的热障涂层系统在 1100℃氧化后内应力比低活度粘结层约高 0.5GPa，而非热障涂层系统由于没有 TBC 陶瓷层的压制，出现了较大的内应力平均值偏差，同时低活度粘结层的内应力较大。氧化周期的改变几乎没有影响热障涂层系统和铂铝粘结层系统的内应力生长趋势和平均值，说明了这两种活度的粘结层适用于不同氧化周期的运行环境。表面抛光处理改变了低活度和高活度粘结层的表面内应力，比相应原始样品的内应力大约 2GPa。

(10) 初步探讨了添加 Y、La、Hf、La+Hf 和 Ce+Hf 等活性元素的 CoNiCrAl 合金的氧化动力学和断面微观结构。发现元素 Hf 能有效地降低氧化速率，而 La+Hf 在保证氧化铝粘结性能的前提下，也能有效降低生长速率，但是添加 Ce+Hf 的合金表现出明显的内氧化和较高的氧化速率。基于上述研究结果，在铂铝涂层基础上添加稀土元素 Hf，目前已经初步显示 Hf 元素可以明显地降低 Al 的氧化速率，同时具有较好的粘结性能。

参 考 文 献

[1] Tolpygo V K, Clarke D R. The effect of oxidation pre-treatment on the cyclic life of EB-PVD thermal barrier coatings with platinum-aluminide bond coats. Surface and Coatings Technology, 2005,200 :1276-1281.

[2] Xie L, Sohnb Y, Jordan E H, et al. The effect of bond coat grit blasting on the durability and thermally grown oxide stress in an electron beam physical vapor deposited thermal barrier coating. Surface and Coatings Technology, 2003,176: 57-66.

[3] Tolpygo V K, Clarke D R, Murphy K S. The effect of grit blasting on the oxidation behavior of a platinum modified nickel-aluminide coating. Metallurgical and Materials Transactions A, 2001, 32:1467-1478.

[4] Qin F, Anderegg J W, Jenks C J. The effect of Pt on Ni_3Al surface oxidation at low-pressures. Surface Science, 2007,(601) :146-154.

[5] Jackson M R, Rairden J R. The aluminization of platinum and platinum-coated IN-738. Metallurgical and Materials Transactions, 1977, 8(11) :1697-1707.

[6] Hayashi S, Ford S I, Young D J, et al. A-NiPt(Al) and phase equilibria in the Ni-Al-Pt system at 1150°C. Acta Materialia, 2005,53 : 3319-3328.

[7] Tolpygo V K, Clarke D R. Microstructural study of the theta-alpha transformation in alumia scales formed on nickel-aluminides. Materials at High Temperatures, 2000,17(1) : 59-70.

[8] Hou P Y, Tolpygo V K. Examination of the platinum effect on the oxidation behavior of nickel-aluminide coatings. Surface & Coatings Technology, 2007(202) : 623-627.

[9] Pint B A, Wright I G, Lee W Y, et al. Substrate and bond coat compositions: factors affecting alumina scale adhesion. Materials Science and Engineering, 1998, 245 :201-211.

[10] Zhao J C. A combinatorial approach for structural materials. Advanced Engineering Materials, 2001,3 :143-147.

[11] Davis A W, Evans A G. Effects of bond coat misfit strains on the rumpling of thermally grown oxides. Metallurgical and Materials Transactions, 2006, 37: 2085-2095.

[12] Tolpygo V K, Clarke D R. Rumpling induced by thermal cycling of an overlay coating: the effect of coating thickness. Acta Materialia, 2004,52 :615-621.

[13] Tolpygo V K, Clarke D R. On the rumpling mechanism in nickel-aluminide coatings. Part II: characterization of surface undulations and bond coat. Acta Materialia, 2004,52 :5129-5141.

[14] Tolpygo V K, Clarke D R. Surface rumpling of a (Ni, Pt) Al bond coat induced by cyclic oxidation. Acta Materialia, 2000,48 : 3283-3293.

[15] Huntz A M, Houb P Y, Molins R. Study by deflection of the influence of alloy composition on the development of stresses during alumina scale growth. Materials Science and Engineering, 2008, 485 :99-107.

[16] Vialas N, Monceau D. Effect of Pt and Al content on the long-term, high temperature oxidation behavior and interdiffusion of a Pt-modified aluminide coating deposited on Ni-base superalloys. Surface and Coatings Technology, 2006(201) : 3846-3851.

[17] Dryepondt S, Porter J R, Clarke D R. On the initiation of cyclic oxidation-induced rumpling of platinum-modified nickel aluminide coatings. Acta Materialia, 2009,57(6) : 1717-1723.

[18] Zhao X, Hashimoto T, Xiao P. Effect of the top coat on the phase transformation of thermally grown oxide in thermal barrier coatings. Scripta Materialia, 2006,55 : 1051-1054.

[19] Evans A G, Mumm D R, Hutchinson J W,et al. Mechanisms controlling the durability of thermal barrier coatings. Progress in Materials Science, 2001 (46) : 505-553.

[20] Carling K M, Carter E A. Effects of segregating elements on the adhesive strength and structure of the α-Al_2O_3/β-NiAl interface. Acta Materialia, 2007,55(8) : 2791-2803.

[21] Pint B A. Experimental observations in support of the dynamic-segregation theory to explain the reactive-element effect. Oxidation of Metals, 1996,45(1/2) : 37.

[22] Evans H E. Stress effects in high temperature oxidation of metals. International Materials Reviews, 1995,40(1) : 1-40.

[23] Wessel E, Kochubey V, Naumenko D, et al. Effect of Zr addition on the microstructure of the alumina scales on FeCrAlY-alloys. Scripta Materialia, 2004,51 : 987-992.

[24] Naumenko D, Kochubey V, Niewolak L, et al. Modification of alumina scale formation on FeCrAlY alloys by minor additions of group IVa elements. Journal of Materials Science, 2008,43 : 4550-4560.

[25] Quadakkers W J, Naumenko D, Wessel E, et al. Growth rates of alumina scales on Fe-Cr-Al Alloys. Oxidation of Metals, 2004,61(1/2) :17-37.

第7章 ODS型MCrAlY合金涂层的氧化行为

利用机械合金化和低压等离子喷涂制备的以 Al_2O_3 为弥散强化物的热障涂层系统中的CoNiCrAlY粘结层，尚处于研发阶段。为了研究其氧化能力，本章主要通过对比传统的非ODS型粘结层和不同弥散强化相的ODS型粘结层的氧化行为，分析合金涂层表面氧化铝的生长机制，包括氧分压、活性元素扩散、内氧化等对氧化铝生长机制的影响。结合不同弥散强化相的CoNiCrAlY合金涂层长时间循环氧化结果，分析不同的活性元素及活性元素含量对合金涂层表面氧化铝层粘结性的影响，阐释ODS型粘结层抗氧化能力优异的原因。

7.1 氧化气氛对ODS型CoNiCrAlY合金涂层氧化行为的影响

7.1.1 涂层在 Ar-20%O_2 中的氧化行为

图 7.1(a)所示的传统 CoNiCrAlY 合金涂层和 ODS 合金涂层在 1100℃的Ar-20%O_2气氛中氧化72h的动力学曲线直观地表明了ODS型CoNiCrAlY合金涂层的氧化速率明显低于传统的CoNiCrAlY合金涂层。从氧化初始阶段，ODS型粘结层的氧化增重就小于传统的粘结层。氧化72h后，传统涂层的氧化增重大约是ODS型粘结层的2倍。在图7.1(b)中呈现的是两种合金涂层相对应的瞬时氧化速率 K_p'，其计算方法详见文献[1, 2]。传统合金粘结层的氧化速率明显要高于ODS合金涂层。ODS型粘结层的瞬时氧化速率为 $3.5\times10^{-13}\ g^2\cdot cm^{-4}\cdot s^{-1}$，而传统合金涂层达到 $1.5\times10^{-12}\ g^2\cdot cm^{-4}\cdot s^{-1}$，意味着传统合金涂层的氧化速率大约是ODS合金涂层的4倍。值得一提的是，这两种合金涂层经72h的氧化，表面氧化层的生长速率趋于定值，变化幅度较小。

通过 GD-OES 分析样品氧化后表层成分结果显示(图 7.2)，不管在传统CoNiCrAlY合金涂层还是ODS合金涂层，粘结层最外层都富集着一些Ni、Cr和Co元素。这是由于在氧化初期，氧化铝还没有完全形成连续的氧化膜时粘结层中基体元素易于氧化形成氧化物。随着氧化时间的延长，两种粘结层表层中Ni、Cr及Co含量都快速降低，整个氧化层Al的含量一直很高，其原子百分比为40%左右，而氧的原子百分比为 60%左右，说明氧化层的主要成分为氧化铝。合金元素的含量及变化趋势在这两种粘结层表面形成的氧化铝层中差异较小。

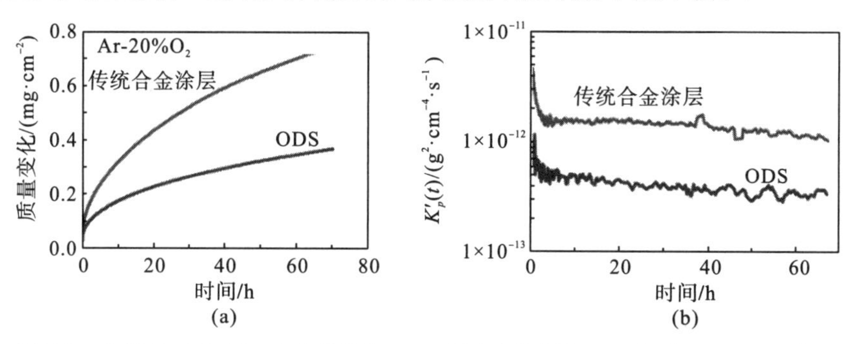

图 7.1　传统 CoNiCrAlY 合金涂层与 ODS 型合金涂层在 1100℃的 Ar-20%O_2 气氛中氧化 72h 的动力学曲线及其相对应的瞬时氧化速率 K'_p

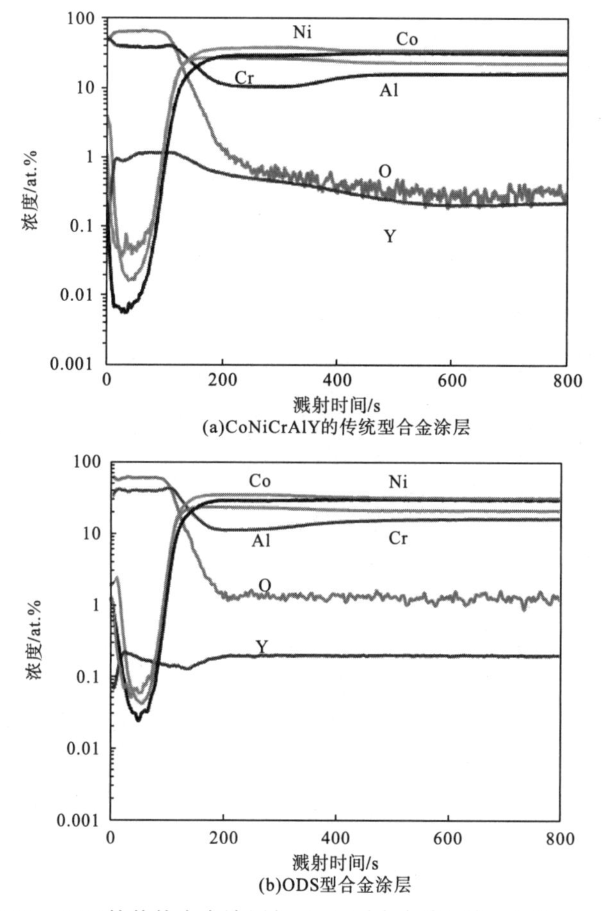

图 7.2　CoNiCrAlY 的传统合金涂层与 ODS 型合金涂层在 1100℃的 Ar-20%O_2 气氛中氧化 72h 后表层 GD-OES 分析结果

但是关于活性元素 Y 在这两种合金表面氧化铝层及氧化层/基体界面的含量存在明显的区别。在传统合金涂层中，活性元素 Y 在氧化铝层中富集，并且在氧化铝与基体界面附近含量很高，约为 1 at.%。同时在合金基体中元素 Y 随着深度的增加，含量逐渐减少，说明活性元素 Y 在氧化过程中向外扩散，且扩散区域距离较深。在 ODS 合金涂层中，Y 的含量在整个氧化层中相对较低，最高的含量也只有 0.2at.%左右。在合金基体中 Y 的含量基本保持不变，但是在氧化层和基体界面附近 Y 的含量较低，也说明活性元素 Y 向外扩散，扩散区域较小。说明活性元素 Y 在这两种合金涂层中扩散存在差异。

结合断面的 SEM/EDX 分析结果(图 7.3)，可以发现在传统合金涂层表面氧化铝层/基体的界面起伏较大，而在气体/氧化铝界面却相对平滑。同时在氧化铝层内存在粗大的块状的富含 Y 的氧化物，在传统合金涂层基体中也可以发现一些 Y-Al 氧化物。传统合金基体主要由 β-NiAl 相和 γ-Ni 相组成。

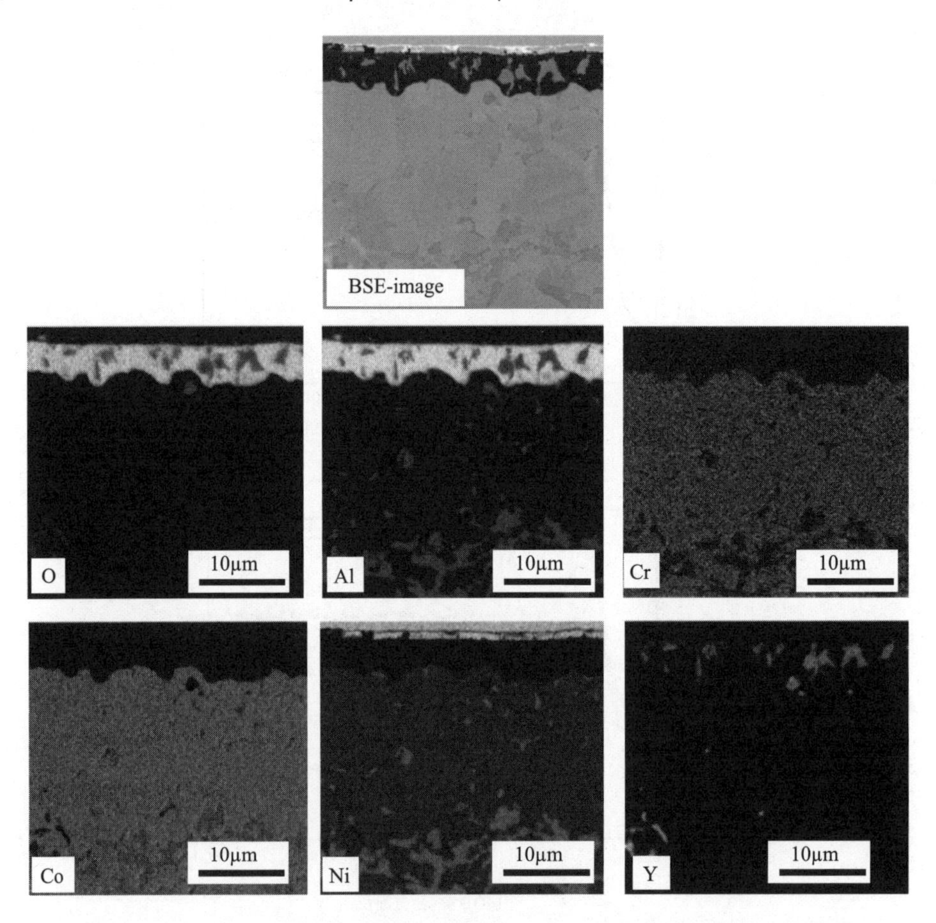

图 7.3 CoNiCrAlY 传统合金涂层 1100℃、Ar-20%O_2气氛中氧化 72h 后断面 SEM/BSE 及其相对应的 EDX 成分分析结果

相对于 ODS 型的 CoNiCrAlY 合金涂层(图 7.4)，其表面形成的氧化层明显比传统粘结层形成的氧化铝层薄。气体/氧化层界面平整，氧化层/基体界面有一定的起伏，但是起伏较小。在其表面的氧化层中尚未发现粗大的富含 Y 的氧化物。虽然基体合金主要还是由 β-NiAl 相和 γ-Ni 相组成，但是基体中含有许多均匀分布的大小为 0.5～2μm 的 Y-Al 氧化物小颗粒。在 ODS 型的粘结层中还发现了富 Cr 相，根据分析研究者确定该组织应该是 C_6Cr_{23} 相，但是合金原成分中 C 含量很低，C 的来源尚不确定，可能是在机械合金化过程中引入的。

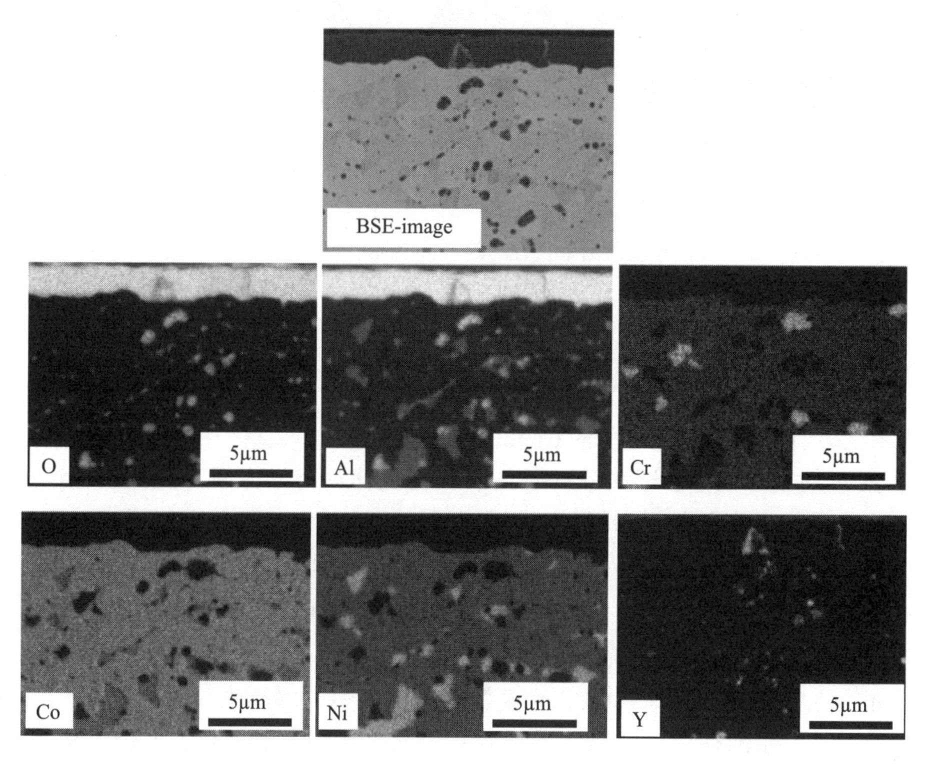

图 7.4 ODS 型 CoNiCrAlY 合金涂层在 1100℃、Ar-20%O_2 气氛中氧化 72h 后断面 SEM/BSE 及其相对应的 EDX 成分分析结果

通过断面的 EBSD 图片(图 7.5)，可以清晰地看出两种 CoNiCrAlY 合金涂层表面形成的氧化铝晶粒都为柱状结构。随着氧化时间的延长，在沿着晶粒生长的方向晶粒宽度也在变大。这符合氧化铝生长的类抛物线规律。传统的粘结层氧化铝晶粒虽为柱状晶，但并不规则，晶粒宽度存在较大差异。ODS 粘结层氧化铝晶粒大小相对均匀，晶粒相对规则。在合金氧化层/基体界面附近，对比 ODS 型粘结层，传统的 CoNiCrAlY 合金涂层表层氧化铝晶粒宽度明显较大。

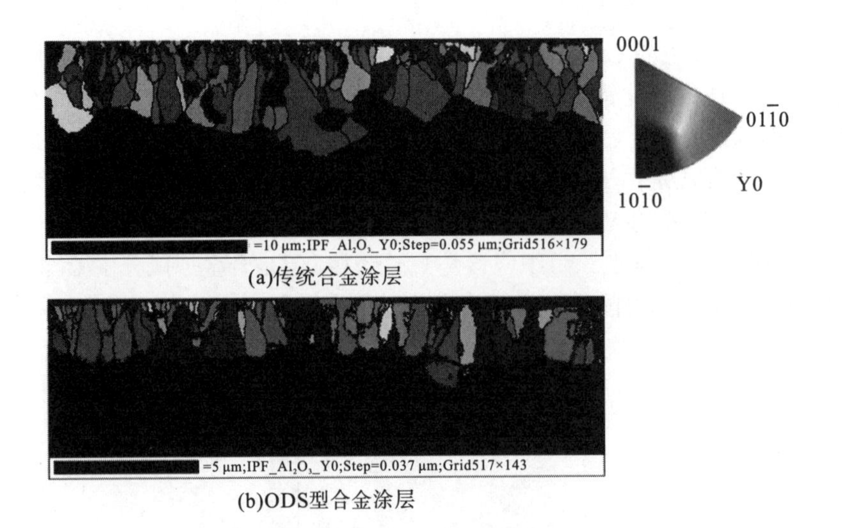

(a)传统合金涂层

(b)ODS型合金涂层

图 7.5 传统合金涂层与 ODS 型 CoNiCrAlY 粘结层在 1100℃、Ar-20%O_2气氛中氧化 72h 后表面氧化铝沿生长方向的晶粒 EBSD 取向图及相对应的极点图

7.1.2 涂层在 Ar-4%H_2-2%H_2O 中的氧化行为

首先，通过 TGA 分析两种涂层在 1100℃、Ar-4%H_2-2%H_2O 中的氧化动力学(图 7.6)，可以得到 ODS 型的 CoNiCrAlY 合金涂层从氧化开始到氧化结束 72h 内，质量增重都明显少于传统的粘结层。在氧化动力学方面，两种合金涂层与在 Ar-20%O_2 中的氧化行为相似。利用得到的 TGA 结果计算粘结层相对应的瞬时氧化速率 K_p' [1, 2]，结果表明涂层表面氧化铝的瞬时氧化速率，传统粘结层高于 ODS 型粘结层。ODS 型粘结层表面氧化铝的瞬时生长速度最后保持为 2.0×10^{-13} $g^2\cdot cm^{-4}\cdot s^{-1}$，而传统合金涂层表面氧化铝的瞬时生长速率为 8×10^{-13} $g^2\cdot cm^{-4}\cdot s^{-1}$左右，明显高于 ODS 合金涂层的氧化铝的瞬时生长速度。

图 7.7 显示两种 CoNiCrAlY 合金涂层在氧化初期表层都会生成 Cr、Ni 和 Co 的氧化物。这是因为氧化初期，保护层氧化铝还没有完全形成致密的氧化膜，氧气与涂层基体发生反应的结果。随着氧化时间的延长，氧化铝形成致密的保护层，Cr、Ni 和 Co 含量急剧减少，氧化层的主要成分为氧化铝。两种合金最主要的区别依旧是活性元素 Y 的含量和分布。在传统 CoNiCrAlY 合金涂层中，在氧化铝最外层，活性元素 Y 的含量相对较低并沿着氧化铝生长的方向逐渐增加，在氧化铝层中间位置达到峰值，最高含量可达 2 at.%。Y 元素在氧化铝层中间及氧化层/基体界面附近富集，活性元素 Y 在涂层基体中有向外扩散的趋势。对于 ODS 型的 CoNiCrAlY 合金涂层，Y 元素在氧化层中含量变化较小。在粘结层基体中，元素 Y 的含量保持不变，但是氧化层和基体界面附近，活性元素 Y 的含量降低。

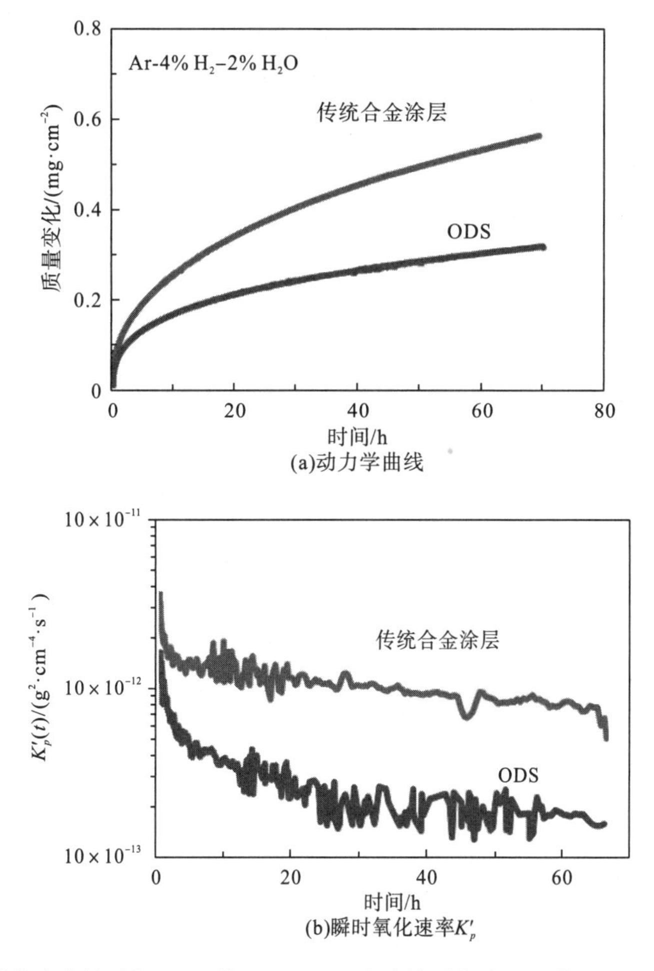

(a)动力学曲线

(b)瞬时氧化速率K_p'

图 7.6　传统合金涂层与 ODS 型 CoNiCrAlY 合金涂层在 1100℃的 Ar-4%H_2-2%H_2O 气氛中氧化 72h 的动力学曲线及其相对应的瞬时氧化速率 K_p'

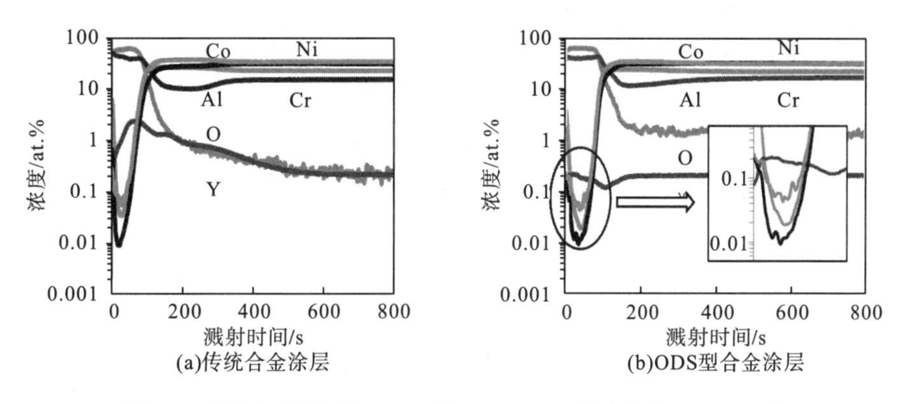

(a)传统合金涂层

(b)ODS型合金涂层

图 7.7　传统合金涂层与 ODS 型 CoNiCrAlY 合金涂层在 1100℃的 Ar-4%H_2-2%H_2O 气氛中氧化 72h 后表层 GD-OES 分析结果

利用 SEM/EDX 分析两种合金涂层断面微观组织结构(图 7.8)，可以发现传统 CoNiCrAlY 合金涂层与 GD-OES 成分分析结果相吻合。从整体上看，传统粘结层表面氧化铝层明显厚于 ODS 型粘结层表面的氧化铝层。传统的粘结层表面的氧化铝层在氧化铝层/基体界面不规则，厚度起伏较大，同时氧化层内部以及氧化层/基体界面附近都存在大块的富含 Y-Al 的氧化物，这和涂层在 Ar-20%O_2 中的氧化结果类似。ODS 合金涂层 72h 氧化后断面 SEM/EDX(图 7.9)显示氧化铝层相对平滑，厚度均匀，并且在氧化铝层中没有大块的 Y-Al 氧化物出现。

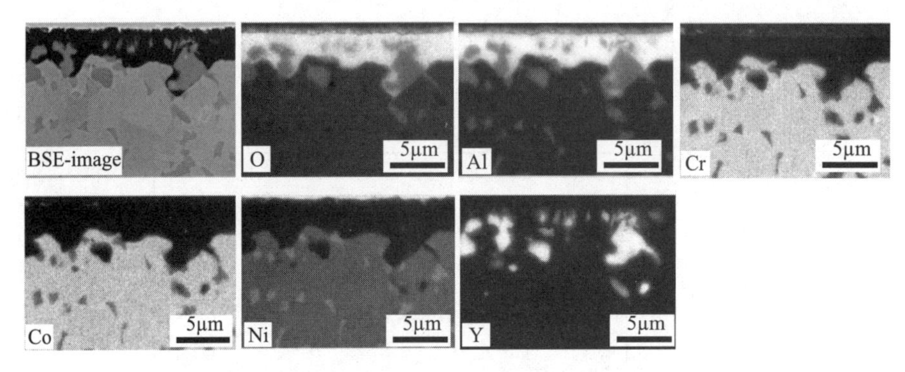

图 7.8 传统 CoNiCrAlY 合金涂层在 1100℃、Ar-4%H_2-2%H_2O 气氛中氧化 72h 后断面 SEM 形貌(左上)及其对应的 EDX 分析结果

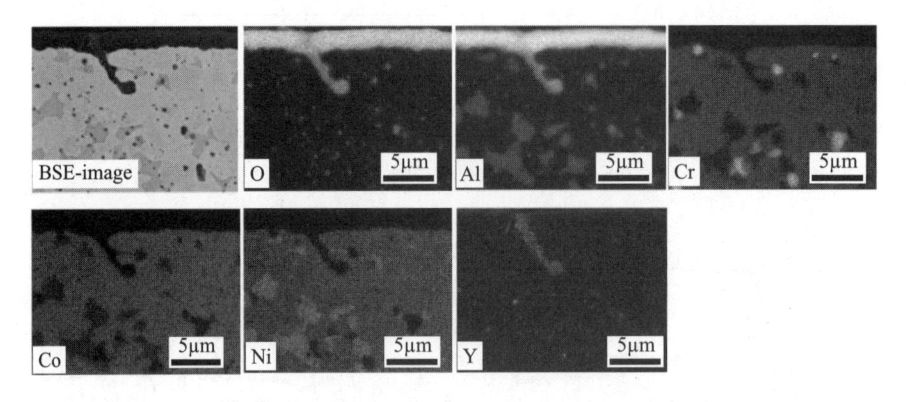

图 7.9 ODS 型 CoNiCrAlY 合金涂层在 1100℃、Ar-4%H_2-2%H_2O 气氛中氧化 72h 后断面 SEM 形貌(左上)及其对应的 EDX 分析结果

利用 EBSD/EDX 分析氧化铝晶粒大小及生长取向，传统的 CoNiCrAlY(图 7.10)粘结层和 ODS 型粘结层(图 7.11)在水蒸气环境中氧化表面都会形成柱状的氧化铝晶粒。与在 Ar-O_2 气氛中的氧化结果相似，传统粘结层表面氧化铝晶粒形状不规则；反之，ODS 型粘结层表面的氧化铝晶粒形状相对规则。两种合金涂层

表面氧化铝晶粒的宽度在其生长方向上都随氧化时间的延长而增加。利用 METLAB 软件可以计算和比较氧化铝层相同深度氧化铝晶粒的大小(计算方法详见附录 A)。

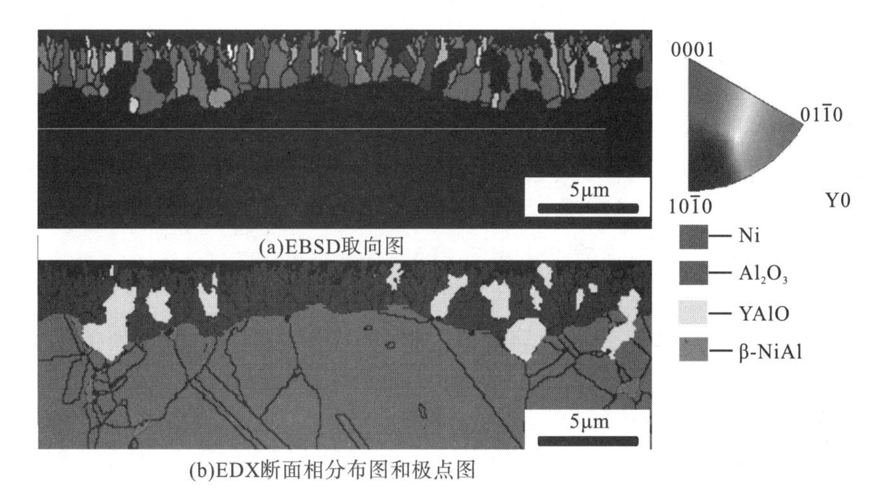

(a)EBSD取向图

(b)EDX断面相分布图和极点图

图 7.10　传统 CoNiCrAlY 合金涂层在 1100℃、Ar-4%H_2-2%H_2O 气氛中氧化 72h 后表面氧化铝沿生长方向的晶粒 EBSD 取向图以及相对应的 EDX 断面相分布图和极点图

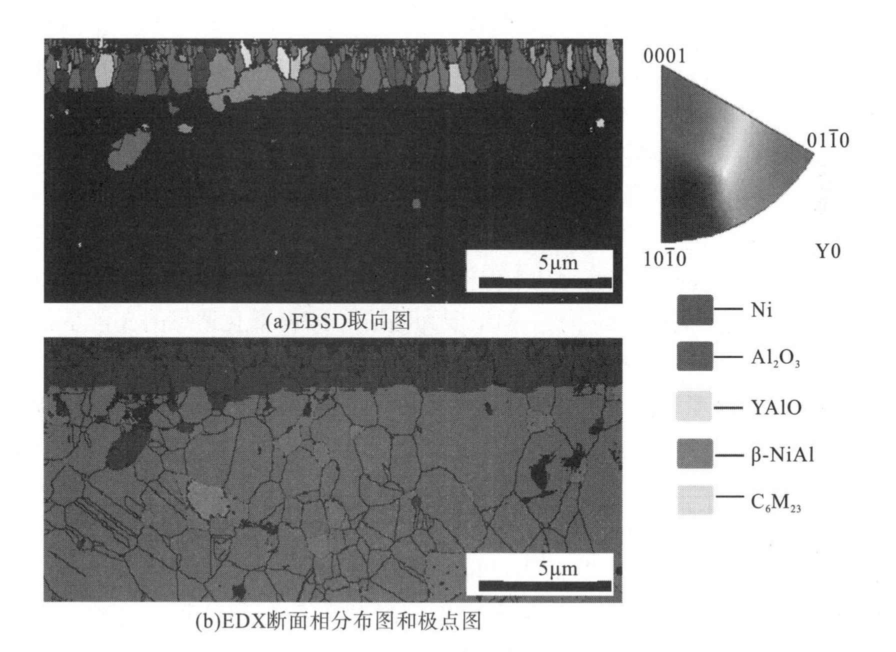

(a)EBSD取向图

(b)EDX断面相分布图和极点图

图 7.11　ODS 型 CoNiCrAlY 合金涂层在 1100℃、Ar-4%H_2-2%H_2O 气氛中氧化 72h 后表面氧化铝沿生长方向的晶粒 EBSD 取向图以及相对应的 EDX 断面相分布图和极点图

7.2 不同弥散强化相对 ODS 型 CoNiCrAlY 合金涂层氧化行为的影响

本节将继续研究与氧化铝相似的高温稳定性的氧化物——氧化钇和氧化铪作为弥散强化相的 CoNiCrAlY 粘结层的氧化性能。利用 LPPS 制备 3 种基体相同、弥散强化相不同的粘结层，基体为 CoNiCrAlY 并分别在其基体中添加以下几种物质。

(1) 2 wt.% Al_2O_3 作为弥散强化相的 PJW。

(2) 2 wt.% Y_2O_3 作为弥散强化相的 PLV。

(3) 1 wt. % Y_2O_3+1 wt. %HfO_2 作为弥散强化相的 PLT。

3 种合金其他具体成分详见第 2 章。同时本实验还利用 LPPS 制备传统的非弥散强化的涂层(PJS)用作对比分析。为了研究不同弥散强化相对粘结层寿命的影响，本研究还利用循环氧化加热炉对样品进行 1h 加热、1h 冷却的循环氧化实验。

7.2.1 厚度为 2mm 的涂层的氧化行为

通过 TGA 分析 3 种粘结层在空气中短时(72h)的氧化动力学结果[图 7.12(a)]可知，以氧化铝为弥散强化相的粘结层增重最少，而以氧化钇和氧化铪为弥散强化相的粘结层氧化增重最高。利用得到的 TGA 结果，计算涂层的瞬时氧化速率[1, 2]，如图 7.12(b)所示，从氧化初期开始以活性元素的氧化物为弥散强化相的粘结层 PLT 与 PLV 的瞬时氧化速率高于以氧化铝为弥散强化相的合金涂层 PJW。对比上述的 3 种涂层，经 1100℃的空气氧化 72h，氧化铝为弥散强化相的 PJW 瞬时氧化速率首先快速降低，然后缓慢降低，最后基本保持不变。而粘结层 PLV 初始瞬时氧化速率最高，然后快速降低，最后保持不变，但依旧为粘结层 PJW 氧化速率的 3 倍左右。PLT 粘结层含有两种弥散强化相氧化钇和氧化铪，而且含量较高，达到 1 wt.%。该粘结层初始瞬时氧化速率先稍降低后增加，然后再缓慢降低直到 72h 氧化结束。此时粘结层的瞬时氧化率依然最高，约为 1.0×10^{-11} $g^2\cdot cm^{-4}\cdot s^{-1}$，远高于涂层 PLT 和 PJW 的氧化速率。

通过 TGA 分析 3 种粘结层的氧化动力学，发现短时氧化涂层均具有较好的抗氧化性能，为了比较涂层中弥散强化相对涂层寿命的影响，本研究将上述 3 种涂层及相同成分非弥散强化涂层 PJS 一起进行循环氧化，气氛为空气，温度为 1100℃。循环氧化实验采用 1h 加热、1h 冷却，总加热氧化时间为 500h，即循环 500 次，氧化结果如图 7.13 所示。结果表明含有 1% Y_2O_3+1% HfO_2 的粘结层 PLT 具有最快的氧化速率，350 个循环后涂层出现脱落。以氧化钇为弥散强化相的涂层 PLV 氧化速率稍低于涂层 PLT，但是此涂层从 200 次循环开始就出现氧化层脱落，500 次循环后接近失效。非弥散强化涂层 PJS 与涂层 PLV 的氧化速率相似，但是 500 次循环后表面氧化层粘结性良好并没有出现脱落。ODS 涂层 PJW 具有最低的氧化速率，表现出最好的抗氧化性及良好的粘结性，涂层在 500 次循环氧化后没有出现氧化层脱落。

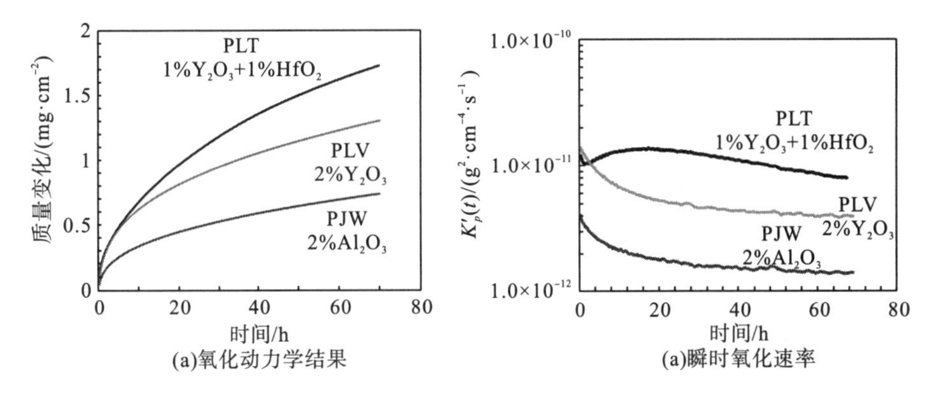

(a)氧化动力学结果　(a)瞬时氧化速率

图 7.12　通过 TGA 分析 3 种不同弥散强化相的粘结层在空气中 1100℃下氧化动力学结果及其对应的瞬时氧化速率

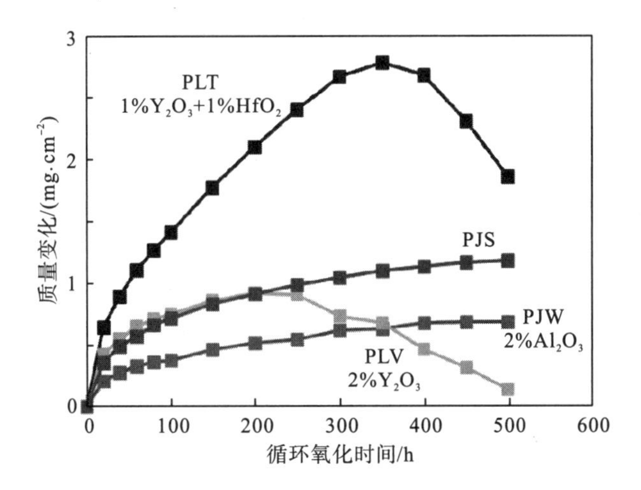

图 7.13　3 种不同弥散强化相的粘结层及相同成分的厚度为 2mm 的非弥散强化分析粘结层(PJS)CoNiCrAlY 在空气中 1100℃下 500 次循环(1h 加热、1h 冷却)氧化结果分析

图 7.14 为 ODS 粘结层在 500 次循环氧化后断面 SEM/BSE 的分析结果。结果表明含有两种弥散强化相的涂层 PLT 表面形成的氧化层疏松，厚度不均匀，并且内氧化严重，但总体来说氧化层最厚，符合循环氧化结果，在粘结层基体中已没有 β-NiAl 相(样品中心部位仍有 β-NiAl 相)，但存在少量白色的氧化铪颗粒。以氧化钇为弥散强化相的粘结层 PLV 表面局部尚存在氧化铝层，局部氧化

层已经完全脱落。基体中富 Al 的 β-NiAl 相较少，主要为贫 Al 的 γ-Ni 相。然而以氧化铝为弥散强化相的粘结层 PJW 表面形成均匀致密、粘结性好的氧化铝层，并且在粘结层基体中尚存在大量的 β-NiAl 相及许多弥散分布的氧化铝颗粒。传统的非 ODS 粘结层 PJS 在循环氧化 500 次后表面也形成致密的粘结性好的氧化铝层，但厚度明显要比 PJW 涂层表面的氧化铝厚。同时涂层基体中存在少量的内氧化形成的氧化铝小颗粒，粘结层基体主要由富含 Al 的 β-NiAl 相及贫 Al 的 γ-Ni 相组成。

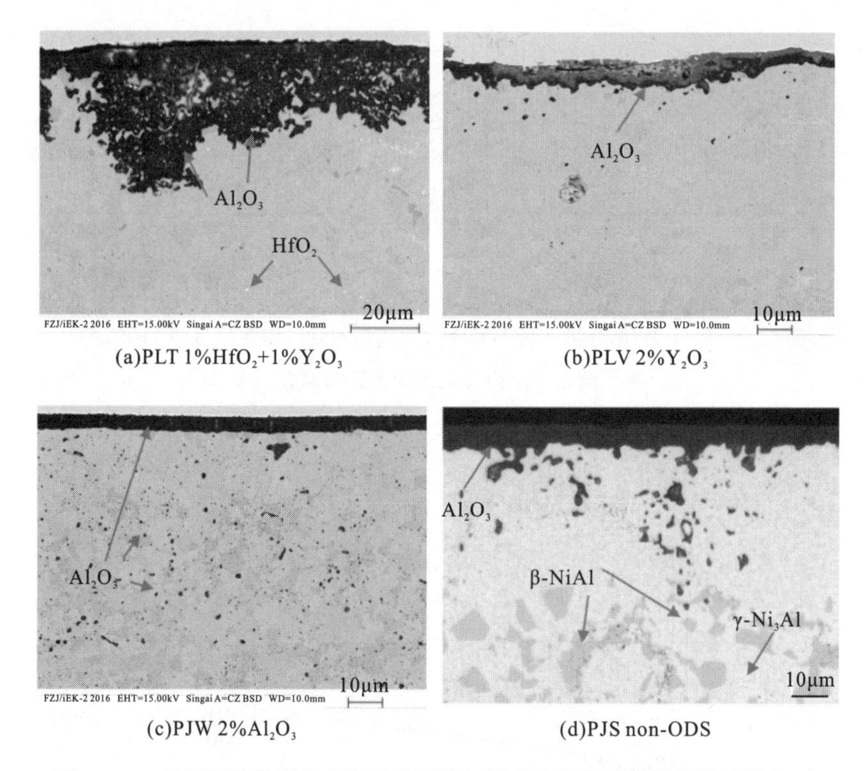

(a)PLT 1%HfO_2+1%Y_2O_3　(b)PLV 2%Y_2O_3

(c)PJW 2%Al_2O_3　(d)PJS non-ODS

图 7.14　3 种不同弥散强化相的粘结层及相同成分的非弥散强化粘结层(PJS) CoNiCrAlY 在空气中 1100℃下 500 次循环氧化后断面 SEM/BSE 的分析结果

为了研究涂层中活性元素 Y 及 Hf 在氧化过程中的扩散与分布，本研究利用 SEM/EDX 与 EBSD 方法来分析。结果显示，在含有两种弥散强化相的粘结层 PLT(图 7.15)表面形成的氧化铝疏松，其中还夹杂着一些 Cr、Ni 和 Co 的氧化物。弥散强化相氧化钇均匀地分布在涂层基体中，但是氧化铪在靠近氧化铝层的区域含量较少，而中心区域弥散分布着氧化铪，表层氧化铝中含有少量的活性元素 Y 和 Hf。

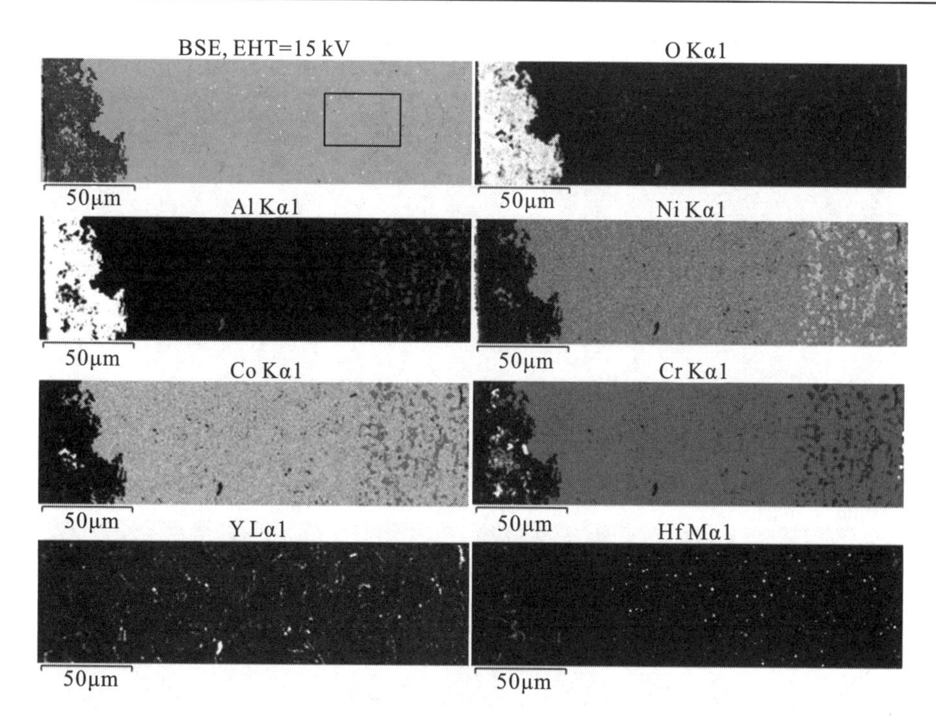

图 7.15　以氧化钇和氧化铪为弥散相的 ODS 粘结层 CoNiCrAlY 在空气中 1100℃下 500 次循环氧化后断面的 SEM/BSE 分析结果及其相对应的 EDX 分析结果

为了分析 ODS 粘结层内部成分分布及相的组成，利用 SEM/EDX 分析涂层 PLT 经 500 次循环后断面位于图 7.15 中标注处的区域，结果如图 7.16 所示，可见涂层此处主要由 β-NiAl 相和 γ-Ni 相组成，夹杂着少量的 HfC 和 $YAlO_3$ 相。通过 EDX 分析可知涂层存在较多的富 Y 相，包括原有的弥散强化相氧化钇及氧化过程中形成的 $AlYO_3$ 相。对于活性元素 Hf，通过 EDX 分析发现，其不是以氧化铪的形式存在于粘结层基体中的；通过 EBSD 分析可知，Hf 以 HfC 的形式存在于涂层基体中，且大多处于基体晶界上。利用 EBSD 分析涂层断面中心部位，结果如图 7.17 所示，发现涂层主要由 β-NiAl 相和 γ-Ni 相及 C_6M_{23} 相组成，少量的 HfC 和 $YAlO_3$ 相夹杂在上述三相中间。涂层中心处 β-NiAl 相的含量明显比图 7.15 中的标注区域高，碳含量也明显增高。

对于粘结性能较差的粘结层 PLV，研究其活性元素 Y 的扩散与分布是分析其失效的关键因素。由 SEM/EDX 分析结果(图 7.18)可知，ODS 合金涂层表面形成的氧化铝相对致密，但是起伏较大，同时在氧化铝层的下方出现许多大块的铬的碳化物及少量内氧化形成的富含 Al 的组织，活性元素 Y 有一部分弥散分布在涂层基体中，也有一部分形成连续的条状富 Y 组织。

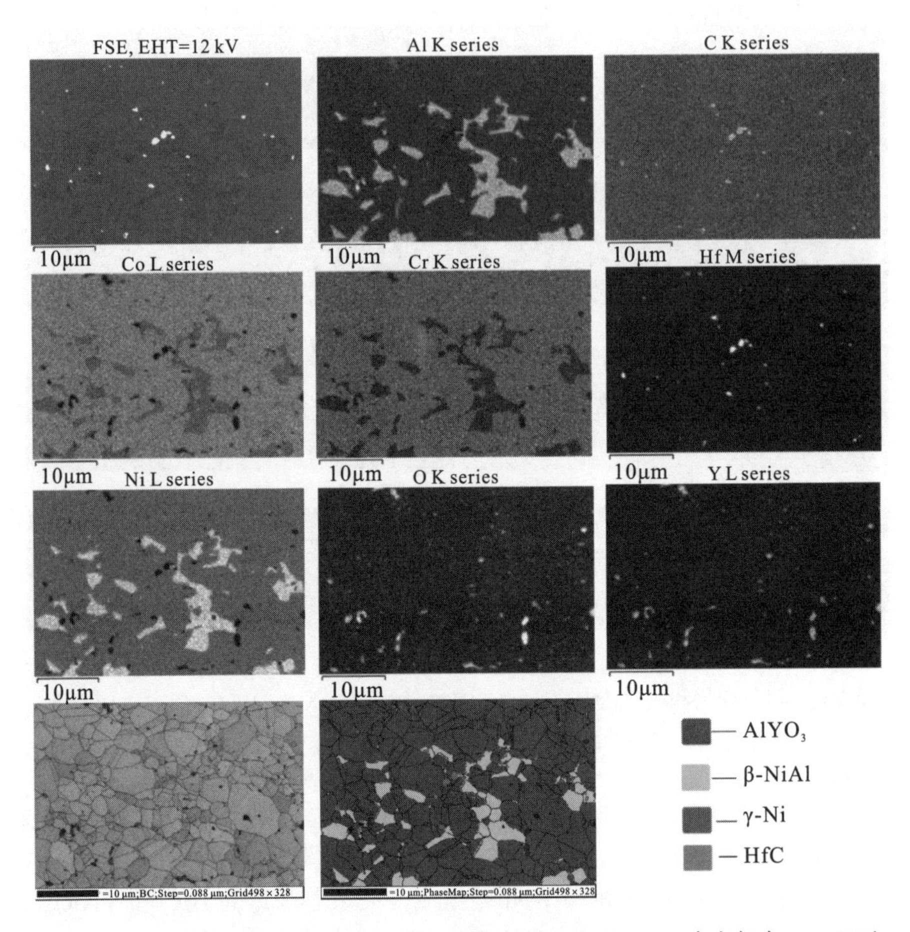

图 7.16 以氧化钇和氧化铪为弥散相的 ODS 粘结层 CoNiCrAlY 在空气中 1100℃下 500 次循环氧化后断面的 SEM/EDX 分析结果及其相对应的 EBSD 分析结果

图 7.17 以氧化钇和氧化铪为弥散相的 ODS 粘结层 CoNiCrAlY 在空气中 1100℃下 500 次循环氧化后断面中心处的 EBSD 分析结果

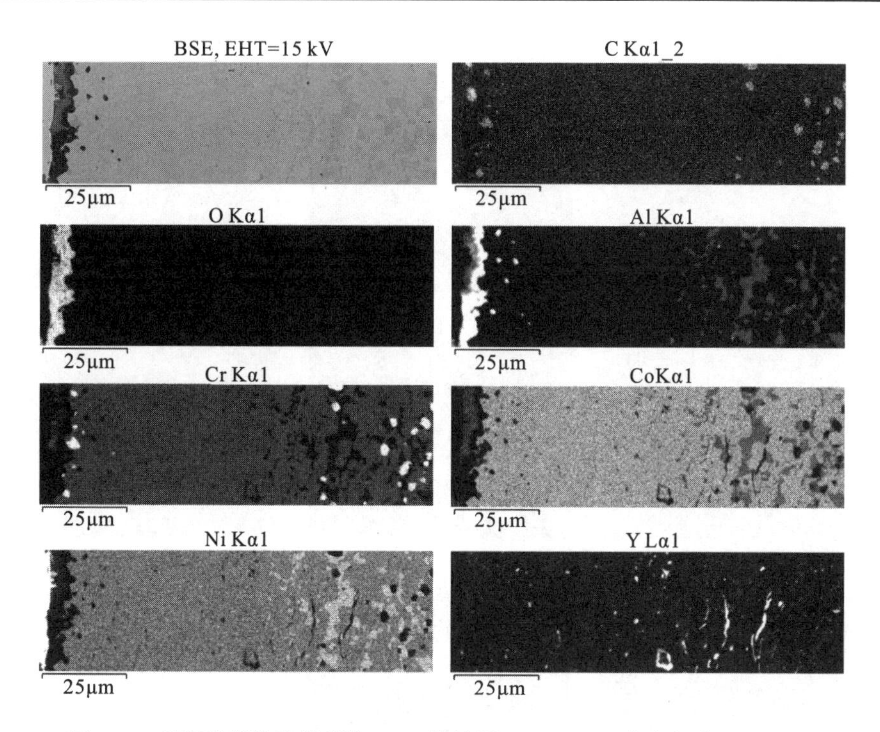

图 7.18　以氧化钇为弥散相的 ODS 粘结层 CoNiCrAlY 在空气中 1100℃下 500 次循环氧化后断面的 SEM/BSE 分析结果及其相对应的 EDX 分析结果

利用 SEM 观测高倍数下涂层断面组织及相分布，如图 7.19 所示，涂层表面局部区域存在完整的氧化铝层，氧化铝下方出现少量的大块铬的碳化物，由 EBSD 分析(图 7.20)可知，该碳化物为 $Cr_{23}C_6$，在涂层 β-NiAl 和 γ-Ni 相都存在的中心区域也存在大量的 $Cr_{23}C_6$ 相。活性元素 Y 弥散分布于合金基体中，但是氧化铝层中也出现较多的活性元素 Y。通过 EBSD 分析可知，在表面氧化铝层和基体之间存在裂纹，这有可能是样品制备过程中造成的，也有可能裂纹原先就存在，也从侧面说明了该粘结层表面氧化铝的粘结性能较差。涂层基体主要由 β-NiAl 相和 γ-Ni 相组成，但也存在少量的 $Cr_{23}C_6$ 和 $AlYO_3$ 相。氧化钇则弥散分布在涂层基体中，包括 Al 消耗区域。

对于以氧化铝为弥散强化相的涂层 PJW 短时间的恒温氧化前面已经讨论过。粘结层为 2mm 厚度时，经 500 次循环氧化，表面氧化铝层依旧保持良好的粘结性，没有出现脱落现象。SEM/EDX 分析结果(图 7.21)显示在氧化 500h 后，粘结层基体中依旧含有大量的富 Al 的 β-NiAl 相，保证了氧化铝的生长。在氧化铝层的下方及粘结层基体中都出现了 $Cr_{23}C_6$ 相。活性元素 Y 弥散分布于涂层基体中，在氧化铝层中也存在 Y 的分布，这和短时间(72h 等温氧化)的氧化结果存在差别，这是由于氧化时间较长活性元素有充足的时间向外扩散导致的。

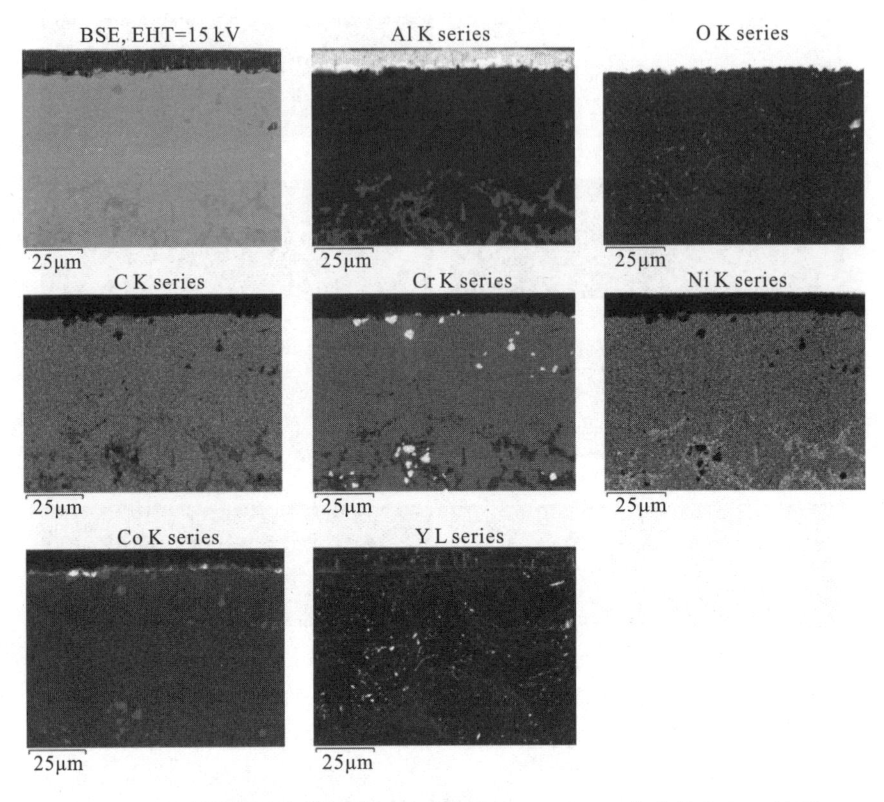

图 7.19 以氧化钇为弥散相的 ODS 粘结层 CoNiCrAlY 在空气中 1100℃下 500 次循环氧化后断面的 SEM/BSE(高倍)分析结果及其相对应的 EDX 分析结果

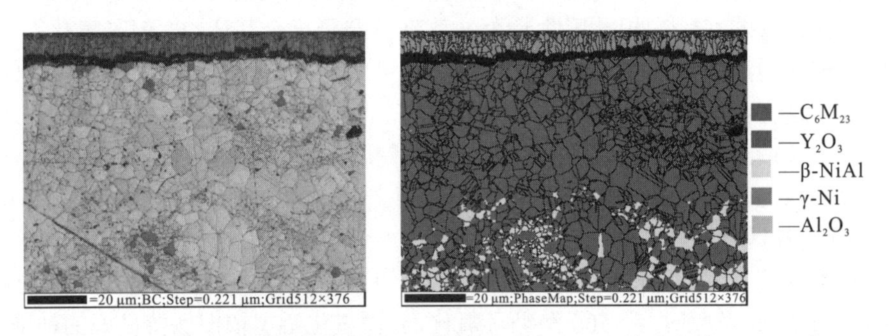

图 7.20 以氧化钇为弥散相的 ODS 粘结层 CoNiCrAlY 在空气中 1100℃下 500 次循环氧化后断面的 EBSD 分析结果

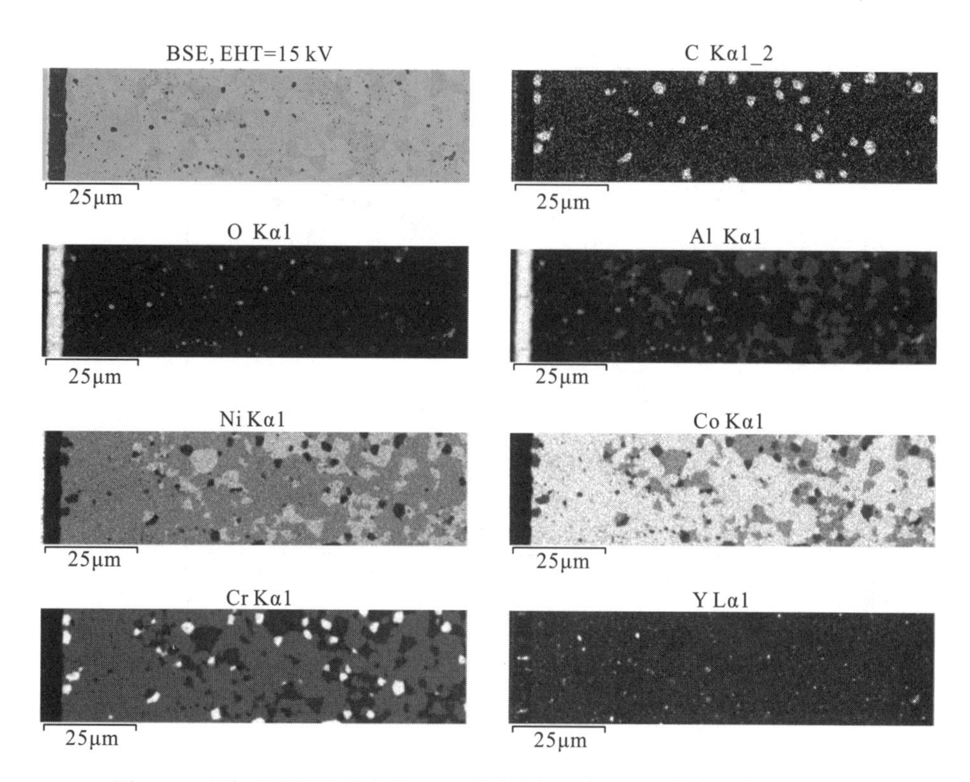

图 7.21　以氧化铝为弥散相的 ODS 粘结层 CoNiCrAlY 在空气中 1100℃下 500 次循环氧化后断面的 SEM/BSE 分析结果及其相对应的 EDX 分析结果

7.2.2　厚度为 0.6mm 的涂层的氧化行为

7.2.1 节重点研究厚度为 2mm 的 ODS 型 CoNiCrAlY 粘结层在空气中的氧化动力学及循环氧化行为。活性元素及 Al 在粘结层中的储备影响涂层的氧化性能，本节将分析厚度仅为 0.6mm 的相同的 ODS 型粘结层经 500 次 1h 加热、1h 冷却的循环氧化的动力学以及断面组织和形貌。

图 7.22 所示为 4 种从 TBC 系统中独立出来的厚度为 0.6mm 的 ODS 型粘结层在空气中 1100℃下经 500 次 1h 加热、1h 冷却的循环氧化后的动力学结果。从图中可知，含有氧化钇和氧化铪的 PLT 粘结层具有最高的氧化速率，在 450 次循环氧化后涂层出现脱落现象，稍高于厚度为 2mm 的样品。以氧化钇为弥散强化相的 PLV 涂层的氧化速率稍低于涂层 PLT，但是此涂层经 300 次左右的循环加热后出现增重减少，氧化层开始出现脱落，涂层的氧化寿命比厚度为 2mm 的样品长。传统的非弥散强化的粘结层 PJS 表现出较好的抗氧化性能，在 500 次循环氧化过程中，涂层表面氧化层粘结性较好。以氧化铝为弥散强化的涂层 PJW 具有最低的氧化速率，但是在 450 次循环后，氧化层出现脱落，这是与厚度为 2mm 的粘结层最

大的差异。总体来说，PLT 与 PLV 以活性元素为弥散强化相的粘结层表面氧化层开始脱落的时间向后延迟，可经历的循环次数增加。

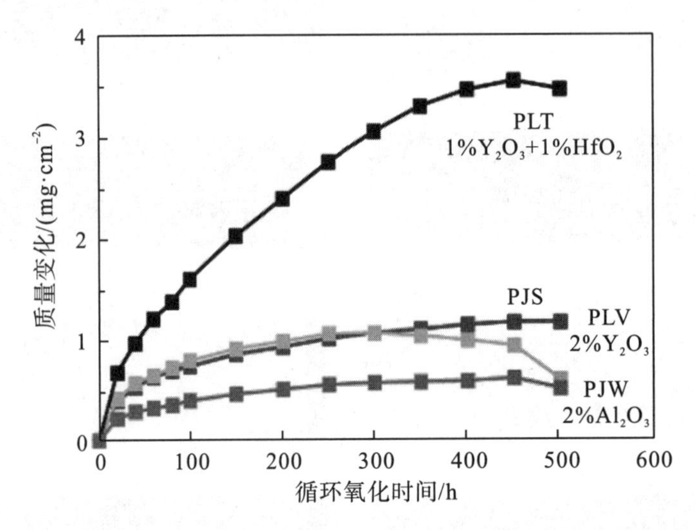

图 7.22 4 种不同弥散强化相的粘结层及相同成分的厚度为 0.6mm 的非弥散强化粘结层(PJS) CoNiCrAlY 在空气中 1100℃下 500 次循环(1h 加热、1h 冷却)氧化结果

利用 SEM/BSE 分析粘结层断面组织，结果如图 7.23 所示，表明在 ODS 涂层 PLT[图 7.23(a)]表面形成的氧化铝层疏松，其中夹杂一些富含 Cr 和 Co 的组织，并且氧化铝厚度起伏较大，基体中弥散强化相均匀分布，同时富 Al 的 β-NiAl 相已被完全消耗，基体主要为 γ-Ni 相。氧化钇作为弥散强化相的粘结层 PLV[图 7.23(b)]表面形成的氧化铝致密，厚度均匀，但与涂层机体之间存在较大的缝隙，涂层粘结性能较差。这与之前厚度为 2mm 的样品循环氧化实验得到的结果相似，粘结层基体中含有少量的 β-NiAl 相，涂层基体主要为 γ-Ni 相。氧化铝作为弥散强化相的粘结层 PJW[图 7.23(c)]氧化生成的氧化铝层较薄，同时粘结性能出众。粘结层基体中含有大量的富 Al 的 β-NiAl 相，为氧化铝的生长提供 Al 源，同时基体中含有大量弥散分布的氧化铝颗粒。传统粉末制备的非弥散强化的粘结层 PJS[图 7.23(d)]表面氧化铝生长速率稍快，与 PJW 相比，氧化铝层致密，粘结性能好。SEM/EDX 显示 Al 的消耗区域明显要比 PJW 涂层宽。粘结层基体由 β-NiAl 相和 γ-Ni 相，以及一定量的由内氧化形成的沉淀物组成。

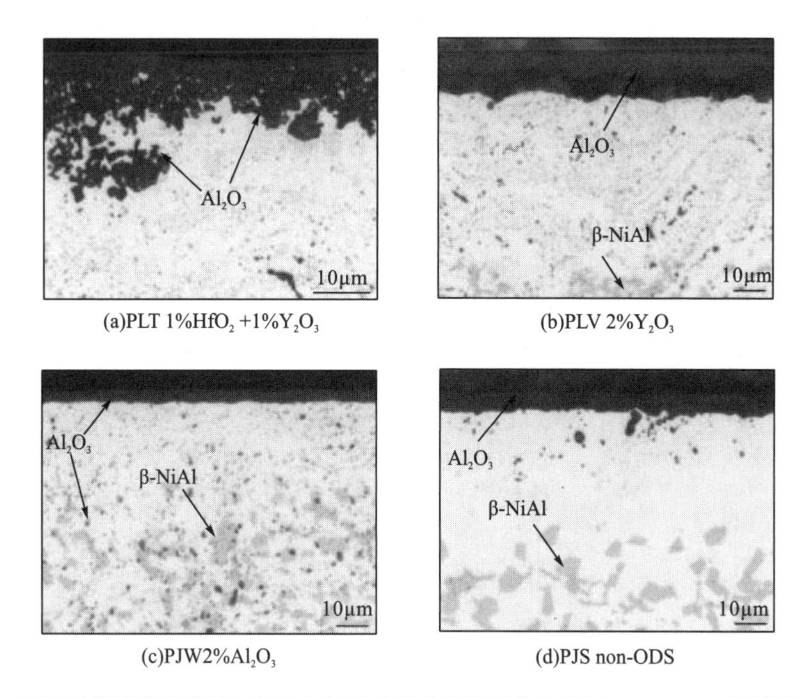

(a)PLT 1%HfO_2 +1%Y_2O_3　(b)PLV 2%Y_2O_3

(c)PJW2%Al_2O_3　(d)PJS non-ODS

图 7.23　不同弥散强化相的粘结层及相同成分的非弥散强化粘结层 CoNiCrAlY(厚度为 0.6mm)在空气中 1100℃下 500 次循环氧化后断面的 SEM/BSE 分析结果

7.3　ODS 型 CoNiCrAlY 合金涂层氧化机制研究

7.3.1　氧化铝弥散强化相对合金涂层氧化速率的影响

通过对比两种 CoNiCrAlY 粘结层在 Ar-20%O_2 和 Ar-4%H_2-2%H_2O 两种气氛中的氧化动力学，可以得到以氧化铝为弥散强化相的合金涂层具有较低的氧化速率。传统 CoNiCrAlY 合金涂层具有较快的氧化速率是因为合金中含有较高的活性元素 Y，造成“过度掺杂”(Overdoping)[3]。根据 GD-OES 表层成分分析和 SEM/EDX 可以证实在氧化铝层中含有大量的 Y-Al 氧化物。这些氧化物会为氧的向内扩散提供通道，促进氧的向内扩散，导致氧化速率过快[4]。根据之前关于含有活性元素的 FeCrAl 合金的研究结果[3]，表明氧在氧化铝层晶格中的扩散速率远小于晶界上的扩散速率，扩散路径主要为氧化铝晶界。在氧化过程中活性元素 Y 可以在氧化铝晶界及氧化层/基体界面上快速扩散，利用 EDX 分析可以发现活性元素 Y 在氧化铝晶界附近偏析，如图 7.24 所示。由式(3-5)可知

$$6Y + 5Al_2O_3 + 9O \Longrightarrow 2Y_3Al_5O_{12} \tag{7-1}$$

在氧化铝晶界上，当偏析的 $Y_3Al_5O_{12}$ 超过临界点时，$Y_3Al_5O_{12}$ 的沉淀物出现，

随着氧化时间的延长，活性元素 Y 继续富集，沉淀物 $Y_3Al_5O_{12}$ 体积变大。

值得一提的是，在传统CoNiCrAlY 合金涂层表层氧化铝中没有块状的 $Y_3Al_5O_{12}$，区域厚度依然要比 ODS 涂层表层氧化铝厚。对于表层氧化铝生长，研究者都认为是通过晶界扩散的。那么是否存在因为传统合金生成的氧化铝晶粒大小均匀，晶界密度高于 ODS 合金涂层生成的氧化铝，从而导致合金氧化速率过快？因此，利用 METLAB 软件计算和样品断面 EBSD 图片(图 7.5、图 7.10、图 7.11)，计算晶粒宽度随氧化铝深度的变化情况。通过计算晶粒宽度(图 7.25)，可见传统 CoNiCrAlY 合金涂层生成的氧化铝晶粒宽度与 ODS 合金涂层表面生成的氧化铝层只存在细微的差别。因此，晶界密度不是造成其氧化速率高于 ODS 合金涂层的原因。

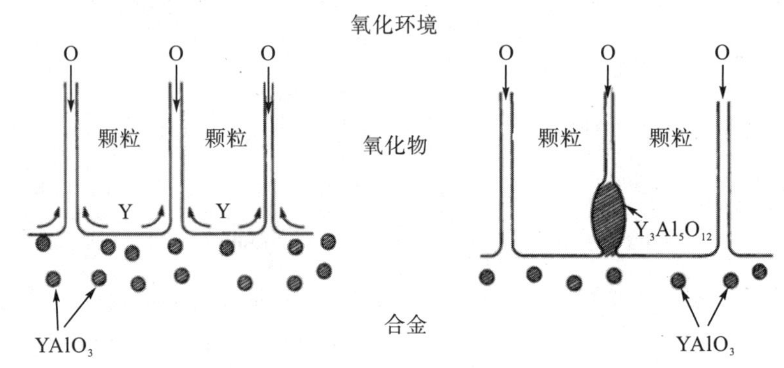

图 7.24 氧化铝层中氧化物 $Y_3Al_5O_{12}$ 的形成机制[3]

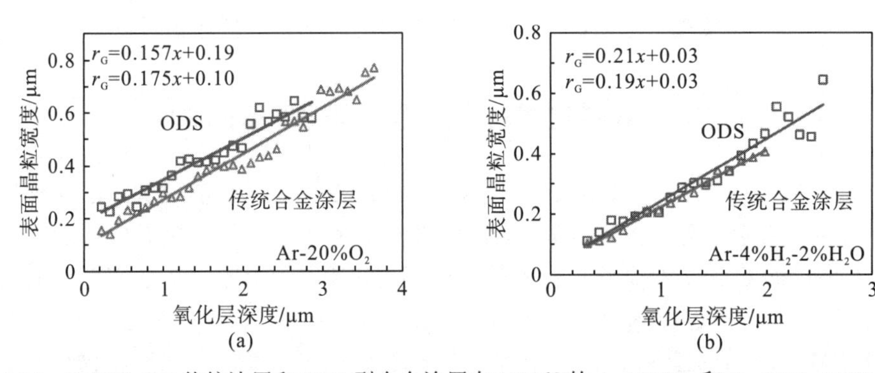

图 7.25 CoNiCrAlY 传统涂层和 ODS 型合金涂层在 1100℃的 Ar-20%O_2 和 Ar-4%H_2-2%H_2O 气氛中氧化 72h 后表面氧化铝沿生长方向的晶粒宽度随氧化层深度的变化及其满足的线性关系 $r_G=a(x)+r_0$(r_G 为晶粒宽度，x 为到气体/氧化层界面的距离)

对于传统 CoNiCrAlY 合金涂层具有较高的氧化速率的另外一种解释是因为其氧化铝层中存在大量的活性元素 Y，改变了氧在氧化铝晶界上原有的扩散速度，这个解释将在接下来的实验模拟分析中详细阐释。

关于 ODS 型 CoNiCrAlY 合金涂层具有较低的氧化速率(因为氧化铝层中 Y 含量较低)，可以通过 GD-OES 的分析结果[图 7.2(b)、图 7.7(b)]证实。Y 在氧化层中含量较低是由于 Al_2O_3 作为弥散强化相，可以与基体中的活性元素 Y 发生反应。这个现象和之前研究者研究氧化钇弥散强化的 FeCrAl 合金时[5, 6]，Y_2O_3 会在机械合金化过程中，热静挤压、热处理过程或之后的氧化实验中发生反应转变为 $AlYO_3$ 的现象相似。对于本节来说，弥散强化相 Al_2O_3 可能在涂层或原料粉末制备过程中(机械合金化过程)发生反应。不管在哪个阶段生成了 $AlYO_3$，在氧化过程中都会阻碍活性元素 Y 的向外扩散，导致氧化铝层中 Y 的含量较低，避免造成氧化层中的 Y 的过度掺杂。

对于两种合金涂层在 Ar-4%H_2-2%H_2O 气氛中的氧化行为，通过 TGA 实验得到的氧化动力学可以明确在含有水和水蒸气的气氛中，两种合金的氧化速率都要低于 Ar-20%O_2 气氛中的氧化速率。这是由于 Ar-4%H_2-2%H_2O 气氛中氧的活性要低，氧分压较小。氧化铝层两侧氧的浓度梯度远小于 Ar-20%O_2 气氛中氧化层两侧的浓度梯度，导致氧沿晶界向内扩散驱动力小，扩散速度慢，从而导致其氧化速率较低。

7.3.2　模拟计算 CoNiCrAlY 粘结层氧化铝层的生长

本节通过建立理想的氧化铝模型，从原理上分析传统粘结层与 ODS 型的粘结层表面氧化铝生长的区别，以及氧分压对氧化铝层生长的影响。为了确定合金涂层表层氧化铝生长机制，利用两段氧化法(Two-Stage Oxidation)的示踪实验确定氧化层的生长模式。根据 Prof. Quadakkers[7, 8] 的研究与分析示踪实验后 ^{18}O 分布，可以确定氧的扩散路径和氧化层的生长模式。由图 7.26 可知，由不同的 O 和 Al 扩散路径形成的氧化铝后 ^{18}O 的分布存在差异。

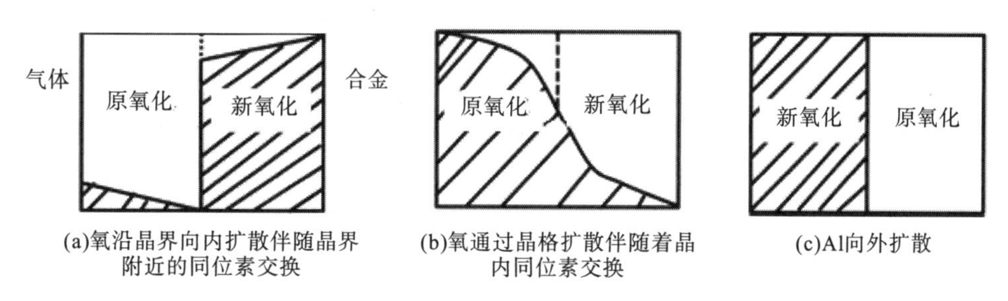

(a)氧沿晶界向内扩散伴随晶界附近的同位素交换　(b)氧通过晶格扩散伴随着晶内同位素交换　(c)Al向外扩散

图 7.26　利用 ^{18}O 分布分析氧化铝层形成的不同生长模式示意图

(1) 当氧化层的生长由氧沿氧化铝晶界向内扩散时，将在氧化铝层/基体界面生成新的氧化铝，意味着 ^{18}O 将主要集中在氧化铝和基体界面附近。同时氧在向内扩散时，由于同位素交换的原因，会在氧化铝晶界附近分布少量 ^{18}O，如图 7.26(a)所示，新生成的氧化铝中的氧主要由 ^{18}O 构成，同时含有少量因同位素交换生成的 ^{16}O，而在外层原氧化层中出现少量的 ^{18}O。

(2) 如果氧化层的生长是氧通过晶格向内扩散，那么根据同位素交换，在原有的氧化铝层中将含有大量的 ^{18}O。虽然在氧化层/基体界面附近生成新的氧化层，但其中只含有少量的 ^{18}O，如图 7.26 (b) 所示。

(3) 如果氧化层的生长是通过 Al 向外扩散的，新生成的氧化铝将在外层，^{18}O 将全部集中在外层氧化铝层中。内侧原有的氧化铝中不含 ^{18}O，如图 7.26 (c) 所示。

如图 7.27 所示，利用 SNMS 分析结果，明确地显示 ODS 型合金涂层在 Ar-20%$^{16}O_2$/$^{18}O_2$ 中氧化 20h 后 (4h^{16}O，16h^{18}O)，^{18}O 在氧化铝层/基体界面附近富集，表明氧化层的生长主要为内生长。符合模拟计算的前提条件，利用模拟计算的方法分析氧在氧化铝晶界上的扩散速率。

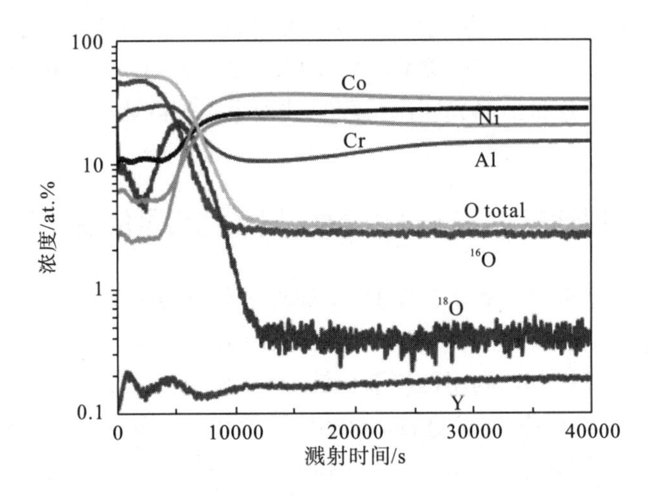

图 7.27 ODS 型 CoNiCrAlY 粘结层在 1100℃、Ar-20%O_2 气氛中氧化 20h (第一阶段 4h 为 $^{16}O_2$ 的气氛，第二阶段 16h 为 $^{18}O_2$ 的气氛) 后表面氧化层 SNMS 分析结果

根据上述结果，研究者假设所有的样品在上述的两种气氛中氧化铝层的生长均以氧沿晶界向内扩散为主的内生长模式。本研究假设氧化层为纯的氧化铝，不研究含有大块 Y-Al 氧化物区间的扩散。由图 7.25 可知，氧化铝的晶粒宽度与深度呈线性关系，即 $r_G=a(x)+r_0$。假设氧向内有效扩散系数由晶界和晶格决定，那么氧在氧化铝中的扩散系数为[9]

$$D_{eff}=D_L(1-f)+D_{GB}f \tag{7-2}$$

此时，f 为氧原子扩散所经过的路径比例，D_L、D_{GB} 分别为晶格中氧的扩散系数和晶界上氧的扩散系数。假设晶粒为长方体且垂直于合金涂层表面生长，那么每个晶粒的横截面都是矩形，假设宽度为 r_G，高度为 h_G，晶界宽度为 δ_{GB}，那么

$$f=\frac{2\delta_{GB}}{r_G} \tag{7-3}$$

又因为晶界宽度远小于晶粒宽度，$f \ll 1$，式 (7-2) 可以改写为

$$D_{\mathrm{eff}} = D_{\mathrm{L}} + D_{\mathrm{GB}} \frac{2\boldsymbol{\delta}_{\mathbf{GB}}}{r_{\mathrm{G}}} \tag{7-4}$$

依据氧在 1100℃下晶格中的扩散系数 $D_{\mathrm{L}} \approx 10^{-2} D_{\mathrm{G}}$，忽略晶格系数，结合晶粒与氧化层厚度的线性关系，得到

$$D_{\mathrm{eff}} = D_{\mathrm{GB}} \frac{2\boldsymbol{\delta}_{\mathbf{GB}}}{ax + r_0} \tag{7-5}$$

式中，x 为氧化层相对应的厚度。

根据菲克第一定律，氧的扩散通量 J_{O} 可以写为

$$J_{\mathrm{O}} = -\frac{CD_{\mathrm{eff}}}{RT}\frac{\mathrm{d}\mu_0}{\mathrm{d}x} \tag{7-6}$$

式中，C 为扩散原子浓度；μ_0 为氧的化学势；R 为气体常数；T 为温度。

结合方程式(7-5)和式(7-6)得到

$$J_{\mathrm{O}} = -\frac{C}{RT} D_{\mathrm{GB}} \frac{2\boldsymbol{\delta}_{\mathbf{GB}}}{ax + r_0} \frac{\mathrm{d}\mu_0}{\mathrm{d}x} \tag{7-7}$$

根据 Wagner 氧化层扩散理论，则有

$$\frac{\mathrm{d}X}{\mathrm{d}t} = J_{\mathrm{O}} V_{\mathrm{O}} \tag{7-8}$$

式中，V_{O} 为原子扩散形成氧化物的摩尔体积；X 为氧化层的厚度，如图 7.28 所示。由于 $CV_{\mathrm{O}}=1$，将方程式(7-7)和式(7-8)合并

$$\frac{\mathrm{d}X}{\mathrm{d}t} = -\frac{D_{\mathrm{eff}}}{RT}\frac{\mathrm{d}\mu_0}{\mathrm{d}x} \tag{7-9}$$

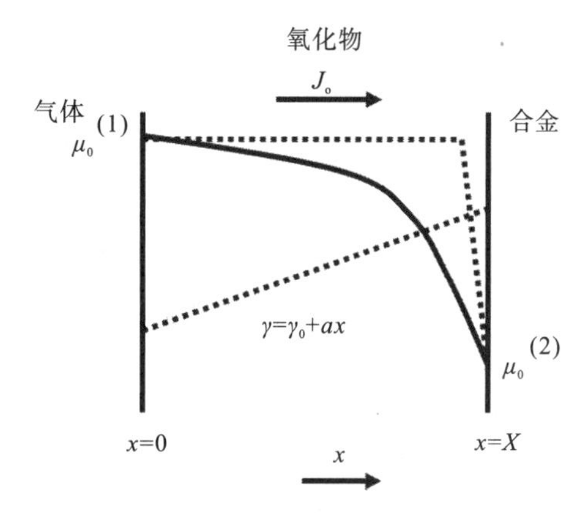

图 7.28　在氧化层生长过程中，氧通过晶界扩散的化学势变化μ_0以及晶粒宽度 r 与氧化铝层厚度 X 之间的关系，虚线为计算化学式差值的方法

根据经典的 Wagner 理论，则有

$$\frac{\mathrm{d}X}{\mathrm{d}t}=\frac{K_p}{X} \tag{7-10}$$

K_p 是之前研究者由氧化动力学计算的瞬时氧化速率，那么由式(7-10)可以推导出 $X^2=2K_pt$，即氧化层的生长满足抛物线规律，但是研究者从合金涂层的氧化动力学中发现，氧化层的生长规律只是类似抛物线(sub-parabolic)[2]。因此，针对所研究的合金涂层，需要分析 J_{O} 与 X 之间的关系，即需要明确氧化层厚度所对应的氧的扩散通量。将式(7-7)展开，得到

$$\int_0^X J_{\mathrm{O}}RT\left(ax+r_0\right)\mathrm{d}x=\int_{\mu_0^1}^{\mu_0^2}-2CD_{\mathrm{GB}}\delta_{\mathrm{GB}}\mathrm{d}\mu_0 \tag{7-11}$$

然后得到

$$J_{\mathrm{O}}=\frac{4CD_{\mathrm{GB}}\delta_{\mathrm{GB}}}{(ax^2+2r_0x)}\frac{\Delta\mu_0}{RT} \tag{7-12}$$

$\Delta\mu_0=\mu_0^2-\mu_0^1$，如图 7.28 所示。根据式(7-8)和式(7-12)可得

$$\frac{aX^3}{3}+r_0X^2=4D_{\mathrm{GB}}\delta_{\mathrm{GB}}\frac{\Delta\mu}{RT}\cdot t \tag{7-13}$$

通过式(7-13)，现在只需要求解 $\Delta\mu$，便可以计算 $D_{\mathrm{GB}}\delta_{\mathrm{GB}}$。根据热力学方程

$$\frac{\Delta\mu}{RT}=\ln p_{\mathrm{O}_2^{(1)}}-\ln p_{\mathrm{O}_2^{(2)}} \tag{7-14}$$

式中，$p_{\mathrm{O}_2^{(1)}}$ 表示在气氛/氧化层界面上的氧分压；$p_{\mathrm{O}_2^{(2)}}$ 表示在氧化层/基体界面上的氧分压，其计算公式为

$$2\mathrm{Al}+\frac{3}{2}\mathrm{O}_2 = \mathrm{Al}_2\mathrm{O}_3 \tag{7-15}$$

$$\Delta G^0=-RT\ln\left(\frac{a_{\mathrm{Al_2O_3}}}{a_{\mathrm{Al}}^2p_{\mathrm{O}_2}^{3/2}}\right) \tag{7-16}$$

所以在氧化铝层和金属界面上的氧分压可以表示为

$$p_{\mathrm{O}_2}=\frac{a_{\mathrm{Al_2O_3}}^{2/3}}{a_{\mathrm{Al}}^{4/3}}\cdot\exp\left(\frac{2\Delta G^0}{3RT}\right) \tag{7-17}$$

计算结果归纳于表 7.1 中。

表 7.1 利用公式计算 Al 的活度、氧分压(p_{O_2} atm)及化学势

参数	传统型	ODS
Al-activity a_{Al}	3.0×10^{-4}	2.7×10^{-4}
$p_{\mathrm{O}_2^{(1)}}$ Ar-20%O_2	2.0×10^{-1}	2.0×10^{-1}
$p_{\mathrm{O}_2^{(1)}}$ Ar-4%H_2-2%H_2O	2.0×10^{-14}	2.0×10^{-14}

续表

参数	传统型	ODS
$p_{O_2^{(2)}}$ Al_2O_3 / CoNiCrAlY interface	3.0×10^{-27}	2.7×10^{-27}
$\Delta\mu/RT$ Ar-20%O_2	59.6	59.5
$\Delta\mu/RT$ Ar-4%H_2-2%H_2O	29.6	29.5

再根据 EBSD 图，测量出 CoNiCrAlY 合金涂层表面氧化铝的厚度，如表 7.2 所示。由所得到的氧化铝宽度、晶粒宽度与氧化层深度的线性关系可以确定 a 和 r_O，再利用氧分压计算出氧的化学势，可以计算氧在 CoNiCrAlY 合金涂层表面形成氧化铝时氧沿晶界扩散的 $\delta_{GB}D_{GB}$，这可以用来衡量氧在不同氧分压下、不同合金基体上的扩散速率。表 7.3 所示为计算得到的 $\delta_{GB}D_{GB}$，如果氧化铝晶界宽度在所有氧化铝层中相似，那么可以定性地对比氧在晶界上的扩散系数。为了验证这个结果的准确性，将计算得到的 $\delta_{GB}D_{GB}$ 代入式(7-13)，解出氧化铝层的厚度 X。值得一提的是，首先假设合金涂层表面形成的氧化层为致密、纯的氧化铝，然后利用之前研究得到的结果：氧化铝生长速率与氧化层厚度之间的比例关系，即当氧化铝的生长速率为 1mg·cm^{-2} 时，氧化层厚度对应为 5.35 μm[1]。那么通过合金涂层的氧化动力学计算出氧化铝层的厚度与模拟计算出的氧化层厚度作对比，从图 7.29 中可以发现，对于 ODS 合金涂层，两者结果差异较小，而对于传统合金涂层，结果存在一定的差异，这是因为在计算氧化层厚度时，传统合金表面的氧化层起伏比较大，厚度的测量误差较大；同时由于传统粘结层中含有较多的块状的富 Al-Y 氧化物，这些氧化物为氧的向内扩散提供通道，促进氧化铝层的生长。而 ODS 合金涂层表面的氧化铝相对平整，测量误差较小。

表 7.2　CoNiCrAlY 合金涂层在 Ar-20%O_2 和 Ar-4%H_2-2%H_2O 气氛中经 1100℃、72h 氧化后表面氧化铝的厚度(μm)

涂层	Ar-20%O_2	Ar-4%H_2-2%H_2O
传统型	3.8±1.0	2.5±0.4
ODS	2.0±0.3	1.7±0.13

表 7.3　利用式(7-13)计算氧在 CoNiCrAlY 合金表面氧化铝晶界上的扩散系数 $\delta_{GB}D_{GB}$(cm^3 • s^{-1})

涂层	Ar-20%O_2	Ar-4%H_2-2%H_2O
传统型	7.4×10^{-20}	4.0×10^{-20}
ODS	1.9×10^{-20}	1.4×10^{-20}

通过对比可知，氧在传统 CoNiCrAlY 合金涂层表面的氧化铝层中的扩散速度要大于在以氧化铝为弥散强化相的合金涂层。因此，本书的研究可以确定活性元素 Y 在氧化铝层中，即使在没有块状的 Y-Al 氧化物区域，氧在氧化铝晶界上的扩散系数依旧比 ODS 合金涂层表面的高，这说明过量的活性元素会改变氧在氧化铝的晶界上的扩散方式。而对于 Ar-4%H_2-2%H_2O 气氛氧在氧化铝层中的扩散系数比在 Ar-20%O_2 要小，这主要是因为氧的浓度梯度和扩散驱动力较小。

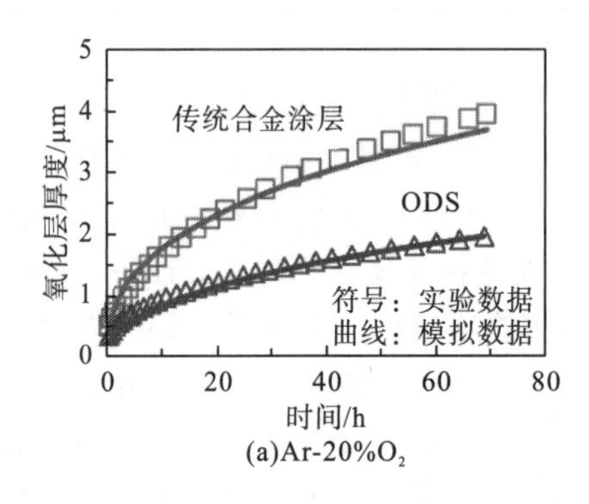

(a)Ar-20%O_2

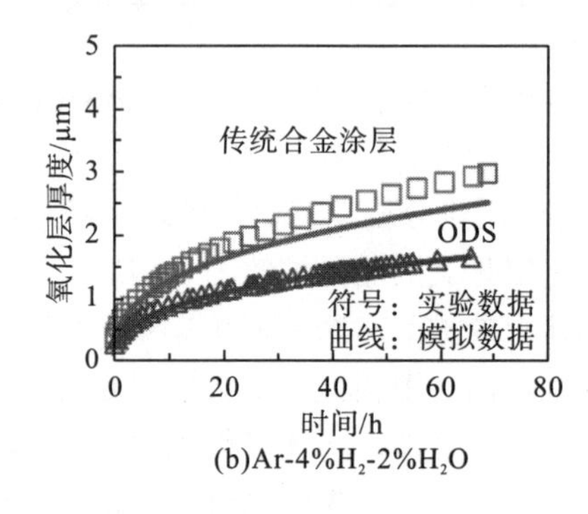

(b)Ar-4%H_2-2%H_2O

图 7.29 1100℃下合金涂层表面氧化层实际厚度(符号)与利用公式模拟计算得到的氧化铝层厚度(曲线)

7.3.3 弥散强化相及含量对 CoNiCrAlY 粘结层氧化机制的影响

上面两节重点分析了不同厚度(2mm 和 0.6mm)的 ODS 型 CoNiCrAlY 粘结层在 1100℃下空气中 500 次循环氧化(1h 加热、1h 冷却)后的氧化动力学及断面组织。粘结层(厚度为 2mm)的循环氧化动力学存在较大差异。粘结层 PLT 含有两种活性元素的氧化物——氧化钇和氧化铪，且各自含量达 1 wt.%，同时粘结层本身已含有 0.35 wt.% Y 和约 0.02 wt.% Hf，这导致活性元素在粘结层中含量过高。由 SEM/EDX 分析可知，大量活性元素 Y 和 Hf 分布在氧化铝层中，活性元素可以改变氧化铝的生长机制，由原有的 Al 向外扩散及 O 向内扩散的双向生长转变为以单一的 O 向内扩散的内生长为主。这也是活性元素可以降低合金的氧化速率的原因，但是如果活性元素过量，大量活性元素会沿氧化铝晶界向外扩散，同时 Y 和 Hf 也会在氧化铝晶界上富集，虽然抑制了 Al 元素的向外扩散，但是加速了 O 向内扩散。粘结层氧化铝生长速率过快，内氧化加剧，同时由于氧化铝向内生长，氧化铝层会与原有弥散分布的及因内氧化形成的含有活性元素的氧化钇和氧化铪“相遇”，导致在氧化铝层中存在微小氧化钇、氧化铪的颗粒，然而氧化铪的颗粒内部缺陷较多，因此这些颗粒会为 O 的向内扩散提供通道，极大地提高了含有活性元素的氧化物周围氧化铝的生长速率。这导致粘结层 PLT 表面氧化层不够致密，且厚度不一、起伏较大。通过结合氧化铝生长速率与内氧化机制可以很清晰地揭示粘结层表面氧化铝形成过程。

根据 Prof. Meier 得到的关于氧化速率与溶质元素在合金基体中溶解度之间的关系[10]以及氧化铝/基体界面附近的 Al 浓度示意图(图 7.30)，得出

$$\left(N_{\text{Al}}^{(\text{O})}-N_{\text{Al}}^{(\text{S})}\right)\sim\left(\frac{K_p}{D_{\text{Al}}}\right)^{\frac{1}{2}} \tag{7-18}$$

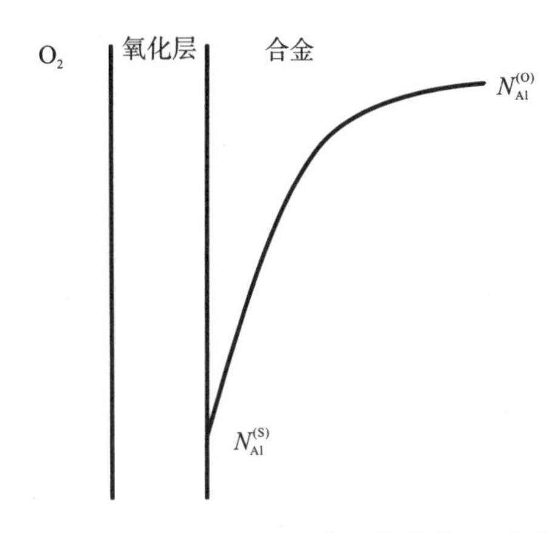

图 7.30　氧化铝界面附近 Al 浓度和基体中 Al 浓度示意图

由于活性元素的加入，氧化层生长速度加快，即瞬时氧化速率 K_p 增大，对于合金涂层基体中 Al 的含量基本保持不变，即 $N_{\text{Al}}^{(\text{O})}$ 保持不变，意味着 $N_{\text{Al}}^{(\text{S})}$ 必须变小。

由式(7-17)，$p_{\text{O}_2}=\dfrac{a_{\text{Al}_2\text{O}_3}^{2/3}}{a_{\text{Al}}^{4/3}}\cdot\exp\left(\dfrac{2\Delta G^0}{3RT}\right)$可知，在氧化层与涂层基体界面上的氧分压与 Al 的活度成反比，Al 的活度 α_{Al} 越低，此处氧分压 p_{O_2} 越大，又因为 Al 的活度 α_{Al} 与 Al 在此处的浓度 $N_{\text{Al}}^{(\text{S})}$ 成正比，意味着 Al 的浓度 $N_{\text{Al}}^{(\text{S})}$ 越低，氧分压 p_{O_2} 越大。

内氧化原理可以利用简单的二元合金 A-B 的氧化来说明，假设溶解后向内扩散的氧只能与元素 B 反应，形成稳定的氧化物，无法与元素 A 发生反应，那么首先氧气溶解在合金表面形成氧原子，即

$$\frac{v}{2}\text{O}_2=v\text{O(diss)} \tag{7-19}$$

溶解的氧向内扩散与 B 发生反应

$$\text{B(diss)}+v\text{O(diss)}=\text{BO}_v \tag{7-20}$$

式(7-20)只有在满足以下条件时，反应才可以进行。

(1)内氧化反应过程中形成 BO_v 的吉布斯自由能 ΔG^0 小于基体合金 A 形成氧化物的吉布斯自由能。

(2)对于式(7-20)中形成BO_v的吉布斯自由能ΔG^0应为负值。

(3)合金中B元素浓度较低。

假设溶解的氧不足以与元素A反应但是足够与B反应，假设溶解的氧在内氧化区域为线性变化，因此氧在内氧化区域的扩散通量可以用菲克第一定律来描述。

$$J=\frac{\mathrm{d}m}{\mathrm{d}t}=D_{\mathrm{O}}\cdot\frac{N_{\mathrm{O}}^{(\mathrm{S})}}{XV_m} \tag{7-21}$$

式中，$N_{\mathrm{O}}^{(\mathrm{S})}$为氧在合金A表面的溶解度；$V_m$为溶质金属或合金的摩尔体积；$D_{\mathrm{O}}$为氧在合金A中的扩散系数。内氧化过程元素B及氧的浓度示意图如图7.31所示。

那么反应之前在内氧化区域中氧的存储量为

$$m=\frac{N_{\mathrm{B}}^{(\mathrm{O})}\cdot Xv}{V_m}(\mathrm{mol\cdot cm^{-2}}) \tag{7-22}$$

式中，$N_{\mathrm{B}}^{(\mathrm{O})}$为B在合金中的溶解度，利用式(7-22)，将氧的扩散通量改写为[10]

$$\frac{\mathrm{d}m}{\mathrm{d}t}=\frac{N_{\mathrm{B}}^{(\mathrm{O})}\cdot v\mathrm{d}X}{V_m\mathrm{d}t} \tag{7-23}$$

合并式(7-21)与式(7-23)得

$$\frac{N_{\mathrm{B}}^{(\mathrm{O})}\cdot v\mathrm{d}X}{V_m\mathrm{d}t}=D_{\mathrm{O}}\cdot\frac{N_{\mathrm{O}}^{(\mathrm{S})}}{XV_m} \tag{7-24}$$

将式(7-24)展开得到

$$X\mathrm{d}X=D_{\mathrm{O}}\cdot\frac{N_{\mathrm{O}}^{(\mathrm{S})}}{N_{\mathrm{B}}^{(\mathrm{O})}}\mathrm{d}t \tag{7-25}$$

将式(7-25)积分，t=0、X=0时，得到内氧化深度与氧化时间的关系

$$X=\left[\frac{2D_{\mathrm{O}}\cdot N_{\mathrm{O}}^{(\mathrm{S})}}{N_{\mathrm{B}}^{(\mathrm{O})}\cdot v}\cdot t\right]^{\frac{1}{2}} \tag{7-26}$$

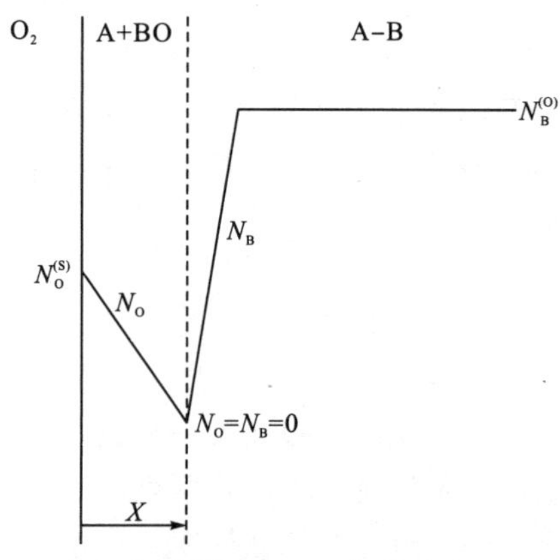

图7.31 内氧化过程元素B及氧的浓度示意图[10, 11]

由式(7-26)可知，内氧化区域深度与氧化时间的关系，内氧化深度 X 与氧化时间 $t^{1/2}$ 成正比，与元素 B 的浓度成反比，与氧在合金 A 中的溶解度成正比。同时意味着内氧化的深度与氧化层/基体界面上的氧分压成正比。氧分压越大，内氧化的区域越深。由于内氧化形成的一些氧化物或沉淀物为氧的向内扩散提供"通道"，导致粘结层 PLT 在基体中局部很深的位置都可以形成氧化铝，当这些局部区域的氧化铝逐渐生长就会包围一部分的合金基体，造成 PLT 表面氧化铝层中含有一定的基体元素 Co、Ni、Cr 等。同时也导致氧化铝层疏松，厚度起伏较大。

由循环氧化结果(图 7.13、图 7.22)可知，厚度为 0.6mm 的试样氧化层脱落时的循环氧化次数高于厚度为 2mm 的试样，这是因为较薄的试样在循环氧化过程中存在一定的应力形变，此过程也会释放氧化层中的应力[12, 13]，从而延长氧化层的寿命。

由粘结层 PLT 断面 EBSD(图 7.16、图 7.17)可知，在涂层中心位置存在一定的 HfC 和 $YAlO_3$，这是因为涂层在制备或循环氧化过程中弥散强化相氧化钇和氧化铪与涂层中的 Al 及残余的 C 发生反应。关于涂层中 C 的引入，笔者认为是因为在利用机械合金化制备喷涂所用的粉体时添加了一些阻止粉体之间发生反应的有机溶剂。根据活性元素 Y 和 Hf 与 C 和 O 形成的自由能[14]可知，在 1100℃时生成 HfC 需要的吉布斯自由能低于 $Cr_{23}C_6$ 及 YC_2，所以在反应时，优先生成 HfC。同时在 1100℃时生成氧化钇需要的吉布斯自由能最小，氧化钇的稳定性高于氧化铪。同时 Y 与涂层基体中的 Al 及残留的 O 发生反应形成 $YAlO_3$，这就意味着当氧含量不足时，Y 会从弥散强化相氧化铪中"抢夺"氧来形成稳定的 $YAlO_3$。失去氧的铪恰好可以与涂层中残余的碳反应形成稳定的 HfC。这就是造成 PLT 粘结层中含有大量 Y 氧化物，包括氧化钇与 $YAlO_3$，却没有氧化铪及其他形式的氧化物的原因。

对于以氧化钇为弥散强化相的粘结层 PLV，其失效机制与粘结层 PLT 相似，但也存在差异。过量的氧化钇会促进氧化铝的生长，但是其促进作用小于 Hf。粘结层基体中内氧化较少，不会形成疏松的氧化铝层，表层氧化铝生长速率低于粘结层 PLT，但是由于涂层中有残余 C 的存在，可以形成 $Cr_{23}C_6$，而 $Cr_{23}C_6$ 的稳定性高于 YC，因此 $Cr_{23}C_6$ 会一直存在于粘结层中(图 7.18～图 7.20)。$Cr_{23}C_6$ 在氧化铝层与基体的界面上，由于其较差的粘结性能，可能是导致氧化铝层提前脱落的原因。

厚度为 0.6mm 的粘结层 PLV 氧化层脱落的循环氧化次数高于厚度为 2mm 的试样。原因与前文所述的粘结层 PLT 一样，较薄的粘结层可以通过形变释放氧化层及涂层中的应力，减缓氧化铝脱落，粘结层可经历的循环次数增加。

以氧化铝为弥散强化相的粘结层 PJW 在厚度为 2mm 时表现出最低的氧化速率，氧化铝层粘结性也好。当涂层厚度为 0.6mm 时在循环氧化的最后阶段出现氧化层脱落(图 7.22)。这可能和涂层制备过程中引入的 C 有关，图 7.21 显示在氧化

层下方出现块状的 $Cr_{23}C_6$ 组织，可能导致氧化铝层粘结性能较差。另外，由于样品较薄，在循环氧化时，涂层内部应力会通过形变来释放，会破坏表面氧化铝的结构，造成氧化铝脱落。关于此粘结层在循环氧化过程中的脱落原因，尚待研究。

传统方法制备的非弥散强化型粘结层 PJS 为 7.2 节中分析的传统铸锻方法制备的粘结层。该涂层短时间的氧化机制包括涂层表面氧化铝的生长、活性元素 Y 的扩散及氧分压的影响都已详细分析。

7.4 本章小结

本章先重点研究了两种 CoNiCrAlY 粘结层——传统型和以氧化铝为弥散强化相的 ODS 型在 Ar-20%O_2 和 Ar-4%H_2-2%H_2O 气氛中的氧化行为。TGA 实验结果显示，传统型的粘结涂层氧化速率明显高于 ODS 型的粘结涂层。两种粘结层在 Ar-20%O_2 气氛中的氧化速率高于 Ar-4%H_2-2%H_2O 气氛中的氧化速率。传统合金涂层具有较高的氧化速率是因为活性元素的过度掺杂，在氧化铝层中形成大块的 Y-Al 氧化物，为氧的向内扩散提供通道。同时在没有 Y-Al 氧化物的区域，由于高含量的活性元素改变了氧原有的扩散系数，氧的扩散系数也相对较高。对于 ODS 合金涂层，由于活性元素与残余的氧以及弥散分布的氧化铝颗粒在制备或氧化过程中发生反应，形成稳定的 $YAlO_3$ 氧化物，抑制活性元素 Y 向氧化铝层扩散，不会造成氧化铝层的过度掺杂，从而氧化铝层的生长速度较慢。氧化铝作为弥散强化相，一方面可以为 CoNiCrAl 合金涂层表面氧化铝的生长提供铝源，表面氧化铝层和弥散分布的氧化铝同质同源，提高合金涂层的抗氧化能力；另一方面氧化铝作为弥散强化相可以有效地降低活性元素过度掺杂的危险。

通过 EBSD 分析可以明确两种合金涂层在两种气氛下都会形成柱状晶粒的氧化铝层，并且随着氧化层向内生长，宽度逐渐变宽。通过计算模拟也验证氧在传统合金表面的氧化层中扩散速率要高于 ODS 合金涂层，Ar-20%O_2 气氛中氧的扩散系数高于 Ar-4%H_2-2%H_2O 气氛中的扩散系数。

通过此次研究可以发现氧化物弥散强化的优越性，接下来研究掺杂不同弥散强化相后粘结层的氧化行为和使用寿命。利用循环氧化实验分析 4 种不同的独立型的 ODS 型 CoNiCrAlY 粘结层在空气中的氧化寿命。结果表明，高含量 (1wt.%) 的氧化钇和氧化铪作为弥散强化相的粘结层氧化寿命较短。由于活性元素 Hf 的存在，导致氧化铝层生长速度较快，内氧化严重，氧化物无法形成致密的氧化膜去保护基体材料。粘结层基体中氧化铪的稳定性低于氧化钇，导致活性元素 Y 形成稳定的 $YAlO_3$，同时铪形成稳定的 HfC。高含量的氧化钇 (2 wt.%) 也不能有效地提高粘结层的使用寿命。虽然该研究表明可以形成致密的氧化铝层，但是由于涂层基体中 C 的存在，形成的 $Cr_{23}C_6$ 稳定性高于 YC_2，氧化层与合金基体界面上的 $Cr_{23}C_6$ 粘结性能差，导致氧化铝层过早地脱落。高含量的活性元素 Y 对氧化铝层生长速率的促进作用低于相同含量的活性元素 Hf，从而粘结层基体中的内氧化较弱。

参 考 文 献

[1] Naumenko D, Gleeson B, Wessel E, et al. Correlation between the microstructure, growth mechanism, and growth kinetics of alumina scales on a FeCrAlY alloy. Metallurgical and Materials Transactions A, 2007,38a(12): 2974-2983.

[2] Quadakkers W J, Naumenko D, Wessel E, V K, et al. Growth rates of alumina scales on Fe-Cr-Al alloys. Oxidation of Metals, 2004,61(1-2): 17-37.

[3] Ramanarayanan T A, Raghavan M, Petkovicluton R. The characteristics of alumina scales formed on Fe-based yttria-dispersed alloys. Journal of the Electrochemical Society, 1984,131(4): 923-931.

[4] Pint B A. Optimization of reactive-element additions to improve oxidation performance of alumina - forming alloys. Journal of the American Ceramic Society, 2003,86(4): 686-695.

[5] Gil A, Shemet V, Vassen R, et al,. Effect of surface condition on the oxidation behaviour of MCrAlY coatings. Surface & Coatings Technology, 2006,201(7): 3824-3828.

[6] Hindam H, Whittle D P. Peg formation by short-circuit diffusion in Al_2O_3 scales containing oxide dispersions. Journal of the Electrochemical Society, 1982,129(5): 1147-1149.

[7] Quadakkers W J, Holzbrecher H, Briefs K G, et al. Differences in growth mechanisms of oxide scales formed on ods and conventional wrought alloys. Oxidation of Metals, 1989,32(1-2): 67-88.

[8] Quadakkers W J, Elschner A, Speier W, et al. Composition and growth mechanisms of alumina scales on fecral-based alloys determined by snms. Applied Surface Science, 1991,52(4): 271-287.

[9] Young D J, Naumenko D, Niewolak L, et al. Oxidation kinetics of Y-doped FeCrAl-alloys in low and high pO_2 gasse. Materials and Corrosion, 2010,61(10): 838-844.

[10] Birks N, Meier G H, Pettit F S. Introduction to the high-temperature oxidation of metals. 2nd ed. Cambridge: Cambridge University Press, 2006.

[11] Gopalakrishnan S G. Internal oxides as templates for surface oxide layers with high emission coefficient and optimised barrier properties, Lehrstuhl für Werkstoffe der Energietechnik (FZ Jülich), 2013.

[12] Quadakkers W J, Huczkowski P, Naumenko D, et al. Why the growth rates of alumina and chromia scales on thin specimens differ from those on thick specimens. Materials Science Forum, 2008, 595: 1111-1118.

[13] Quadakkers W J, Bennett M J. Oxidation-induced lifetime limits of thin-walled, iron-based, alumina forming, oxide dispersion-strengthened alloy components. Materials Science and Technology, 1994,10(2): 126-131.

[14] Sigler D R. Aluminum oxide adherence on Fe-Cr-Al alloys modified with group IIIB, IVB, VB and VIB elements. Oxidation of Metals, 1989, 32(5): 337-355.

附录 A　晶粒宽度计算

本书中 EBSD 的分析结果可以清晰地分辨出断面的晶粒形貌，利用 MATLAB 软件可以便捷地计算出横截面上晶粒的平均宽度与深度的关系。将得到的 EBSD 照片，首先转换成 png 格式，然后进行灰度处理，再设定晶粒计算范围与间隔，在计算过程中，以氧化铝的晶界为计算节点。通过计算每相邻的两个节点间步数，利用图片给出的步长，得出晶粒的宽度，最后计算晶粒在该位置的平均宽度。具体计算方式代码如下：

```
% analysis
clear;
%% configuration
fimg = '……'; % image name
fext = 'png'; % extention name
step_size = ……; % size per point, um
ncut =……; % cut position
idx = …:…:…; % the position of calculating lines
fname = strcat(fimg,'.', fext); % input image
fout = strcat(fimg, '_out');

%% input figure
img = imread(fname);
img = rgb2gray(img(1:ncut,:,:));
img2 = im2bw(img,0.1);

[m, n] = size(img);
cc = zeros(size(idx));
ic =1;

% calculate
figure(100);
imagesc(img); colormap gray;
%daspect([1 1 1])
```

```
xlabel('X grain numbers');
ylabel('Y grain numbers');
title('Calculated grains')
hold on;
for kk=idx
   r = zeros(512,1);
   k = 1;
   tmp = img2(kk,:);
   pos_0 = find(tmp==0); % positions of boundary
   if pos_0(1)>1
          r(k) = sum(tmp(1:pos_0(1)));
          k = k+1;
end
for k1 = 1:length(pos_0)-1
     r(k) = sum(tmp(pos_0(k1):pos_0(k1+1)));
     k = k+1;
end
if pos_0(end) ~=n
   r(k) = sum(tmp(pos_0(end):end));
end
r = r(r>0)*step_size;
cc(ic) = mean®;
ic = ic+1;

pos_j = find(tmp~=0); % position of the grain
%     scatter(pos_j,kk*ones(1,length(pos_j)),4,'fill','markerfacecolor','g');
   plot(1:n,kk*ones(1,n),'g','linewidth',1);
end
hold off;

figure(101);
plot(idx*step_size,cc,'b-d');
%daspect([1 1 1]);  % set
xlabel('Depth from outer interface (\mum)');
ylabel('Apparent grain size (\mum)');
title('Grain size')
```

```
%% output to txt
txtname = strcat(fout,'.txt');
fid = fopen(txtname,'w+');
for kk = 1:length(idx)
   fprintf(fid,'L%03d(dep=%.3fum):%8.4f
um\r\n',idx(kk),idx(kk)*step_size,cc(kk));
end
fclose(fid);
disp(['Result save to ',txtname]);

%% output to excel
xlsname = strcat(fout,'.xlsx');
% T = table('Nr.','Dep(\mum)','Grain Size(\mum)');
xlswrite(xlsname,{'Nr.','Dep(um)','Grain Size(um)'},1,'A1');
xlswrite(xlsname,[idx.',idx.'*step_size,cc.'],1,'A2');
disp(['Result save to ',xlsname]);
```

图 A.1 是利用 EBSD 分析结果计算出的晶粒宽度与氧化层深度折线图。其中横线代表每次晶粒宽的计算位置，即通过画一条线与晶界相交，计算相邻两个交点间的距离，再求间距的平均值，即得到该位置的晶粒宽度。

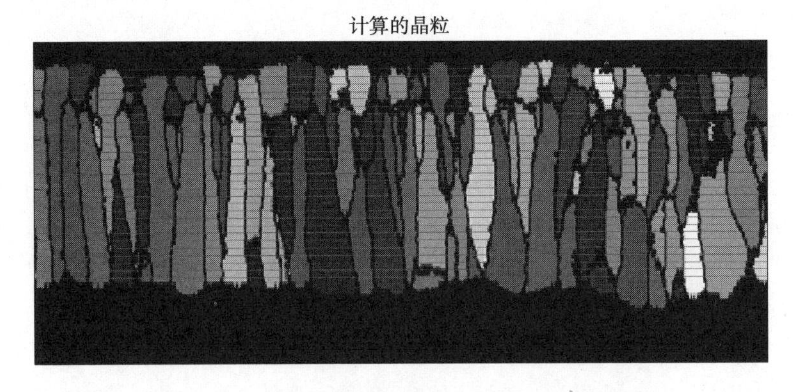

图 A.1 计算出的晶粒宽度与氧化层深度折线图